# Das Klima der Vorzeit

Eine Einführung in die Paläoklimatologie

von Martin Schwarzbach

4., unveränderte Auflage
191 Abbildungen, 41 Tabellen

Ferdinand Enke Verlag Stuttgart 1988

Prof. Dr. *M. Schwarzbach*
Geologisches Institut der Universität zu Köln

**CIP-Kurztitelaufnahme der Deutschen Bibliothek**

**Schwarzbach, Martin:**
Das Klima der Vorzeit : e.
Einf. in d. Paläoklimatologie /
von Martin Schwarzbach. –
4., unveränd. Aufl. – Stuttgart : Enke,
1988.

ISBN 3-432-87354-9

© 1974, 1988 Ferdinand Enke Verlag, Stuttgart – Printed in Germany
Satz und Umbruch: Calwer Druckzentrum, Calw
Druck: Druckhaus Dörr, Inhaber Adam Götz, Ludwigsburg
ISBN 3 432 87354 9

# Vorwort zur 3. Auflage

> Ach, das waren noch schöne Zeiten, als
> ich noch alles glaubte, was ich hörte.
> *G. Ch. Lichtenberg* (1742–1799)

Das Buch behandelt die Klimageschichte der Erde in der letzten Milliarde Jahre: die Methoden der (oft unsicheren) Klimarekonstruktion, den zeitlichen Ablauf des Klimageschehens mit den besonders hervortretenden Ereignissen der Eiszeiten und schließlich die möglichen Ursachen des Klimawandels.

Seit die 2. Auflage erschien, hat sich unsere Kenntnis vom „Klima der Vorzeit" außerordentlich vertieft. Neue Begriffe tauchten auf; von Autozyklenhypothese, Diamiktit, multilateraler Eiszeit-Entstehung, Sahara-Vereisung usw. findet sich in der 2. Auflage noch nichts, ebensowenig von den vielen paläozoischen Tilliten in der Antarktis. Die Fronten der Forschung haben sich völlig verschoben: vom Hochgebirge der Alpen (mit einem Höhepunkt um die Jahrhundertwende) vor allem im letzten Jahrzehnt in die Tiefen der Ozeane. Das soll nicht heißen, daß die konventionellen Forschungsgebiete unwichtig geworden sind; aber die neuen, weiterführenden Impulse kommen vorwiegend von anderer Seite. Die Zusammenarbeit mit Nachbarfächern (vor allem mit der Geophysik und der Isotopengeologie) spielt eine Hauptrolle. In ganz neuem Licht erscheint die Konzeption von Polwanderungen. *Alfr. Wegeners* Ideen kontinentaler Drift sind mit Hilfe von Paläomagnetismus und Plattentektonik erneut (und im einzelnen ganz abgewandelt) zu einem Mittelpunkt der Paläoklimatologie geworden.

Auch die immer wieder heiß diskutierte Frage, *warum* es große Klimaschwankungen gegeben hat, scheint heute prinzipiell lösbar: sie werden (zum ersten Mal) primär auf die Existenz der irdischen Hydrosphäre zurückgeführt, sekundär (entsprechend den Annahmen auch anderer Forscher) auf die Einwirkung von verschiedenartigen kleinen, „multilateralen" Faktoren (vor allem von Polwanderungen). Beim Kapitel „Versuch einer Synthese" fehlt daher dessen bisheriges (von *G. Ch. Lichtenberg* stammendes) Motto: „Nichts kann mehr zu einer Seelenruhe beitragen, als wenn man gar keine Meinung hat". Denn auch der Skeptiker kann heute mit gutem Gewissen eine Meinung vertreten. Er kann sogar so weit gehen, die Eiszeiten als selbstverständliche Ereignisse zu betrachten: sie müssen sich bei den Ausgangsbedingungen, die seit dem Präkambrium gegeben sind, fast zwangsläufig gelegentlich einstellen. Freilich: warum sie gerade zu einem bestimmten Zeitpunkt eintraten (und ob und wann die nächste Eiszeit kommen wird) — das ist noch immer unbekannt.

Die Aufgabe, ein umfassendes naturwissenschaftliches Lehrbuch neu zu bearbeiten, wird immer schwieriger und scheint heute für einen Einzelnen ein fast hoffnungsloses Unternehmen. Von Jahr zu Jahr wächst die Lawine neuer Erkenntnisse, die den Forscher überschüttet, und immer häufiger hängt es ganz vom Zufall ab, ob er von einer wichtigen Arbeit Kenntnis erhält. Auch ein Spezialist ist längst nicht mehr imstande, sein enges Fach noch vollständig zu überblicken. Für ein so weites Spezialgebiet wie die Paläoklimatologie gilt das in erhöhtem Maße.

Man könnte daher erwägen, für die einzelnen Kapitel sachkundige Mitarbeiter heranzuziehen. Aber die vielen Sammel- und Symposium-Bände mit schlagkräftigen Gesamt-Titeln, die in den letzten Jahren Mode geworden sind, ermuntern nicht zu dieser Lösung. Denn sie vereinigen fast immer ganz ungleichwertige — manche ausgezeichneten, aber auch genug belanglose — Beiträge zu einem uneinheitlichen Konglomerat. Als Lehrbüchr sind sie ungeeignet. Aus diesem Grunde ist es auch bei der 3. Auflage bei *einem* Verfasser geblieben, selbst auf die Gefahr hin, daß einzelne, auch wichtige Details fehlen, aber in dem Bemühen, dafür einen umfangreichen Stoff — auch seine problematischen und gegensätzlichen Auffassungen — einheitlich und übersichtlich darzubieten.

Der Text wurde wiederum vollständig neu bearbeitet. Viele Einzelheiten wurden auf den neuesten Stand gebracht, zahlreiche Bilder durch bessere ersetzt und die Zahl der Abbildungen von 134 auf 191 erhöht. Das Buch stellt eine große Zahl von Einzeldaten zusammen — das Orts- und Sachregister enthält rund 1500 Stichwörter. Dabei wurde bei manchen Kapiteln (etwa bei den jungproterozoischen Vereisungen) sogar eine gewisse Vollständigkeit des Tatsachenmaterials angestrebt. Das geht zwar eigentlich über den Rahmen einer Einführung hinaus, erleichtert jedoch dem kritischen Leser eine eigene Nachprüfung umstrittener paläoklimatologischer Schlußfolgerungen. Bei so gut bekannten Zeitabschnitten wie dem Quartär wurde dagegen auf manche Einzelheit verzichtet, und wenn dort und bei andern Kapiteln (etwa der Klimamorphologie) grundlegende Arbeiten unerwähnt blieben, so nicht aus Unkenntnis, sondern einfach deswegen, weil das den Rahmen des Buches gesprengt hätte, und weil vor allem für das quartäre Eiszeitalter ausgezeichnete Standardwerke vorliegen. Trotz des überreichen Stoffes wurde aber versucht, immer auch die wesentlichen Forschungsergebnisse klar herauszuarbeiten und durch eine straffe Gliederung das Buch auch dem Nichtgeologen, der am Klima der Vorzeit interessiert ist, verständlich zu halten.

Die Neubearbeitung wurde in hohem Maße erleichtert und beeinflußt durch zahlreiche Reisen des Verfassers, vor allem auch in die Süd-Kontinente. Die Teilnahme an den Kongressen der Internationalen Quartärvereinigung in Warschau (1961) und Boulder, USA (1965) sowie an den Gondwana-Symposien in Mar del Plata/Montevideo (1967) und in Kapstadt/Johannesburg (1970) bot in besonderem Maße eine Fülle von paläoklimatologischen und auch von unmittelbaren aktuoklimatologischen Eindrücken. Für vielfältige und großzügige Unterstützung habe ich Fachkollegen in aller Welt meinen Dank zu sagen. Ebenso danke ich Dr. G. Schultz, der einen großen Teil der Zeichnungen anfertigte, und nicht zuletzt meinem Verleger, Herrn D. Enke in Stuttgart, der auch diesmal in zuvorkommender Weise auf meine Wünsche einging.

Das Manuskript war 1972 abgeschlossen. Doch konnte eine ganze Reihe neuerer Arbeiten noch erwähnt, wenn auch nicht immer ausführlich berücksichtigt werden.

Bensberg bei Köln, im Februar 1974     *Martin Schwarzbach*

# Inhalt

**Abkürzungen**

a       Jahre (anni)
d       Tag (dies)
Ma      Millionen Jahre
B.P.    vor der Jetztzeit (before Present), Bezugsjahr: 1950
(157)   verweist auf den Abschnitt 157
Im Abschnitt 75 (S. 133 ff.) bedeutet = geschrammter Untergrund,
/ / geschrammte Geschiebe

# A. Allgemeine Paläoklimatologie

## I. Begriffsbestimmung und historische Entwicklung der Paläoklimatologie

> Les cieux même ont varié, et toutes les choses de l'univers physique sont comme celles du monde moral, dans un mouvement continuel de variations successifes.
> *Buffon*, Epoques de la Nature, 1778

**1. Begriffsbestimmung und Bedeutung.** *Paläoklimatologie* ist die Lehre vom Klima der Vorzeit. Sie gehört also sowohl zur Geologie als auch zur Klimatologie und Meteorologie und berührt sich auch sonst mit zahlreichen naturwissenschaftlichen Teilgebieten.
Zur Rekonstruktion des vorzeitlichen Klimas sind die Klimazeugen (fossile Pflanzen, Tiere, Sedimente usw.) besonders wichtig, aber neuerdings auch physikalische Methoden. Es ist merkwürdig, daß die Grundtatsachen im wesentlichen von der Geologie (in enger Verbindung vor allem mit der Paläobotanik) geliefert werden, d. h. einer „unexakten" Naturwissenschaft, dagegen die (oft sehr spekulativen) Deutungen und Erklärungsversuche, also die Klima-Hypothesen, zu einem erheblichen Teil von den „exakten" Wissenschaften: von Astronomie, Physik, Geophysik und Meteorologie.
Die Ursache liegt wohl nicht darin, daß die Geologen zu wenig Phantasie und Einbildungskraft haben. Vielmehr ist einer der Gründe darin zu sehen, daß sie besser als die Nichtgeologen überblicken, wie unsicher und zwangsläufig auch ganz lückenhaft die Beobachtungstatsachen sind, und daß sie daher gar nicht wagen würden, darüber ein Gedankengebäude zu errichten, das dem Fernerstehenden leicht aus der Feder fließt (wenn man so sagen darf); denn je weniger man weiß, desto leichter entsteht eine Hypothese. Eine zweite Ursache liegt in der Tatsache, daß weiterführende Gedanken auch sonst eher von den Nachbarwissenschaften kommen.
Man kann auch sagen: die Frage *„Wie rekonstruiert man eine Eiszeit?"* wird im wesentlichen von den *Geologen* beantwortet; dagegen die Frage *„Wie konstruiert man eine Eiszeit?"*[1] von den *Nichtgeologen*. Jedenfalls sind die beiden geschlossensten älteren Darstellungen der vorzeitlichen Klimaschwankungen (von *Köppen-Wegener* und *Brooks*) nicht von Geologen geschrieben.

---

[1] Die Formulierung der zweiten Frage („How to construct an ice age") stammt von *Harlow Shapley* (1953).

Von Bedeutung ist die Paläoklimatologie nicht nur bei der Rekonstruktion des vorzeitlichen Erdbildes (Paläogeographie) und für das Problem der Polwanderungen und der kontinentalen Drift — wobei sich besonders enge Beziehungen zum Paläomagnetismus ergeben haben —, sondern auch für die Geologie nutzbarer Lagerstätten, die Klimamorphologie, die Frage nach der stammesgeschichtlichen Entwicklung und schließlich für kosmogonische Hypothesen.

Das Klima hat sich im Laufe der Erdgeschichte geändert — dieser Feststellung verdankt die paläoklimatologische Forschung ihre Entstehung. Man kann nun unterscheiden zwischen periodischen, zyklischen Klima*schwankungen* und mehr einseitigen Klima*änderungen* (*A. Wagner* 1940; zuletzt *B. Frenzel* 1967, S. X). Diese Unterscheidung ist prinzipiell berechtigt; aber sie ist praktisch gar nicht immer möglich. Die generelle Temperaturabnahme im Tertiär z. B. erscheint, vom Quartär her gesehen, als Klimaänderung, aber im Rahmen der gesamten Erdgeschichte gehört sie vermutlich zu einer Klimaschwankung. Man sollte diese Unterscheidung also nicht zu streng nehmen.

## 2. Einige Daten zur Geschichte der Paläoklimatologie

1686 Der berühmte englische Physiker *Robert Hooke* schließt aus fossilen Schildkröten und großen Ammoniten von Portland auf einst wärmeres Klima und rechnet mit Änderungen der Erdachse.

1778 *Buffon* (Paris) beschreibt in den „Epoques de la Nature" die Abkühlung der Erde, die zuerst an den Polen Leben ermöglichte (Funde von fossilen Elefanten, Rhinozerossen usw. im Norden von Europa, Amerika und Asien; von dort rückten diese Tiere später zum Äquator vor). Von *Bailly* ist diese Idee *Buffons* auch mit der Atlantis-Sage in Verbindung gebracht worden (Atlantis in Spitzbergen, allmähliche Abdrängung der Atlantiden nach Europa!, vgl. *Pettersson* 1948).

1785 *Th. Jefferson,* der 3. Präsident der USA, diskutiert in den „Notes on the State of Virginia", ob die Mammut-Funde in hohen Breiten durch Änderungen der Ekliptik-Schiefe oder durch Änderungen der Lebensgewohnheiten zu erklären seien; die 2. Möglichkeit sei wahrscheinlicher.

1799 *Alexander v. Humboldt:* Das früher wärmere Klima entstand dadurch, daß bei der Kristallisation der Gesteinsschichten Wärme frei wurde (als „Neptunist" ließ er damals auch Granite usw. im Wasser entstehen!). — Später (1823) hat *Humboldt* auch Vulkane und Klima in Verbindung gebracht (vgl. 135).

1802 *John Playfair:* Die erratischen Blöcke wurden durch Gletscher transportiert (ähnliche Andeutungen auch schon gegen Ende des 18. Jahrhunderts in den Schweizer Alpen).

1817 Preisausschreiben der Schweizerischen Naturforschenden Gesellschaft über die größere Ausdehnung der Alpengletscher.

1822 Grundlegender Vortrag des Schweizer Ingenieurs *Ignatz Venetz* über dieses Thema (veröffentlicht 1833). — Zu ähnlichen Anschauungen kam 1824 *Jens Esmark* für die norwegischen Gletscher.

1823 *W. Buckland* faßt die quartären Bildungen als Sintflut-Sedimente auf und prägt den Namen „Diluvium".

1829 In *Goethes* Roman „Wilhelm Meisters Wanderjahre" wird der Streit um Eiszeittheorien bereits literarisch verwertet (2. Teil, 10. Kapitel; noch nicht in der 1. Ausgabe von 1821! Vgl. die Studie *R. Philippsons* 1927):

> „Zuletzt wollten zwei oder drei stille Gäste sogar einen Zeitraum grimmiger Kälte zu Hilfe rufen und aus den höchsten Gebirgszügen auf weit ins Land hineingesenkten Gletschern gleichsam Rutschwege für schwere Ursteinmassen bereitet und diese auf glatter Bahn fern und ferner hinausgeschoben im Geiste sehen. Sie sollten sich bei einer eintretenden Epoche des Auftauens niedersenken und für ewig in fremdem Boden liegen bleiben. Auch sollte sodann durch schwimmendes Treibeis der Transport ungeheurer Felsblöcke von Norden her möglich werden. Diese guten Leute konnten jedoch mit ihrer etwas kühlen Betrachtung nicht durchdringen. Man hielt es ungleich naturgemäßer, die Erschaffung einer Welt mit kolossalem Krachen und Beben, mit wildem Toben und feurigen Schleudern vorgehen zu lassen."

1830—33 erscheinen *Ch. Lyells* „Principles of Geology" (Abb. 1). Hier und in späteren Auflagen (12. Aufl. 1875) zahlreiche Hinweise auf das Vorzeitklima (wärmeres Klima des Tertiärs, Verbreitung der mesozoischen Riff-Korallen bis in unsere Breiten und der Steinkohlen-Pflanzen bis in die Polarzone). Die Ursachen der Klimaänderungen sah *Lyell* in der Verteilung von Land und Meer, den Meeresstömungen u. ä. — eine ganz moderne Auffassung! In einem Briefe an *Mantell* schreibt er: „Ich will ein Rezept geben, um Baumfarne am Pol wachsen zu lassen, oder wenn es mir beliebt, Fichten am Äquator." In Karten stellte er dar, wie durch verschiedene Anordnung der Kontinente, entweder am Äquator oder in den Polargebieten, ein möglichst warmes oder extrem kaltes Klima entstehen kann. Die erratischen Blöcke erklärte *Lyell* durch driftende Eisschollen. (Der Schwanengesang dieser „Drifttheorie" war *Vict. v. Scheffels* scherzhaftes Lied vom „erratischen Block", 1867.)

1832 Prof. *Reinhard Bernhardi* (Forstakademie Dreißigacker b. Meiningen) erklärt auch die norddeutschen Findlinge durch Gletscher-Transport.

*Abb. 1   Charles Lyell* (1797—1875). Begründer des Aktualitätsprinzips; erklärte das vorzeitliche Klima aus dem veränderten Erdbild

1837  Der deutsche Naturforscher *K. F. Schimper* prägt in einer Ode zu *Galileis* (und seinem) Geburtstag den Namen „Eiszeit". — Im gleichen Jahr hält *F. A. Quenstedt* in Tübingen seine Antrittsvorlesung über „Das Klima der Vorzeit", und der französische Physiker *Poisson* nimmt an, daß sich die Erde zeitweise durch kalte Regionen des Weltenraums bewege.

1840  *L. Agassiz,* Neuchâtel (später „Harvard's most famous professor") „Etudes sur les glaciers".

1841  *Joh. v. Charpentier* „Essai sur les glaciers".

1842  *J. F. Adhémar* (Paris) zieht Änderungen der Erdbahn-Elemente als Eiszeit-Ursache heran. (Erste Erörterungen dieses Problems bei *John Herschel,* 1830.)

1844  *B. Cotta* (Freiberg i. Sachsen) erklärt die Schrammung des Porphyrs von Wurzen bei Leipzig durch Gletschertätigkeit, ebenso der Schweizer *A. v. Morlot* (vgl. *E. Naumann* 1961). *Cotta* bemerkt allerdings, daß ihm bei dem Gedanken „friere", wie überhaupt solche Ideen unter dem großen Einfluß *L. v. Buchs* in Nord-Deutschland scharfe Ablehnung fanden. *L. v. Buch* zog für den Transport der erratischen Blöcke Schlammfluten („Rollsteinfluten") heran (1815) und bezeichnete die Eiszeit-Theorie 1850 als „sonderbare Verirrung des menschlichen Geistes" (in einem Brief an *Carl Naumann,* vgl. Geologie, **2**, S. 114, 1953). *Sartorius v. Wal-*

*Abb. 2  Oswald Heer* (1809—1883). Erforscher der tertiären Floren und ihrer klimatologischen Beziehungen. Durch Vermittlung von Prof. *C. Troll* vom Geol. Inst. Zürich liebenswürdigerweise überlassen.

*tershausen* sprach gleichfalls (1846) vom „Märchen einer sogenannten Eiszeit".

1855—59 *Osw. Heer* (Zürich) „Flora tertiaria Helvetiae", mit zahlreichen grundlegenden paläoklimatologischen Ausblikken (Abb. 2).

1855 *A. C. Ramsay* (Quart. J. Geol. Soc.) hält (zu Unrecht) permische Sedimente in England für glazial.

1856 *W. T. Blanford* entdeckt die jungpaläozoischen Moränen in Vorderindien und leitet damit die Erforschung der präquartären Eiszeiten ein.

1866—83 *Osw. Heer* „Flora fossilis arctica", die erste gründliche Untersuchung über die Polarfloren und ihre paläoklimatologische Bedeutung.

3. Nov. 1875 *Otto Torell* (Stockholm) spricht in der Deutschen Geologischen Gesellschaft in Berlin über die Gletscherschiffe von Rüdersdorf bei Berlin und begründet endgültig die Annahme, daß das skandinavische Eis bis nach Deutschland reichte.

1875 *James Croll* „Climate and time in their geological relations". Grundlegende Erweiterung der Hypothese von *Adhémar*.

1901—09 *Albr. Penck* (Abb. 3) und *E. Brückner* „Die Alpen im Eiszeitalter". Ein Markstein in der Geschichte der Eiszeit-

*Abb. 3  Albrecht Penck* (1858—1945). Hervorragender Erforscher der alpinen Vereisungen. Aus Verh. III. Internat. Quartär-Kongr. Wien 1938

forschung; veranlaßt durch eine Preisaufgabe der Sektion Breslau des Deutsch-Österreichischen Alpenvereins. Die Namen Günz-, Mindel-, Riß-, Würm-Eiszeit werden geprägt.

1906 *Albr. Penck* prägt den Begriff „Tillit" für alte Moränen.

1924 *W. Köppen* (Abb. 4) und *Alfr. Wegener* (Abb. 5) „Die Klimate der Vorzeit"; Unterbauung der Kontinentalverschiebungs-Hypothese *Wegeners* (1912) durch die Paläoklimatologie; Deutung der Strahlungskurve von *Milankovitch* (1920).

1926 *C. E. P. Brooks* „Climate through the Ages" (2. Aufl. 1949). Wichtige Darstellung der Paläoklimatologie von meteorologischer Seite.

1950 *Harold C. Urey* führt die ersten Temperatur-Bestimmungen mit der $^{18}O/^{16}O$-Methode durch.

Seit etwa 1950: Paläomagnetische Pol-Bestimmungen werden immer mehr zu einem unentbehrlichen Bestandteil paläoklimatologischer Rekonstruktionen.

Seit etwa 1960: Die Hypothese der Platten-Tektonik und von „spreading oceans" stellt die Annahme von relativen Polwanderungen auf eine neue Grundlage.

In dieser auch sonst ganz unvollständigen Übersicht ist die neuere Entwicklung der *Quartär-Forschung* nicht berücksichtigt. Über das quartäre Eiszeitalter gibt es besondere, ausgezeichnete Zusammen-

*Abb. 4   Wladimir Köppen* (1846—1940) im Alter von 78 Jahren. Bedeutender Klimatologe; Schwiegervater und Mitarbeiter *Alfr. Wegeners.* Nach einem von Prof. *Kuhlbrodt* (Hamburg) aufgenommenen und freundlichst zur Verfügung gestellten Bilde

fassungen (XVIII). Es stellt im übrigen auch heute noch den wichtigsten Ausgangspunkt für alle paläoklimatische Forschung dar, und seine Erforschung wird seit langem in besonderen wissenschaftlichen Gesellschaften und Zeitschriften gepflegt. In Lübeck bestand — wie *E. Boll* in seiner „Geognosie der deutschen Ostseeländer zwischen Eider und Oder" 1846 berichtete — schon vor mehr als 100 Jahren ein „geognostischer Verein", der durch geologische Untersuchungen in den baltischen Ländern „das Vaterland unserer Geschiebe oder Rollsteine" zu ermitteln suchte, und im schweizerischen Kanton Aargau gründete man etwas später einen „Moränenclub" (*Mühlberg* 1869). In ausgedehnterem Maße hat das in Nord-Deutschland später die „Gesellschaft für Geschiebeforschung" fortgesetzt. Die Quartärforscher sind heute in der Internationalen Quartär-Vereinigung (Inqua), z. T. auch in regionalen Gesellschaften zusammengefaßt (Deutsche Quartär-Vereinigung, „Deuqua", u. a.).
In der Geschichte der Paläoklimatologie zeigt sich (wie auch in anderen Naturwissenschaften), daß Beobachtungen und Hypothesen nicht immer in rechtem Verhältnis zueinander stehen. Die Jahrzehnte um 1900 waren in besonderem Maße an neuen Eiszeit-Hypothesen gesegnet (Abb. 6). Man hat heute für manche Fragen — auch über das schwierige Problem der Eiszeit-Entste-

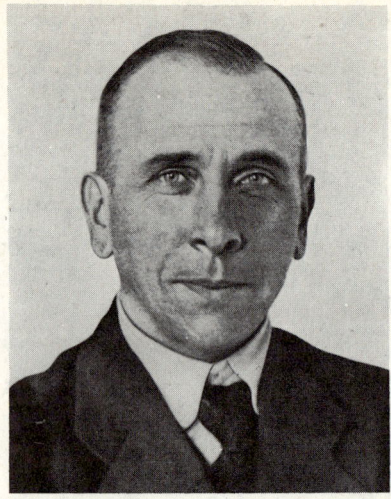

*Abb. 5   Alfred Wegener* (1880—1930). Grönlandforscher und Begründer der Kontinentalverschiebungs-Hypothese; verfaßte mit *W. Köppen:* Die Klimate der Vorzeit. Aus Meteorol. Zeitschr. 1931

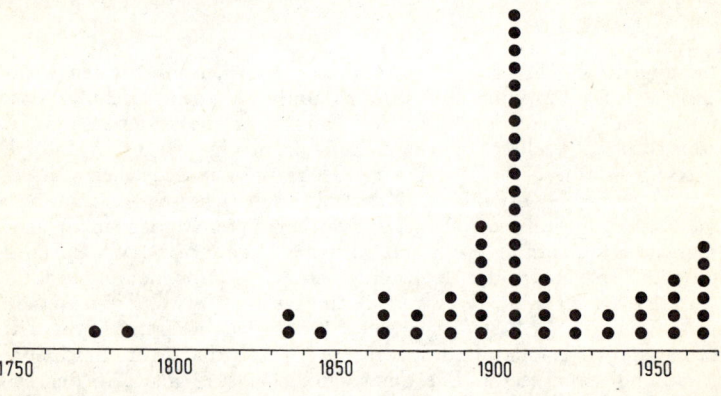

*Abb. 6* Zeitliche Verteilung der wichtigsten Eiszeit-Hypothesen (und einiger sonstigen Klima-Hypothesen). Jeder Punkt bedeutet eine Hypothese. Häufung um die Wende des 19./20. Jahrhunderts!

hung — wohlbegründete Vorstellungen, wenn auch noch keine vollständige Lösung. Das Hauptziel der Paläoklimatologie muß jedenfalls bleiben, möglichst viel neue Beobachtungen zu sammeln, vor allem, weitere Klimazeugen heranzuziehen, und deren Aussagen sicherer zu gestalten.

Wichtige zusammenfassende Darstellungen zur Paläoklimatologie: *Arldt* (1922), *Brooks* (1949), *Coleman* (1926), *Furon* (1972), *Kerner-Marilaun* (1930), *Köppen-Wegener* (1924), *Mitchell* (1965), *Nairn* (1961, 1964), *Sinitzin* (1965—67), *A. Wagner* (1940). — Vgl. auch unter „Quartär"! Zeitschrift: Palaeogeography, Palaeoclimatology, Palaeoecology (seit 1965; Elsevier-Amsterdam)
Weitere Literatur zur Geschichte der Paläoklimatologie: *Böhm v. Böhmersheim* (1901), *Hölder* (1960), *v. Zittel* (1899).

# II. Das heutige Klima in seiner Bedeutung für die Paläoklimatologie

> Der Winter hat hier wenig zu bedeuten, und die Gärten von Kew und Richmond sind so mit Lorbeer und anderen immergrünen Stauden und Bäumen besetzt, unter denen so viel Vögel singen und flattern, daß ich kaum inne werde, daß das die Zeit ist, da man in Göttingen (fast in derselben Breite) in Schlitten fährt.
>
> *G. Chr. Lichtenberg* in einem Brief vom 10. Januar 1775 aus Kew bei London an *Baldinger*

**3. Allgemeines.** Das heutige Klima der Erde ist von mehreren Faktoren abhängig, insbesondere:
a) der primären Strahlung der Sonne,
b) den astronomischen Verhältnissen der Erde (Erdbahn, Neigung der Erdachse u. ä.),
c) der Erd-Atmosphäre,
d) den topographischen Verhältnissen der Erdoberfläche und der Verteilung von Land und Meer.
Dagegen spielt die Eigenwärme der Erde eine minimale Rolle.
Im Laufe der Erdgeschichte haben sich diese Faktoren z. T. in grundlegender Weise gewandelt. Es ist also wichtig zu wissen, in welcher Weise sie heute an der Gestaltung des Klimas beteiligt sind, und die Lehrbücher der Klimatologie sind daher auch für den Paläoklimatologen unentbehrlich. Im folgenden wird nur an einige wenige, einfache Grundtatsachen erinnert, die für paläoklimatologische Betrachtungen wichtig sind. Das Schema Abb. 7 erläutert die Lage der heutigen Klimazonen (nach der Einteilung von *W. Köppen*). *A. Kessler* (1968) veröffentlichte übersichtliche Diagramme der „Globalbilanzen" verschiedener Klimaelemente (Jahresschwankungen von Temperatur, Niederschlag usw. für die gesamte Erde, Nord- und Südhalbkugel).
**4. Primäre Sonnenstrahlung.** An der oberen Grenze der Atmo-

sphäre werden 2 cal · cm² · min von der Sonne zugestrahlt. Dieser Wert der „Solar-Konstante" hat sich in den letzten Jahrzehnten — weiter zurück gibt es keine exakten Messungen — nur um sehr geringe Beträge geändert.

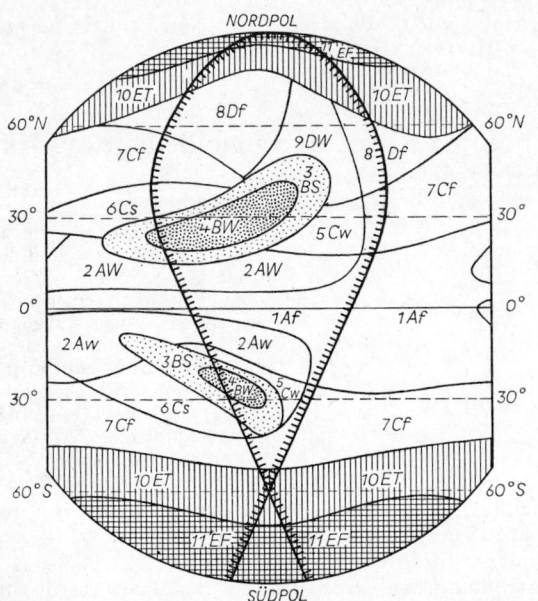

*Abb. 7* Schema der *Köppen*schen Klimazonen in Abhängigkeit von der Land- und Meer-Verteilung. Die gezähnte, schleifenförmige Linie deutet einen großen und einen kleinen (Süd-)Kontinent an. Die Klimagebiete sind numeriert. A sehr warm und feucht, Mitteltemperatur des kältesten Monats > 18°; B sehr trocken; C warm-gemäßigt; D Schnee-Wald-Klimate, wärmster Monat > 10°, kältester Monat < —3°; E wärmster Monat < 10°; F wärmster Monat < 0°. S Steppe, T Tundra, W Wüste, f beständig feucht, s sommertrocken, w wintertrocken. Nach *Köppen*, 1931

**5. Neigung der Erdachse.** Die Neigung der Erdachse (= Schiefe der Ekliptik) beträgt z. Z. 23¹/₂°. Sie ist verantwortlich für den Unterschied der Jahreszeiten und das Temperaturgefälle zwischen Pol und Äquator.

**6. Einfluß der Land- und Meer-Verteilung auf die Temperaturen.** Land und Meer sind auf der Erde ganz ungleich verteilt. Das ist von allergrößter Bedeutung für die Temperatur-Verhältnisse.

a) *Landmassen* verschärfen die Temperatur-Extreme („Kontinentalklima"); die Isothermen biegen daher z. B. in Asien und Nordamerika im Winter (Abb. 8) weit nach S, im Juli nach N aus. In Nord-Asien unterscheiden sich die extremen Monatsmittel der Temperatur bis zu über 60° (Abb. 9). In den innerkontinentalen Wüsten gibt es außerdem die größten täglichen Temperatur-schwankungen (bis fast 50°).

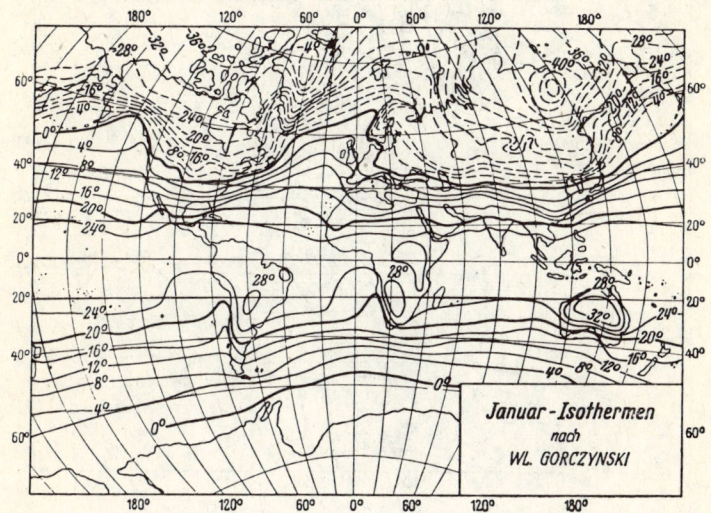

*Abb. 8*   Karte der Januar-Isothermen. Nach *W. Gorczynski* aus *Conrad,* 1936

Extreme gemessene Temperaturen:

+ 58°      Azizia (Lybien)
+ 59°      Death Valley (Kalifornien)
— 78°      Oimekon (NE-Sibirien)
— 87°      sowjetische Station Wostok (E-Antarktika)

Von besonderem Einfluß sind die *Gebirge.* Mit wachsender Höhe nimmt die Lufttemperatur ab, im Jahresdurchschnitt um 0,5—0,6° pro 100 m.

b) *Ozeane* dagegen mildern die Temperatur-Gegensätze („See-klima", ozeanisches Klima). Die äquatorialen Meere unterscheiden sich in ihren Sommer- und Winter-Temperaturen nur um 2¹/₂°. Auf 3 Vierteln der gesamten Meeresfläche bleiben die Schwankungen unter 5°. Nur in abgeschlossenen Nebenmeeren können sie erheblicher werden (Ostsee bis 17°, inneres Gelbes Meer bis 27°). Höchste Temperaturen der Meere: 36° (Persischer Golf, Rotes Meer). 45 %  des Weltmeeres bleiben an der Oberfläche ständig über 25°, nur 20 %  dauernd unter 0°. In den Tiefen der Weltmeere dagegen herrschen meist gleichförmig nur 0—2° (Ausnahmen: abgeriegelte Meeresbecken, wie z. B. Mittelmeer, mit 13° bis 4000 m Tiefe). — Meeresströmungen sind dabei von großem Einfluß (vgl. 8).

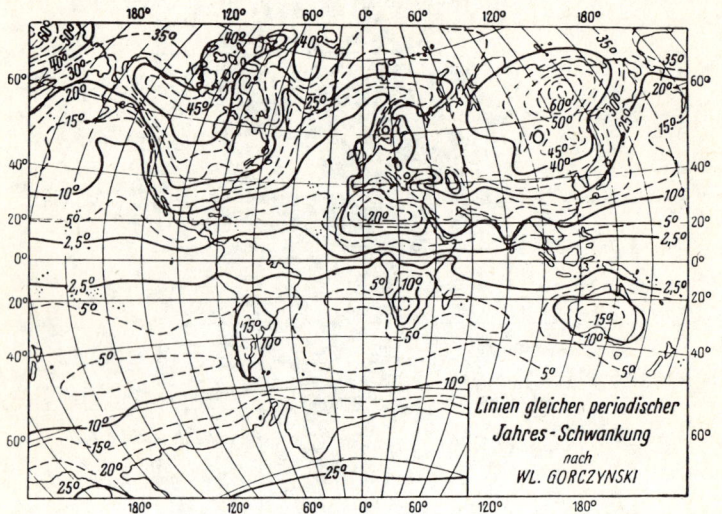

*Abb. 9* Jahresschwankungen der Temperatur. Nach *W. Gorczynski* aus *Conrad*, 1936

c) Der *Unterschied zwischen Land- und Seeklima* wird deutlich, wenn man Orte gleicher Breitenlage miteinander vergleicht, die vom Ozean verschieden weit entfernt liegen (Tab. 1).
Ebenso sind die mittleren Temperaturen der Breitenkreise und ihre Jahresschwankungen auf der Nord- und Süd-Halbkugel verschieden, weil die Nord-Hemisphäre landreich, die Süd-Hemisphäre dagegen wasserreich ist (Tab. 2). Der Einfluß der Land- und Meeresverteilung tritt also gegenüber dem astronomisch bedingten Temperatur-Anteil (der im N und S fast gleich ist) deutlich in Erscheinung.
Beim Nord- und Südpol (Tab. 3) ist der Unterschied z. T. durch die verschiedene Höhenlage bestimmt.
**7. Winde.** Die Luftdruckverteilung und damit die Verteilung der Winde sind weitgehend „planetarisch" (d. h. besonders durch die Drehung der Erde) bedingt (Abb. 10), ebenso aber auch durch die Verteilung von Land und Meer.
*Äquatorgebiet:* aufsteigende Luft; niederer Luftdruck; häufig Windstillen (Kalmen, Mallungen, Doldrums). Die in größerer Höhe

*Tabelle 1*  Vergleich der Temperaturen einiger Orte in 52° n. Br. in Eurasien (°C)

|  | Valentia (Irland) | Münster (Westfalen) | Warschau | Tschkalow (Orenburg) | Irkutsk (490 m) | Nertschinsk (600 m) |
|---|---|---|---|---|---|---|
| Geogr. Länge | 10° W | 8° E | 21° E | 55° E | 105° E | 117° E |
| Januar-Temperatur | 7,3 | 1,3 | — 4,3 | — 15,3 | — 20,8 | — 33,6 |
| Juli-Temperatur | 15,1 | 17,3 | 18,7 | 21,6 | 18,4 | 18,2 |
| Jahresschwankung | 7,8 | 16,0 | 23,0 | 36,9 | 39,2 | 51,8 |

*Tabelle 2*  Mittlere Temperaturen der Breitenkreise (°C) (nach *Meinardus*)

| Geogr. Breite | Januar (im S: Juli) | Juli (im S: Januar) | Jahresmittel | Jahresschwankung |
|---|---|---|---|---|
| 60° n. Br. | — 16,1 | 14,1 | — 1,1 | 30,2 |
| 30° | 14,5 | 27,3 | 20,4 | 12,8 |
| 0° | 26,4 | 25,6 | 26,2 | 0,8 |
| 30° | 14,7 | 21,9 | 18,4 | 6,9 |
| 60° s. Br. | — 10,3 | 1,2 | — 4,1 | 11,5 |

*Tabelle 3*  Temperaturen am Nord- und Südpol (°C)

|  | kältester Monat | wärmster Monat |
|---|---|---|
| Nordpol (0 m) | — 34 | 0 |
| Südpol (2800 m) | — 59 | — 32 |

polwärts abströmenden, durch die Erdrotation abgelenkten Luftmassen bilden den *Antipassat*.

*Roßbreiten* (zwischen 20—30° Breite): absteigende Luft; Hochdruckgebiet („Azorenhoch" u. a.). Die von hier zum Äquator zurückströmende Luft bildet die *Passatwinde* (Nord-Halbkugel: NE-, Süd-Halbkugel: SE-Passat).

*Gemäßigte Breiten:* Wechsel von Hoch- und Tiefdruck-Gebieten

(Antizyklonen und Zyklonen), die ostwärts wandern; häufiger
Wechsel von Windrichtung und -stärke, aber vorwiegend Westwind.

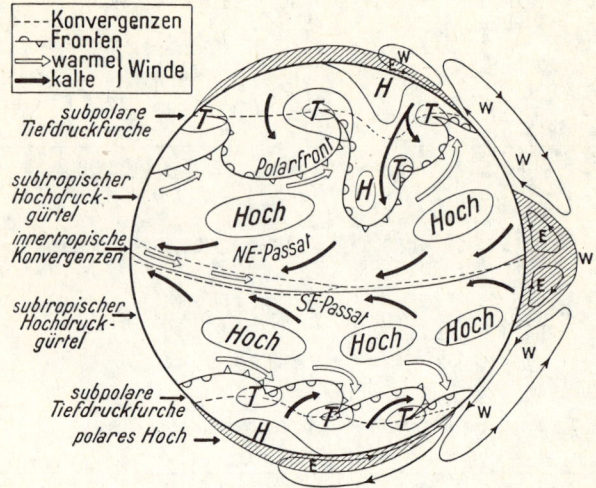

*Abb. 10*   Schema der Luftdruck-Gürtel auf der Erde. Rechts im Meridio-
nal-Profil (E, W = Horizontal-Komponenten der Winde; Bereich der
E-Winde schraffiert). Bei der nördlichen subpolaren Tiefdruck-Furche ist
die meridionale Austauschform dargestellt, bei der südlichen die zonale.
Nach *H. Flohn* aus *Blüthgen*, 1964

*Kontinente:* im Sommer oft mit stabilen Zyklonen, im Winter mit
Antizyklonen.
*Monsune* sind jahreszeitlich wechselnde Winde im Bereich von Kon-
tinental-Massen. Sie entstehen dadurch, daß die äquatoriale Tief-
druckrinne im Sommer polwärts wandert. In Indien bildet sich so
im Sommer ein (regenreicher) SW-, im Winter ein (trockener) NE-
Monsun (Abb. 11).
**8. Meeresströmungen.** Die großen Windsysteme verursachen gleich-
gerichtete Meeresströmungen (Abb. 12). Je nachdem, ob das Meerwasser pol- oder äquatorwärts strömt, entstehen warme oder kalte
Meeresströmungen. Kalte Meeresströmungen bilden sich auch da,
wo polares Tiefenwasser (das sich überall am Boden der Weltmeere
findet) aufsteigt.
Wichtige *warme* Meeresströmungen: Golfstrom (nördlicher Atlantik), Kuro-Schio (nördlicher Pazifik), Brasil-Strom (Brasilien),
Agulhas-Strom (SE-Afrika). — Der Golfstrom ist besonders inten-
siv, da ihm durch die Küstengestaltung Brasiliens auch ein Teil des
Süd-Äquatorial-Stroms zugeleitet wird.

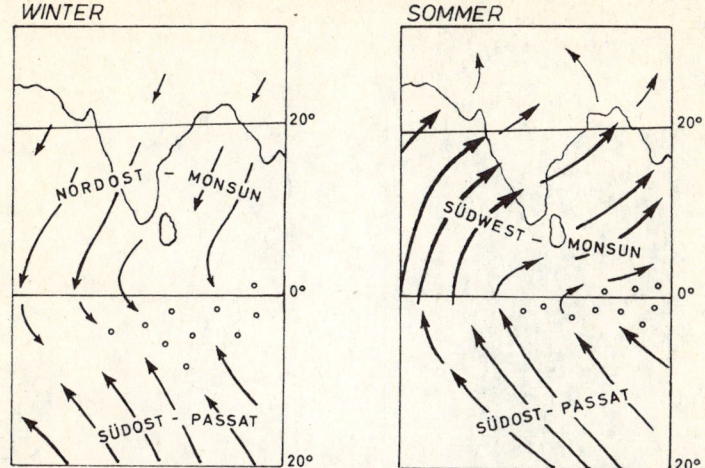

*Abb. 11* Winter- und Sommer-Monsun in Indien. oo = Kalmen. Nach *Dierckes* Atlas

Wichtige *kalte* Meeresströmungen: Labrador-Strom (NE-Amerika), Kalifornien-Strom (westl. Nordamerika), Humboldt-(Peru-) Strom (westl. Südamerika), Benguela-Strom (SW-Afrika).

Der *Einfluß auf die Temperaturen* ist oft sehr groß (Abb. 13), am deutlichsten im Bereich des Golfstromes; an der Küste Norwegens ist der Januar um über 25° wärmer, als er es seiner Breitenlage nach sein müßte. In den höheren Breiten sind also die Ost-Seiten der Ozeane begünstigt; Nain (Labrador) hat ein Jahresmittel von — 6,8, dagegen Aberdeen (Schottland; in gleicher Breite gelegen) von + 8,2°.

**9. Verteilung der Niederschläge.** Die Verteilung der Niederschläge hängt vor allem ab:

a) *Vom planetarischen Windsystem.* Die Äquatorgebiete mit ihrer aufsteigenden und sich abkühlenden Luft sind regenreich, die Roßbreiten mit absteigender Luft regenarm (Wüstengürtel der Erde).

b) *Von der Verteilung von Land und Meer.* Die Küsten, die der herrschenden Windrichtung zugewandt sind, haben viel Regen; je weiter man ins Innere der Kontinente kommt, desto regenärmer wird es, und desto mehr nimmt der Anteil der Wüsten zu (Abb. 7 und 12).

Im Bereich des Westwindgürtels sind daher die Westküsten der Kontinente regenreich, im Gebiet der Passate die Ostküsten.

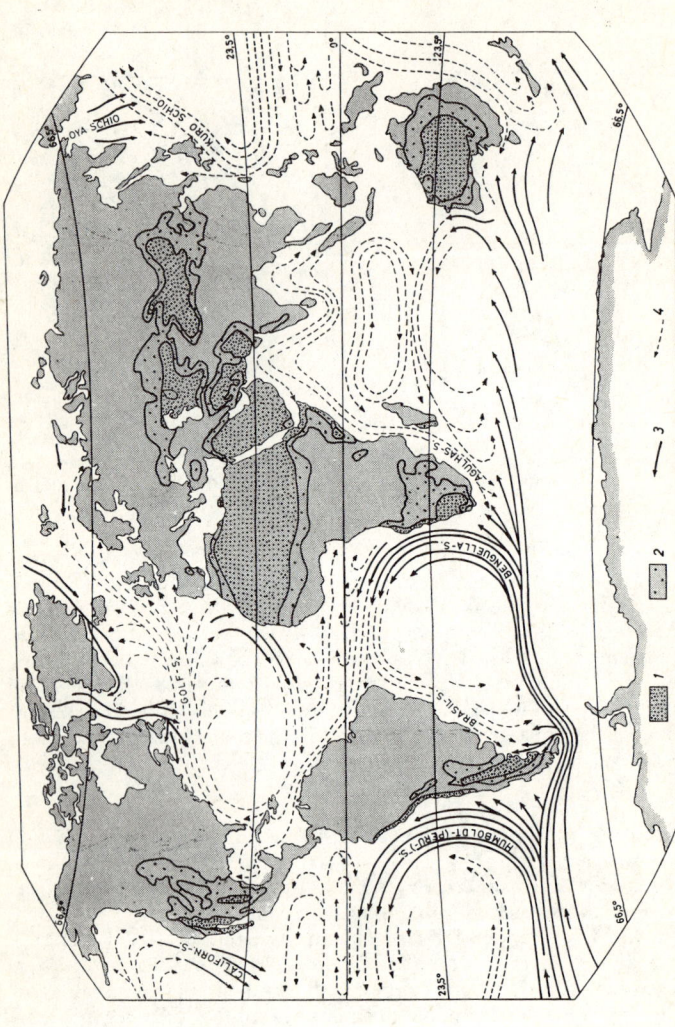

*Abb. 12*  Trockengebiete und Meeresströmungen. 1 = Wüsten; 2 = Steppen; 3 = kalte, 4 = warme Meeresströmungen

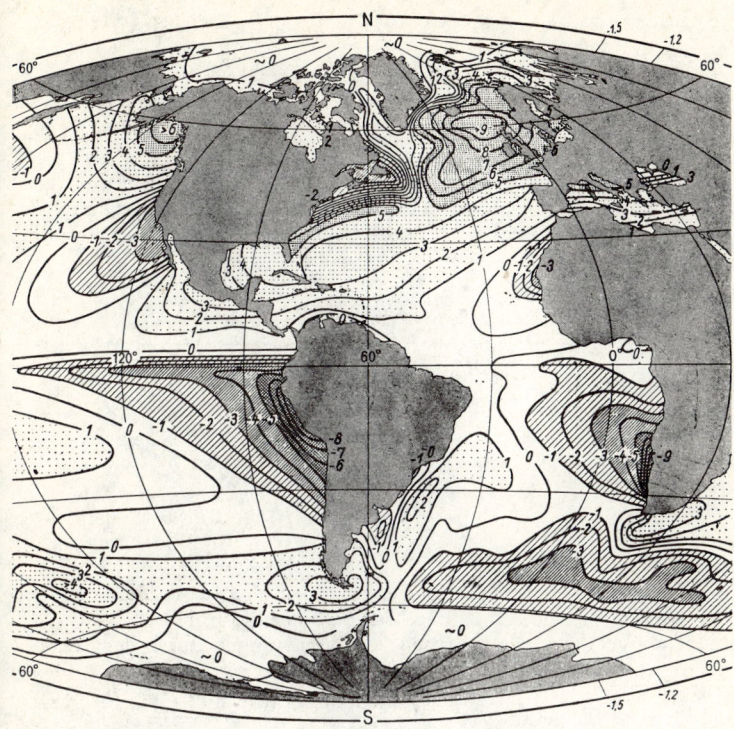

*Abb.* **13** Einfluß der Meeresströmungen auf die Meeres-Temperaturen. Abweichungen der Oberflächen-Temperaturen des Meeres von den Normal-Temperaturen einer wasserbedeckten Erde in °C. Weiß = normale Temperatur, grau = zu warm, schraffiert = zu kalt

Die Monsunwinde, die vom Meere her kommen, bringen Niederschlag (Sommer-Monsun in Indien), diejenigen, die vom Kontinent her kommen, sind trocken.

c) *Von den Meeresströmungen.* Aufsteigende kalte Meeresströmungen verursachen Trockenheit und z. T. Wüstenbildung (Westküste von Nordafrika und Südwestafrika: Namib, Küste von Peru: Atacama, Teile der Westküste von Nordamerika).

d) *Von den Gebirgen.* Indem sie die Wolken zum Aufsteigen und damit zur Abkühlung und Kondensation zwingen, wirken sie als Regenfänger. Die Luv-Seiten sind regenreich, die Lee-Seiten regenarm (Tab. 4).

**10. Zusammenwirken von Niederschlag und Temperatur.** Für Verwitterung, Pflanzenleben usw. ist nicht so sehr die absolute

*Tabelle 4*  Jahresmittel der Niederschläge auf der Kauai-Insel (Hawaii-Archipel)

| | | |
|---|---|---|
| Mt. Waialeale | (im Luv des NE-Passats) | 12 000 mm |
| Waiawa | (im Lee des NE-Passats) | 650 mm |

Höhe des Niederschlags maßgebend, sondern das Verhältnis von Temperatur zum Niederschlag; erst die Temperatur entscheidet, ob bei wenig Niederschlag Trockenheit oder Feuchtigkeit herrscht (Tab. 5).

*Tabelle 5*  Bedeutung der Temperatur für den Niederschlag

| | Jahresniederschlag in mm | Jahrestemperatur | Klimatyp |
|---|---|---|---|
| Suakin (Rotes Meer) | 220 | 28° | heiße Wüste |
| Jakobshavn (Grönland) | 220 | — 6° | Inlandeisvergletscherung |

Die Verdunstung ist dabei der entscheidende Faktor. Sie ist in den Roßbreiten viel höher als der Niederschlag (Abb. 13).

Man hat versucht, die gegenseitigen Beziehungen durch den *Regenfaktor* darzustellen (*R. Lang*):

$$\text{Regenfaktor} = \frac{\text{Jahrestemperatur (in }°\text{C)}}{\text{jährlicher Regen (in mm)}}$$

*De Martonne* änderte die Formel ab; sein Trockenheits-Index (i) ist:

$$i = \frac{\text{Niederschlag (in mm)}}{\text{Jahrestemperatur (in }°\text{C) + 10}}$$

An der Grenze zwischen humidem und aridem Klima ist i ungefähr = 20. Doch ist bei beiden Formeln nicht berücksichtigt, daß auch die jahreszeitliche Verteilung der Niederschläge eine große Rolle spielt.

**11. Meridional- und Zonal-Zirkulation.** Die allgemeine Zirkulation der Atmosphäre besonders auf der Nord-Halbkugel zeigt heute bald mehr meridionale, bald mehr zonale Tendenz. Bei Zonal-Zirkulation ist die Westdrift gut ausgebildet. Bei Meridional-Zirkulation dagegen ist sie abgeschwächt; die „Höhentröge" polarer Kaltluft dehnen sich weit äquatorwärts, während zum Ausgleich daneben tropische Warmluft polwärts geführt wird. (Zusammenfassende Darstellung u. a. bei *Flohn;* vgl. auch Abb. 10.)

# III. Allgemeines über die Rekonstruktion des vorzeitlichen Klimas, vor allem über Klimazeugen

> To those men the marks were what ciga-
> rette ash was to Sherlok Holmes in re-
> constructing a crime and finding the
> criminal, the sureness of deduction rival-
> ing that of Holmes himself.
> *R. A. Daly*, The changing world of the
> Ice-Age, 1934

**12. Paläoklimatologie und Neoklimatologie.** Das Ziel des Paläoklimatologen ist in vieler Beziehung das gleiche wie das des Klimatologen der Jetztzeit: er möchte das Klimabild einer bestimmten Epoche der Erdgeschichte rekonstruieren und es gleichzeitig zu
erklären versuchen, d. h. vor allem in Beziehung zur jeweiligen
Geographie des Erdbildes bringen. Ein Unterschied besteht darin,
daß der Paläoklimatologe nicht nur mit einem veränderten Erdbild
rechnen muß, sondern prinzipiell auch damit, daß sich z. B. die
Sonnenstrahlung geändert hat. Aber den Hauptunterschied kann
man in der *Methode* sehen. Thermometer und Barometer existie-
ren für den Paläoklimatologen nicht; er muß alle meteorologischen und klimatologischen Daten auf Umwegen, also indirekt,
erlangen. Dazu stehen ihm vor allem drei Möglichkeiten zur Verfügung:
a) Die Klimazeugen, d. h. geologische Erscheinungen, die irgendwie klimabedingt sind (Verwitterung, Fossilien usw.); man kann
sie mit heutigen Erscheinungen vergleichen und dann von ihren
heutigen Klimabedingungen auf die früheren schließen.
b) Rechnerische Überlegungen. Sie haben bisher nur eine gewisse
prinzipielle und historische Bedeutung.
c) Physikalische Methoden mit Hilfe von Sauerstoff-Isotopen u. ä.
Diese jüngsten Verfahren könnten theoretisch die exaktesten sein.
Doch sind ihrer Anwendung erhebliche Grenzen gesetzt.
Die bei weitem größte Bedeutung haben die Klimazeugen. Daher
wird ihnen mit Absicht ein besonders großer Raum gewährt.
**13. Unsicherheit der Klimazeugen.** Es gibt zahlreiche Klimazeugen, und einfallsreiche Geologen finden immer wieder neue. Aber
leider sind sie meistens außerordentlich unsicher. Sie ähneln in
dieser Beziehung durchaus den Zeugen vor Gericht. „Es unterliegt
keinem Zweifel, daß ein Untersuchungsrichter eine solche Zeugen-
sippschaft als zur Aufhellung eines sehr verwickelten Falles gänzlich unzureichend erklären würde" (*Kerner-Marilaun*).
Die *Ursachen für die Unsicherheit* liegen darin, daß
a) viele Fossilien nur unsicher bestimmt werden können und
manchmal überhaupt falsch gedeutet werden. Das gilt z. B. in

hohem Maße von den Blättern der Pflanzen, die wenigstens im Tertiär und Quartär mit zu den häufigsten und klimatologisch am besten vergleichbaren Fossilien gehören.

So hat z. B. der sonst zuverlässige O. *Heer* von Grönland fossile Palmenblätter beschrieben, die in Wirklichkeit zusammenliegende parallelnervige Blätter ganz anderer Herkunft und in einem Fall anorganische Gebilde waren.

b) Bei der Fossilisation tritt eine Selektion ein, die das ursprüngliche Bild der Flora oder Fauna gänzlich verwischen und zu so falschen Schlüssen führen kann.

Im abgefallenen Laub eines Waldes sind z. B. die Bäume viel zu hoch vertreten. Dünne Blätter werden schwerer fossil als dicke.

c) Fossilien können auf sekundärer Lagerstätte liegen (z. B. Pollen, der in jüngere Schichten umgelagert wurde), oder sie sind durch Wind (z. B. Kiefern-Pollen), Meeresströmungen u. a. weit vertragen. Sie sagen also, wenn man das nicht erkennt, über einen falschen Zeitabschnitt oder über einen falschen Ort aus.

Bei Früchten von *Celtis* (dem Zürgelbaum), die im Pleistozän Mittel-Europas gefunden wurden und auf mediterranes Klima deuten, hat man Verschleppung durch Vögel diskutiert (*Dohnal* 1961).

d) Die Klimaansprüche einer Pflanze oder eines Tieres können sich im Laufe der Erdgeschichte ändern, oder es können ausgestorbene Arten an ganz andere Klimate angepaßt gewesen sein als ihre heutigen Verwandten.

Das klassische Beispiel bietet das Mammut, das man wie die heutigen Elefanten zunächst als wärmeliebendes Tier betrachtete; daraus ergab sich warmes Klima für Sibirien in der „Mammut-Zeit" (so z. B. *Sarytschew* 1802) oder gewaltige Verdriftung von Indien nach Sibirien (so *Pallas* gegen Ende des 18. Jhd.). Heute gilt uns das Mammut grade umgekehrt als wichtiger Zeuge für sehr kaltes Klima (32; Abb. 56). Ähnlich kommt die heute boreale Muschel *Astarte* im eozänen London Clay zusammen mit der indonesischen Palme *Nipa* vor; „*Astarte* may not have been a frigid lady" im Eozän (*Woodring* 1961). (Vgl. auch die „tropischen Elemente" in kühl-klimatischen Pflanzengruppen, 33.)

e) Ganz verschiedene geologische Vorgänge können sich mit dem gleichen Gestein dokumentieren.

Ein wichtiges Beispiel sind die ungeschichteten und unklassierten Diamiktite. Sie können Moränen darstellen (d. h. durch Gletscher verursacht sein), aber auch Gehängeschutt, Rutschmassen oder andere, nicht klimatisch bedingte Gesteinsbildungen sein. Viele „Vereisungen" gründen sich auf solche falschen „Moränen". — „Base surges" können bei explosiven Vulkanausbrüchen Aschen-Dünen erzeugen, die konzentrisch um den Krater verlaufen und mit dem normalen Wind gar nichts zu tun haben; ihre Dünenschichtung führt also irre (vgl. ein Beispiel von Luzon, *J. G. Moore* 1967, Abb. auch in *Schwarzbach* 1972).

f) Ebenso können bei Organismen verschiedene Ursachen den gleichen Effekt hervorrufen.

So kann eine kümmerliche Korallenfauna durch zu geringe Temperatur verursacht sein, also durch klimatische Ursachen; aber auch durch ganz andere, nicht klimatische Bedingungen (z. B. zu geringen Salzgehalt des Wassers).

g) Ein Klimazeuge sagt manchmal nur über einen kurzfristigen meteorologischen Vorgang aus; dieser braucht nicht unbedingt dem Durchschnitt, d. h. dem Klima, zu entsprechen.

Das gilt z. B. für viele Angaben über Windrichtung. Wenn eine Windhose einen Wald umlegt, so ergibt sich ein geologisch überlieferbarer Vorgang, und die Richtung des Windes läßt sich eindeutig bestimmen. Aber sie braucht nicht der herrschenden Windrichtung des Gebietes zu entsprechen.

**14. Einteilung der Klimazeugen.** In den folgenden Kapiteln sind die Klimazeugen danach gegliedert, über was sie aussagen (über Temperatur, Niederschlag usw.), unbeschadet ihrer geologischen Eigentümlichkeit. Das wäre also eine *meteorologische* Einteilung. Man kann aber auch *geologisch* einteilen und würde etwa folgendes Schema erhalten:

*A. Biologische Klimazeugen* (fossile Pflanzen und Tiere)
a) Fossilien mit enger systematischer Verwandtschaft zu heutigen Arten (besonders in der jüngsten Erdgeschichte; Beispiele: Ren und Moschusochse im Quartär, Palmen im Tertiär, Pollenanalyse);
b) Fossilien mit besonderen ökologischen oder physiologischen Eigentümlichkeiten (Größe und Färbung der Tiere, Träufelspitze bei Blättern, Riffbildung, Jahresringe).

*B. Lithogenetische Klimazeugen*
a) Verwitterungsvorgänge (Laterit, Verkieselung);
b) Sedimente als mineralogisch-petrographische Bildungen (Kalkstein, Salze, Moräne);
c) Besondere Sedimentationserscheinungen (Schichtung, Rippeln, Löß-Verbreitung).

*C. Morphologische Klimazeugen*
(Inselberge, Flußterrassen, Kare, Oser.)

Da bei allen Klimazeugen der Vergleich mit heutigen Verhältnissen wichtig ist, sind für die biologischen Zeugen Darstellungen der Pflanzen- und Tiergeographie, für die lithogenetischen Zeugen Lehrbücher der Sedimentologie und für die morphologischen Zeugen geomorphologische Darstellungen von besonderer Wichtigkeit. Wichtige Zusammenhänge zwischen Klima und Verwitterungserscheinungen zeigt das schematische Profil (Abb. 14).

Weitere Literatur: *Brinkmann* (1964), *Füchtbauer* & *G. Müller* (1970), *Joleaud* (1939), *Krumbein* & *Sloss* (1951), *Kukal* (1971), *Pettijohn* (1949), *Ruchin* (1958), *Sinitzin* (1967), *Strakhov* (1967, 1969), *Tricart* & *Cailleux* (1960 ff.), *Twenhofel* (1950).

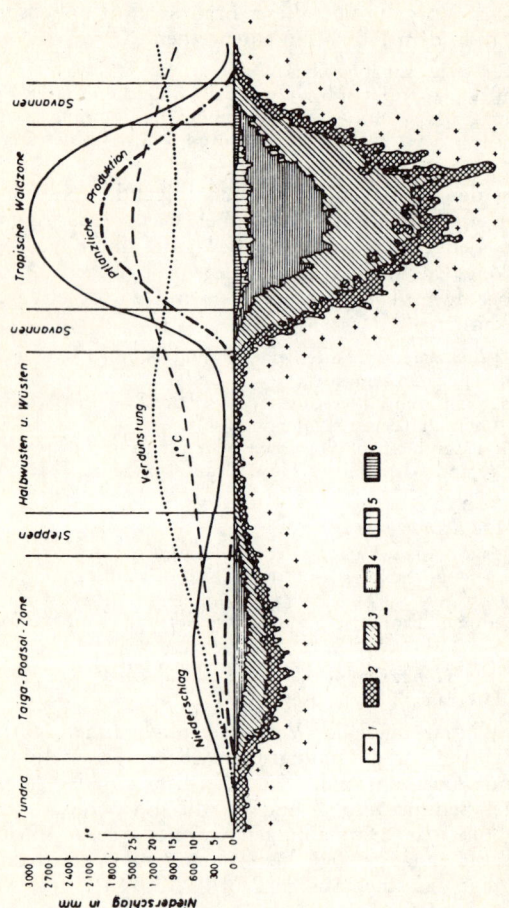

*Abb.* 14  Einige Zusammenhänge zwischen Klima und Verwitterung auf einem Profil von der Arktis zum Äquator. 1 frisches Gesteine; 2 chemisch wenig veränderte Verwitterungszone; 3 Hydroglimmer-Montmorillonit-Beidellit-Zone; 4 Kaolinit-Zone; 5 Eisenocker, $Al_2O_3$; 6 Krusten aus $Fe_2O_3 + Al_2O_3$. Nach *Strakbov,* 1962

# IV. Klimazeugen für Temperaturen

Manche Klimazeugen weisen eindeutig auf hohe Temperaturen, andere ebenso deutlich auf Kälte. Bei anderen läßt sich eine solche scharfe Trennung nicht vornehmen. Aus diesem Grunde ist im folgenden eine Einteilung in 4 Gruppen vorgenommen, die z. T. durch ihren Temperaturbereich, z. T. aber durch andere, vor allem biologische Merkmale, charakterisiert sind.

## a) Glazialer Klimabereich

> An old Mr. *Cotton* in Shropshire, who knew a good deal about rocks, had pointed out to me two or three years previously a well-known large erratic boulder in the town of Shrewsbury, called the „bell-stone"; he told me that there was no rock of the same kind nearer than Cumberland or Scotland, and he solemnly assured me that the world would come to an end before any one would be able to explain how this stone came where it now lay.
>
> Vor 1825 (*Ch. Darwin*, Autobiography)

**15. Gletscher.** Die *Gletscher* stellen wohl die auffälligsten Kennzeichen der Gebiete kalten Klimas dar. Allerdings können einzelne kleine Gletscher auch inmitten tropischer Klimazonen auftreten, sofern die Gebirge hoch genug aufragen. So tragen Kenia, Kilimandscharo und Ruwenzori im äquatorialen Afrika eine Anzahl von Kar- und Gehängegletschern, deren Enden am Ruwenzori bis 4100 m herabsteigen. Für fossile Vorkommen ist es also wichtig nachzuweisen, daß wirklich eine weit ausgedehnte Gebirgs- oder Inlandeisvergletscherung vorliegt, oder daß die Gletscher nahe dem Meeresspiegel lagen. Das letztere läßt sich an Zwischenlagen mariner Fossilien in den Moränen erkennen.

Die Gletscherstirn liegt manchmal weit unter der Schneegrenze (am Montblanc in den West-Alpen bis an 2000 m). Vor allem im ozeanischen Klima schließen sich dann Gletscher und üppige Vegetation nicht aus. Das hat schon *Darwin* von der südchilenischen Küste eindrucksvoll geschildert. Noch krasser als dort sind aber die Gegensätze am Franz-Josefs- und Fox-Gletscher in Neuseeland. Sie enden in 43° S — d. h. in der Breite von Florenz und der Côte d'Azure — fast am Meer, nur wenig oberhalb von prächtigen Baumfarn-Regenwäldern und nur 120 km südlich der Palmengrenze (vgl. *Schwarzbach* 1965).

Die fossilen Gletscher lassen sich durch ihre Ablagerungen (Moränen u. a.) und durch typische Geländeformen nachweisen. Schon

1869 hat übrigens der Schweizer *F. Mühlberg* darauf aufmerksam gemacht, daß die Gletscher in der Geologie unbekannt wären, wenn sie nicht in der Gegenwart existierten. Denn ohne diese rezenten Beispiele würde man dem Eis ganz gewiß nicht die geologisch so wichtigen Eigenschaften zutrauen, die es in den Gletschern dokumentiert. Die Moränen und Tillite wären als Klimazeugen unbekannt.

*Gletscherschwankungen* in historischer Zeit und ihre Zusammenhänge mit Klimaschwankungen sind vielfach studiert worden (vgl. die Lehrbücher von *Flint, Klebelsberg* u. a., ferner *M. F. Meier* 1965 u. a., sowie 115 und 122).

Von paläoklimatologischem Interesse ist die Reaktion der Gletscher auf *subglaziale Vulkanausbrüche:* es bilden sich ausgedehnte Pillow-Laven und -Brekzien (Hyaloklastite), oft mit *Palagonitisierung.* Palagonitische Umwandlung von basaltischem Glas kommt zwar auch *ohne* Zusammenhang mit Gletschern vor; aber in Island z. B. ist die subglaziale Entstehung der dortigen „Palagonitformation" und ebenso die Entstehung von typischen, subglazialen Palagonit-Tafelbergen (24) einleuchtend (*Kjartansson, Van Bemmelen* & *Rutten, Saemundsson* u. a.).

**16. Moränen-Gesteine (Tillite).** Moränen (als Gestein) sind ungeschichtet und unsortiert. Sie gehören zu den Diamiktiten (18). Kleine und große, oft kantengerundete und fazettierte Steine („Geschiebe") liegen scheinbar regellos verteilt in einer meist lehmigen oder mergeligen Grundmasse (Abb. 15; Geschiebelehm, Ge-

*Abb. 15* Grundmoräne (Geschiebelehm) des pleistozänen, skandinavischen Inlandeises. Hermsdorf i. Riesengebirge (in ca. 1000 km Entfernung vom skandinavischen Hochgebirge!). Maßstab: Hammer. Fot. *M. Schwarzbach*, 1941

schiebemergel). Für ältere, völlig verfestigte Moränenablagerungen prägte *A. Penck* unter dem Eindruck der Dwyka-Moränen Südafrikas die Bezeichnung *Tillit*. Auch pleistozäne Moränen können bereits als Tillite vorliegen.

Die Unterscheidung von echten und scheinbaren (Pseudo-)Moränen ist sehr schwierig. Man hat daher u. a. folgende Nomenklatur vorgeschlagen (z. B. *Chumakov* 1964 und *Harland* et al. 1966):

*Tillit* = echte Moräne (glazigener Diamiktit),
*Tilloid* = Diamiktite, die wahrscheinlich oder möglicherweise Moränen sind,
*Pseudotillit* = Diamiktite, die sicher keine Moränen sind.
Von anderen Forschern wird aber Tilloid im Sinne von Pseudotillit gebraucht. Am besten ist es wohl, die Bezeichnung Tillit nicht zu eng zu fassen, d. h. man sollte Diamiktite, die mit einiger Wahrscheinlichkeit glazigener Entstehung sind, ebenfalls Tillite nennen. In der Praxis wird es tatsächlich schon immer so gemacht; denn nur wenige Tillite in der Literatur sind wirklich zweifelsfreie, „bewiesene" Moränen. Die verschieden verwendete Bezeichnung Tilloid wird dann fast entbehrlich; man kann sie durch die Schreibweise „Tillit" (mit „ ") oder durch die neutrale Bezeichnung Diamiktit ersetzen.

Die Geschiebe sind oft geglättet und geschrammt (Abb. 99, 103), ebenso der felsige Untergrund (Abb. 16, 17). Bezeichnend sind z. B. die *Gletscherschrammen* auf dem Muschelkalk von Rüdersdorf bei Berlin, die 1875 den Anstoß zur modernen Entwicklung der

*Abb. 16* Vom Gletscher geschrammter Untergrund mit flacher Stoß- und steiler Lee-Seite. Der Gletscher kam von rechts. Vorland des Solheima-Gletschers (Island). Fot. *M. Schwarzbach*

*Abb. 17*  Rundhöcker der jungquartären Vereisung auf präkambrischem (huronischem) Tillit. Noranda, Kanada. Der Aufschluß bezeugt zwei Eiszeiten, die über 2 Milliarden Jahre auseinanderliegen! Fot. *M. Schwarzbach*

Eiszeitlehre durch *O. Torell* gaben. Auch bei vorquartären Vergletscherungen ist solcher geschrammter Untergrund nachgewiesen (Abb. 101, 124). Die Häufigkeit der Schrammung hängt vom Gestein ab. So fand *R. C. Anderson* in Illinois, daß basische Eruptiva dort besonders häufig geschrammt sind; dann folgen Dolomite und Kalke

Weitere Literatur: *Wentworth* (1936), *Goldthwait* (1971).

**17. Aquamoränen (Aquatillite).** Die Moränen sind zum allergrößten Teil auf dem festen Land abgelagert. Bei Gletschern, die weit ins Meer (wie in der Antarktis) oder einen großen See vorstoßen, ändert sich an der Sedimentation nichts, solange die Gletscherbasis dem Schelf unmittelbar aufliegt. Sobald der Gletscher aber auf dem Meer *schwimmt,* wird den Moränen immer mehr marines Material beigemengt; zwischen den Geschiebelehm können sich schwachgeschichtete Sand- oder Konglomeratlagen, auch mit marinen Mollusken u. dgl., einschalten (*Carey* & *Ahmad* 1961, *Lindsey 1971*). Man kann diese Ablagerungen, die im ganzen noch den Habitus eines Diamiktits zeigen, als *Aquamoränen* oder Aquatillite (*Schermerhorn* 1966) bezeichnen. An sie schließen sich meerwärts die eigentlichen glazialmarinen Sedimente (Dropstein-Laminite) an, bei denen Schichtung das Hauptmerkmal ist. *Schermerhorn* hat auch diese zu den Aquatilliten gerechnet, doch wollen wir dieser erweiterten Definition nicht folgen.

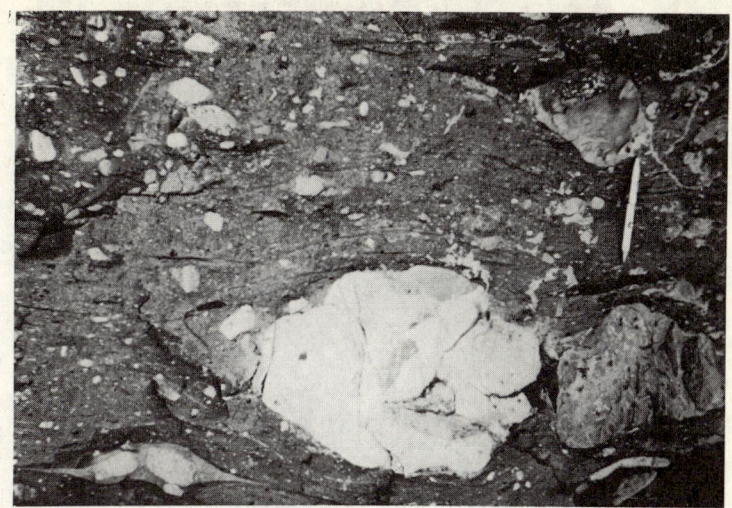

*Abb. 18*  Pseudotillit: submarine Rutschmasse. Ordovizium, Quebec. Maßstab: Bleistift. Fot. *M. Schwarzbach*

## 18. Pseudomoränen (Pseudotillite).

Moränen-ähnliche Bildungen (z. T. mit gekritzten Geschieben) entstehen auch durch ganz andere, nichtglaziale Vorgänge. Den echten Moränen stehen also *Pseudomoränen* (Pseudotillite) gegenüber. Rutschmassen (Abb. 18), Fanglomerate, Laharite[2], vulkanische Brekzien, tektonische Brekzien können mit Moränen verwechselt werden. Schon Mitte des vorigen Jahrhunderts unterschied man „echte" und „unechte" Moränen (so *Ch. Martins*; vgl. die deutsche Ausgabe 1868, II, S. 150).

Als rein beschreibenden Namen für alle diese Gesteine (einschließlich der echten Moränen) haben *Flint, Sanders & Rodgers* zuerst Symmiktit, dann (1960) *Diamiktit* vorgeschlagen (griech. „Durcheinandergemischtes"), *Schermerhorn* (1966) den Namen Mixtit. Für Rutschmassen (vor allem submarine) prägte *G. Flores* den Namen Olistostroma (vgl. besonders *Beneo* 1956, *Jacobacci* 1965, *Dimitrijević* 1973), für ungeschichtete blockführende Schlammströme *Harrington* (1946) die Bezeichnung Cenoglomerat (lat. coenum = Schlamm; vgl. auch *J. Polanski* 1961, 1966).

Selbst *geschrammter Untergrund* kann sich dann bilden. Ein Beispiel von einem rezenten Bergrutsch zeigt Abb. 19, in diesem Fall

[2]  Als Laharite möchte ich die Ablagerungen von Laharen, also vulkanischen Schlammströmen, bezeichnen (Abb. in *Schwarzbach* 1972 a)

*Abb. 19*   Geschrammter (toniger) Untergrund bei einem Bergrutsch 1957. Ebermannstadt i. Bay. Aus *B. v. Freyberg*, 1957; Foto vom Autor freundlichst zur Verfügung gestellt

freilich auf weichen, tonigem Substrat. Von großem Interesse ist auch eine direkte Beobachtung paralleler Streifung bei rezenten Schlammströmen am steilen Hang des submarinen Canyons von Toulon in 1680 m Tiefe durch *L. Dangeard* (1961, Taf. II). Dann können wohl auch „Schleifspuren" und ähnliche Streifen oder Riefen auf Schichtflächen (z. B. im Flysch, bei turbidity currents) zu Verwechslungen Anlaß geben (groove casts, drag casts u. a.; Zusammenstellung z. B. bei *Pleßmann* 1961). In andern Fällen ist wenigstens Eis, also kühles Klima, der maßgebende Faktor: Schrammung durch strandende Eisberge oder bei Pressungen durch Eis-Schollen an der Küste (20, 21). Auch durch sandbeladenen Wind entsteht manchmal eine feine Streifung auf (gleichfalls durch Wind geglätteten) Fels (*Tremblay*). Ja sogar Seehunde kommen gelegentlich als Erreger in Frage, wie *Jordan* auf den Pribilof-Inseln beobachtete (vgl. *Barth* 1956).

Vereinzelt hat man tektonische Harnische mit glazial geschrammtem Untergrund verwechselt (vgl. *Daily* et al. 1973). Andere nichtglaziale Schrammung sah *Perret* an der Montagne Pelée auf Martinique: Kritzung harter Konglomerate durch Glutwolken (1937, Fig. 53). Schliff-Flächen auf festem Kalkstein bildeten sich bei dem „Ries-Ereignis" im bayerischen Nördlinger Ries vor 15 Mill. Jahren, nach heutiger Auffassung durch einen Meteoriten- oder Kometen-Aufschlag (*G. H. Wagner* 1964, *Hüttner* 1969).

Pseudo-Gletscherschliff auf z. T. weichem, z. T. aber auch hartem Untergrund ist also gar nicht so selten. Aber eine Verwechselung mit glazigenen Schliff-Flächen wird sich bei sorgfältiger Beobachtung wohl meist vermeiden lassen.

Für *geschrammte Pseudo-Geschiebe* gibt es u. a. Beobachtungen bei Bergrutschen. Nach *Alb. Heim* entstehen dabei allerdings nur kurze, krumme „Hiebschrammen" auf unpolierten Bruchflächen, die sich von den ziemlich langen und geraden, echten Gletscherschrammen auf polierten Flächen unterscheiden lassen. In einem rezenten Schlammstrom Süd-Australiens fanden *Winterer* & *Von der Borsch* (1968) bei fast der Hälfte der Steine Kritzung. Andererseits hebt *Crandell* (1971) ausdrücklich hervor, daß in den 55 postglazialen Laharen des Mt. Rainier (USA) keine gekritzten Blöcke beobachtet wurden.

Man muß natürlich auch mit der Möglichkeit rechnen, daß bei einem Bergsturz geschrammte Moränenblöcke mitgerissen werden, also die Schrammung überhaupt keine direkte Beziehung zur Pseudomoräne hat (*Alb. Heim* 1932, S. 105 ff.). Das gleiche kann mit tektonischen Harnischen geschehen, wie *Zankl* (1961) in den Bayerischen Alpen beobachtete (die Harnisch-Fläche erhielt während des Berg-Sturzes zusätzlich streifige Schlagspuren). — Selbst in normalen Konglomeraten kann durch diagenetische Vorgänge (nämlich stärkere Schrumpfung der Matrix) Schrammung von Geröllen vorkommen; *Heim* bildete Beispiele aus der Schweizer Molasse ab (1919, S. 62). *Krejci-Graf* erwähnte gekritzte Gerölle von Schlammvulkanen Rumäniens (ebenso *Kugler* 1968 aus Trinidad). Auch in Lahariten kommen sie vor.

*Behrens* & *Wurster* (1972) untersuchten tektonisch gestriemte Molasse-Gerölle statistisch. Solche Vorkommen – noch dazu in dichtgepackten Konglomeraten – wird man kaum mit glazialer Schrammung verwechseln. Aber in tektonisch stärker beanspruchten Schichten mit vereinzelten „Geschieben" ist es vermutlich meist unmöglich, zwischen tektonischer und glazigener Kritzung zu unterscheiden (vgl. die Kontroverse zwischen *J. A. Robertson* und *J. F. Lindsay* et al. 1971 über den Gowganda-Tillit, ferner *W. J. Schmidt* 1954). Viele Angaben über „Tillite" mit „gekritzten Geschieben" sind sicherlich ohne Beweiskraft.

Zu den Merkmalen von subaquatischen Rutschmassen gehören u. a. gefältelte („eingewickelte") Tonbrocken (*convolute bedding*"; Abb. u. a. bei *Chumakov* 1964, *Dott* 1963, *Schwarzbach* 1958).

*Tabelle 6* Merkmale von Moränen und Pseudomoränen

| | Moräne (Tillit) | Glazialmarine Ablagerung (Aquamoräne) | Rutschmassen subaerisch | Rutschmassen subaquatisch | Pseudomoränen Fanglomerat | Pseudomoränen vulkanische Brekzie | Pseudomoränen tektonische Brekzie |
|---|---|---|---|---|---|---|---|
| Entstehung durch | Gletscher | schwimmenden Gletscher | Schwerkraft, z.T. in Verbindung mit Erdbeben (Bergsturz); z.T. thixotrope oder periglaziale Vorgänge | Schwerkraft, manchmal in Verbindung mit Erdbeben; turbidity currents | fließendes Wasser in ariden Gebieten | vulkanische Vorgänge (Spalten-Ausfüllungen; Glutwolken mit „chaotischen Tuffen") | tektonische Zerbrechung |
| Schichtung | fehlt (Geschiebe aber meist eingeregelt) | dünne schichtige Lagen vorhanden | fehlt | fehlt oder vorhanden z. T. gradiert | oft undeutlich | fehlt oder vorhanden | fehlt |
| Korngrößen-Sortierung | fehlt | fehlt oder vorhanden | fehlt | fehlt oder vorhanden | oft undeutlich | fehlt oder vorhanden | fehlt |
| Form der Blöcke | kantengerundet, fazettiert; „Gerölle" manchmal vorhanden | wie bei Moränen | meist eckig; „Gerölle" möglich? | meist eckig; „Gerölle" möglich? | oft schlecht gerundet | eckig | sehr eckig |
| geschrammte Blöcke | regelmäßig vorhanden | vorhanden | selten (kurze, krumme Schrammen) | selten | fehlen | möglich | selten |

| | | | | | | | |
|---|---|---|---|---|---|---|---|
| geschrammter Untergrund | gelegentlich vorhanden, auch bei sehr hartem Untergrund | möglich | selten; bei weichem Untergrund | nicht selten (groove casts u. ä.) | fehlt | bei Glutwolken möglich; bei Spalten sind Harnische möglich | Harnische möglich |
| Stauchung des Untergrundes | nicht selten | möglich | bei Hangrutschen oft „Hakenschlagen" | gelegentlich vorhanden | fehlt | fehlt | möglich |
| Art der Blöcke | polymikt | polymikt | oft monomikt | monomikt oder polymikt | monomikt oder polymikt | meist nur vulkanische Blöcke | meist wenige Arten |
| Herkunft der Blöcke | manchmal sehr weit (einige 100 km) | meist sehr weit | nahe | nahe bis ziemlich weit | meist ziemlich nahe | gelegentlich aus größerer Tiefe | meist nahe |
| primäre Lagerung | ± horizontal | horizontal | flach geneigt | flach geneigt | horizontal | vertikal, schräg oder horizontal | steil oder flach |
| Besonderheiten | manchmal besonders große flächenhafte Verbreitung. Matrix oft tonig oder lehmig, überwiegt oft gegenüber den Geschieben | zusammen mit marinen Fossilien. Matrix meist tonig. Übergänge in marine Dropstein-Laminite | | z. T. pebbly mudstones. Oft „eingewickelte" Tonbrocken. Marine oder limnische Fossilien möglich | Matrix tritt zurück | | oft geschieferte Partien; oft in schmalen Zonen |

¹ Bereits vorhandene Gerölle können hineingeraten.

Eine *Übersicht der Merkmale von Moränen und Pseudomoränen* gibt Tab. 6. So unsicher die Entscheidung im einzelnen auch sein kann, so sprechen doch manche Merkmale — besonders wenn sie gehäuft oder kombiniert auftreten — entschieden *für wirkliche Moränen: in erster Linie gekritzte, polymikte Geschiebe, gekritzter harter Untergrund, weite flächenhafte Verbreitung.* Wenn diese Merkmale fehlen, so spricht das freilich umgekehrt noch keineswegs für Pseudomoränen. Nicht allzuviel Bedeutung kann man dem Zusammenvorkommen mit „Bändertonen" zubilligen; denn gut geschichtete Sedimente sind auch in nicht-glazialer Umgebung häufig (vgl. Abb. 86).

Die sichere Erkennung von Tilliten wird umso schwieriger, je mehr die Schichten tektonisch beansprucht sind. Bei tektonischer *Metamorphose* geht ein Moränen-Merkmal nach dem andern *verloren*, zuerst die glazigene Kritzung der Geschiebe und des Untergrunds (vielfach mit Neubildung tektonischer Kritzung!), dann die Schichtungslosigkeit (infolge von Schieferungsvorgängen). Am längsten bleibt wohl das Merkmal der fehlenden Korngrößen-Klassierung erhalten.

Weitere Literatur: *Flint* (zuletzt 1971, Tab. 7-B), *Harland* et al. (1966), *Porter* (Pohakuloa-Diamiktit, Mauna Kea; 1973), *Stone* & *Sterling* (1965), *Washburn* et al. (1963).

**19. Richtung der Gletscherbewegung.** Die Frage, woher die Gletscher kamen, ist in heutigen Gebirgen — auch wenn sie nicht mehr vergletschert sind — leicht zu beantworten, aber nicht so leicht bei sehr alten Vergletscherungen; denn morphologische Hinweise gibt es dann nicht mehr. Andererseits ist die Frage z. B. für die Rekonstruktion eines permokarbonischen Inlandeis-Schildes sehr wichtig.

Die Bewegungsrichtung zeigt sich in der *Einregelung der Geschiebe,* die nur scheinbar regellos in der Moräne liegen (zuerst von *Konr. Richter* 1932 in pleistozänen Moränen erkannt). Auch in Dünnschliffen ist die Einregelung zu erkennen (*Ostry* & *Dyne* 1963). Durch einen neuen Eisvorstoß kann eine Umorientierung stattfinden (*McClintoc* & *Dreimanis* 1964). Gewöhnlich liegen die Längsachsen der Geschiebe parallel zur Strömungsrichtung, in den Randmoränen allerdings manchmal auch senkrecht dazu (*Portmann* 1956).

Besonders wichtig sind die *Gletscherschrammen* auf Felsuntergrund. Diese laufen nun freilich selbst bei Talgletschern keineswegs immer parallel (wie *Collomb* schon 1846 am Rosenlaui-Gletscher in der Schweiz richtig beobachtete). Aus verschiedenen Schrammenrichtungen auf einer Felsfläche darf man daher nicht gleich auf verschieden alte Vereisungen schließen. Anders ist es z. B., wenn ältere Schrammen von Kalkkrusten bedeckt sind, die ihrerseits (anders verlaufende) Schrammung aufweisen (so im antarktischen Mirnyy-Gebiet, *Voronov* 1964). Im übrigen hat man natürlich — wie bei der Einregelung der Geschiebe — zunächst immer die Wahl zwischen *zwei* möglichen, um 180° verschiedenen Herkunftsrichtungen. Die Entscheidung erleichtern halbmondförmige *Schürfmarken* (Abb. 20), aber auch nicht eindeutig; denn

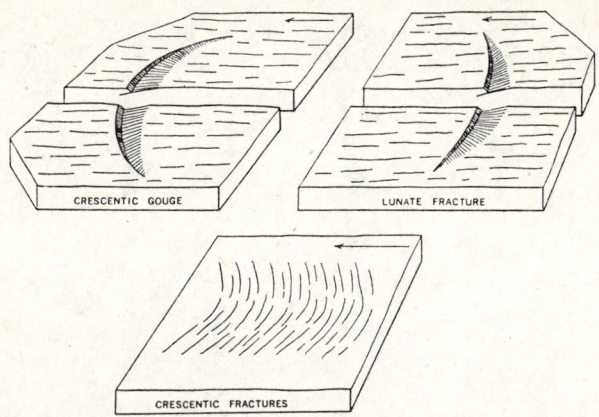

*Abb. 20* Gletscherschrammen und Schürf-Marken. Die Pfeile zeigen die Gletscherbewegung. Nach *R. F. Flint*, 1955

die flache Neigung der ausgebrochenen Flächen verläuft zwar meist, aber keineswegs immer in der Bewegungsrichtung (vgl. *Flint* u. a.).

Die Analyse der *Geschiebe* nach ihrer Herkunft führt bei uncharakteristischen Geschieben und überhaupt bei alten Moränen nur gelegentlich zum Ziel. Immerhin dient sie im norddeutschen Quartär zur Unterscheidung verschieden alter Vereisungen, da die Strömungsrichtung wechselte. Im Quartär lassen sich im übrigen auch die Richtungen der Endmoränen, Oser und Drumlins mit heranziehen, ebenso das unsymmetrische Längsprofil von Rundhöckern (Stoßseite flach, Leeseite steil; Abb. 16).

Manchmal bieten Stauchfalten, die der vorstoßende Gletscher verursachte, Hinweise (rezente Beobachtungen in Spitzbergen von *Gripp* u. a., pleistozäne Beispiele bei *Viete*, permokarbonische aus Brasilien bei *Almeida* und *H. Martin*). Aber ähnliche Faltung kann z. B. auch durch subaquatische Rutschung entstehen, und das läßt sich nicht immer auseinanderhalten (*Fairbridge* 1947).

Oft läßt sich die Richtung der Gletscherbewegung nur lückenhaft direkt rekonstruieren. In einem solchen Fall kann man die Transportrichtungen (*current directions*) von nichtglazigenen (z. B. fluvialen), aber ungefähr gleichalten Sedimenten ergänzend heranziehen. Vielfach werden beide Richtungen übereinstimmen; denn

Gletscher und Flüsse kommen meist aus den gleichen Hochgebie-
ten. *Aber nicht immer stimmt es.* In Nord-Deutschland z. B. fließen die großen Flüsse *nach* Norden, aber die pleistozänen Gletscher
kamen *von* Norden (Abb. 21). Auch in Grönland und Antarktika

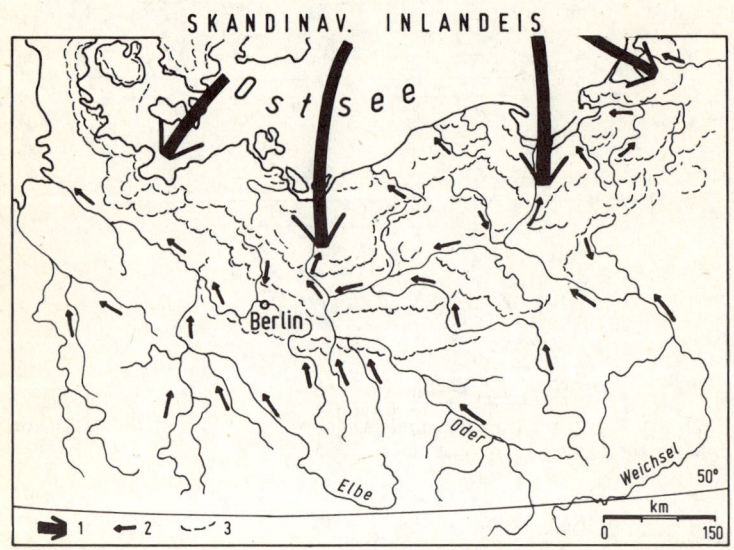

*Abb. 21*   Gletscherbewegung (1) und Flußrichtungen (2) im norddeutschen
Vereisungsgebiet. 3 = jungpleistozäne Endmoränen. „Current direction"
und Gletscherbewegung verlaufen hier größtenteils entgegengesetzt —
entgegen einer weit verbreiteten Annahme!

werden die Flußrichtungen — wenn beide Gebiete einst eisfrei sein
werden — vielfach ein ganz anderes Bild bieten als die heutige
Eisbewegung. (Karte der rezenten Eis-Strömung in Antarktika bei
*Goodell* et al. 1968.)

Weitere Literatur: *Glen* et al. (1957).

**20. Transport durch Eisberge: glazialmarine Sedimente, Drop-
stein-Laminite.** *Lyell* hatte angenommen, daß die großen „Findlinge" in Mittel-Europa durch driftende Eisberge transportiert
wurden. Diese „Drifttheorie" ist längst verlassen (aber das Wort
„drift" hat sich in der englischen Nomenklatur als Bezeichnung
für glaziale Ablagerungen bis heute gehalten). Es ist jedoch sicher,
daß Eisberge tatsächlich grobes Material über riesige Strecken verschleppen und in feinkörnigen, marinen Sedimenten ablagern kön-

nen. Auf diese Weise entstehen glazialmarine Ablagerungen. Heute driften Eisberge vereinzelt bis 40° Breite und weniger.

Über die Lage von Gletscher-Gebieten sagen glazialmarine Sedimente nur ausnahmsweise aus; aber sie beweisen wenigstens die Existenz von Gletschern, und das ist für vorquartäre Zeiten immerhin wichtig.

Zu den glazialmarinen Sedimenten gehören im strengen Wortsinn

*Abb. 22*  Driftblock (von Eisberg transportiert) in marinem, interglazialem Ton. Dropstein-Laminit. Fossvogur b. Reykjavik (Island). Fot. *M. Schwarzbach*

auch die (nicht sehr weit verbreiteten) Aquatillite. Wir wollen aber jetzt nur die *geschichteten* marinen Ablagerungen betrachten, die Eisberg-Material enthalten. Sie sind manchmal höchst auffällig charakterisiert dadurch, daß mitten in normalen, gut geschichteten, meist tonigen Sedimenten vereinzelt kleinere oder größere Steine stecken (Abb. 22). Diese *Dropsteine* (dropstones[3]) zeigen vielfach die Merkmale glazialer Geschiebe (Kanten gerundet, Schrammung, vgl. *Schwarzacher* & *Hunkins* 1961). Geschichtete Tonsedimente mit solchen eisberg-transportierten Dropsteinen sind *glaziale Dropstein-Laminite*.

Doch sind glazialmarine Ablagerungen nur selten so deutlich durch große Dropsteine gekennzeichnet. In den Tiefsee-Kernen ist meist nur ein höherer Gehalt an *„eistransportiertem"* Quarz (elektronenmikroskopisch bestimmt, *Margolis* & *Kennet* 1970) und ein

---

[3]  Das prägnante englische Wort sollte man in die deutsche Nomenklatur übernehmen. Die wörtliche Übersetzung „Tropfstein" ist ja (für Stalaktiten) präokkupiert

hoher Gehalt an Fraktionen > 250 $\mu$ (*Kent* et al. 1970, 1971) ein Hinweis für Eisberg-Drift (vgl. auch *Conolly* & *Ewing* 1970, *Mullen* et al 1972). Im polaren Bereich ist das freilich bei quartären Ablagerungen noch kein Beweis für glazialzeitliche Entstehung, da ja dort auch heute Eisberge treiben. Wichtig sind diese

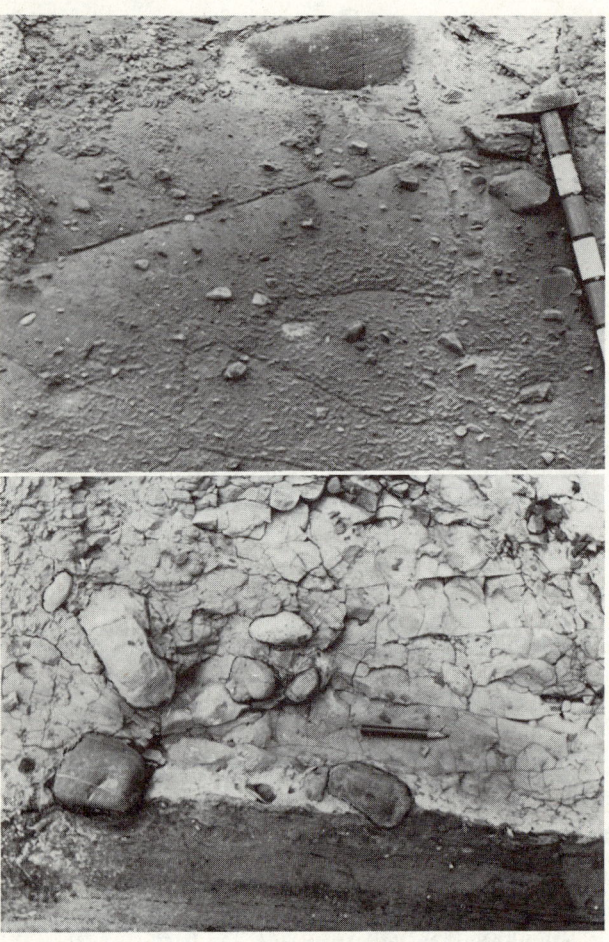

*Abb. 23* Tillit und Pseudotillit. Oben: Tillit (mit geschrammtem Geschiebe); Permokarbon, Bacchus Marsh bei Melbourne (Australien). Unten: Pebbly mudstone (submarin abgeglittenes Sediment); Mittl. Pliozän, Santa Paula Creek bei Los Angeles. Fot. *M. Schwarzbach*

Beobachtungen vielmehr in solchen Breiten, in denen Eisberge heute nicht oder nur selten vorkommen (und wo sie noch weniger in Interglazial-Zeiten anzunehmen sind). Dort lassen sich entsprechende Häufigkeits-Kurven des groben Materials — kombiniert mit Diagrammen des Kalkgehalts, der Mikrofossilien, der Paläotemperatur — quartärstratigraphisch ausdeuten. Auch für den Beginn der känozoischen Vereisungen ergeben sich wichtige Hinweise (103).

*Ovenshine* (1970) beobachtete in Alaska, daß die 2—3 mm großen Lücken zwischen den Eiskristallen von Eisbergen mit Sediment gefüllt sein können, das ganz der Matrix von Geschiebelehm entspricht. Solche Sediment-„Pillen" überstehen das Abschmelzen des Eises und können in marines Sediment eingebettet werden. Vielleicht gehen Grauwacken-Bröckchen im präkambrischen Gowganda-Tillit darauf zurück.

Viele „*Geröllschiefer*" (pebbly mudstones) älterer Epochen hat

*Abb. 24* Driftblock, durch Tang transportiert. Maßstab 5 cm. Am Strand von Islay (Schottland). Fot. *M. Schwarzbach.*

man als Eisberg-Sedimente gedeutet. Wo man sie im Gelände in deutlichem Zusammenhang mit Tilliten sieht (z. B. im Permokarbon Australiens oder Südafrikas), zweifelt man nicht an ihrer glazigenen Entstehung. Aber vielfach gehen sie auch auf ganz andere Ursachen zurück und sind dann falsche Klimazeugen — nichtglaziale Dropstein-Laminite (Abb. 23). Ein wichtiges Transportmittel können z. B. turbidity currents sein (*Crowell* 1957).

Auch driftende Baumstämme und Tange (Abb. 24) vermögen Steine weit zu verschleppen; der Dichter und Botaniker *Adalbert v. Chamisso* beobachtete das schon während der Weltreise des russischen Schiffes „Rurik" (1815—1818) auf der Koralleninsel Radak (Marschall-Inseln). Im Solnhofener Jura hat man es sogar unmittelbar fossil nachgewiesen (*F. Mayr*). — Auch Seelöwen (und andere Tiere) verschleppen einzelne Gerölle (als Magensteine; *K. O. Emery*).

Bei der *Strandung von Eisbergen* kann sicher auch der Untergrund geschrammt werden, wie *Ch. Darwin* schon 1855 bemerkte (vgl. auch *R. L. Nichols* 1961 und *Belderson* et al. 1973). Ebenso kann es dann zu Schicht-Stauchungen kommen. (Vgl. auch 21.)

Weitere Literatur: *Hume* & *Schalk* (1964).

**21. Eis der Seen und Flüsse.** Ähnliches wie für die Eisberge des Meeres gilt im kleinen für die Eisberge der Seen und die Eisschollen der Flüsse. Die pleistozänen glazialen Stauseen enthalten Bändertone, die (allerdings nicht häufig) Dropsteine zeigen. Eisschollen auf Flüssen können *große Blöcke* verfrachten. Die Transportkraft sibirischer Ströme wird schon durch eine alte Beobachtung *Sarytchews* beim Eisgang des Aldan im Mai 1788 charakterisiert: das Eis brachte ganze Inseln, mit Birken und Lärchen bestanden, mit sich. In den pleistozänen Schottern des Rheins usw. gibt es

*Abb. 25.* Großer Driftblock, durch Eisscholle in einem saale-eiszeitlichem Fluß transportiert. Kiesgrube zwischen Oder- und Oppa-Tal (Mähren). Fot. *V. Šibrava*

nicht selten meter-große Blöcke, die man als Beweis für Glazialklima ansieht (Abb. 25). „Findlinge" von Granit usw. in ponti-
schen Kalken der Ukraine erklärte *Sokolow* 1889 gleichfalls durch
Transport auf Eisschollen. Das würde also bedeuten, daß die jungtertiären Flüsse dort im Winter eisbedeckt waren (vgl. *Berg* 1959,
S. 14).
Durch Eispressung an Flußufern können gekritzte Geschiebe entstehen (von *Bernauer* am Neckar bei Heidelberg beobachtet). Ebenso kann solche Eispressung an See-Ufern erhebliche Ausmaße annehmen (*Emmons* et al. 1955, Abb. S. 215; *R. L. Nichols* 1961;
*De la Montagne* 1963). Auf strandende spätglaziale Eisberge führten *Berkson* & *Clay* (1973) parallele Furchen am Boden des Lake
Superior zurück.

**22. Periglazial-Erscheinungen.** Außer den eigentlichen „glazialen",
d. h. vergletscherten Gebieten bietet auch der periglaziale Bereich
eine Fülle paläoklimatologisch wichtiger Erscheinungen (und eine
Fülle von Literatur; es gibt sogar eine eigene Zeitschrift dafür:
Biuletyn peryglacjalny, Lodz). Aber sie sind — ähnlich wie die

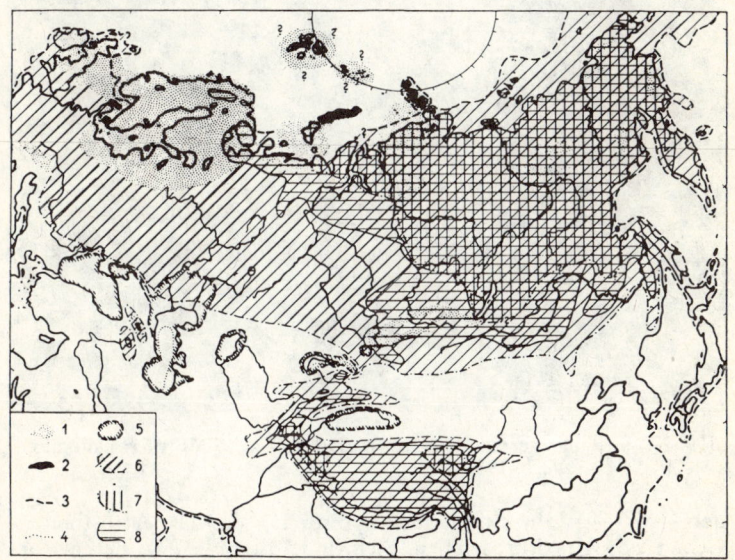

*Abb. 26* Dauerfrostboden in Eurasien. 1 = Gletscher im Würm-Glazial.
2 = rezente Gletscher. 3 = Meeresküste im Würm-Glazial. 4 = postglaziale wärmezeitliche Küstenlinie. 5 = Küste des Schwarzen Meeres usw.
im Würm-Glazial. 6 = Dauerfrostboden im Würm-Glazial, 7 = in der
postglazialen Wärmezeit, 8 = heute (einschließlich Frostbodeninseln).
Nach russischen Angaben zusammengestellt von *B. Frenzel*, 1960

glazialen Oberflächenformen des vorigen Abschnitts — praktisch nur für das Jung-Quartär bedeutsam.

Wir betrachten einige dieser Periglazial-Erscheinungen.

*Blockmeere.* In unseren Mittelgebirgen wird man sie z. T. als Relikte der Glazialzeiten auffassen können.

*Dauerfrostboden* (Permafrost Pergelisol; schwed. Tjäle). Der Untergrund ist dauernd gefroren (bis weit über 100 m tief); im Sommer taut eine dünne Schicht an der Oberfläche auf, die leicht ins Fließen gerät (*Solifluktion*). Heute weit verbreitet in Nord-Sibirien und im nördlichen Nordamerika (Abb. 26). Die Süd-Grenze geht im Osten Sibiriens bis 50° N. Nach *Schostakowitsch* zeichnet sich das Gebiet durch große Kälte und geringen Schneefall aus. Die Süd-Grenze entspricht etwa der — 2° (nach anderen Forschern

*Abb. 27*  Erdgletscher in den Alpen. Duron-Tal, Südtiroler Dolomiten. Fot. *M. Schwarzbach*, 1955

der — 5°) — Jahresisotherme. Typisch für das Dauerfrostboden-Gebiet sind Kryoturbationen, Steinringe, Eiskeile. Aus deren Vorkommen in Mittel- und West-Europa muß man daher auf pleistozänen Dauerfrostboden schließen.

Die „ewige Gefrornis" hat eine große Bedeutung für die Erhaltung von *tierischen Weichteilen* (Mammut, Wollhaar. Nashorn, vgl. *Garrutt* u. a.; selbst bei 8500 a alten Muscheln, *Mya truncata,* in Thule, Grönland, erhielten sich Weichteile, *R. L. Nichols* 1961).

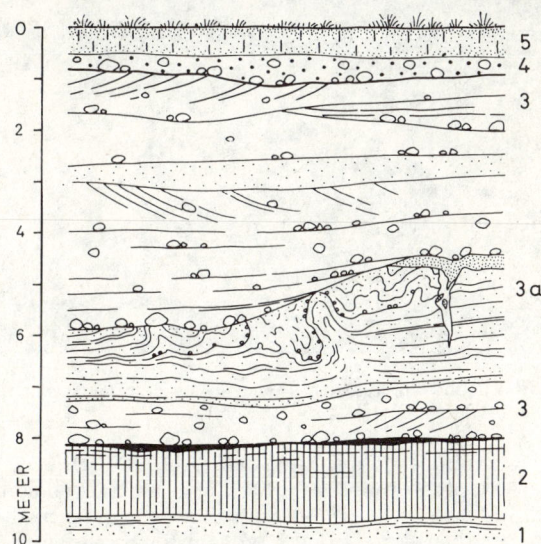

*Abb. 28*  Kryoturbation: „Würgeboden" in pleistozänen Flußschottern. Jülich (westlich von Köln). 1 = Sand, 2 = Ton des Pliozäns; 3 = Ältere Hauptterrasse der Maas (Kies, Sand, lehmiger Sand) mit Würgeboden (3 a); 4 = Jüngere Hauptterrasse des Rheins; 5 = Lößlehm (Würm). — Oben: Detailbild der Kryoturbation. Maßstab 1 m

Die Maas-Sande waren im Alt-Pleistozän eine Zeitlang Dauerfrostboden-Klima ausgesetzt (Kryoturbation; rechts auch ein *„Eiskeil"*, mit lehmigem Sand gefüllt). Anschließend erfolgte z. T. Erosion und dann erneut Schotter-Sedimentation. Die Periglazial-Erscheinungen sind gleichalt mit der Aufschotterung (synchrone Kryoturbation). Nach *L. Ahorner*

*Erdgletscher* (rock glaciers). Gletscher-ähnliche, tonige Fließmassen in den Hochgebirgen, oft mit bogenförmigen Wülsten (Abb. 27). Soweit sie in niederen Lagen auftreten, sind sie im wesentlichen wohl Glazial-Relikte aus Zeiten intensiver Solifluktion.

*Kryoturbation.* Wirr gelagerte (verknetete) Böden (Taschen-, Würge-, Brodelböden; Abb. 28); sie entstanden wohl im wesentlichen in fließfreudigen sommerlichen Auftauschichten der glazialen Dauerfrostböden. In Europa häufiger als in Nordamerika; rezent selten.

Von den eigentlichen „Würgeböden" muß man die *„Tropfenbö-*

*Abb. 29* Taschenboden aus der Jüng. Dryas-Zeit (Spätglazial). Apeldoorn (Niederlande). Fot. *M. Schwarzbach*

*den"* („Taschenböden") unterscheiden (Abb. 29). Ihre nach unten gerichteten tropfenförmigen Ausstülpungen (Kerkoboloide) entstehen nach *W. v. Bülow* (1964) durch Schwereausgleichs-Bewegungen (z. B. zwischen Schluff und Sand) im sommerlichen Auftauboden (vgl. auch *Picard* 1963, *H. Brüning 1965*).

*Fehlerquellen bei Kryoturbation:* Ähnliche Bilder entstehen bei nichtglazialen Ursachen, z. B. durch Pflanzenwurzeln (Abb. 40), bei Rutschungen (vgl. *Dott* & *Howard* 1962, *Stewart* 1963), Verwitterung des Ton-Minerals Attapulgit *(Rivière)*, Gips-Lösung *(Barabé)*; außerdem genügt manchmal *winterlicher* Frost *(Fries* et al. 1961).

*Steinringe und Steinstreifen.* Das ständig sich wiederholende Auftauen und Gefrieren der obersten Bodenschicht führt zu regelmäßiger Sortierung und Anreicherung der größeren Steine in polygonalen Steinringen; schon bei leicht geneigtem Gelände ziehen sie sich zu Steinstreifen auseinander.

Sie kommen auch in den nivalen Zonen der tropischen Hochgebirge vor (*Troll*), in den heute unvergletscherten Mittelgebirgen (Riesengebirge in Schlesien, Wyoming), aber z. B. auch in niedrigen Lagen Islands (Abb. 30); dort sind sie bestimmt nicht an Dauerfrostboden gebunden. Nur ihre optimale Ausbildung haben sie im Dauerfrostboden-Gebiet. — Fossil selten.

*Eiskeile und Frostspalten*. Im Dauerfrostboden-Gebiet der Tundren reißen Spalten-Netze auf, die sich mit Eis füllen (Abb. 31). Die Spalten können allmählich 8—10 m tief und 3 m breit werden (Abb. 32; besonders *Leffingwell* 1915, 1919, Alaska).

Das Eis kann später durch Sediment ersetzt werden (oft Löß); so entstehen „Eiskeil-Pseudomorphosen", meist ebenfalls einfach als Eiskeile oder aber als Lößkeile oder Frostspalten bezeichnet (doch wird der Name Frostspalten von manchen auf einphasige Bildungen beschränkt) (Abb. 33, auch Abb. 28).

Besonders aus Mitteleuropa (zuerst besonders von *Soergel*), später auch aus Nordamerika sind zahlreiche plesitozäne Beispiele beschrieben worden, meist nur Querschnitte, gelegentlich aber auch Eiskeil-Netze (Abb. 34).

*Abb. 30*  Steinringe auf postglazialem vulkanischen Tuff in Island (südlich von Reykjavik). Steinringe bilden sich besonders im Dauerfrostboden-Gebiet, aber auch — wie hier in Island — außerhalb des Dauerfrostbodens. Maßstab: Buch. Foto *M. Schwarzbach*, 1958

*Abb. 31 Eiskeil-*Netz auf der Taimyr-Halbinsel. Fot. Arktis-Flug „Graf Zeppelin" 1931. Aus *C. Troll*, 1944

Verwechslung ist möglich mit Ausfüllungen von Klüften oder Zerrspalten sowie mit Bodenbildungen, die zungenförmig in den Untergrund eingreifen (vgl. u. a. *K. Kaiser* 1958, 1960).

In *Alaska* fand *Péwé: aktive* Eiskeile kommen besonders im geschlossenen Permafrost-Gebiet bei durchschnittlichen Jahres-Temperaturen von — 6 bis — 12° und minimalen Winter-Temperaturen von — 15 bis — 30° vor; für *inaktive* Eiskeile (im Gebiet des nicht zusammenhängenden Permafrosts) sind die Werte für das Jahr — 2 bis — 8, für den Winter — 3 bis — 15.

*Asymmetrische Täler.* Im mitteleuropäischen Periglazialgebiet gibt es zahlreiche Tälchen mit asymmetrischem Querschnitt (Steilhang im E oder N). Sie entstanden im Würm-Glazial dadurch, daß die E- und N-Hänge eher und stärker auftauten und dort besonders kräftige Seitenerosion einsetzte (*Poser, K. Kaiser*).

*Abb. 32* Zwei rezente Eiskeile im Dauerfrostboden der Indigirka (Ost-Sibirien). Die Eiskeile sind mehrere Meter dick. Der Frostboden erreicht hier einige 100 m Tiefe; er ist von Wald (*Larix daburica*) bestanden. Fot. 1959. Von Prof. *Schanzer*, Moskau, freundlichst zur Verfügung gestellt

*Pingos.* In den rezenten Tundren beobachtet man linsenförmige
Eis-Ansammlungen im Boden, die allmählich richtige Hügel bis zu
einigen 10 m Höhe aufwölben können (Hydrolakkolithen, Pingos). Beim späteren Austauen und Zusammensacken ergeben sie
kleine kreisrunde Teiche, und ähnliche Oberflächenformen (u. a. in
Holland, Belgien, Frankreich, England) hat man auf würmeiszeitliche Pingos zurückgeführt.

Weitere Literatur: *R. F. Black* (1954), *Büdel* (1959), *F. A. Cook* (1961),
*W. E. Davies* (1961), *Gallwitz* (1949), *Hopkins* & *Karlstrom* (1955), *Lachenbruch* (1962), *Leckwijck* & *Macar* (1960), *Maarleveld* (1965), *Pihlainen* et al. (1956), *Pissart* (1963), *Popov* (1961), *Sekyra* (1960), *Slotboom*
(1963), *Suslov* (1961), *Tricart* (1963), *Washburn* (1956, 1968), *Yehle*
(1954), *Butzer* (1973).

**23. Glazial-induzierte Terrassen.** Der Wechsel von Glazial- und
Interglazial-Zeiten im Quartär ist für die Entstehung vieler Fluß-
und der meisten Meeresterrassen verantwortlich. Dabei sind die
Meeresterrassen weltweit — also auch in den Tropen — verbreitet. Wir wollen sie bei den glazialen Klimazeugen mit behandeln,

*Abb. 33*  Großer „*Eiskeil*" in quartären Rhein-Schottern. Braunkohlen-
grube Berrenrath bei Köln. Länge des Keils ca. 6 m. Das Eis ist durch Löß
der Würm-Eiszeit ersetzt (vgl. die Skizze rechts!). Nach Angaben von
*P. Pruskowski* aus *K. Kaiser*, 1958

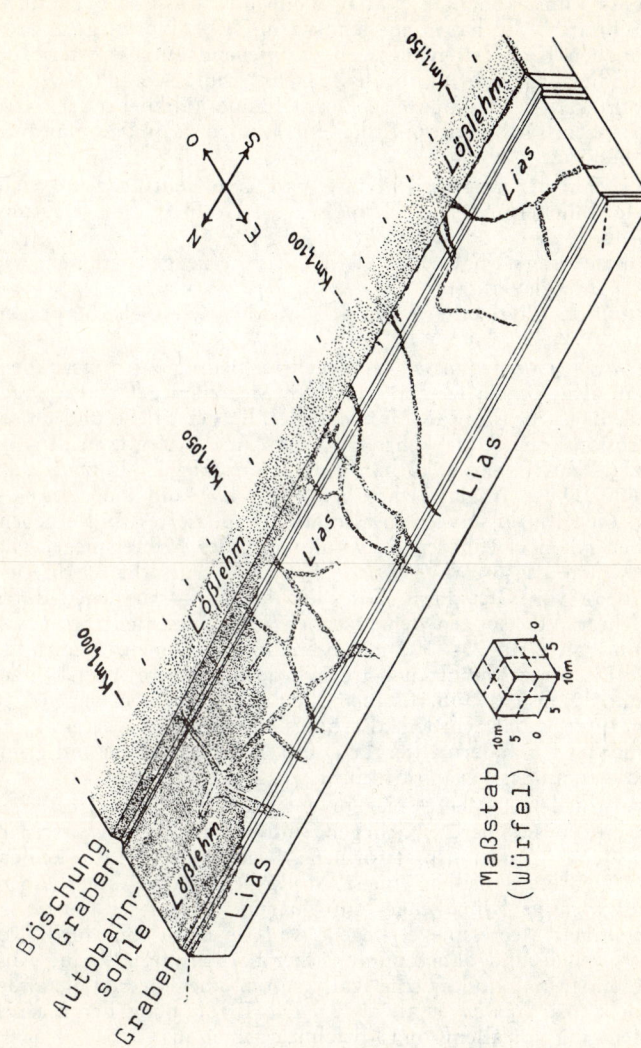

*Abb. 34* Fossiles „Eiskeil-Netz". Das ehemalige Eis ist durch Löß ersetzt. Autobahn Göttingen—Kassel. Aus *Selzer*, 1936

da der Motor in den Inlandeismassen des glazialen Klimabereichs zu suchen ist.

Besonders klima-abhängig waren wohl die *Flüsse* der heutigen kühlen Breiten. Sie haben in den Warm-Zeiten vorwiegend erodiert, in den Kalt-Zeiten dagegen vorwiegend aufgeschottert (da ihnen dann durch Solifluktion usw. mehr Schutt zugeführt wurde, als sie transportieren konnten). Durch Funde kälteliebender Tiere und Pflanzen, syngenetische Eiskeile u. ä. wird das manchmal auch direkt bestätigt (Abb. 35).

Aus der Zahl der Terrassen könnte man so auf entsprechend viele Glaziale schließen (*Soergel, Zeuner* u. a.). Doch ist diese Deutung oft unsicher, weil

a) Stadiale/Interstadiale das gleiche Bild erzeugen können wie Glaziale/Interglaziale,

b) *tektonische Bewegungen* den klimatischen Wechsel überprägen können,

c) bei *meeresnahen Flüssen* umgekehrte Bedingungen herrschen. Denn in den Glazial-Zeiten war der Meeresspiegel stark abgesenkt. Daher wuchs grade dann das Gefälle der Flüsse und damit ihre Erosionskraft. Umgekehrt fand die Aufschotterung in den Interglazial-Zeiten (mit z. T. höherem Meeresspiegel als heute) ihr Optimum. Diese „thalassostatischen" (*Zeuner*) und die direkt — klimatischen Einflüsse können also ein kompliziertes Bild ergeben. Die eben schon erwähnten Schwankungen des Meeresspiegels bezeichnet man als *glazial-eustatisch*. Sie sind verursacht durch Auf- und Abbau von Gletschern. Für die Glaziale — in denen durch ausgedehnte Vereisungen den Ozeanen viel Wasser entzogen war — kann man wohl 90—100 m Absenkung annehmen. Wenn alles heutige Eis weggeschmolzen wäre, würde der Meeresspiegel ungefähr um 50 m gegenüber seinem heutigen Stand ansteigen. Im letzten Interglazial wurden allerdings nur ca. 20 m erreicht, da (wie auch in den andern Interglazialen) das antarktische und grönländische Inlandeis vermutlich nicht wegschmolzen.

Den verschiedenen Meeresspiegeln entsprechen jeweils *Meeresterrassen*. Soweit sie über N.N. liegen, sind sie oft gut charakterisiert durch kleine Abrasionsplattformen, Brandungsgerölle, -kehlen, -höhlen, marine Fossilien (meist Mollusken), Artefakte, Dünen. Sie sind wichtige Klimazeugen im Quartär. Soweit sie aber *unter* dem heutigen Meeresspiegel liegen, sind sie meist nur durch Reliefunterschiede und daher nur unsicher nachzuweisen. (Eine Ausnahme bilden z. B. mikritische Kalkkrusten eines Meerestiefstandes auf Barbados; *Steinen* et al. 1973). Die Erforschung der Meeresterrassen ging vor allem vom Mittelmeergebiet aus.

Die Höhenlage der Meeresterrassen *nimmt* im Laufe des Quartärs (und wohl auch des Tertiärs) *ständig ab* (Abb. 166). Offenbar ist den glazial bedingten Schwankungen des Meeresspiegels eine

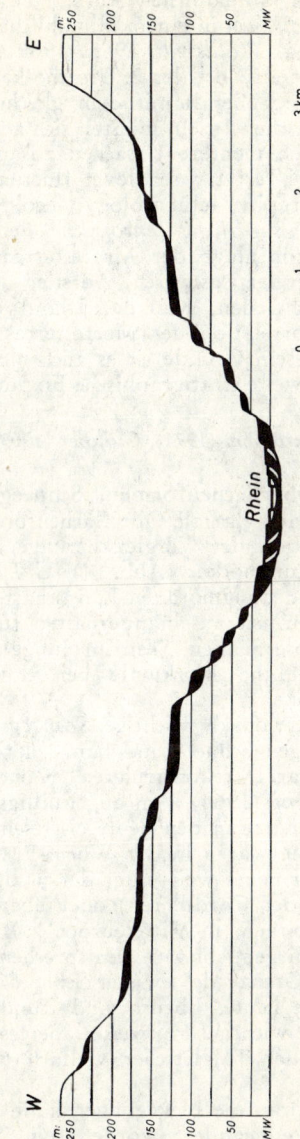

*Abb. 35* Flußterrassen am Rhein zwischen Andernach und Bonn. Etwas schematisiert. Schwarz = Rheinschotter. Die oberste Terrasse liegt 230 m über dem heutigen Rhein (MW = Mittelwasser). Die drei obersten Terrassen gehören ins Pliozän, alle anderen ins Quartär. Mindestens ein Teil der quartären Terrassen-Schotter wurde kaltzeitlich sedimentiert, d. h. die Terrassen-Folge spiegelt z. T. den quartären Klimawechsel wider. Originalzeichnung von Prof. *K. Kaiser*

andere, davon unabhängige Bewegung übergeordnet. Die Ursache hat man u. a. im allmählichen Aufbau des antarktischen Inlandeises gesucht, aber auch in einem allmählichen Aufsteigen der Kontinente (vgl. u. a. *Woldstedt* 1965, 1969). Die 1. Ursache reicht quantitativ nicht aus; bei der 2. Ursache kann man nicht gut voraussetzen, daß sie überall mit dem gleichen Betrag wirkte (vor allem die ozeanischen Inseln müßten sich anders verhalten). Wahrscheinlich wirkten mehrere Ursachen zusammen. (Vgl. besonders das Sonderheft „Tertiary sea level fluctuations", ed. *W. F. Tanner,* Palaeogeography, -climatology, -ecology, 1968.)
Es ist sicher, daß *örtliche tektonische Bewegungen* das einfache Bild gleicher Höhenlage der Meeresterrassen vielfach verfälscht haben, u. a. auch der isostatische Aufstieg der einst vergletscherten Gebiete wie Schweden, Kanada, Island usw. Die *schematische* altimetrische Korrelation der Meeresterrassen ist also *keinesfalls erlaubt.* Aus diesem Grunde ist es auch nicht ohne weiteres möglich, sie als weltweite stratigraphische Fixpunkte zu benutzen. (Vgl. auch Abb. 167!)

Weitere Literatur: *Bloom* (1971), *Guilcher* (1969), *Mercer* (1968), *Mörner* (1971).

## 24. Glaziale Oberflächenformen, Schneegrenze, Eismächtigkeit.

Im Quartär spielen glaziale Oberflächenformen die Hauptrolle für die Rekonstruktion der Vergletscherungen. Dazu gehören Kare, Endmoränen, Rundhöcker (Abb. 14), U-Täler, Seen, Sölle, Oser, Kames. Alt- und Jungmoränen-Landschaften lassen sich leicht an ihren Geländeformen auseinanderhalten (unvollständige Entwässerung, abflußlose Senken, Seen im Jungglazial-Gebiet). Dagegen kennt man ähnliche Merkmale bei älteren Vergletscherungen höchstens vereinzelt.
Auch die klimatologisch wichtige *Schneegrenze,* d. h. die Unter-Grenze des ewigen Schnees und damit der Gletscherbildung, läßt sich nur im Quartär rekonstruieren (Karte der rezenten Höhenlage bei *K. Hermes* 1964). Am augenfälligsten zeigt sich die pleistozäne Schneegrenze in den heute eisfreien Karen der Hoch- und Mittelgebirge. Sie waren in der Würm-Eiszeit von Gletschern erfüllt, liegen aber heute weit unter der jetzigen Schneegrenze (z. B. in den Alpen oder Cordilleren) oder überhaupt in heute unvergletscherten Gebirgen (in Mitteleuropa z. B. in Vogesen, Schwarzwald, Riesengebirge; Abb. 36). Entsprechend lag also in der letzten Eiszeit die Grenze des ewigen Schnees weit tiefer (z. T. mehr als 1000 m) als heute. Ebenso sind Rundhöcker und überhaupt Gletscherschliffe wichtige Hinweise; aber es ist zu berücksichtigen, daß das Ende der Talgletscher vielfach weit unter der Schneegrenze liegt.
Durch junge tektonische Bewegungen kann die einstige Höhenlage der Schneegrenze geändert worden sein. Bei Hochgebirgen wie

Himalaja oder Anden muß man mit Heraushebung rechnen, aber im Erdbebenland Alaska liegen würmeiszeitliche Kare der Kenai-Halbinsel (bei Anchorage) heute *unter* dem Meeresspiegel (*Plafker* 1965).

Die heutige Schneegrenze ist nicht nur von der Temperatur, sondern auch vom *Niederschlag* abhängig. Das zeigt sich besonders deutlich, wenn man sie von Pol zu Pol verfolgt (Abb. 149). Sie

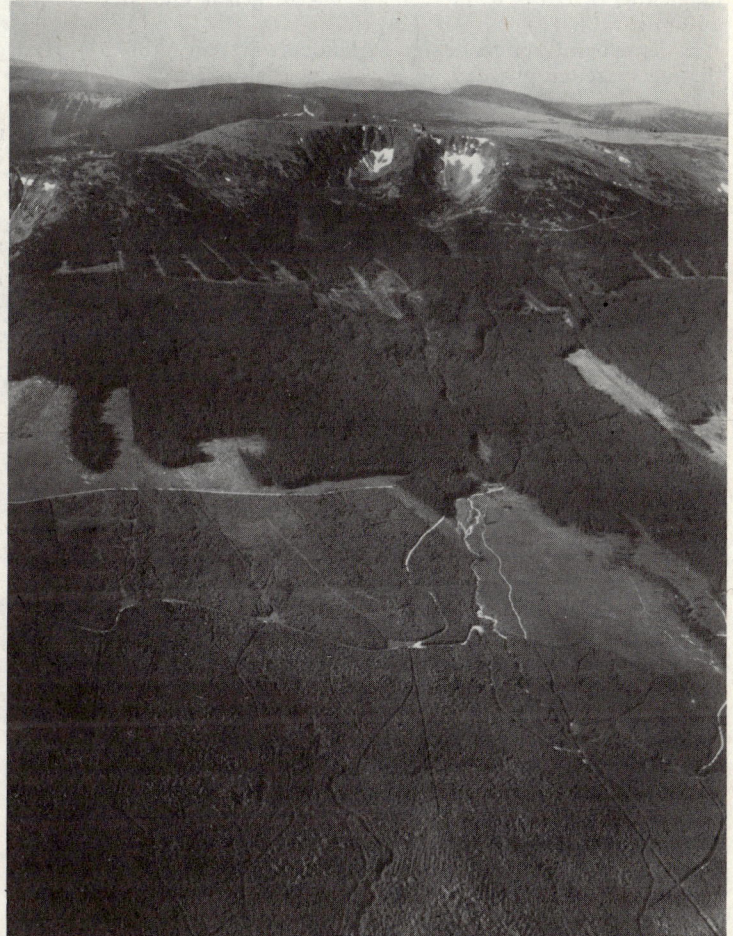

*Abb. 36*   Kare der letzten Eiszeit. Große und Kleine Schneegrube, Riesengebirge in Schlesien. Aus *Schwarzbach*, Geologie in Bildern, 1954

steigt zwar — mit steigender Temperatur — generell zum Äquator hin an, liegt aber nicht dort, sondern in den trockenen Roßbreiten am höchsten (6850 m in der Puna de Atacama!), und sie erreicht den Meeresspiegel auf der Nord-Halbkugel in 81° n. Br. (Grönland), auf der viel feuchteren Süd-Hemisphäre dagegen schon in 53° (Heard-Insel), d. h. in der Breite von Hamburg oder des Winnipeg-Sees! Im ozeanischen Klima der Kerguelen, die in gleicher Breite wie Heidelberg liegen, gehen die Gletscher bis 600 m herab.

Aus denselben Gründen steigt sie landeinwärts an (Abb. 37). Auch für die Eiszeiten gilt das; so lag sie im Pleistozän von Dalmatien

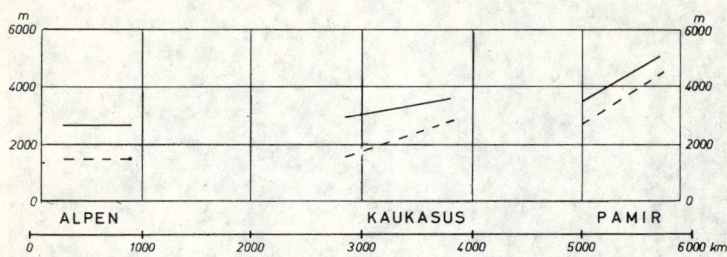

*Abb. 37*    Heutige und eiszeitliche Schneegrenze in Eurasien (West-Ost-Profil). —— = heutige, - - - - = eiszeitliche Schneegrenze. Die Schneegrenzen steigen nach dem Innern des Kontinents hin an. Nach *Gerassimow* und *Markow*, 1954, umgezeichnet

in 1400, südlich des Kaspi-Sees aber bereits in 3700 m Höhe (*Louis* 1944), und im Pamir erhob sie sich von 3000 bis zu fast 5000 m auf eine Strecke von nur 300 km. Dabei ist die eiszeitliche Depression in ariden Gebieten geringer als in humiden (Abb. 149). Wegen ihrer Trockenheit sind heute manche polaren Gebiete nicht vergletschert (Nord-Grönland u. a.) und waren es auch im Pleistozän nicht; die geringe Vergletscherung Nord-Sibiriens z. B. ist darauf zurückzuführen.

Die (Mindest-)*Höhenlage* einer ehemaligen *Gletscher-Oberfläche* kann man aus Gletscherschliffen und anderen glazialmorphologischen Erscheinungen rekonstruieren. In Island ist dazu auch die Höhe der subglazial entstandenen palagonitischen Tafelberge (15) benutzt worden (*Walker* 1965; Abb. 38). Allerdings können besondere Abflußverhältnisse, tektonische Bewegungen u. a. das einfache Bild örtlich komplizieren (*Thórarinsson* 1967, *Schwarzbach* & *Noll* 1971).

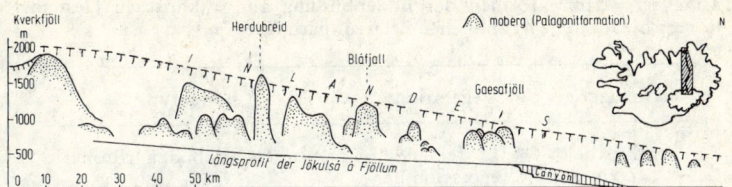

*Abb. 38*   Rekonstruktion der Inlandeis-Oberfläche aus der Höhe der subglazial entstandenen „Tafelberge" Islands. Nach *Walker* aus *Schwarzbach* & *Noll*, 1971

Mächtiges Gletschereis kann unverfestigte Sedimente, die darunter
liegen, verdichten. Diese *Kompaktion* läßt sich messen, und *H. Bernhard* (1963) berechnete daraus eine Eismächtigkeit von 200—400 m
für das saalezeitliche Inlandeis in NW-Deutschland.

### b) Verwitterungserscheinungen und Paläoböden

> Even the clearest and most perfect cir-
> cumstantial evidence is likely to be at a
> fault, after all, and therefore ought to
> be received with great caution. Take the
> case of any pencil, sharpened by any
> woman: if you have witnessed, you will
> find she did it with a knife; but if you
> take simply the aspect of the pencil, you
> will say she did it with her teeth.
> *Mark Twain*, Pudd' nhead Wilson (1894)

**25. Allgemeines.** Verwitterung und Bodenbildung sind abhängig
von Temperatur und Niederschlag. In den Gebieten ausreichender
Niederschläge, aber verschiedener Temperatur tritt der unter-
scheidende Einfluß der Temperatur besonders deutlich in den Böden hervor. Daher sind für diesen Abschnitt die feucht-gemäßigten und feucht-warmen Klimate wichtig. Das Schema Abb. 14 ver-
anschaulicht einige Faktoren, die allgemein die Verwitterungs- und
Sedimentationsvorgänge der verschiedenen Klimate beeinflussen;
die Tab. 7 gibt Klimaxformen, d. h. (nicht immer erreichte) End-
zustände der Bodenbildung.

**26. Verwitterungserscheinungen und Paläoböden im kühlen
Klima.** Im kühlen Klima tritt die chemische Verwitterung zurück.
Daher zeigen quartäre *Flußschotter* bei uns ein sehr viel bunteres
Bild (mit verschiedenartigen Geröllen!) als tertiäre Schotter, bei
denen fast nur widerstandsfähige Gerölle übriggeblieben sind
(Abb. 39).

*Tabelle 7*   Klimaxformen der Bodenbildung auf silikatischen Gesteinen in verschiedenen geographischen Breiten (nach *Kubiena*)

| Klimazone | Vegetation | Bodentyp |
|---|---|---|
| arktische Zone | fast fehlende Vegetation der Kältewüste | arktischer Rohboden (Råmark) |
| | baumlose Tundra | Tundra-Ranker |
| gemäßigte Zone | kühlgemäßigter Nadelwald | primärer Wald-Eisenpodsol |
| | mitteleuropäischer Laubwald | mitteleuropäische Braunerde |
| | mediterraner Trockenwald | mediterrane Braunerde |
| subtropische Zone | subtropischer Regenwald | subtropischer Braunlehm |
| | subtropische Savanne | subtropischer Rotlehm |
| tropische Zone | tropische Savanne | tropischer Rotlehm (mit Neigung zur Bildung von Laterit) und tropische Roterde |
| | tropischer Regenwald | tropischer Braunlehm (mit Neigung zur Bildung von Laterit) |

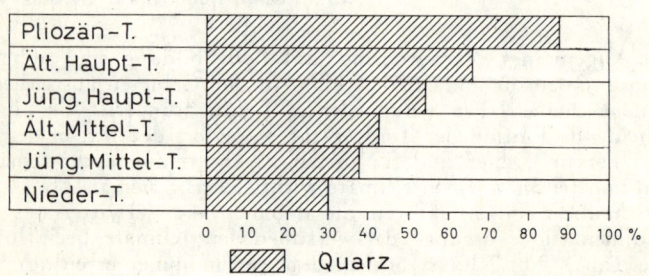

*Abb. 39* Quarzgehalt quartärer und pliozäner Rheinschotter. Gegend von Köln. Der Anteil an Quarz-Geröllen ist in der Tertiär-Terrasse (mit intensiver chemischer Verwitterung!) sehr hoch, im Quartär dagegen niedriger, z. T., wie in der Nieder-Terrasse, sehr niedrig. Nach Angaben von *K. Kaiser* und *G. C. Maarleveld* ergänzt und zusammengestellt von *L. Ahorner*

*Ton- und Sandgerölle* in Flußschottern hat man als Beweis dafür angesehen, daß sie *gefroren* verfrachtet wurden. Rezente Beobachtungen dieser Art gibt es von Spitzbergen. Häufig wird die Ausdeutung richtig sein, doch muß ausdrücklich bemerkt werden, daß Tongeröllе — bei sehr kurzem Transportweg — auch in nichtglazialen Sedimenten vorkommen können (*Kugler & Saunders, McKee* 1954 Taf. IV/A, *Nossin, Tanner*).

Von dem gemäßigten Klima der Zwischeneiszeiten zeugen die *Paläoböden* in den kalkhaltigen glazialen Sedimenten, vor allem in den Lössen, Schottern und Geschiebemergeln. Sie verlehmten in den Interglazial-Zeiten, d. h. sie wurden oberflächlich entkalkt und in Lößlehm u. ä. umgewandelt und dann von anderm Sediment eingedeckt (Abb. 40, 41). Je nach den Niederschlagsverhältnissen

*Abb. 40* Fossiler Boden des letzten Interglazials unter jungpleistozänem Löß. Nördlich Krakau (Polen). Die nach unten gerichteten Ausstülpungen erinnern an „Taschenböden" (Abb. 29), aber sie rühren von Pflanzenwurzeln her. Fot. *M. Schwarzbach*

entstanden dabei Schwarzerden (z. B. in den trockenen Lößlandschaften Nieder-Österreichs (*Fink*) oder Parabraunerden (im feuchteren Süd-Deutschland; *Brunnacker*). Die verschiedene Länge der nichtglazialen Zwischenzeiten spiegelt sich wider in der wechselnden Mächtigkeit der Paläoböden: von einigen cm bei den Interstadialen bis zu mehreren m bei den „Riesenböden" des älteren Quartärs in Bayern. Man hat versucht, durch Vergleich mit der postglazialen Verwitterung die Zeitdauer des gesamten Quartärs ungefähr anzuschätzen (*Penck & Brückner*, später *Brunnacker* in den Alpen, *Kay* und *Thornbury* in Nordamerika). Dabei ist vorausgesetzt, daß das interglaziale Klima immer gleich blieb (und dem postglazialen ähnelte), was keineswegs gesagt ist.

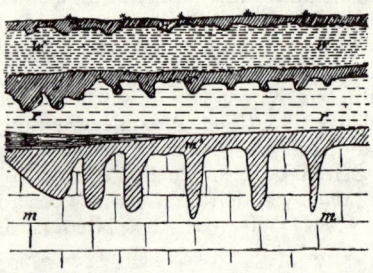

*Abb. 41*    Fossile Verwitterungshorizonte als Klimazeugen im Quartär. Profil im Gleißental bei Deisenhofen b. München; m = Deckenschotter (Mindel); r = Hochterrassen-Schotter (Riß); w = Niederterrassen-Schotter (Würm); L = Lößlehm. Mit m' usw. sind die lehmigen Verwitterungsböden bezeichnet; sie entstanden in den jeweiligen Interglazialzeiten bzw. (w') in der Nacheiszeit und gliedern das gesamte Profil in 3 Eis- und 2 Zwischeneiszeiten. Zeitliches Verhältnis Nacheiszeit: Riß/Würm-Interglazial: Mindel/Riß-Interglazial ungefähr = 1 : 3 : 12. Höhe des Profils 10 m. Aus *Penck* und *Brückner*, I, 1909

Weitere Literatur: *Kukla* (1970), *Yaalon* (1971).

Die *Höhlen* bieten einige Besonderheiten. In den Höhlen-Sedimenten der mittleren Breiten lassen sich kalt- und warmzeitliche Schichten auseinanderhalten. Die Kaltzeiten mit ihrer Frostverwitterung sind durch scharfkantigen Schutt ausgezeichnet, die Warmzeiten durch stärkere Lösungsverwitterung (*Brunnacker* u. a.)
Die Kalk-Absätze in Höhlen bestehen gewöhnlich aus Calcit, aber in seltenen Fällen auch aus *Aragonit*. G. F. *Moore* nahm für das amerikanische Gebiet an, daß sich Aragonit dann bildet, wenn die Temperatur an der Erdoberfläche im Jahresdurchschnitt mindestens 16° beträgt. Wo unter einer dünnen äußeren Calcit-Schicht Aragonit sichtbar wurde, parallelisierte er diesen mit der Postglazialen Wärmezeit. Doch zeigte sich in anderen Gebieten, daß auch der Chemismus des Höhlengesteins maßgeblich mitwirkt. Bei dolomitischem Gestein setzt sich Aragonit wohl schon unter 16° ab (*Holz* u. a.).
Neuerdings ergaben Tropfsteine auch mit der $^{16}O/^{18}O$-Methode brauchbare Temperaturwerte (*Duplessy* et al. 1971; 63).
Aus *Quarzkristallen* mit wohlerhaltenen *Flüssigkeitseinschlüssen* in Carolina folgerte *Taber*, daß die betreffenden Bodenbildungen nicht im Periglazial-Bereich gelegen haben können (wie man bis dahin annahm); denn große Wassereinschlüsse werden durch Frost

beschädigt. Das gilt freilich nur dann, wenn es sich wirklich um Einschlüsse von reinem Wasser handelt. Wenn Salze darin gelöst sind, ist die Gefrier-Temperatur viel niedriger (*Roedder* 1963).

Unsichere Klimazeugen sind die „*Eiskristalle*". Es scheint zwar sicher, daß diese zierlichen Nadeln — die bei Kälte in feuchtem Schlamm auskristallisieren — fossil überlieferbar sind. Aber was man vom Präkambrium der Sowjetunion bis zum Pleistozän der USA beschrieben hat, ist nicht immer eindeutig auf Eis zu beziehen. Auch andere Urheber kommen in Frage (z. B. Gips oder die dünnen Nadeln des Salzminerals Trona, *Bradley* & *Eugster* 1969). Zudem beweisen Eiskristalle *nur* Frost (der sich weit äquatorwärts ereignen kann), aber kein kaltes Klima. Sie sind auch bei uns (im Schnee-Klima) am häufigsten bei *kurz*fristiger, trockener Kälte und nicht bei monatelanger Schneebedeckung, und wahrscheinlich werden sie am ehesten dort fossil überliefert, wo Frost relativ selten ist, z. B. im Grenzbereich zum trocken-warmen Klima. Sie wären also in manchen Fällen genau so irreführende Klimazeugen wie die Regentropfeneindrücke.

Weitere Literatur: *Häntzschel* (1935), *Mark* (1932), *Pfannenstiel* (1929).

### 27. Rote Sedimente (redbeds).

Rote Verwitterungsbildungen, rote Böden und — von ihnen abgeleitet — rote Sedimente gehören zu den wichtigsten Klimazeugen. Sie bilden sich ausschließlich in *warmen Klimaten* und sind durch ihre ziegelrote Farbe so leicht kenntlich wie kaum eine andere sedimentäre Bildung. Eine gute Übersicht gab *Van Houten* (1961). Rote Tiefseesedimente (wie z. B. der Rote Tiefseeton) bleiben bei den folgenden Betrachtungen unberücksichtigt.

Die Färbung wird hauptsächlich durch Hämatit ($Fe_2O_3$) verursacht. Die primäre Rotverwitterung ist an tropisches oder subtropisches, feuchtes (vor allem wechselfeuchtes) Klima gebunden. (Jahrestemperatur $> 16^\circ$, Niederschlag $> 1000$ mm; bei günstigem Ausgangsgestein — Kalkstein, basischen Vulkaniten — schon bei 13 bis $15^\circ$ und 500—1000 mm). Die roten Böden gehen von der Terra rossa der Mittelmeerländer bis zu den tiefgründigen Laterit-Profilen der Tropen. Die *Laterite* (von lat. later = Ziegel) sind ein Produkt allitischer (d. h. durch viel Al geprägter) Verwitterung: $SiO_2$ wandert fast vollständig ab, $Al_2O_3$ und $Fe_2O_3$ reichern sich bis zu 70—80$^0$/$_0$ an (Abb. 42). Die Abwanderung des $SiO_2$ hängt damit zusammen, daß Humussäuren fehlen; diese binden sonst (z. B. im kühlen Klima) die kolloidale Kieselsäure (der Humus wird in den warmen Gebieten zu rasch zersetzt). Bei besonderer Anreicherung von $Al_2O_3$ entstehen bauwürdige Al-Erze, die Bauxite.

Durch *Metamorphose* können aus lateritischem Ausgangsmaterial *Korund* ($Al_2O_3$) und *Smirgel*-Lager entstehen — eines der ganz wenigen Beispiele von Klimazeugen aus dem metamorphen Bereich (*Watznauer* 1967).

Die Seltenheit der Vorkommen und die unsichere Altersbestimmung metamorpher Schichten setzt den paläoklimatologischen Wert freilich stark herab.

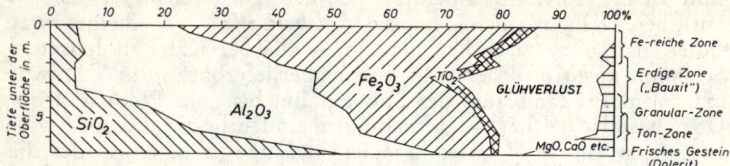

*Abb. 42*  Chemische Zusammensetzung in einem Laterit-Profil (Tasmanien). Nach unten nimmt $SiO_2$ zu, dagegen $Al_2O_3$ und $Fe_2O_3$ ab. Ausgangsgestein: Dolerit. Nach *Owen*, 1954, umgezeichnet

Die Laterit-Profile (manchmal bis 50 m tief) zeigen als auffälligsten oberen Horizont einen harten Konkretions-Panzer von Bauxit-Ferrit, darunter eine weiß-rote Fleckenzone, eine weiße Kaolinit-Zone und schließlich das (ganz verschiedenartige) Ausgangsgestein (Abb. 43).

*Abb. 43*  Laterit-Profil im Gebirge von Surinam. Frisches Gestein, Kaolin und Bauxit folgen aufeinander. Nach *van Kersen*, 1956

Die heutige Verbreitung roter Verwitterung zeigt die Karte (Abb. 44).

Die fossilen *roten Sedimente* sind meist *zusammengeschwemmtes* rotes Verwitterungsmaterial. Die primäre Rotverwitterung fand also nicht am Ort der Ablagerung statt, sondern in höher gelegenen Nachbargebieten. Im allgemeinen wird aber der generelle klimatische Unterschied nicht groß gewesen sein. Doch waren die örtlichen Verhältnisse wichtig für die Erhaltung der roten Farbe; dafür ist ein *oxydierendes Milieu* mit geringem Pflanzenwuchs nötig. Solche günstigen Bedingungen waren in den Sedimentationsbecken der redbeds vorhanden, wie begleitende Klimazeugen zeigen. Z. T. war es trockener als in den höher gelegenen Laterit-Gebieten; das beweist das häufige Vorkommen von Evaporiten u. ä. in Verbindung mit den roten Sedimenten (Buntsand-

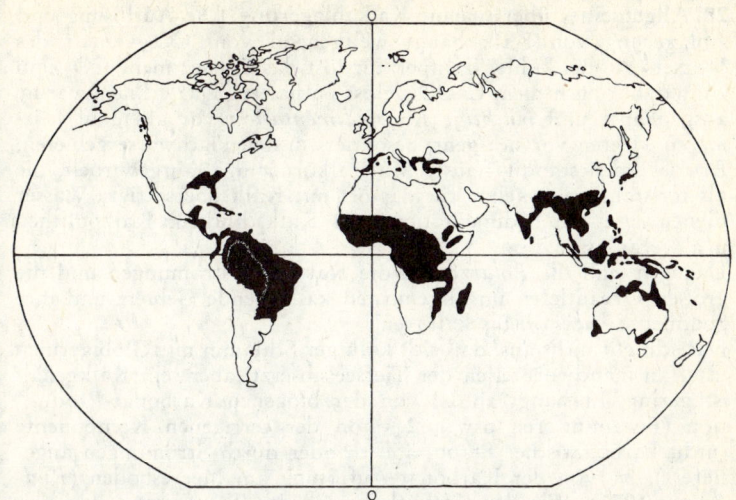

*Abb. 44* Verbreitung roter Böden auf der Erde (Laterit, Terra rossa, rote und gelbe Podsol-Böden). Nach *Van Houten*, 1961

stein usw.). In Einzelfällen ist die Rotfärbung überhaupt erst am Sedimentationsort entstanden (also nachträglich, bei der Diagenese der redbeds; *T. R. Walker* & *Honea* 1969, *Van Houten* 1968, 1972). Rote Sedimente sind *seit dem jüngeren Präkambrium* bekannt. In Europa häufen sie sich nach der kaledonischen Faltung (Old Red) und in Perm-Trias (New Red; vgl. auch die deutschen Formationsnamen „Rotliegendes" und „Buntsandstein"!). Die meisten Bauxite und verwandten Bodenbildungen (z. B. „Bohnerze", „Sidérolithique") Europas und Nordamerikas gehören in die Kreide und das ältere Tertiär. Noch im Neogen — schon nahe der klimatischen Grenze der Rotverwitterung — begünstigte basaltisches Ausgangsgestein die „Lateritisierung" bei Giants Causeway in Nord-Irland (*Eyles*) und am Vogelsberg (Hessen; vgl. *Schwarzbach* 1968).

Weitere Literatur: *Fickel* (1963), *Finck* (1963), *Gordon* et al. (1958), *Maignien* (1966), *Mohr* & *v. Baren* (1954), *Moses* & *Michell* (1963), *Raup* (1966), *Valeton* (1963, 1971).

## c) Nichtglaziale marine Sedimente und marine Tiere

> What dreadful hot weather we have! It keeps me in a continual state of inelegance. *Jane Austen* in einem Brief an ihre Schwester *Cassandra*, Sep. 1796

**28. Allgemeines über marine Kalkablagerung.** Die Auflösung und Ablagerung von Kalk hängt weitgehend vom $CO_2$-Gehalt des Wassers ab. Bei kühler Temperatur löst das Wasser mehr $CO_2$ und kann daher auch mehr $CaCO_3$ gelöst enthalten. Das erklärt, warum ausgedehnte und *mächtige Kalksedimentation* vor allem in *wärmeren* Meeren vor sich geht, besonders in den Flachwassergebieten. Dort werden ständig feinste Mineralkörner u. ä. aufgewirbelt, die als Kristallisationskeime für das oft mit Kalk übersättigte Wasser dienen und die Sedimentation von Kalkschlicken, Kalkoolithen u. ä. veranlassen.

Dagegen sind die *Polarzonen*, die Kaltwasserströmungen und die großen Ozeantiefen im allgemeinen kalklösende Gebiete und ihre Sedimente *kalkarm* bis kalkfrei.

Das schließt nicht aus, daß sich kalkiger Schlamm mit Globigerinen usw. an manchen Stellen der Tiefsee absetzt, aber sein Kalkgehalt ist gering. Er hängt ab 1.) von der biogenen Karbonat-Produktion (Foraminiferen usw.), 2.) von der terrigenen Komponente (nicht-karbonatischer Staub, äolisch oder durch Strömungen angeliefert), 3.) von der Karbonat-Auflösung am Meeresboden (*Ruddiman* 1971). Wie der Kalkgehalt von der Temperatur abhängig ist, zeigt die Abb. 45.

In Tiefsee-Kernen aus dem *Atlantik* verlaufen die Kurven von Kalkgehalt und Paläotemperatur parallel, so daß man kalk-arme Partien mit quartären Kaltzeiten parallelisieren kann (Abb. 45). Aber die Verhältnisse liegen nicht immer so einfach: im äquatoria-

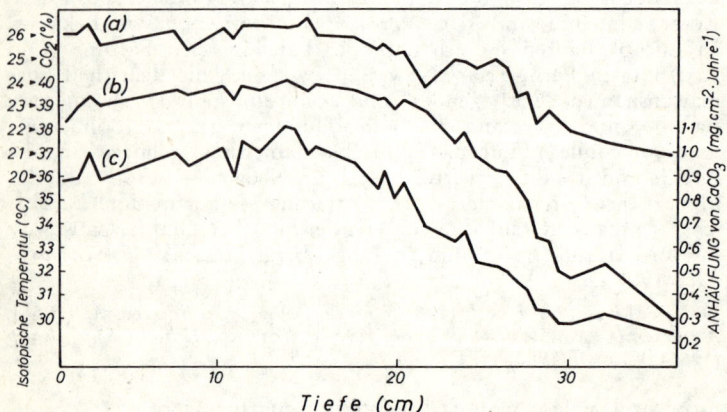

*Abb. 45*  Kalkgehalt der Tiefsee-Sedimente und isotopische Temperatur. Kern von ca. 35 cm Länge aus dem äquatorialen Atlantik. a = $^{18}O/^{16}O$-Temperatur, aus *Globigerinoides sacculifera* ermittelt; b = Gehalt an $CO_2$ in $^0/_0$; c = Anhäufung von $CaCO_3$. Nach *Wiseman*, 1959

len *Pazifik* ist es gerade *umgekehrt*. Hier spielt (nach *Olausson* u. a.) offenbar nicht die Temperatur die Hauptrolle (jedenfalls nicht direkt), sondern die Nahrungszufuhr. In den Kaltzeiten war im Pazifik die Zufuhr kalten, nährstoffreichen antarktischen Tiefenwassers verstärkt, und aus diesem Grunde war auch die Produktivität des Planktons in den äquatorialen Aufquellzonen erhöht. *Ruddiman* möchte jedoch die pazifischen Verhältnisse als normal ansehen und die Kalkarmut der zeitgleichen Schichten im Atlantik durch erhöhte Zufuhr tonigen Materials von Afrika her erklären.

Weitere Literatur: *Fairbridge* (1967), *Revelle* & *Fairbridge* (1957).

**29. Marine Tiere als Temperatur-Indikatoren.** Manche allgemeine (allerdings nur z. T. leicht feststellbare) Eigentümlichkeiten rezenter mariner Tiere zeigen deutliche Beziehungen zum Klima des Lebensraums (Größe der Tiere, Färbung, Skulptur, Gestalt usw., vgl. besonders die Zusammenstellung von *F. Strauch* 1972).
Riffbildner (Riffkorallen usw.) zeigen mindestens bei mächtiger Kalksedimentation *warmes Wasser* an (30). Das gleiche gilt für die gesteinsbildenden Großforaminiferen (Fusulinen und Schwagerinen in Permokarbon, Nummuliten im Alt-Tertiär). Beim einzelnen Tier läßt sich gelegentlich experimentell zeigen, daß die Kalkproduktion temperatur-abhängig ist (Abb. 46).
Von den Modifikationen des Ca CO$_3$ ist *Aragonit* stärker an warmes Wasser gebunden als Calcit (*Lowenstam* 1954, *Revelle* & *Fairbridge* 1957; besonders untersucht auf der Bahama-Bank, vgl. auch *Seibold* 1964, S. 458, und 30). Bei der Schale des rezenten

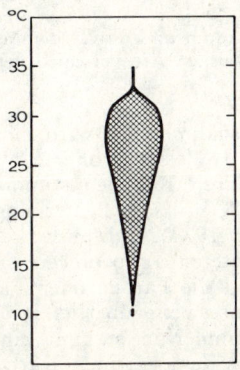

*Abb. 46* Wachstumsrate bei der rezenten Foraminifere *Streblus beccarii* in Abhängigkeit von der Temperatur. Das experimentell ermittelte Optimum liegt zwischen 25—30°. Die Untersuchungen über den Einfluß der Salinität zeigen ein ganz ähnliches Bild! Nach *Phleger*, 1960

*Mytilus californianus* untersuchte das *Dodd* (1964). Geochemische Untersuchungen zeigten, daß auch der Magnesium- und Strontium-Gehalt der Schalen wechselt. Das kann sowohl auf die Temperatur als auch auf die Salinität zurückgehen. Eine eindeutige paläoklimatologische Aussage ist also kaum möglich. (Das gilt auch vom Bor in Sedimenten, *W. Ernst* u. a.)
Obgleich die *größten und dickschaligsten* Muscheln und Schnecken in der Litoral-Zone der tropischen Meere leben (Abb. 47), gibt es

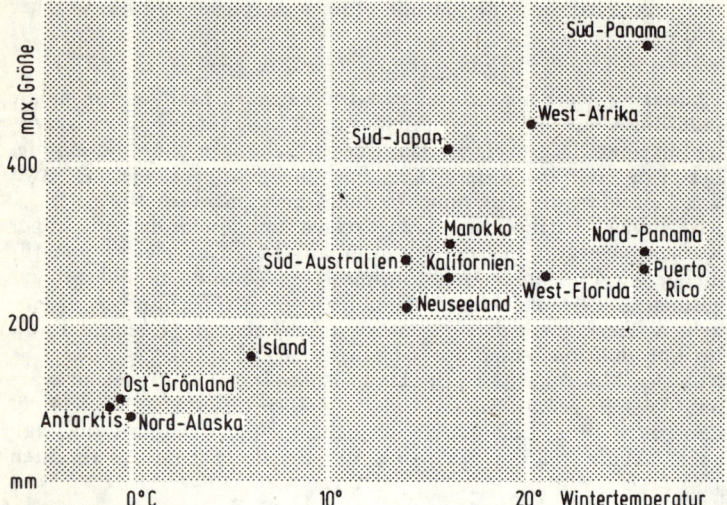

*Abb. 47* Meerestemperaturen und Größe der Mollusken. Winter-Temperatur versus größte Mollusken-Art verschiedener Faunen. Nach *Strauch*, 1972, etwas vereinfacht

doch im einzelnen Ausnahmen. So wird die rezente Muschel *Hiatella arctica* im kühlen Wasser größer als im tropischen Bereich. Die Befunde an tertiären Klappen stimmen gut damit überein (*Strauch* 1968, Abb. 48; kritische Bemerkungen *Rowland* & *Hopkins* 1971, auch *Allison* 1973). Vgl. auch *Raup*.
Tiere der lichtdurchfluteten Tropenmeere sind oft besonders *lebhaft gefärbt*. Doch sind die Farben oder auch nur die Farbmuster fossil nur ganz ausnahmsweise überliefert (Zusammenstellung bei *Schwarzbach* 1941). Immerhin stammt ein erheblicher Teil der vortertiären Funde aus dem marinen Karbon Nordamerikas und Europas, d. h. aus Gebieten, für die man auch aus anderen Gründen warmes Klima annimmt. Aber die günstigen Sedimentationsbedingungen in den Kohlenbecken könnten ebenso eine Rolle dabei spielen.

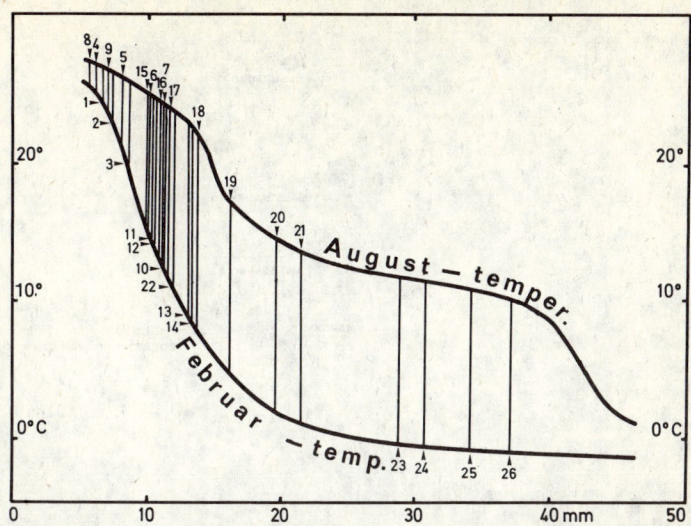

*Abb. 48* Die Größe von *Hiatella arctica* in Abhängigkeit von der Meeres-Temperatur. Dicke Linien = rezente Faunen; die Länge der Muschel
wächst mit *abnehmender* Temperatur. Die Länge fossiler Exemplare aus
dem Känozoikum der südlichen Nordsee wurde in dieses Standard-Dia-
gramm eingepaßt (1—3 Oligozän, 4—9 Miozän, 10—14 Pliozän, 15—21
Früh-Pleistozän, 22 Eem, 23—26 Spät-Würm). Die kleinen tertiären Formen entsprechen einem warmen Meer, dagegen die pleistozänen niedrigen
Temperaturen. Nach *F. Strauch,* 1968

Die *Skulptur* der Schalen ist in kühlen Meeren überwiegend glatt;
in wärmeren Meeren tritt starke Skulpturierung immer mehr in
Erscheinung (Diagramm bei *Strauch* 1972, S. 102).
Die *Artenzahl* mariner Faunen (so bei Mollusken) wächst mit der
Temperatur (Abb. 49; vgl. auch *Hallam* 1972, ferner bei Riffko-
rallen Abb. 52). Bei fossilen Faunen kann dabei natürlich (wie
auch bei andern Merkmalen) die Lückenhaftigkeit der Überliefe-
rung das statistische Ergebnis erheblich verfälschen.
Als Temperatur-Indikatoren werden außerdem zahlreiche *einzelne
Arten* und größere systematische Gruppen benutzt. Je nach ihren
Beziehungen zu verwandten rezenten Formen betrachtet man sie
als Bewohner warmer oder kühler Meere, vor allem im Känozoikum (die Cypraeidae als warmklimatische Schnecken, in Tiefsee-
Sedimenten viele Foraminiferen, Radiolarien, als Glazialform die
Muschel *Portlandia arctica,* als Interglazialform *Tapes aureus*
usw.). Bei den Foraminiferen kann dabei u. a. auch der Anteil
rechts- und linksgewundener Gehäuse temperaturabhängig sein (so
bei *Globorotalia pachyderma,* Abb. 50 und 162, *Bandy, Ericson*

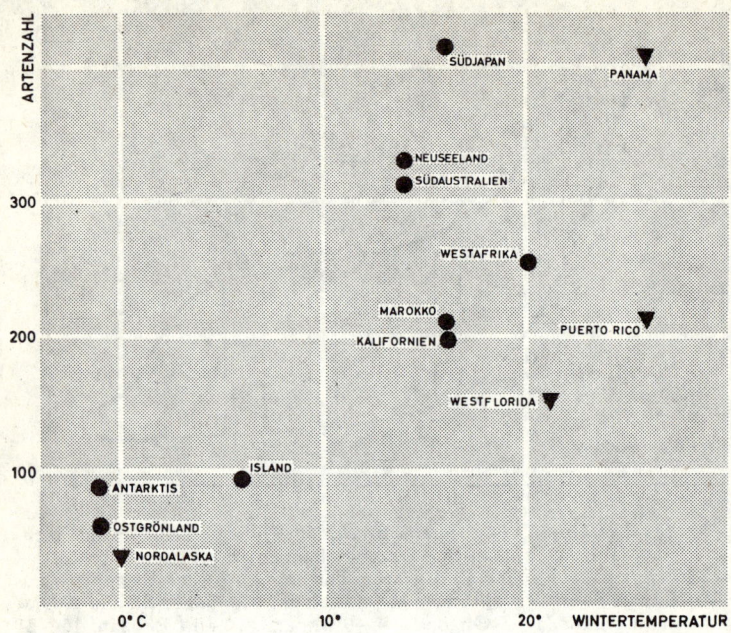

*Abb. 49*   Artenzahl rezenter Molluskenfaunen versus Winter-Temperatur des Meeres. (Punkte = kompiliert nach großräumigen, Dreiecke = nach lokalen Faunenbeschreibungen.) Die „kalten" Faunen sind am artenärmsten. Nach *Strauch*, 1972

u. a.). Die vorwiegend linksgewundene Gruppe zeigt Oberflächen-Temperaturen von $< 8°$ an, die rechtsgewundene 9—15°. Die tropischen *Globorotalia menardii*-Populationen leben bei Temperaturen von $> 18°$ (besonders bei 23—27°). — Ein Beispiel für die tertiären Fische West-Deutschlands zeigt Abb. 140. Die marinen Säuger sind z. T. ausgesprochen an kühle Gewässer gebunden, so die meisten Pinnipedia (Seehunde usw.) und zahlreiche Wale (*Rothausen* 1967).

Es ist aber bemerkenswert und für Betrachtungen über den Gesamt-Klimaablauf der Erdgeschichte wichtig, daß es für Organismen auch eine *obere Grenze der Temperatur* gibt, bei der sie noch leben. Bei der oben erwähnten rezenten Foraminifere (Abb. 46) sind es 30—35°. Auch für heutige Riffkorallen liegt die optimale Temperatur bereits bei 25—30°. In den letzten 600 Mill. Jahren sind diese oder ähnliche Maximaltemperaturen offenbar nie überschritten worden.

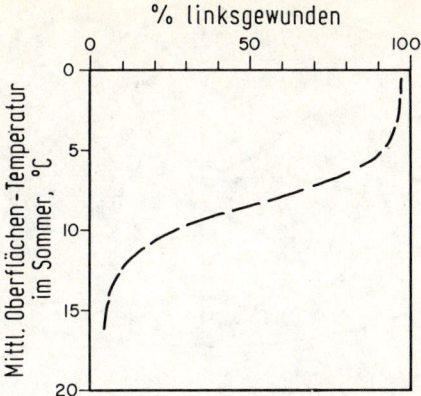

*Abb. 50* Meeres-Temperatur und Windungs-Verhältnisse bei *Globo-rotalia pachyderma*. Der %-Satz linksgewundener Gehäuse wächst mit abnehmender Temperatur. Nach Daten von *Bé* aus *Bandy* et al., 1971

Weitere Literatur: *Imbrie* & *Kipp* (1971), *Jaanusson* (1973), *Wieland* (1942).

**30. Riffbildungen.** Den Riffbildungen muß wegen ihrer großen Bedeutung ein besonderer Abschnitt gewidmet werden. Sie werden nicht nur von Korallen (Steinkorallen, Madreporia) aufgebaut; bei den fossilen Riffen spielen auch Archaeocyathinen, Stromatoporen, Schwämme, Bryozoen, dickschalige Muscheln (Rudisten) und Kalkalgen eine große Rolle. Am wichtigsten sind aber mindestens in der Jetztzeit die *Korallenriffe*. Fossile Riffbildungen bezeichnet man als „bioherms". Heute bewohnen die Riffkorallen warme Meere. Die meisten verlangen eine Mindest-Temperatur von 21° (außerdem reines, normalsalziges und gut durchlüftetes Wasser, ferner geringe Tiefe, nicht tiefer als 20—50 m). Daher sind eigentliche Korallenriffe auf die Küsten zwischen 30° N und 30° S beschränkt (Abb. 51).

Für den Paläoklimatologen ist es wichtig, daß *manche Steinkorallen auch bei kühlen Temperaturen* gedeihen. Darauf hat *Teichert* mit Recht besonders hingewiesen (vgl. auch *Seibold* 1964). An der norwegischen Küste leben sie bis 71° N, vor allem in Tiefen zwischen 200—300 m und bei Temperaturen von 6°. Sie sind ahermatyp, d. h. sie bilden keine eigentlichen Riffe, aber immerhin ansehnliche Bänke. Diese Korallenfauna ist ganz arten-arm — ein paläontologisch wichtiger Unterschied zu den tropischen Riffkorallen. Außerdem fehlt den Steinkorallen des kühlen, tiefen Wassers die Symbiose mit Algen (Zooxanthellen), die für die Riffkorallen typisch ist (daher das Lichtbedürfnis der Riffkorallen!). Bei

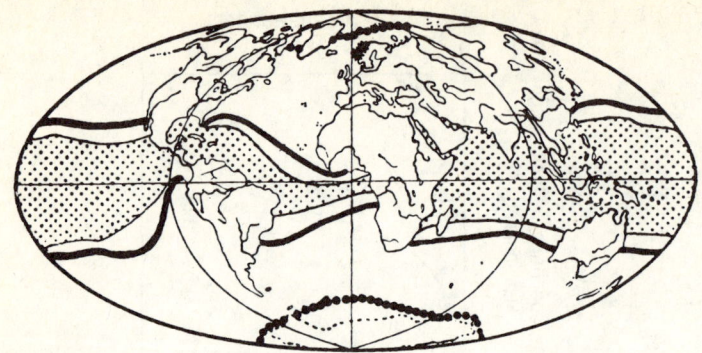

*Abb. 51*    Heutige Verbreitung von Steinkorallen (Madreporia). Punktiert = reiche Entwicklung von Korallenriffen; dicke Linie = Polargrenze der Riffe (entspricht etwa der Jahres-Isotherme der Meeresoberfläche von 25,5°); * = einzelne Korallenrasen; ●●● = Grenze der Madreporia (gleichzeitig Grenze der See-Anemonen). Aus *Pax*, 1925. Man beachte den Einfluß kalter Meeresströmungen (z. B. im Ost-Atlantik!)

kleinen fossilen Vorkommen wäre aber eine Verwechslung beider Gruppen ohne weiteres denkbar.

Eine Ursache für das viel größere Wachstum der Steinkorallen in wärmeren Gewässern liegt möglicherweise darin, daß die Korallen Aragonit (und nicht Calcit) abscheiden (*Lowenstam* 1954), außerdem in der Symbiose der tropischen Korallen mit den Zooxanthellen (vgl. *Goreau* 1961). Die gleiche Symbiose zeigt übrigens die tropische Riesenmuschel *Tridacna*, und *R. Cowen* (1970) hat das auch für permische kolonie-bildende Brachiopoden (*Richthofenia* u. a.) vermutet.

*Fossile Riffkalke* zeichnen sich oft dadurch aus, daß sie massig sind und entsprechend in der Landschaft als plumpe Bergmassive erscheinen; infolge diagenetischer Umwandlungen (z. T. verbunden mit Dolomitisierung) sind Fossilreste oft weitgehend zerstört. Klassische, gut untersuchte Beispiele bieten die silurischen Riffe Gotlands und Nordamerikas, die devonischen Riffe des Rheinischen Schiefergebirges und der Ardennen, das Capitan-Riff der Guadaloupe Mts., die Trias-Riffe der Südtiroler Dolomiten (grundlegende Untersuchungen von *F. v. Richthofen* und *Mojsisovicz* schon vor 100 Jahren!). Riffkalk der Jura-Zeit zeigt Abb. 128, ein hervorragend erhaltenes Riff aus dem Devon Australiens Abb. 107.

Die Frage, ob man den Erbauern dieser Riffe dieselben klimatischen Ansprüche wie den heutigen Riffkorallen zuschreiben darf, kann nicht auf Grund ihrer biologisch-systematischen Beziehungen beantwortet werden, mindestens nicht für die vortertiären Formen. Dagegen ist aus anderen Gründen, nämlich vor allem wegen der bedeutenden Kalkabscheidung, unbedingt anzunehmen, daß auch die großen Riffe der Vorzeit relativ warmes Wasser anzeigen. Das stimmt mit anderen paläoklimatologischen Erwägungen aufs beste überein. (Vgl. u. a. die Kärtchen Abb. 171.)

Die *Artenzahl* der Riffkorallen zeigt heute, wie offenbar auch ganz entsprechend früher, zonale Unterschiede (Tab. 8 und Abb. 52). Zwar darf man wegen der Lückenhaftigkeit der Überlieferung die Zahlen für die fossilen Vorkommen nicht zu ernst nehmen, aber der Vergleich ist doch instruktiv.

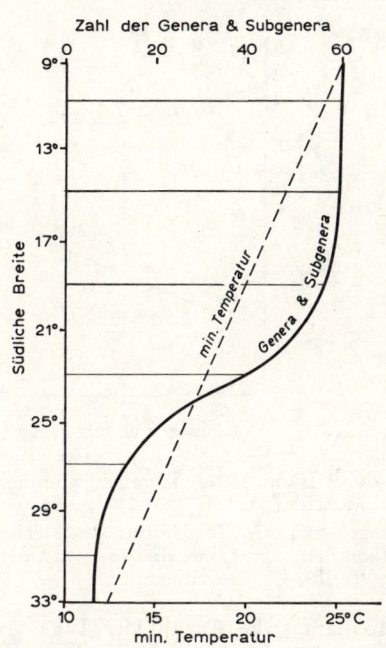

*Abb. 52* Zahl der Gattungen und Untergattungen von Riff-Korallen auf dem Gr. Barriere-Riff. Mit steigender Minimal-Temperatur des Meeres wächst die Zahl zunächst sehr rasch (von 12 auf 60); von 20° C an aber bleibt sie fast konstant. Nach *J. W. Wells*, 1955

Auch das *individuelle Wachstum* der Korallentiere ist klimabedingt; allerdings hängt es auch von anderen Faktoren sehr wesentlich ab. Man erkennt den jährlichen Wachstumsfortschritt bei Steinkorallen an jahresringähnlichen Skelett-Wülsten (Abb. 53; für noch kleinere Zuwachszonen wird tageszeitliche Entstehung

*Tabelle 8*    Artenzahl heutiger und fossiler Riffkorallen in Abhängigkeit von der Temperatur

|  | Heutige Riffe (*Pax* 1925) | | Jura-Riffe in Europa (*Arkell* 1935) | |
|---|---|---|---|---|
| Weniger warme | Bermudas | 10 Arten | 54 1/2°N | 6 Arten |
| Gebiete | Bahamas | 35 | 50 1/2°N | 17 |
| Sehr warme | Molukken | 70 | 49°N | 126 |
| Gebiete | Philippinen | 180 | 47°N | 184 |

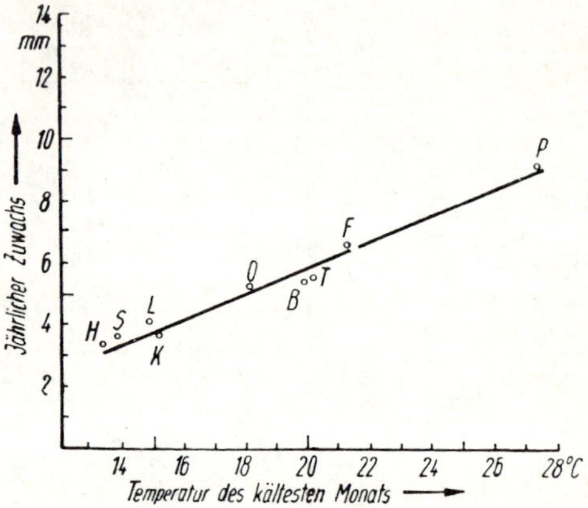

*Abb. 53*    Devonische Riffkoralle mit jahresringähnlichen Zuwachszonen. „*Cyathophyllum*", Mitteldevon, Eifel. Etwa 1/1

*Abb. 54*    Beziehungen zwischen Temperatur des Meeres und Wachstum bei rezenten Riffkorallen. *Favia speciosa* von verschiedenen Fundorten (H, S usw.). Nach *Ma*, 1934, umgezeichnet

angenommen und daraus die Anzahl der Tage pro Jahr im Devon usw. abgeleitet, vgl. 57). *T. Y. H. Ma* hat die jährlichen Zuwachszonen der rezenten *Favia speciosa* untersucht und diagrammatisch dargestellt (Abb. 54), dann aber auch auf fossile Faunen übertragen. Bei diesen ist es jedoch nicht sicher, ob wirklich immer dieselben Arten verglichen sind, und da zudem der Einfluß nichtklimatischer Faktoren nicht eliminiert werden kann, steht die Methode, so interessant sie ist, auf schwachen Füßen.

Weitere Literatur: *J. W. Wells* (1957), *Wiens* (1962), *Elloy* (1972)

**31. Sonstige marine Sedimente.** Die meisten sonstigen marinen Sedimente haben wenig Merkmale, die auf die Temperaturverhältnisse hindeuten. *Glaukonit* — berühmt als Indikator für marine Fazies — wird manchmal als kühl-klimatisches Mineral der Schelf-Region angesehen (*Porrenga:* meist unter 15°). Doch kann man wohl höchstens sagen, daß sich Glaukonit nicht grade in sehr warmen Meeren bildet.

Etwas genauer kann man den Bildungsraum der marinen *Phosphorite* abgrenzen. Sie sind nach *McKelvey* und *Sheldon* an aufquellendes kaltes Tiefenwasser geknüpft und kommen daher vorzugsweise in den Schelf-Gebieten zwischen 10—40° Breite vor (Kalifornien, SW-Afrika usw.; Karte auch in *Füchtbauer* & *G. Müller* 1970, S. 187). Das entspricht den ariden Gürteln der Erde und stimmt überein mit der Ansicht *Strakhovs* (1969, II, S. 235 ff.), daß die meisten fossilen Phosphat-Lagerstätten aridklimatische Bildungen darstellen.

In den Tiefsee-Sedimenten charakterisiert der *Chlorit* besonders die hohen und mittleren Breiten, dagegen der *Kaolinit* die niederen Breiten (*Griffin, McManus* 1970; Abb. 55). Im Schwarzen Meer

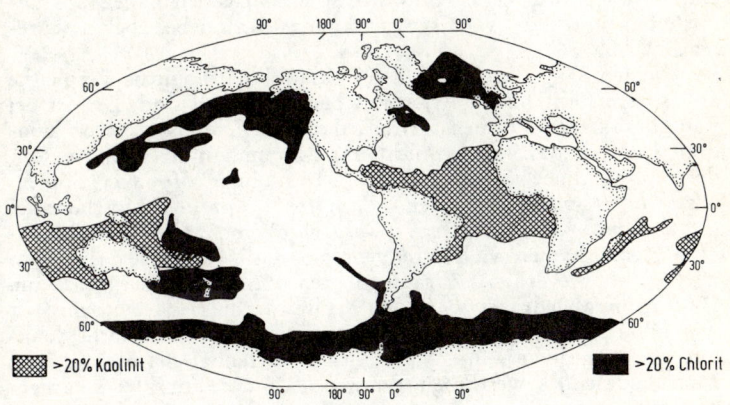

*Abb. 55*   Anteil von Kaolinit und Chlorit in rezenten Tiefsee-Sedimenten. Nach *Griffin* aus *McManus*, 1970

besteht in den Sediment-Profilen ein Zusammenhang zwischen *Montmorillonit*-Gehalt und würmzeitlichem Klima: viel Montmorillonit ist kennzeichnend für Kaltphasen (*Stoffers* & *G. Müller* 1972). Die Ursache liegt wahrscheinlich darin, daß der eiszeitliche Klimawechsel die Verwitterungsvorgänge im fluvialen Hinterland änderte.

## d) Organismen des Festlandes als Temperatur-Indikatoren

> Es ist unwahrscheinlich, daß die Gebeine
> urweltlicher Thiere aus tropischen Län-
> dern in unsere nördlichen Breiten herge-
> schwemmt seyn sollten. Sie waren sämt-
> lich einheimisch, mögen auch die Verhält-
> nisse, welche eine tropische Vegetation und
> ein tropisches Leben hier begründeten, noch
> so sehr unbekannt seyn und im Dunkeln
> liegen.
>
> *C. G. Hallmann,* Bürgermeister zu Habel-
> schwerdt in Schlesien, im „Archiv für die
> neuesten Entdeckungen der Urwelt", 1820.

**32. Landtiere.** Die *Säugetiere* sind *anpassungsfähig.* Mammut und
wollhaariges Nashorn haben heute rein tropische Verwandten
(wobei allerdings der Elefant bis über 4000 hoch vorkommt) —
aber einst waren sie Bewohner eiszeitlicher Kältesteppen. Die berühmten Funde vollständiger Kadaver im Bodeneis Sibiriens und
im Erdwachs von Starunia in Galizien wie auch die bildlichen
Darstellungen durch den prähistorischen Menschen haben uns unmittelbar mit den Anpassungen an das Kälteleben bekannt gemacht (Abb. 56).
So scheiden Säuger weitgehend für paläoklimatologische Vergleiche
aus, sofern nicht fossile Arten mit heutigen *ident* sind. Das ist bei
jungpleistozänen Formen vielfach der Fall. Die eiszeitlichen Tundren Europas bevölkerten nicht nur Mammut und Nashorn, sondern auch Schneehühner (*Lagopus*), Lemminge (*Myodes*), Schnee-
hase *(Lepus variabilis),* Ren *(Rangifer tarandus),* Moschusochse
(*Ovibos moschatus*), Vielfraß (*Gulo gulo*) und andere. Hochmon-
tane Arten kamen viel tiefer vor, so das Murmeltier (in Neu-
mexiko konnte *Stearns* daraus ableiten, daß die Schneegrenze um
1500 m herabgedrückt war). Beim Flußpferd (*Hippopotamus*) ist
winterkaltes Klima mit strengem Zufrieren der Flüsse nicht denkbar. Solche milden Winter kennzeichnen offenbar die pleistozänen
Interglaziale des westlichen Europas, wo das Flußpferd nachgewiesen ist.
Die *Größe der Landsäugetiere* nimmt wie schon *Bergmann* 1847
feststellte, im allgemeinen *polwärts zu. Rensch* hat vermutet, daß
sich mit dieser „*Bergmann*schen Regel" vielleicht die allmähliche
Größenzunahme der tertiären Säuger erklären lasse; sie geht der
generellen Temperatur-Abnahme im Tertiär parallel. Doch spielen hierbei wohl andere, allgemeine Entwicklungstendenzen eine
größere Rolle als klimatische Gründe. (Vgl. auch *Röhrs* 1962.)
Wichtig sind für uns die *wechselwarmen Landtiere.* Für sie ist ein
Leben unter polaren Verhältnissen sehr erschwert, und besonders
für ihre großen Vertreter (so bei den Reptilien) fällt auch die ge-

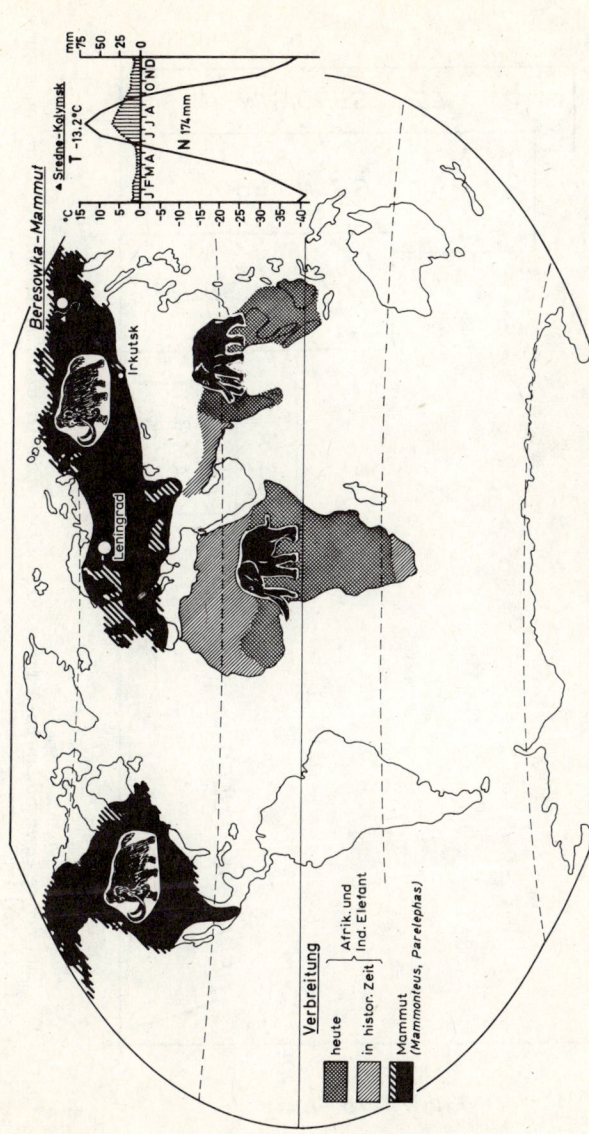

*Abb. 56* Verbreitung der heutigen (tropischen und subtropischen) Elefanten und der eiszeitalterlichen Mammute (*Mammonteus primigenius* und nahe verwandte Formen). Ein warnendes Beispiel für voreilige Schlüsse vom heutigen Lebensbereich auf vorzeitliche Klimaverhältnisse! Meist nach *Osborn* und *Joleaud*. Klimadiagramm für die Fundgegend des Beresowka-Mammuts. Aus *Schwarzbach*, 1970

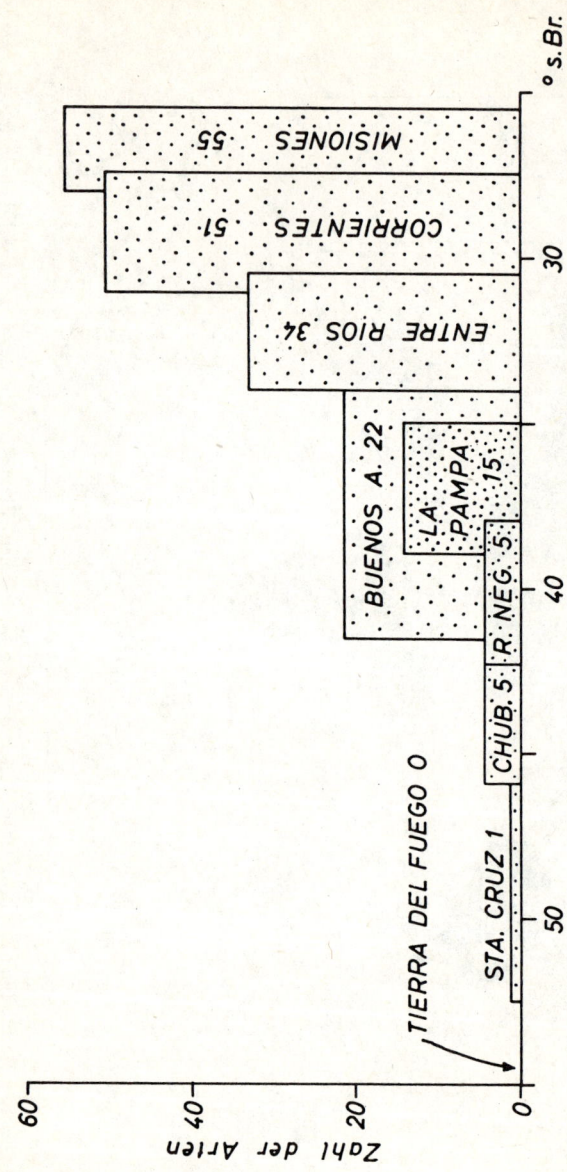

*Abb. 57* Die Zahl der rezenten Schlangen-Arten in Argentinien. Die Artenzahl ist deutlich von der Temperatur abhängig. Nach *A. G. Fischer,* 1960

mäßigte Zone als Lebensraum aus, weil sich für sie keine Möglichkeit bietet, durch Eingraben oder dergleichen der Winterkälte zu
entgehen. Ihr Größenmaximum liegt nach *Rensch* da, wo sie ihr
Lebensoptimum haben, d. h. in warmen und feuchten Gebieten.
Auch die Zahl der Arten nimmt äquatorwärts zu. 64 Reptil-Arten
in Europa stehen 536 in Vorderindien-Burma gegenüber (nach *R.
Hesse*). Für die Schlangen Südamerikas gibt Abb. 57 ein Beispiel,
für die Verbreitung der Krokodile Abb. 58.

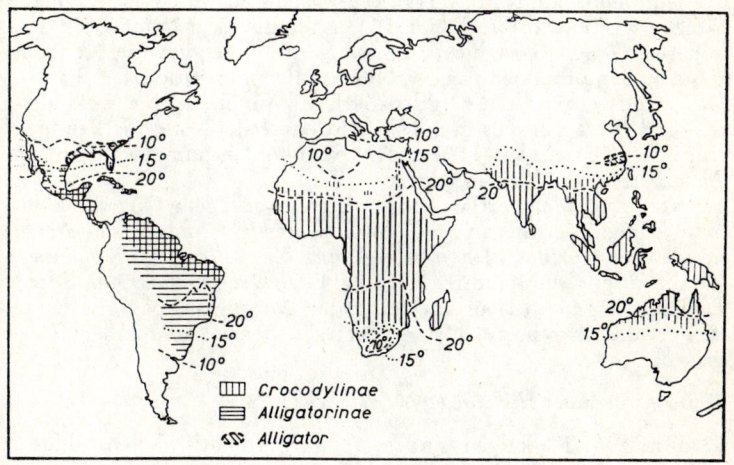

*Abb. 58*  Verbreitung der rezenten Krokodile. Die Isothermen gelten für
den kältesten Monat. Aus *D. E. Berg*, 1964

Nur ausnahmsweise sind auch Reptilien relativ anspruchslos bezüglich der Temperatur, so z. B. die Brückenechse (*Sphenodon*) Neuseelands (*Mertens, Dawbin*). Die Schwanzlurche meiden sogar, wie
schon *Sermon* 1896 bemerkte, die Tropen (aber auch die kalten
Zonen!). Bei fossilen Reptilien ist im übrigen mit der Möglichkeit
zu rechnen, daß einzelne Gruppen (z. B. die Flugsaurier) warm-
blütig waren (*Broili, Schuh*). Im ganzen aber weisen die großen
Reptilien der Vorzeit, wie die Riesensaurier des Jura und der
Kreide, auf warmes Klima hin.
*Audova* und andere erklärten umgekehrt das *Aussterben* der mesozoischen Reptilien durch eine Klimaverschlechterung oder sonst
eine Klimaänderung (*Stechow*: erstes Aufreißen der irdischen Wolkendecke). Doch einschneidende Klimaänderungen lassen sich nicht
nachweisen, und es ist wahrscheinlicher, daß nichtklimatische Ursachen ausschlaggebend waren.

Auch Käfer, Heuschrecken, Myriapoden, Spinnen u. a. erreichen die größten Ausmaße in den Tropen und Subtropen. Die durchschnittliche Länge des Vorderflügels bei rezenten *Insekten* aus Mitteleuropa schätzte *Handlirsch* auf 7 mm, bei den tropischen auf 16 mm. Die oberkarbonischen Insekten erreichen demgegenüber — ganz am Anfang ihrer Entwicklung! — riesige Flügel-Spannweiten; als Maximum werden 70 cm angegeben. Das kann *auf keinen Fall klimatisch* erklärt werden. Als Ursache hat man u. a. angenommen, daß der O-Gehalt der Atmosphäre höher war als heute und dadurch das Tracheen-System der Insekten leistungsfähiger wurde (*Schidlowski* 1971). Aber die Begründung für den höheren O-Gehalt ist nicht stichhaltig: die „weltweit verbreiteten riesigen Sumpfwälder des Karbons" sollen ihn produziert haben. Das „weltweit verbreitet" gilt jedoch nur für die kleine Welt Mittel- und West-Europas und Teile Nordamerikas, und die heutigen tropischen Urwälder stehen den Steinkohlen-Sumpfwäldern an Ausdehnung wohl kaum nach.

Insekten aus dem Tertiär und noch mehr aus dem Quartär kann man klimatologisch ganz gut mit rezenten Gattungen und Arten vergleichen (für das Pleistozän vgl. u. a. *Zeuner* und *G. R. Coope*). Ähnliches gilt für Landschnecken (z. B. *Belgrandia marginata* und *Helicigona banatica*) in Interglazialen Mittel-Europas, die heute weiter südöstlich heimisch sind *(Boettger, Ložek)*, und andere Tiergruppen.

Weitere Literatur: *Hibbard* (1960), *Mania* (1973)

**33. Pflanzen.** Kalkalgen sind z. T. warmklimatische Riffbildner; aber sie kommen auch in kühlem Wasser vor. Sonst haben nur die nichtmarinen Pflanzen, vor allem die Landpflanzen, paläoklimatologische Bedeutung. Sie sind seit dem Devon häufig, und seit der Kreidezeit bilden die bedecktsamigen Blütenpflanzen (Angiospermen), zusammen mit den Nadelhölzern, die Hauptmenge der pflanzlichen Fossilien.

Bei den *prätertiären Pflanzenresten* kann man meist nur allgemeine, physiologische oder ähnliche Merkmale klimatisch ausdeuten, jedoch nicht die systematische Verwandschaft zu heutigen Gruppen. Das spielte eine große Rolle bei der Diskussion um die Steinkohlenwälder der Nord-Hemisphäre. *H. Potonié* hatte ihren „Tropencharakter" verteidigt (u. a. wegen der Baumfarne, der Stammbürtigkeit der Blüten, der Aphlebien mancher Farne). Aber die Hinweise sind unsicher oder irreführend (wie z. B. bei den Baumfarnen, die in den Tropen das kühle Hochgebirge vorziehen und in Neuseeland fast zusammen mit Gletschern vorkommen). *R. Potonié* hat deshalb den mehr subtropischen Charakter der karbonischen Kohlenflora betont. Im *Karbon der Nord-Halbkugel* sprechen die begleitenden Klimazeugen allgemein für *warmes*

*Klima;* aber sonst sagen die Kohlenlager in erster Linie für humide Verhältnisse aus und bezüglich der Temperatur *häufiger für ein nicht tropisches Klima.* Es gibt nur wenig rezente Moore in den Tropen (*Straka* 1960); die allermeisten liegen in kühlen Breiten (Abb. 62 und 177; nach *Giles* liegen 90 % nördlich 40° N). Die Ursache liegt darin, daß zwar die pflanzliche Produktion in den höheren Breiten viel geringer ist als in den Tropen, aber auch die chemische Zersetzung der pflanzlichen Substanz (Abb. 14). Nur da, wo in tektonischen Senkungsgebieten *rasche Eindeckung* erfolgt und der Luftsauerstoff ferngehalten wird, kommt es auch im warmen Klima zu mächtiger Torf- (und damit Kohlen-)Bildung. Die Kohlenlager sind also zwar primär klimatisch bedingt (d. h. humides Klima ist nötig), aber meist auch tektonisch, und in solchen Fällen kann der ungünstige Einfluß hoher Temperaturen *kompensiert* werden, ja, sogar eine besonders reiche Lagerstätte die Folge sein (Nodi, „*Knoten*", nannte *Stepanov* 1939 die Kreuzungsstellen günstiger tektonischer und vegetationsreicher Zonen; vgl. auch *Strakhov* 1969).

Die *tertiären und quartären Pflanzen* gehören zu den Klimazeugen, die am *häufigsten* herangezogen werden. Die meisten größeren paläobotanischen Arbeiten, die känozoische Floren beschreiben, enthalten paläoklimatologische Kapitel. Dabei lassen sich häufig ebenso die Temperatur- wie die Niederschlagsverhältnisse ableiten. Zunächst ist hervorzuheben, daß die Floren warmer Länder weit *artenreicher* als die kühlerer Breiten sind. Im Bergwald von Tjibodas auf Java (1500 m; Jahresmittel 18°) gibt es nach *Koorders* 165 Arten von Bäumen. Der tropische Regenwald von Kamerun enthält (nach *Eidmann*) 800 Arten, darunter 500—600 Bäume, der mitteleuropäische Wald nur 10—15 Holzarten. Wenn also O. *Heer* in den miozänen Mergeln von Oeningen am Bodensee 136 holzartige Gewächse nachwies, der Kanton Zürich heute aber nur 91 Arten enthält, wird man das gewiß zugunsten einer höheren Temperatur der Miozän-Zeit ausdeuten dürfen — um so mehr, als ja in der Regel nur ein Teil, oft sogar nur ein sehr kleiner Teil der Pflanzen fossil wird. Aus dem letzteren Grunde darf man umgekehrt aus Artenarmut fossiler Ablagerungen keine Schlüsse ziehen. Allgemein wächst der *Anteil der Holzgewächse* mit steigender Temperatur. Im heutigen Amazonas-Becken sind ungefähr 10 % der Flora nichtholzig, in England aber 83 % (*Reid* & *Chandler, Dorf* u. a.). Die rheinische Oligozän-Flora von Rott enthält 10 bis 15, die eozäne London Clay-Flora 3 % nichtholzige Pflanzen — beide Mal deutet das auf warmes Klima, selbst wenn man die Selektion bei der Fossilisation berücksichtigt: ein lederiges Feigenblatt wird leichter fossil als das zarte Blatt eines Gänseblümchens, und ein stattlicher Eichenbaum produziert mehr Fossil-Anwärter als das bescheidene Veilchen. Die Bäume sind also von vornherein etwas begünstigt. Auch Pflanzen an Fluß- und See-Ufern sind überrepräsentiert (*Mac Ginitie*).

Häufig kann man fossile Arten unmittelbar *mit rezenten vergleichen* und den Anteil tropischer, subtropischer, kühl-gemäßigter usw. Elemente vergleichend erfassen. Doch da beginnen schon die Schwierigkeiten; denn es ist oft genug zweifelhaft, was z. B. als tropisches Element anzusehen ist. So ist z. B. der in Deutschland häufige Farn *Blechnum spicant* der Vertreter einer fast ganz tropisch-subtropischen Gattung, und eine fossile *Blechnum*-Art kann also ganz irreführen. Eine Hauptfehlerquelle ist aber darin zu sehen, daß die *systematische Bestimmung* fossiler Blätter (der häufigsten Pflanzenfossilien) *oft ganz unsicher* ist. Auch die mikroskopische Untersuchung (Kutikularanalyse u. ä.) hilft nur z. T. weiter. Als günstiger gelten Früchte und Samen, die jedoch viel seltener als Blätter sind.

Auf der nicht sehr sicheren, oft subjektiven Grundlage der botanischen Bestimmung fossiler Blätter haben *Axelrod* und *Bailey* (1969) eine komplizierte Methode entwickelt, um detaillierte Temperatur-Angaben zu erhalten, d. h. nicht nur Jahresmittel, sondern auch die jährliche Schwankung der Temperatur u. a. Man geht dabei davon aus, daß die Klima-Ansprüche der fossilen Art mit denen der rezenten Verwandten genau übereinstimmen. Das ist eine zweite unsichere Voraussetzung der Methode, und so muß man eigentlich bezweifeln, daß die Ergebnisse — so erstrebenswert sie wären — wirklich einen Fortschritt bedeuten (*Wolfe* 1971).

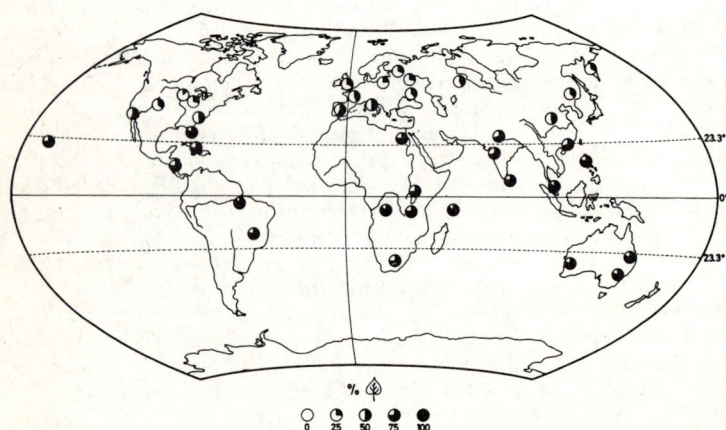

*Abb. 59*  Anteil ganzrandiger Blätter (dikotyle Holzgewächse) in rezenten Floren. Daten nach *Bailey* & *Sinnott*; aus *Schwarzbach*, 1968

Solchen qualitativen Methoden stehen einfachere quantative gegenüber. Man kann der unsicheren systematischen Bestimmung
fossiler Blattreste entgehen, wenn man die Floren rein *statistisch*
*auswertet.* Einzelne Merkmale der Blätter ändern sich mit dem
Klima und sind andererseits leicht zu erfassen, vor allem die Gestalt des *Blattrandes.* Dieser kann glatt (ganzrandig) oder gesägt,
gezackt usw. (nicht ganzrandig) sein. Der Anteil ganzrandiger
Blätter ist heute im warm-feuchten Klima viel höher als in kühleren Gebieten: bei dikotylen Holzgewächsen z. B. 88 % in Panama,
nur 21 % in NE-Deutschland (zuerst *Bailey* & *Sinnott* 1915,
neuere Untersuchungen besonders von *Wolfe*; Abb. 59). Zusätzlich
kann man die Blattgröße als charakteristisches Merkmal benutzen
(große Blätter häufiger in den Tropen). Man muß aber beachten,
daß sich die kühlen Breiten der N- und S-Hemisphäre etwas unterscheiden, und auch aride Floren sich etwas anders verhalten
(viel kleine, ganzrandige Blättchen!). Aber die meisten reichen
fossilen Floren stammen aus warmen und feuchten Klimaten. Eine
Übersicht vermitteln Tab. 9—10.

*Tabelle 9* Zusammenhang zwischen Temperatur und Blatt-Merkmalen
bei Holzgewächsen in feuchtem Klima (nach *Axelrod* & *Bailey* 1969)

| Klima | Blattgröße | Blattrand |
|---|---|---|
| heiß | groß bis sehr groß | ganzrandig |
| warm | groß | meist ganzrandig |
| mild | mittel | manche ganzrandig, viele nicht ganzrandig oder gelappt bis gefingert |
| kühl | klein | N-Hemisphäre: nicht ganzrandig<br>S-Hemisphäre: meist ganzrandig |
| kalt | meist klein | N-Hemisphäre: oft nicht ganzrandig; Nadeln dominieren<br>S-Hemisphäre: viele ganzrandig |

Fossile Beispiele sind z. B. in Nordamerika die eozäne Wilcox-
Flora mit 87 % ganzrandiger Arten (*Berry*) und die ebenfalls
eozäne Goshen-Flora mit 61 % (*Chaney* & *Sanborn*); beide bezeugen sehr warmes Klima. Südamerikanische Floren analysierte in
dieser Weise *Volkheimer*; für das Tertiär Mittel-Europas vgl.
*Schwarzbach* 1968 (Abb. 60).
Von klimatologisch gut charakterisierten Pflanzengruppen seien
die *Palmen* erwähnt. Von ihnen sind außer Blättern auch Hölzer,
Wurzeln und Früchte fossil bekannt. Die polwärtige Palmengrenze
entspricht heute ungefähr der 18°-Jahresisotherme, reicht aber
stellenweise auch in kühlere Gebiete (im ozeanischen Neuseeland
bis zur Jahresisotherme 12°). Im Tertiär lag sie auf der Nord-

*Tabelle 10*  %-Satz ganzrandiger Blätter in einigen rezenten Floren (dikotyle Holzgewächse; nach *Bailey, Sinnott* u. a. aus *Wolfe* 1971)

| % | Jahres-mittel °C | mittl. Jahres-schwan-kung °C | Vegetation |
|---|---|---|---|
| Malaya | 86 | 28 | 1 | Trop. Regenwald |
| Philippinen (200 m) | 82 | 26 | 4 | Trop. Regenwald |
| Ceylon (Tiefland) | 81 | 27 | 2 | Trop. Regenwald |
| Ostindien | 77 | 26 | 3 | Trop. Regenwald |
| Hawaii (Tiefland) | 75 | 24 | 4 | Paratrop. Regenwald |
| Philippinen (700 m) | 72 | 24 | 1 | Submont. Regenwald |
| Philippinen (1100 m) | 69 | 23 | 2 | Mont. Regenwald |
| Taiwan (0—500 m) | 61 | 21 | 11 | Paratrop. Regenwald |
| Hawaii (Hochland) | 57 | 16 | 4 | Mont. Regenwald |
| Fukien (Hochland) | 50 | 19 | 19 | Subtrop. Wald |
| N-Kiangsi | 38 | 11 | 22 | Gemischt. mesophyt. Wald |
| N-Chekiang | 34 | 11 | 26 | Gemischt. mesophyt. Wald |
| N-China, Ebene | 22 | 11 | 30 | Laubwerf. Eichen-wald |
| Mandschurei | 10 | 4 | 40 | Gemischt. nördl. Wald |

Halbkugel erheblich weiter nördlich als heute (vgl. auch Abb. 145). Kühles Klima bevorzugen im allgemeinen die *Koniferen*. Sie sind selbst auf Dauerfrostboden häufig (Abb. 32), fehlen aber in den Niederungen der Tropen fast ganz (*Bader* 1960). In den Glazial-zeiten des Pleistozäns wanderten z. B. in Nordamerika einzelne Nadelhölzer weit südwärts (*Picea glauca* und *P. mariana* vom Huron-See bis nach Texas, *Potzger* & *Tharp*). Für die eiszeitli-chen Tundren Europas sind die „*Dryas-Floren*" typisch (mit *Dryas octopetala, Betula nana* und anderen, heute nordischen oder montanen Pflanzen, Abb. 150). Interglaziale sind umgekehrt durch Pflanzen gekennzeichnet, die heute etwas wärmere, süd-lichere Standorte bewohnen, so die „Höttinger Brekzie" bei Inns-bruck (Riß-Mindel-Interglazial) durch die Weinrebe (*Vitis*). Die oft von dort zitierte Pontische Alpenrose (*Rhododendron ponti-cum*) wird heute angezweifelt (*Tralau* 1963).
Eine besondere Bedeutung für die Klimageschichte des Quartärs hat die *Pollenanalyse* gewonnen. Sie läßt selbst feine Vegetations-und damit Klimaschwankungen erkennen (Abb. 61). Die Methode wurde in den kühl-gemäßigten Breiten begründet (vor allem von *L. v. Post* in Schweden, 1916; vgl. die Lehrbücher von *Erdtman, Faegri* & *Iversen, Firbas, Godwin*). Später hat man sie auch in warmen Klimaten angewendet, aber dort sind solche Untersu-

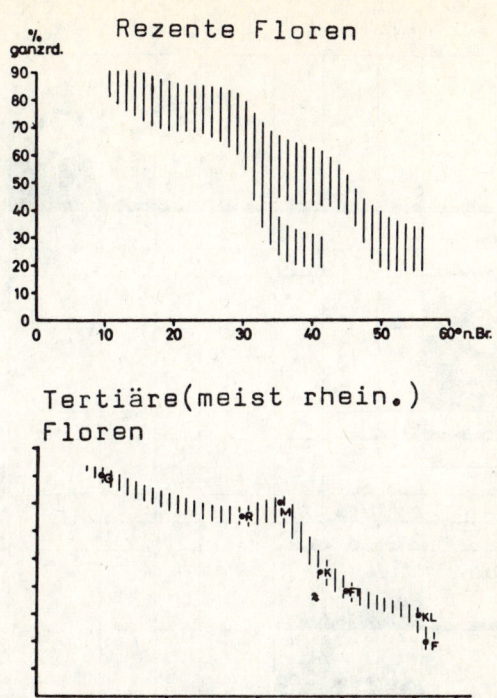

**Abb. 60** Der Anteil ganzrandiger Blätter in rezenten und mitteleuropäischen tertiären Floren. Bei den rezenten Floren (dikotyle Holzgewächse) ist die geographische Breite angegeben, bei den tertiären, meist rheinischen Dikotyledonen ihre stratigraphische Lage (Fundpunkte von links nach rechts Geiseltal, Rott, Mainz-Kastel, Kreuzau, Fischbachschichten, Klärbecken Frankfurt, Frimmersdorf). Beide Diagramme zeigen eine ähnliche Temperatur-Abnahme. Aus *Schwarzbach*, 1968

chungen schwieriger, weil viel mehr Pflanzen (und damit auch viel mehr Pollen-Arten) berücksichtigt werden müssen (vgl. z. B. *Selling*, Hawaii; *v. d. Hammen*, Kolumbien; *v. Zinderen Bakker* und *J. A. Coetzee*, Afrika). In vorquartären Schichten ist die Pollenanalyse paläoklimatologisch von geringerer Bedeutung.

Einige *Fehlerquellen* bei der Pollenanalyse: Der Blütenstaub ist sehr widerstandsfähig und wird leicht in ganz andere, jüngere Schichten umgelagert („sekundärer Pollen", *Iversen, M. B. Davis*). Ferner wird mancher Pollen durch den Wind weit verweht. *Aario* fand rezenten *Tilia*-Pollen in Lappland — 600 km von der äußersten Verbreitungsgrenze der Linde, *Erdtman* zahlreiche Baum- (aber auch Gras-)Pollen mitten auf

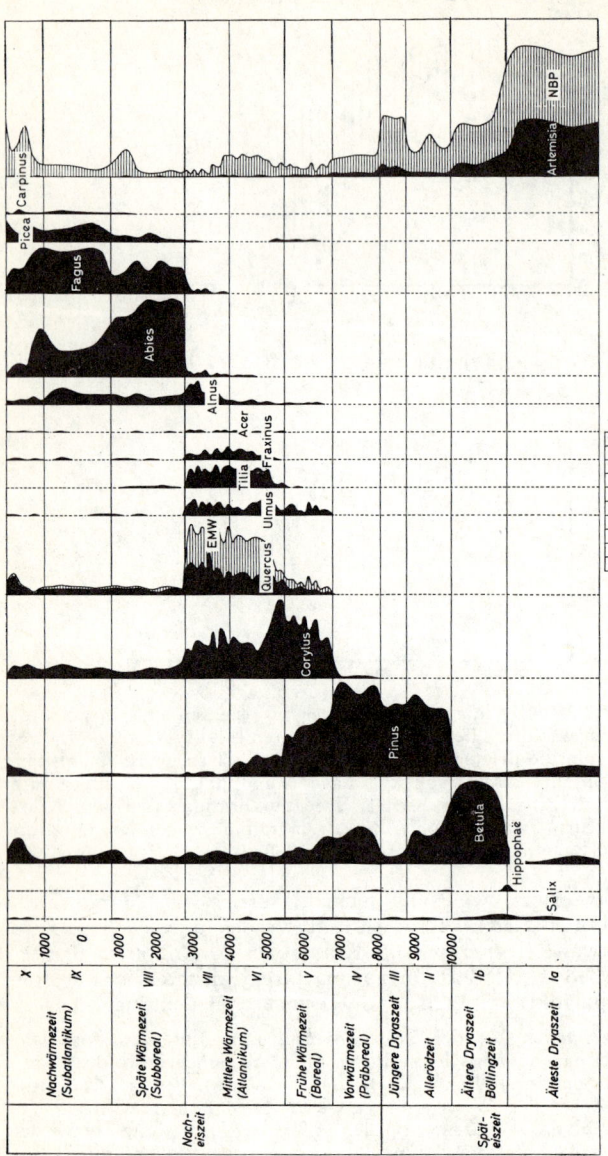

*Abb. 61* Pollendiagramm des Spät- und Postglazials. Horbacher Moor (950 m) bei St. Blasien, Schwarzwald. Das etwa 6 m lange Profil (Torf und Gyttja) umfaßt15 000 Jahre. Kühles Klima zeigt sich u. a. in der starken Ausbreitung der Nichtbaumpollen und der Birke, wärmeres Klima in der Vorherrschaft von Eiche, Ulme, Linde usw. (Postglaziale Wärmezeit). EMW Eichenmischwald, NPB Nichtbaumpollen. Nach *G. Lang*; vom Autor freundlichst überlassen

dem Atlantik, 900 km vom nächsten Land. Pollendiagramme aus Wüsten zeigen manchmal einen auffällig hohen Anteil von Baumpollen infolge von Fernflug (Diagramme von *Malgina* aus Russ. Asien in *Frenzel* 1967).

**34. Höhen-Zonierung bei fossilen Floren.** Manchmal läßt sich aus fossilen Floren eine Höhen-Zonierung ablesen; sie braucht mit den heutigen Höhen nicht übereinzustimmen. So beschrieb *Axelrod* (1966) aus dem Eozän von NE-Nevada eine kühl-temperierte Gebirgsflora (damalige Höhe ca. 1100 m, mittl. Jahrestemperatur 12°, Niederschlag 1250—1500 mm) und eine gleichalte, immergrüne Tieflandsflora. Hier ist also nachträgliche tektonische Verstellung anzunehmen.

Andere Fälle sind weniger klar. 6 Miozän-Floren im pazifischen Nordamerika, die klimatisch verschieden sind, erklärte *Axelrod* als gleichalt, aber in verschiedener Höhe entstanden. Nach *Wolfe* sind die Floren jedoch verschieden alt, und ihr verschiedener Klima-Charakter spiegelt im wesentlichen die Temperatur-Abnahme zwischen 11—20 Mill. Jahren wider. Tatsächlich führt die häufig ganz unsichere Altersbestimmung von (oft isolierten) Floren-Fundpunkten immer wieder zu allerlei Fehlschlüssen.

# V. Zeugen für humides Klima

> Seit gestern und heute (und fast immer) genießen wir liebliches Regenwetter, und ich wäre das glücklichste Wesen von der Welt, wenn ich eine Krautpflanze wär' oder ein Gerstenfeld.
>
> *Jean Paul* in einem Brief an seine Frau aus Stuttgart, 16. 6. 1819

**35. Humide Verwitterung.** Im feuchten und nicht zu kaltem Klima ist die chemische Verwitterung überaus wirksam (Abb. 14). Typisch ist schon im gemäßigten Klima die Umwandlung der Feldspäte und anderer gesteinsbildender Silikate in tonige Mineralien, d. h. siallitische Verwitterung (mit Bildung von „Si-Al"-Verbindungen). Auffälligstes Ergebnis sind die weißen *Kaolin*-Lager, die als Porzellanerde auch wirtschaftliche Bedeutung besitzen. Aber letzten Endes gehen alle die vielen tonigen Sedimente auf solche Verwitterungsvorgänge zurück. Die Bleichung bei der „Kaolinisierung" läßt sich auf Huminsäuren zurückführen, die aus Torfmooren stammen können (vgl. zuletzt *Buchwald* 1971). Auch die allitische Verwitterung in warmen Klimaten führt, wie wir schon sahen, in den tieferen Teilen der Laterit-Profile zur Kaolinbildung. Kaolinit ist dort verbreitet (vgl. Abb. 43); er kommt auch in den Tiefsee-Sedimenten der warmen Klimagürtel bevorzugt vor (Abb. 55).

Weitere Literatur: *Abbott* & *Minch* (1973).

**36. Torfmoore und Kohlen.** Torfmoore sind primär für feuchtes Klima kennzeichnend (Abb. 62; über die Beziehungen zur Temperatur vgl. 33). In besonderem Maße sind Hochmoore (mit dem Torfmoos *Sphagnum*) „regenbürtig" (ombrogen). *Kohlenflöze* gehen aus Flachmooren (mit hohem Grundwasserstand und gelegentlichen Überschwemmungen) hervor.

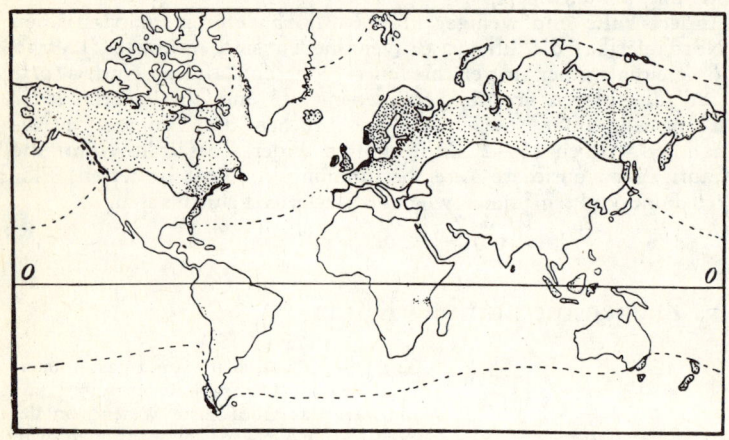

*Abb. 62*   Heutige Verbreitung der Torfmoore. Nach *Früh* & *Schröter*, vereinfacht und ergänzt aus *K. v. Bülow*, Moorkunde, 1925

In den nacheiszeitlichen Torfschichten beobachtet man manchmal helle Lagen („*Rekurrenz-Zonen*"). Sie entsprechen relativ trockenen Perioden, in denen sich der Torf stärker zersetzte. Der vieldiskutierte „Grenzhorizont" der norddeutschen Torfmoore ist eine solche Rekurrenz-Zone. Er wurde mit der postglazialen Wärmezeit parallelisiert. Nach Untersuchungen von *Granlund*, *Overbeck* u. a. kann man *mehrere* feuchte (hygrokline) und trockenere (xerokline) Perioden unterscheiden.

**37. Pflanzen.** Wichtige genauere Anhaltspunkte für Niederschläge liefern vor allem die *tertiären Floren*. Wie bei der paläobotanischen Temperatur-Bestimmung kann man auch in diesem Fall von der systematischen Verwandtschaft mit rezenten Arten und Gattungen ausgehen und die Niederschlagsmenge abschätzen. *Chaney* fand z. B. für das Great Basin:

| | |
|---|---|
| Bridge Creek, Ober-Oligozän | 1000 mm |
| Mascall, wohl Miozän | 750 |
| Sonoma-Tuff, Unter- oder Mittel-Pliozän | 500 oder mehr |
| Santa Clara, Ober-Pliozän | 500 oder mehr |
| Altura, Ober-Pliozän | 400 oder mehr |

Die Niederschläge nehmen also im Laufe des Tertiärs ständig ab; sie betragen auch heute dort etwa 400 mm. Für das Miozän-Pliozän der südwestlichen USA hat *Axelrod* sogar eine Karte des jährlichen Niederschlags rekonstruiert. Vgl. auch Tab. 22.

Feuchtigkeitsliebend sind u. a. die *Baumfarne*. Sie gedeihen besonders in höheren Lagen tropischer Gebirge, aber selbst im gemäßigten Klima Neuseelands.

In sehr regenreichem Klima entwickeln die Blätter mancher Pflanzen auffallende *Träufelspitzen* (Abb. 63). Sie dienen der schnellen

*Abb. 63* Träufelspitze bei einem alttertiären Laubblatt. *Apocynophyllum decheni*, Oligozän, Rott (Rheinland). ¹/₁. Nach *Weyland*. Palaeontogr., 1943

Ableitung des Regenwassers. Besonders häufig sind sie im tropischen und subtropischen Regenwald, aber auch im regenfeuchten Klima der gemäßigten Zone, dagegen Ausnahmen in regenärmeren Gebieten. G. *Schindehütte* wies schon 1907 auf die klimatologische Bedeutung der Träufelspitzen in der mitteldeutschen Miozän-Flora vom Eichelkopf hin, und *F. Kirchheimer* untersuchte systematisch mehrere deutsche Tertiärfloren vom Aquitan bis Pliozän auf träufelspitzige Blätter.

Genauere zahlenmäßige Angaben bieten die Untersuchungen von *R. W. Chaney* und *E. I. Sanborn* (Tab. 11).

Danach ist die Goshen-Flora offenbar feuchtigkeitsliebend gewesen. Bei der Bridge Creek Flora darf man aber aus dem geringen Prozentsatz nicht das Gegenteil ableiten; denn sie gehörte einem gemäßigten Klima an und muß infolgedessen etwa mit dem heutigen Redwood-Wald und dessen hohen Niederschlägen (500 bis 1500 mm) verglichen werden.

*Tabelle 11*   Anteil von Blättern mit Träufelspitze (Dikotyledonen) (nach *Chaney* u. *Sanborn*)

| Heutige Floren | Tiefland von Panama (tropisch) | 76 % |
| | Redwood von Kalifornien (gemäßigt) | 9 % |
| Fossile Floren | Goshen-Flora (Eozän) | 47 % |
| | Bridge Creek-Flora (Ob. Oligozän) | 10 % |

Von der Feuchtigkeit ist auch die *Nervaturdichte* der Blätter abhängig. Je trockener es ist, desto größer ist die Länge der „Nerven" (Adern) pro cm² (d. h. größere Verdunstung wird durch ein dichteres Wasserleitungsnetz ausgeglichen). Für statistische Vergleiche genügt es zu zählen, wieviel Nerven (N) eine Längeneinheit (1 cm) kreuzen.

Die erste Anregung, die Nervaturdichte paläoklimatologisch auszuwerten, gab *Zeuner*; doch genauere Untersuchungen hat erst *Manze* (1967) durchgeführt. Die Anwendung auf fossile Floren ist beschränkt; denn bereits an ein und demselben Baum schwankt der Wert N/1 cm beträchtlich zwischen Schatten- und Sonnenseite. Schon aus diesem Grunde benötigt man also ein ziemlich großes Material. Andererseits verhalten sich ökologisch verwandte Arten einer Gattung ähnlich, so daß man zum Vergleich mit den fossilen Blättern verwandte rezente Arten benutzen kann. Die Kurven der Abb. 64 zeigen, daß die Zimtbäume aus dem Miozän von Oeningen-Schrotzburg (Schweiz) eine größere Nervaturdichte aufwiesen als ihre heutigen Verwandten in Nigeria und Italien. Das deutet vielleicht auf relative Trockenheit des Oeninger Klimas, das im ganzen freilich — wie die sonstige reiche Flora beweist — durchaus humid gewesen ist.

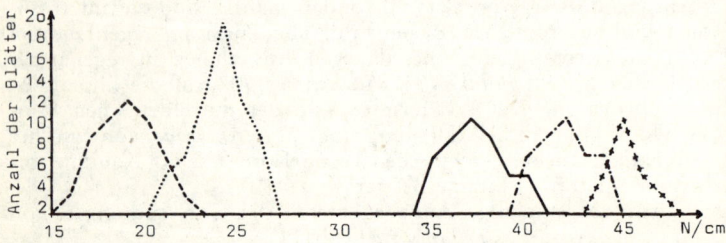

*Abb. 64*   Nervaturdichte rezenter und tertiärer Arten des Zimtbaums *(Cinnamomum)*. Von links nach rechts: *C. camphora*, Nigeria (rezent, 50 Blätter), *C. laureri*, Palermo (rez., 42 Bl.), *C. camphora*, Italien (rez., 62 Bl.), *C. polymorphum*, Oeningen (Miozän, 36 Bl.), *C. polymorphum*, Schrotzburg (Miozän, 21 Bl.). Die tertiäre Art zeigt die größte Nervaturdichte. Aus *Manze*, 1968

# VI. Klimazeugen des ariden Bereichs

> I fear I have already wearied the reader
> by a description of such scenes, but he may
> form some idea of the one now placed
> before him, when I state, that, familiar
> as we had been to such, my companion
> involuntarily uttered an exclamation of
> amazement when he first glanced his eye
> over it. "Good Heavens", said he, "did
> man ever see such country!"
> *Charles Sturt* über Simpson Desert, Austra-
> lien, 1842.

**38. Allgemeines.** Das aride Klima umfaßt sehr verschiedene Gebiete: extrem trockene (wie die Wüsten), weniger trockene (wie die
Steppen); heiße Wüsten (wie die Sahara) und sommerheiße, aber
winterkalte (mit eisigen Januar-Temperaturen, wie die Gobi); dazu die Kältewüsten der Polargebiete, die — wegen ihrer Eisfrei-
heit — in der Antarktis den paradoxen Namen „Oasen" führen.
Charakteristische Merkmale der klimatischen Trockengebiete gibt
es zudem in den edaphisch bedingten Wüsten der humiden Klimate
(wie in Inner-Island, 47) oder an den feuchten Meeresküsten.
Eine scharfe Abtrennung der „ariden" Klimazeugen gegenüber den
Zeugen feuchten Klimas ist nicht möglich. Vielfach sind beide Begriffe nur relativ zu verstehen. Manche Klimazeugen wurden daher beim feuchten Klima behandelt, die ebensogut zum ariden
Klima gestellt werden könnten (z. B. Nervaturdichte). Ebenso läßt
sich bei den Temperatur-Indikatoren der Einfluß der Niederschläge nicht immer scharf trennen.
**39. Verwitterungsbildungen der warmen Wüsten und Steppen.**
Charakteristische Landschaftsformen des extrem ariden Klimas
sind die *Wüsten*. In ihnen waltet die Temperaturverwitterung —
mit Abschuppung der Felsen, Kernsprüngen u. dergl. — vor; chemische Verwitterung tritt zurück. So kommt es zur Entstehung
mächtiger Geröll- und Kiesmassen. Sie werden als flächenhafte
Schuttströme bewegt, wenn einmal episodische Regengüsse auftreten, und bilden unsortierte, weniggeschichtete, konglomerat-ähn-
liche Sedimente (Fanglomerate; fossil z. B. im deutschen Rotliegenden).
Etwas feinerkörnige Sedimente mit unverwitterten Feldspat-Geröll-
chen (*Arkosen*) treten gleichfalls in ariden Gebieten auf, sind
freilich durchaus nicht auf extrem-aride beschränkt, wie die Beobachtungen *Krynines* im heutigen Savannen-Gebiet Mexikos lehren.
Dem halbtrockenen Klima sind ferner *Verkieselungen* eigen, da
das $SiO_2$ wandert (vgl. Laterit). Fossile Beispiele bieten die „ver-
steinerten Wälder" des deutschen Rotliegenden oder der Trias in

Nordamerika (Petrified Forest National Monument in Arizona) oder die Karneol-Lagen in deutschen Buntsandstein.

*Kalkkrusten* können weite Flächen steppenhafter Gebiete bedecken (pedocals; spanisch: caliche). Im mexikanischen Hochland scheinen sie an eine Niederschlagsmenge von weniger als 650 mm, Temperaturen von über 25° während des größten Teils des Jahres und xerophytische Vegetation gebunden zu sein (*Arellano*). Im südöstlichen Neu-Mexiko charakterisieren sie nach *Bretz* und *Horberg* relativ aride Phasen im Pliozän-Pleistozän. Fossil treten sie u. a. auch im deutschen Rotliegenden, Keuper (*S. Müller*) und Tertiär („Albstein" in Oberschwaben, *Rutte*) auf.

*Rotfärbung ist kein primäres Merkmal der Wüsten.* Doch sahen wir schon (27), daß die rote Farbe von verschwemmten lateritischen Verwitterungsbildungen unter ariden Verhältnissen leicht erhalten bleibt, und daß daher rote Sedimente nicht selten zusammen mit ariden Klimazeugen vorkommen. Rotliegendes, Buntsandstein und andere „rote" Formationen sind daher bei den Beispielen dieses Abschnittes öfters erwähnt.

Weitere Literatur: *K. Kaiser* (1972), *Page* (1972: Paläo-Gipsböden)

### 40. Regentropfen-Eindrücke.

Ein überraschender Klimazeuge ist an dieser Stelle der Regen. Einzelne Regentropfen, die auf Sand oder feuchten Schlamm auftreffen, können kennzeichnende, rundliche Eindrücke hinterlassen (Abb. 65). In der Windrichtung sind

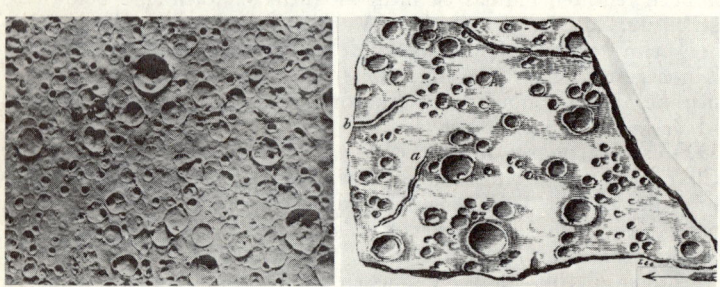

*Abb. 65*   Rezente und fossile Regentropfen-Eindrücke. Etwa $^1/_1$. Links: Rezent auf Tonschlamm; Münsterberg in Schlesien; Fot. *M. Schwarzbach.* Rechts: Fossil auf grünem Schiefer; Karbon, Cape Breton, Neuschottland; aus *Lyell* 1851. Bei den karbonischen Funden sind auch Tierspuren (a, b) überliefert; der Regen kam dort (nach *Lyell*) von rechts

sie manchmal gelängt. Schon *Lyell* (1851) beschrieb das. Fossil sind sie seit dem Präkambrium bekannt. Allerdings gehört wohl nicht alles dazu, was man hierher rechnete. Auch aufsteigende Luftblasen oder äsende Fische mögen manchmal ähnliche Spuren erzeugen.

Regentropfen-Eindrücke sind als Zeugen vereinzelter Schauer häufiger im ariden als im humiden Klima zu erwarten; außerdem werden sie in der Wüste durch den Wind schnell gehärtet und durch Staub leicht eingedeckt (vgl. besonders *K. Kaiser* 1967). *Fossiler Regen* ist also — so paradox das zunächst klingt — vielfach grade *für regenarmes Klima charakteristisch*. Die Größe der fossilen Tropfen ist dieselbe wie heute (bis 5—6 mm). Schon *Lyell* hatte daraus geschlossen, daß die Dichte der Atmosphäre der heutigen gleich gewesen sein müsse.

**41. Evaporite.** Die Salzablagerungen (salinaren Sedimente), hauptsächlich Gips, Steinsalz, Kalisalze, sind Hauptzeugen für Trocken-Klima. Zur Ausscheidung von Salzen kommt es vor allem in oder auf dem Boden arider Gebiete, besonders der Steppen (weniger der Wüsten, da eine gewisse Wassermenge für den Salztransport nötig ist) und in den Salzseen und Lagunen der großen Trockengebiete (Kaspi-, Aral-See, Totes Meer usw.). So ordnen sich die salinaren Zonen der Erde zu zwei großen Gürteln an, die den Äquator im Norden und Süden begleiten (Abb. 170) und die im großen den warmariden Zonen der Abb. 12 entsprechen. Sie reichen, z. B. in Innerasien, ziemlich weit nach Norden, aber hohe Temperatur begünstigt die Salzausscheidung zweifellos doch außerordentlich.

Gegenüber diesen oft sehr weit ausgedehnten Ablagerungen treten zerstreute, meist winzige Vorkommen an ganz andern Stellen völlig zurück, so Salzausblühungen in Grönland und den „Oasen" der Antarktis (Angaben u. a. bei *G. W. Gibson, Nichols, Tasch & Angino, Selby & Wilson, MacNamara & Usselman*), beim Gefrieren von Meerwasser, bei vulkanischen Dämpfen. Nach *Trusheim* (1971) können Salzdiapire durch oberflächliche Auslaugung zu erneuter Salzabscheidung Anlaß geben (so im deutschen Mesozoikum). Diese Annahme ist plausibel; aber die Abscheidung erfordert wohl doch die Mitwirkung ziemlich trockenen Klimas, d. h. die paläoklimatologische Wertigkeit dieser (sekundären) Salzlager ändert sich wenig.

Dem Geologen stehen als Klimazeugen nicht nur die eigentlichen weit ausgedehnten, schichtförmigen Salzlager zur Verfügung, sondern auch die *Steinsalz-Pseudomorphosen*, d. h. die ehemaligen Ausblühungen einzelner Steinsalzwürfel, die durch Sand o. a. ersetzt sind (Abb. 66). Sie dürften sich teils im salzdurchtränkten Boden bilden (*Linck, Schwarzbach, R. Haude*), teils an der Oberfläche (*Knetsch*).

*Lotze* hat zahlreiche Angaben über fossile Salzvorkommen zusammengestellt und zu Karten verarbeitet (Abb. 170). Es ergeben sich *Salzgürtel*, von denen sich der nördliche im Laufe der Erdgeschichte allmählich vom Nordpolar-Gebiet in seine heutige Lage verschoben hat (für die Süd-Halbkugel fehlt es an Unterlagen).

Weitere Literatur: *Ganssen* (1968), *Page* (1972).

*Abb. 66*   Steinsalz-Pseudomorphosen. Sandstein, Zechstein von Neukirch a. Katzbach, Schlesien. Slg. Geol. Institut Breslau. $^1/_1$. Fot. *M. Schwarzbach*

**42. Phosphat-Lagerstätten.** Nach *Strakhov* ist der Bildungsraum der meisten fossilen Phosphat-Lager die Schelf-Region der ariden Zone gewesen; vgl. dazu 31.

**43. See-Terrassen und andere „Pluvial"-Zeugen.** In vielen Trockengebieten findet man Spuren einst größerer Niederschläge, die offensichtlich nicht weit zurückliegen. Darauf gründet sich die Annahme pleistozäner „Pluvial"-Zeiten (113). Es scheint, daß auch in diesen feuchteren Perioden die Verdunstung größer war als der Niederschlag, so daß wir die Pluvial-Zeugen nicht beim humiden, sondern mit beim ariden Klima behandeln wollen.

Als Erster hat 1776 der Franziskanerbruder *Silvestre Velez de Escalente* in Utah auf verschwundene Seen hingewiesen (vgl. *Ives*). Bei den abflußlosen Seen des heute fast ausgetrockneten Great Basin sind höhere See-Spiegel vor allem in prachtvoll erhaltenen *Strandterrassen* dokumentiert (Lake Bonneville, L. Lahontan, Abb. 67, 68; grundlegende Arbeiten von *Gilbert* und *Upham*), ähnlich am Toten Meer. Das Kaspische Meer hatte mehrmals während des Pleistozäns Verbindung mit dem Schwarzen Meer. In der Sahara sind neben Fossilresten auch Felszeichnungen als pluvialzeitliche Zeugen herangezogen worden.

Auch die eiszeitliche *Vergletscherung* in heute ariden Gebirgen deutet auf einst höhere Niederschläge. So trugen z. B. die White Mountains (an der Grenze von Kalifornien und Nevada) in der Würm-Eiszeit Kar-Gletscher; aber heute fallen dort in 3750 m Höhe nur 390 mm Niederschlag (*La Marche* 1965; Abb. 79).

**44. Der Wind in den ariden Gebieten.** In vegetationslosen Gebieten tritt der Wind stark in den Vordergrund. Er häuft den Sand zu *Dünen* auf (die freilich auch am Meeresstrand feuchter Klimate

*Abb. 67* Alte Strandterrassen des Lake Bonneville, USA. Zeugen einer Pluvial-Zeit. Nach *Gilbert*, 1890. Vgl. Abb. 68!

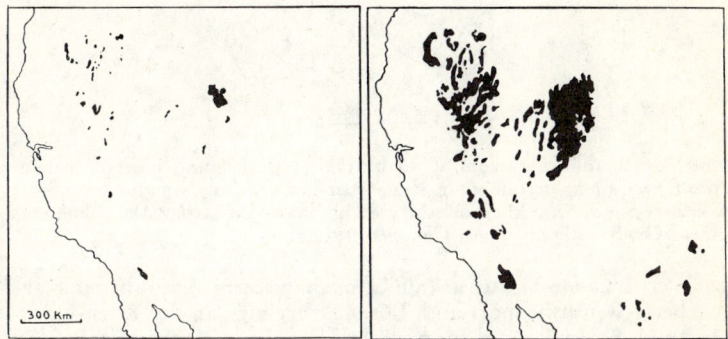

*Abb. 68* Heutige Seen (links) und eiszeitliche (= pluviale) Seen (rechts) im Großen Becken, USA. Im NE der heutige Gr. Salzsee bzw. der große eiszeitliche Lake Bonneville. Nach *Meinzer* und *R. F. Flint*, 1947, umgezeichnet

entstehen). Manche kreuzgeschichteten Sandsteine des Perms oder Buntsandsteins in Mitteleuropa oder Nordamerika mögen hierher gehören. *Rippeln* sind sehr häufig, doch muß man bei fossilen Vorkommen erst feststellen, ob es nicht etwa Wasser-Rippeln sind. Unterscheidung nach *Twenhofel:* der Rippel-Index (Wellenlänge: Amplitude) ist bei Wind-Rippeln > 15 (d. h. sie sind sehr flach), bei Wasser-Rippeln dagegen < 15 (Abb. 69).

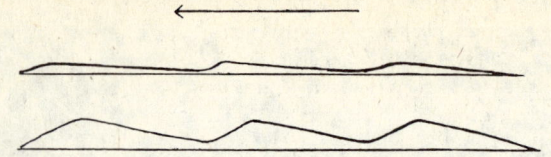

*Abb. 69*   Wind-Rippeln (oben) und Wasser-Rippeln (unten). Nach *Twenhofel*, 1926

Die Rippeln des permischen Coconino-Sandsteins in Arizona sind demnach vom Wind verursacht (*McKee*), dagegen die in der triassischen Moenkopi-Formation vom Wasser (*McKee* 1954). Vgl. auch *Sharp* (1963).

Äolischer Sand zeigt gewöhnlich sehr gute Sortierung, gute Rundung, oft besonders kleine Korngröße und (nach *Cailleux*) matte („frosted") *Oberfläche* (Abb. 70—71). Die Mattierung hat offen-

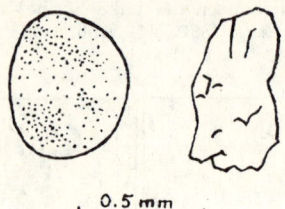

*Abb. 70*   Sandkörner, vom Wind bearbeitet (links) und nicht bearbeitet (rechts). Links: gerundet, matte Oberfläche („ronds-mats propres"); Weichsel-Sand, Warschau. Rechts: eckig, klar; fluvioglazialer Sand aus einem Os, Stockholm. Nach *Cailleux*, 1942

bar verschiedene Ursachen (außer mechanischem Anprall der Körner beim Windtransport auch Lösungsvorgänge an der Korn-Oberfläche, z. B. Anätzung durch nächtlichen Tau; *Kuenen & Perdok* 1962, *Margolis & Krinsley* 1971).

Häufig erzeugt der treibende Sand Windschliff; es entstehen *Windkanter* (ventifacts). Aber alle diese Erscheinungen beschränken sich nicht auf die heißen Wüsten, sondern treten typisch auch in den Kältewüsten auf, so z. B. im nördlichen Grönland (*Fristrup, W. E. Davies*) und in Antarktika (Wright Valley, *J. Lindsay* 1973) oder den vegetationslosen, winddurchbrausten Steppen der Eiszeiten und der Nacheiszeit (Abb. 78).

Ein außerordentlich weit verbreitetes Sediment kühler oder sogar kalter Steppen ist der staubfeine *Löß*. Im wesentlichen ist er glazialer Entstehung, wie seine Verbreitung und seine Fauna deutlich zeigen. Die pleistozänen Kaltzeiten mit ihren öden, pflanzenar-

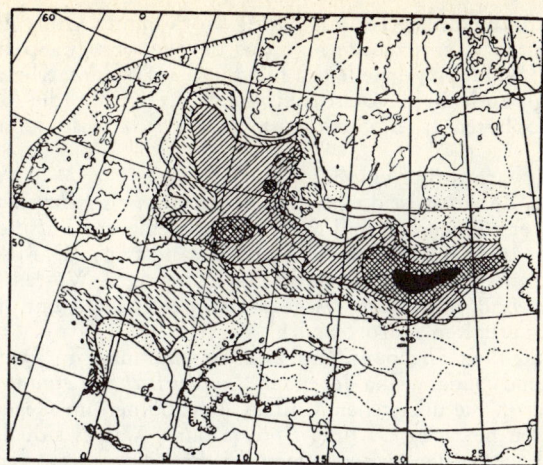

*Abb. 71* Mittlere Häufigkeit der windbearbeiteten Sandkörner im Quartär. Schwarz > 80, ⊗⊗⊗ 60—80, //// 40—60, ∷∷ 20—40, ∷∷ 10—20, weiß (im untersuchten Gebiet) < 10 %. Eingetragen ist ferner die maximale Vereisung. Intensität der Windwirkung besonders groß im periglazialen Gebiet; sie wächst nach dem kontinentalen Osten hin. Aus *Cailleux,* 1942

men Sandern, Schotter-Ebenen und Steppen boten tatsächlich die besten Vorbedingungen für Löß-Auswehungen, wenn sich gelegentlich wohl auch Staubstürme in den Zwischeneiszeiten ereigneten (Löß von Achenheim im Elsaß), und ja z. B. in China heute noch Löß sedimentiert wird (vgl. besonders *B. Frenzel* 1960). Auch präquartäre Löß-Ablagerungen hat man beschrieben (Devon Sibiriens, *Lungershausen;* Permo-Karbon Südamerikas, *Woodworth*).

Weitere Literatur: *Chumakov* & *Cailleux* (1971; „Äolisation" im Präkambrium), *Czajka* (1972; Windschliffe), *Slatt* (1973; „frosted grains"), *Whitney* & *Dietrich* (1973)

**45. Pflanzen.** Bei den Pflanzen treten uns zahlreiche Anpassungen an arides Klima entgegen, ja, die Botaniker trennen sogar eine eigene Gruppe der trockenheitliebenden „*Xeromorphen*" ab. Merkmale sind z. B. Kleinheit und Rückbildung der Blätter und versenkte Spaltöffnungen. Aber es gibt auch eine „physiologische Trockenheit", so in Hochmooren; die Pflanzen dort (wie die Ericaceen u. a.) zeigen daher ebenfalls xerophytische Eigenschaften, ohne daß das durch ein arides Klima bedingt wäre. Auch sonst findet sich nicht selten ein solcher „Schein-Xeromorphismus", so bei Pflanzen der tropischen Regenwälder oder bei der feuchtigkeitsliebenden japanischen Schirmtanne (*Sciadopitys*), die im rheinischen Braunkohlen-Tertiär häufig vorkommt. Ohne Kenntnis des rezenten Baums würde man aus den versenkten Spaltöffnungen von *Sciadopitys* vielleicht fälschlich auf arides Klima schließen. (Vgl. auch die devonische *Rhynia, Filzer.*) Manche Merkmale der Xerophyten (z. B. Sukkulenz) lassen sich fossil kaum nachweisen.

Über Nervaturdichte vgl. 37.

**46. Tiere.** Zunächst ist die häufige Erhaltung von *Fährten* größerer Tiere zu erwähnen; sie sind manchmal die einzigen Fossilien dieser Gesteine (z. B. *Chirotherium* im Buntsandstein). Daß sie fossil wurden, entspricht der Beobachtung in heutigen Wüsten, wo sich „Wagen- und überhaupt Wegespuren jahrzehnte- und jahrhundertelang erhalten" (*Mortensen*).

An Trockenheit angepaßt sind zwei der nur noch in Queensland, Afrika und Südamerika lebenden *Lungenfische, Lepidosiren* und *Protopterus.* Sie überstehen völliges Austrocknen im Gegensatz zu der dritten heutigen Gattung *Epiceratodus.* Wie es sich damit bei den viel weiter verbreiteten mesozoischen Vorfahren verhält, ist nicht bekannt, doch scheint *Ceratodus* (häufig z. B. in der germanischen Trias; Abb. 72) nach Ausweis der begleitenden Klimazeugen tatsächlich ein Bewohner arider Zonen gewesen zu sein.

*Abb. 72* Zahn des Lungenfisches *Ceratodus.* Keuper-Sandstein, Oberschlesien. Slg. Geol. Institut Breslau. $^3/_1$. Fot. *M. Schwarzbach*

Von Bewohnern heutiger kühler Steppen sind Pferdespringer (*Alactaga*), Ziesel (*Spermophilus*), Steppen-Murmeltier oder Bobak (*Arctomys bobac*), Zwerg-Pfeifhase (*Lagomys pusillus*), Saiga-Antilope (*Antilope saiga*) und andere auch aus pleistozänen Ablagerungen bekannt und zeigen für diese trockenes, kontinentales Klima an. Die Saiga-Antilope — heute in Ost-Rußland und Südwest-Sibirien verbreitet — kam bis nach West-Frankreich hin vor. Auf Steppen oder mindestens offene Parklandschaft weist auch der in der Nacheiszeit ausgestorbene irische Riesenhirsch (*Megaceros hibernicus*); sein bis 4 m klafterndes Geweih schloß ein Leben in dichtem Wald gewiß aus.

Im Unter-Pliozän Europas nimmt der Anteil an Steppentieren nach SE hin zu, wie *Thenius* zeigte. Das entspricht wachsender Aridität in dieser Richtung.

**47. Edaphisch bedingte Wüsten und Urwüsten.** Viele geologische Vorgänge und Erscheinungen der heutigen ariden Klimate kommen auch in pflanzenlosen Gebieten des humiden Klimabereichs vor, d. h. in den *edaphisch bedingten* Wüsten (Inner-Island) und den kurzlebigen, temporären „Wüsten" (Meeresküsten, frische Lava- und Tuff-Landschaften). Ein Beispiel aus dem isländischen Tertiär beschrieb *Tr. Einarsson* (1963; vgl. auch *Schwarzbach* 1963, 1964 a). Noch viel größer muß dieser Einfluß in den humiden Klimazonen gewesen sein, als die Pflanzenwelt das feste Land noch gar nicht oder erst dürftig erobert hatte, also *vor dem Jung-Devon*. Das gilt z. B. für die Entstehung von Fanglomeraten, Arkosen u. ä. im Alt-Paläozoikum, und man darf daher aus ihrem fossilen Vorkommen keineswegs immer auf arides Klima schließen.

*Erich Kaiser*, *K. Beurlen* u. a. haben besonders darauf hingewiesen, *J. Walther*, *E. Stromer* u. a. in diesem Zusammenhang von „*Urwüsten*" gesprochen.

Weitere Literatur: *Solle* (1966)

# VII. Klimazeugen für die Luftdruckverteilung und für Gewitter

> Ich wollte einen Teil meines Lebens hingeben, wenn ich wüßte, was der mittlere Barometerstand im Paradiese gewesen ist.
> *G. Chr. Lichtenberg* (1742—1799)

**48. Allgemeines über die Rekonstruktion der Luftdruckverteilung.** Wenn man die Verteilung der Klimagürtel für irgend eine vergangene Epoche genügend genau kennen würde, könnte man auch die Luftdruckverhältnisse in großen Zügen angeben. Aber unsere Klimakarten der Vorzeit reichen höchstens zu vereinzelten derartigen Angaben aus.

Paläoklimatologisch viel wichtiger ist der *Wind*. Denn seine Entstehung und Richtung ist durch das Luftdruck-Gefälle bestimmt, und er erlaubt daher gleichfalls eine Rekonstruktion der Luftdruck-Verteilung; andererseits läßt sich der Wind fossil unmittelbar nachweisen, so daß wir zu direkten Aussagen gelangen. Dabei interessiert uns hier nicht so sehr, daß überhaupt Wind wehte; wir haben ihn daher in seinen geologischen Wirkungen bereits dort besprochen, wo diese Wirkungen besonders auffällig werden, nämlich bei den Wüsten (44). Vielmehr stehen nun seine Stärke und vor allem seine Richtung im Vordergrund.

**49. Windstärke.** Über die *Windstärke* kann man geologisch nur selten etwas Genaues aussagen, immerhin läßt sie sich in manchen Fällen aus der Korngröße des transportierten Sandes abschätzen (Tab. 12).

*Tabelle 12*  Beziehungen zwischen Windgeschwindigkeit und Korngröße des Sandes (nach *Sokolow*)

| Windgeschwindigkeit in m/sec | Maximale Korngröße in mm |
|---|---|
| 4,5 — 6,7 | 0,25 |
| 6,7 — 8,4 | 0,5 |
| 9,8 — 11,4 | 1,0 |
| 11,4 — 13,0 | 1,5 |

*Beispiel:* Die spätglazialen Dünen Nord-Deutschlands wurden nach solchen Kriterien bei Wind von 5,6 m/sec aufgeweht (Stärke 5 der Beaufort-Skala, *Poser*).

Auch der *Abstand der Rippeln* ist von der Windstärke abhängig. Der Abstand wächst mit der Windstärke (*Bagnold*).

*Taifune* (mit Windgeschwindigkeiten bis 300 km/h!) können auf Atollen grobe, schlecht sortierte Geröll-Ablagerungen hinterlassen. Auf Jaluit-Atoll (südliche Marschall-Inseln) hat *McKee* solche Sedimente nach dem Hurrikan „Ophelia" vom 7. Jan. 1958 beobachtet und auch subfossil vermutet. Auch die Taifun-Zerstörungen an Bäumen könnten überlieferbar sein.

**50. Windrichtung.** Die Windrichtung läßt sich aus zahlreichen Indizien ableiten. Dabei ist mehr als bei andern klimatischen Erscheinungen zu berücksichtigen, daß *zufällige* meteorologische Ereignisse überliefert sein können. Diese brauchen nicht dem Jahresdurchschnitt zu entsprechen.

Am günstigsten liegen die Verhältnisse bei solchen konstanten Winden wie den *Passaten*. Da kann schon ein einzelner Wert brauchbar sein (sofern man weiß, daß er aus dem Passatgürtel stammt); auch sind manche Windrichtungs-Indikationen fast nur dort öfters zu erwarten (z. B. wind-orientierte Kraterformen). Dagegen nützen einzelne Werte aus dem unbeständigen Westwind-Gürtel oft nur wenig; vgl. die Karte der historischen Hekla-

Aschenfälle (Abb. 75), in der *alle* Haupthimmelsrichtungen vertreten sind.

Von den vielen Klimazeugen, die im folgenden aufgezählt werden, sind eigentlich nur 3 so verbreitet, daß sie häufig herangezogen werden. Aber selbst bei diesen ist die Anwendung z. T. auf das Quartär beschränkt. Wir stellen die *3 Haupt-Indikatoren* für Windrichtungen vornan.

1) *Form von Dünen und Wind-Rippeln.* Die queren Dünen haben asymmetrischen Querschnitt; der Flachhang ist die Luv-, der Steilhang die Lee-Seite. Bei Barchanen wandern die Spitzen der Seitenflügel mit dem Wind (umgekehrt ist es bei den Parabel-Dünen, bei denen die Seiten durch Vegetation festgelegt sind und die Mittelpartie schneller wandert; Abb. 73). Strichdünen liegen in der Windrichtung.

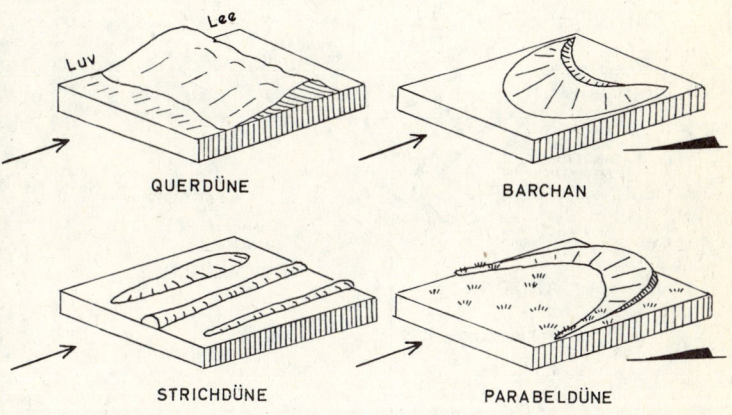

*Abb. 73*   Dünen und Windrichtung

*Fehlerquellen:* Spätere Winde können die Lage von Flach- und Steilhang umgestalten; Wind- und Wasser-Rippeln können verwechselt werden (44); Rippeln können kleinräumige, lokale Verhältnisse widerspiegeln; häufigste Windrichtung („prevailing winds") und geologisch wirksamste Windrichtung („dominant winds") brauchen nicht übereinzustimmen (Groß-Rippeln im Salt Lake-Gebiet, *Ives*).
*Beispiele:* Bogen-Dünen aus dem englischen Perm, NE-Wind *(Shotton);* Wind-Rippeln des permischen Coconino-Sandsteins, USA, N-Winde *(Reiche, Mc Kee,* vgl. 89); nacheiszeitliche Binnendünen der norddeutschen Urstromtäler, W-Winde *(Keilhack, Louis, Solger, Woldstedt).* — Vgl. auch *Warren* 1970, *Bigarella* (1972), *J. F. Lindsay* (1973).

2) *Schrägschichtung in Dünen.* Die Schrägschichten lagern sich an der Lee-Seite an. Doch streuen die gemessenen Werte stark, da ja

die Ablagerungsfläche gekrümmt ist (*Jüngst, Shotton, Sharp* 1963).

*Fehlerquelle:* auch strömendes Wasser kann Schrägschichtung erzeugen. Vgl. auch „base surges" (13 und *Schwarzbach* 1972).

*Beispiele:* Jungpaläozoische Dünen in Nordamerika *(Opdyke, Runcorn)*, permische Dünen in England *(Shotton)*; Trias-Dünen auf dem Colorado-Plateau *(Poole;* Abb. 74); mesozoische Dünen der Botucatú-Wüste *(Bi-*

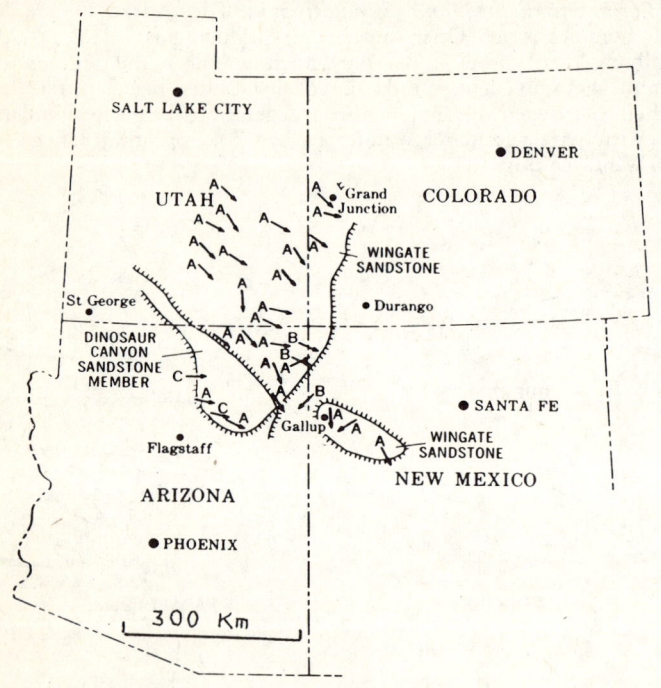

*Abb. 74*   Windrichtungen in der oberen Trias der USA, ermittelt aus der Schrägschichtung äolischer Sandsteine. A Wingate Sdst., B Wingate Sdst.-Lagen in der Chinle Fmn., C Dinosaur Canyon Sdst. — NW-Winde. Aus *Poole*, 1962

*garella* & *Salamuni*, Abb. 131); paläogene Dünen W Ural *(Lungers-hausen)*; pleistozäne Äolinite auf den Bermudas *(Mackenzie)* und auf Porto Santo *(Lietz* & *Schwarzbach)*; spätglaziale Dünen bei Valdivia *(Illies)*.

3) *Vulkanische Tuffe.* Bei Vulkan-Ausbrüchen werden Aschen durch den Wind weit vertragen und in dieser Richtung feinkörniger und geringmächtiger. Zahlreiche. rezente Beispiele aus Süd-

amerika (*Salmi*), Mittelamerika, Island (besonders *S. Thórarins-son,* Abb. 75) u. a.

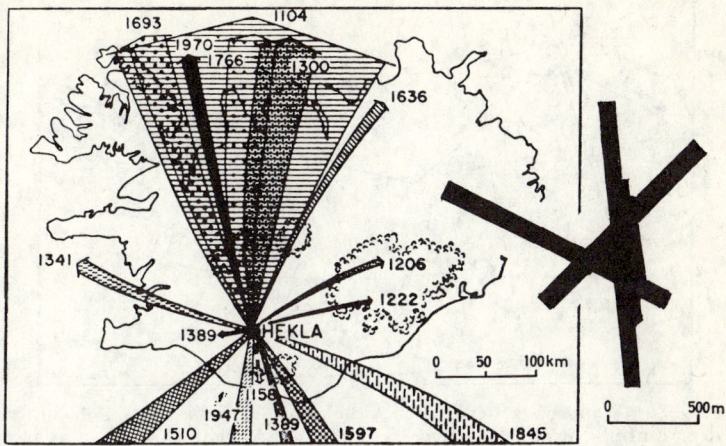

*Abb. 75*  Historische Hekla-Eruptionen: Richtungen der Aschenfächer. Nach *S. Thórarinsson.* Ganz verschiedene Windrichtungen sind dokumentiert. Das entspricht den heutigen meteorologischen Verhältnissen Islands. Rechts hinzugefügt: die Landebahnen des Flughafens Reykjavik, die ebenfalls wechselnde Windrichtungen widerspiegeln

*Fehlerquellen:* bei längerem Wanderweg kann die Windrichtung mehrmals wechseln (so Hekla 1947 mit Aschenfall in Finnland, *Salmi, Thórarinsson,* Abb. 76); die Asche gelangt oft bis in Stratosphäre, wo die Windrichtung ganz anders als unten sein kann (Abb. 77). Vgl. auch *Eaton* 1964.

*Beispiele:* Die älteste Beobachtung stammt von dem berühmten schwedischen Chemiker *Berzelius,* nachdem er 1822 zusammen mit „Baron *Goethe*" den winzigen, pleistozänen Kammerbühl-Vulkan bei Eger besichtigt hatte; er fand, daß Aschen und Schlacken vom Westwind nach der einen Seite geführt worden seien. — Das stratigraphisch älteste Beispiel ist der unterkarbonische Vulkan von Arthur's Seat bei Edinburgh, dessen Tuffe im Süden liegen (*Peach, Oertel); N-*Wind. — Bei Olot (NE-Spanien) liegen die Tuffe quartärer Vulkane im E, beim Laacher See (Eifel) die Bims-Tuffe (Alleröd-Zeit) teils bis 500 km weit im E, teils im S; W- und N-Wind (*Frechen* u. a.) — Beim Ausbruch des Glacier Peak (Washington) vor 6700 Jahren wurde die Asche vorwiegend nach NE verweht; vorwiegend SW-Winde *(Rigg* & *Gould).*

Die vielen folgenden Wind-Indikatoren bezeugen zwar den Einfallsreichtum der Geologen, aber nur in beschränktem Umfang gut brauchbare Windrichtungen. Die meisten sind an seltene geologische Situationen gebunden. Ihre Unsicherheit braucht in den mei-

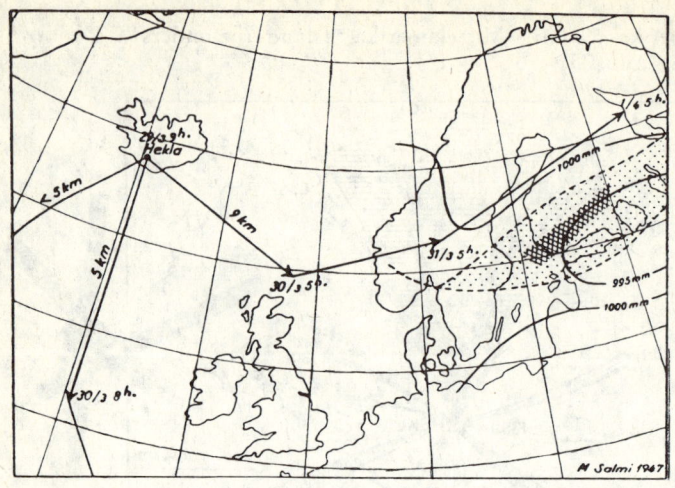

*Abb. 76*  Wanderweg der Hekla-Asche vom 29. 3. bis 1. 4. 1947 unter dem Einfluß verschiedenartiger Winde. Der Aschenfall stand in Island unter dem Einfluß von nördlichen Winden (in 5 km Höhe wehten N-, unter 5 km NE-Winde). In größerer Höhe (9 km) wurde die Asche zuerst nach SE, dann nach NE geweht; über Finnland fiel sie infolge von Regen zu Boden. Aus *Salmi*, 1948

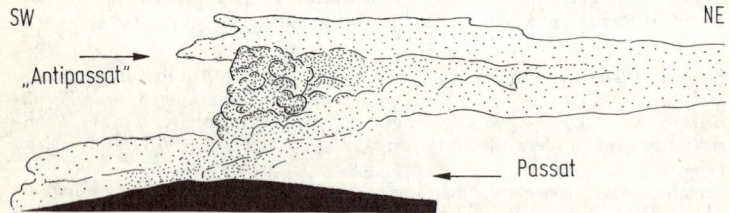

*Abb. 77*  Einfluß der Windrichtung in verschiedenen Höhen auf die Aschen-Eruption des Poás (2722 m, Costarica; Jan. 1955). Der Passat transportierte das Lockermaterial nach SW, der „Antipassat" nach NE. Nach einem Foto von *R. Weyl* gezeichnet. Aus *Schwarzbach*, 1972

sten Fällen nicht näher erläutert zu werden. (Genauere Angaben z. T. in „Klima der Vorzeit" 2. Aufl.)

*Windschliff-Pflaster.* Die glatten Flächen der Windschliffe sind gegen den Wind gerichtet. — *Beispiele:* Windschliffe an der Basis von würmzeitlichem Löß bei Nimptsch, Schlesien (Abb. 78); postglaziale Windschliffe E Köln *(Jux);* pleistozäne Windschliffe in den Big Horn Mts. *(Sharp).*

*Lage des Auswehungs-Gebietes.* Wenn Gebiete abnehmender Korngröße von äolischen Sedimenten aufeinander folgen (z. B. Sand, Sandlöß, nor-

*Abb. 78*  Windschliff-Pflaster unter jung-pleistozänem Löß. Ostufer der Kl. Lohe gegenüber Teichvorwerk bei Nimptsch (Schlesien). Die Pfeile zeigen auf die größeren Schliff-Flächen; diese weisen nach SO. Nach O. *Tietze* aus Erläut. Bl. Jordansmühl der Geol. Karte von Preußen 1 : 25 000, 1914

maler Löß), ergibt sich die Richtung des auswehenden Windes. — *Beispiel:* Spätglazial E Köln *(Jux)*.

*Regentropfen-Eindrücke.* Ovale Längung in der Windrichtung; manchmal auch unsymmetrischer Randwall (Unterbrechung auf der Seite, die der Windrichtung abgewandt ist). — *Beispiele:* Karbon von Neuschottland *(Lyell* 1851, Abb. 65); Rotliegendes im Nahe-Becken *(Reineck).* Vgl. auch 40 und *Kaiser* 1967.

*Anhäufung von Muscheln usw.* an Ufern von Seen oder Buchten, gegen die die Wellen anlaufen. — *Beispiele:* Eozäne Geiseltalkohle mit Blütenstaub-Anhäufungen *(E. Voigt);* Eem in Holstein *(Dittmer).*

*Wind-orientierte Gastropoden an Dünen.* Wenn der Wind die Stoß-Seite einer Düne erodiert, werden freigelegte (fossile) Gastropoden-Gehäuse vom Wind eingeregelt *(Erickson* 1971; nur rezent beobachtet).

*Wasser-Rippeln* können eine regelmäßige Windrichtung widerspiegeln. — *Beispiel:* Bedford (Unter-Karbon) in Ohio *(Bucher; Pepper* et al.)

*Meeresströmungen* entsprechen großen Windsystemen, lassen sich aber nur indirekt ableiten *(Riedel* & *Funnell* 1964, *Olausson* 1971).

*Aufbau von Korallenriffen.* Bei hufeisen-förmigen Atollen weist die konvexe Seite gegen den Wind (u. a. *Ladd* et al., *Yonge).* — *Beispiel:* Niagara-Riffe, USA *(Lowenstam).*

*Brandungs-Terrassen.* Am Monadnock der Baraboo Range (ob. Mississippi-Gebiet) liegen frühpaläozoische Brandungs-Terrassen nur an der N-Seite: N-Winde *(Raasch).*

*Anordnung von Karen.* Kare bilden sich bevorzugt auf der Lee-Seite von Gebirgskämmen, da der Wind den Schnee über den Kamm treibt, und er sich jenseits anhäuft. — *Beispiele:* pleistozäne Kare im Schwarz-

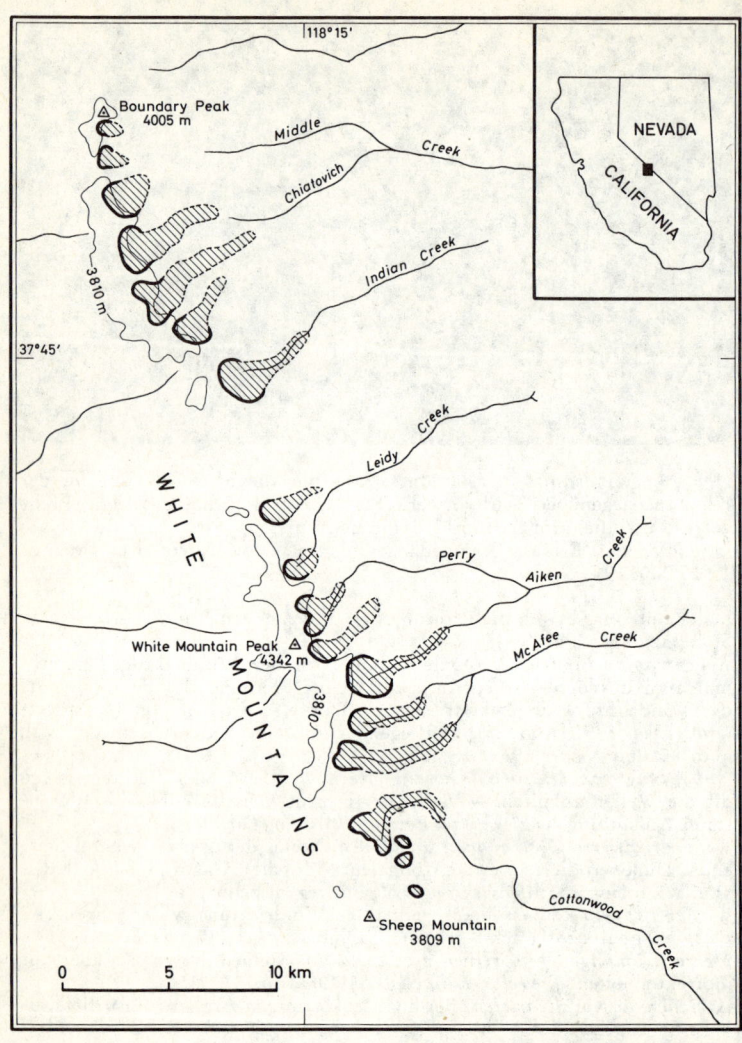

*Abb. 79*    Pleistozäne Kare in den White Mts. (USA). Die Kare sind nach E exponiert; die schneebringenden Winde kamen von W. Der Niederschlag muß damals viel höher gewesen sein als heute. Nach *La Marche* (1965)

wald und Riesengebirge *(Enquist)*, White Mts. W-USA *(La Marche,* Abb. 79, vgl. auch 43) und Tasmanien *(Gill* 1962).

*Gestalt von vulkanischen Kratern.* Bei kleinen Tuff-Vulkanen häuft der Wind die Lava-Stückchen vorzugsweise an der wind-abgewandten Seite des Kraters an; an der wind-zugewandten Seite ist der Krater-Ring manchmal unterbrochen. — *Beispiele:* zahlreiche postglaziale und pleistozäne Krater der Kanaren (Teneriffa, Lanzarote) und Azoren (S. Miguel) sowie junge Krater des Mauna Kea, Hawaii — alle im Passat-Gebiet! Vgl. *Schwarzbach* (1972) und *Porter* (1972). (Abb. 80).

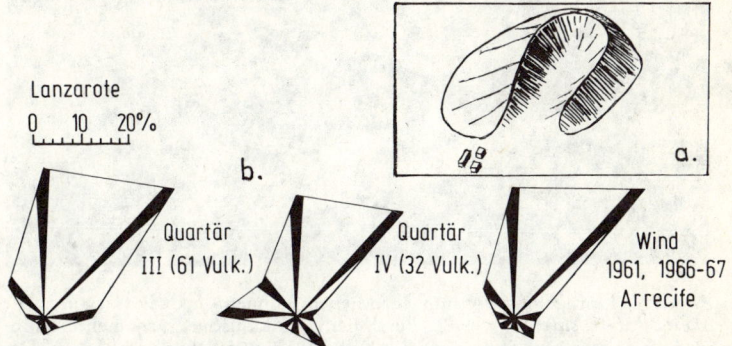

*Abb. 80*  Vom Passat geformte Kraterkegel. a. Nach E geöffneter junger Krater auf La Palma (Kanaren). Maßstab: kleine Gebäude. b. Richtung der vermutlich windbürtigen Krateröffnungen bei 93 quartären Vulkanen auf Lanzarote (Kanaren). Nach der Geol. Karte 1 : 50 000 *(Fuster* et al.) zusammengestellt. Quartär III (Schlackenkegel mit caliche), Quartär IV (ohne caliche; z. T. historisch). Zum Vergleich die heutige Windverteilung. In allen 3 Richtungsrosen überwiegt deutlich die N- und NE-Richtung. Aus *Schwarzbach*, 1972

*Umgestürzte Bäume.* Die Ursache kann freilich außer beim Wind auch in der Hangneigung *(Dorf)*, vulkanischen Aschenströmen *(Dickerson)*, „base surges", Meteoriten-Einschlag liegen (beim Aufprall des Tunguska-„Meteoriten" wurden ca. 10 Mill. Bäume radial zur Einschlagstelle abgebrochen, Karte in *Sotkin* & *Florensky* 1960). — *Beispiele:* tertiäre Braunkohle in Mittel-Deutschland *(Hintze)* — dagegen keine Einregelung in der Kölner Braunkohle *(Schwarzbach* 1968); Kilauea Iki (Hawaii) nach der Eruption 1959 (Abb. 81).

*Baumwurzeln* verlaufen auf der Luv-Seite flacher als im Lee. — *Beispiele:* Karbon von Sheffield *(Sorby* 1875, nach *Stutzer);* Miozän bei Köln *(Krames).*

*Querschnitt von Baumstämmen.* Der größte Durchmesser liegt oft in der herrschenden Windrichtung (Abb. 82), aber andere Faktoren (S-Richtung, Hangneigung) wirken in der gleichen Weise (vgl. 149).

**51. Gewitter.** Die Häufigkeit von Gewittern ist heute regional sehr verschieden. Die innertropischen Regengebiete haben bis über 200 Gewittertage im Jahr, die hohen Breiten z. T. O. (Karte

*Abb. 81*   Einregelung von umgebrochenen Bäumen durch Passatwind. Die Bäume *(Metrosideros)* wurden durch heiße vulkanische Asche mehrere Meter hoch verschüttet (Eruption des Kilauea Iki 1959) und starben ab. Der NE-Passat brach sie über dem verkohlten Stamm ab; die Wipfel zeigen nach SW. Kilauea Iki (Hawaii). Fot. *M. Schwarzbach*, 1963

in *Blüthgen* 1964, S. 265). Über fossile Gewitter ist sehr wenig bekannt.

Am wichtigsten sind die *Sand-Fulguriten* (Blitzröhren); sie entstehen, wenn der Blitz in Sand (z. B. auf Dünen) einschlägt und die Sandkörner zu oft meterlangen Röhren verkittet (Abb. 83). Die erste Beschreibung stammt wohl von dem gelehrten Pfarrer *Hermann* in Massel bei Breslau, 1711 (allerdings hielt er die Gebilde für eine Wurzelverkittung); erwähnt seien auch Beobachtungen von *Priestley* 1790 und *Darwins* ausführliche Darstellung von Blitzröhren aus dem La Plata-Gebiet 1832. Sand-Fulguriten der nordamerikanischen Atlantik-Küste beschrieb *J. J. Petty*, die Kaliforniens *Rogers*, die der Sahara *Lacroix*. Vielleicht sind die Fulguriten der Sahara z. T. subfossil und entsprechen einer gewitter-reicheren Zeit als heute (*Schoeller*).

Sichere Beispiele für wirklich fossile Blitzröhren gibt es kaum. Bei zwei Fulguriten aus kreidezeitlichen Sanden von New Jersey (*Barrows*) und aus Miozän-Sanden Ost-Deutschlands (*W. Fischer*) ist die Möglichkeit ganz junger Entstehung nicht völlig ausgeschlossen. Ringförmige Strukturen von einigen cm Durchmesser im permischen Corrie Sandstone von Arran (Schottland) deuteten *Harland* & *Hacker* (1966) als „fossile Blitzschläge" aus einer Zeit,

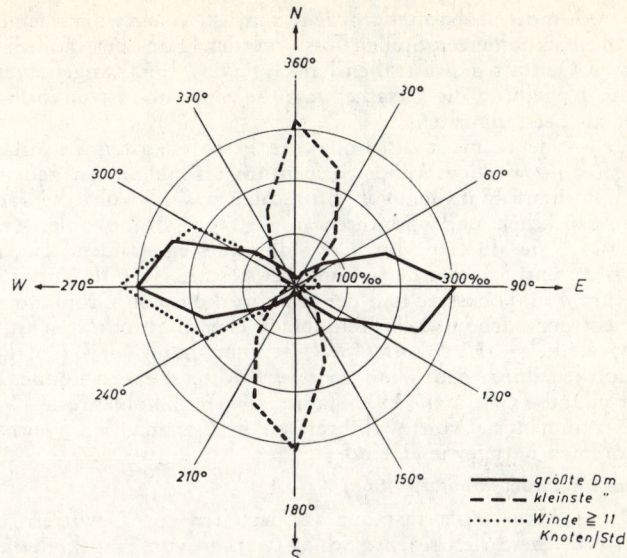

*Abb. 82*  Exzentrizität von Baumstämmen und Windrichtung. Fichten in Eglharting (Bayern); Messungen in Brusthöhe. In die Windrose sind eingetragen die Häufigkeit der Richtung a) von größtem und kleinstem Durchmesser der Stämme, b) der Winde > 11 Knoten (20 km)/Std. Nach *G. Müller*, 1959. Vorherrschend Westwind; längste Durchmesser in E-W-Richtung

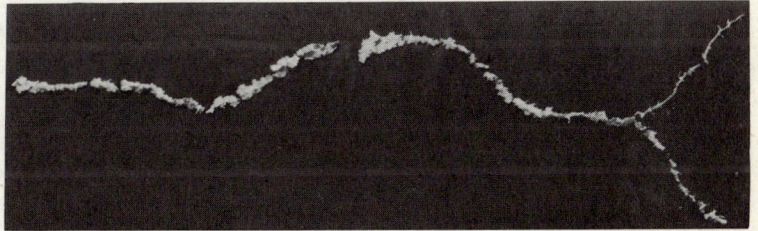

*Abb. 83*  Sand-Fulgurit. Rezent; Niehusen (Mecklenburg). Länge 70 cm. Geol. Institut Rostock. Aus *v. Bülow*, 1960; Foto von Prof. *v. Bülow* freundlichst überlassen

als die Sande noch unverfestigt waren (d. h. also, permische Blitze).
*Fels-Fulguriten* (glasige Schmelzung fester Gesteine) kennt man von rezenten Gipfeln (schon *Saussure* 1787, Montblanc). Sie sind

fossil noch nicht beobachtet worden; auch ist wenig wahrscheinlich, daß solche exponierten Stellen fossil werden. Für oberflächlich gesinterten Quarzit in Australien hat *G. Baker* (1953) angenommen, daß ein Kugelblitz die Ursache war; die Sinterung ist unvollkommener als bei Fulguriten.

*Tektite* — heute meist als Impaktite bei Meteoriten-Einschlägen betrachtet — wurden früher gelegentlich als Fulguriten gedeutet. Eine mittelbare Wirkung von Blitzschlägen sind wohl die *Holzkohlen*-Stückchen und -Schichten in tertiären Braunkohlen (z. B. bei Köln); sie dürften durch Waldbrände entstanden sein, die vom Blitz entfacht wurden. Ähnliches beschrieb *T. M. Harris* aus dem Jura von Yorkshire und dem Mesozoikum von Grönland. Ob der Fusit der karbonischen Steinkohlen ebenso zu erklären ist, sei dahingestellt. — *H. Nicols* (1967) rechnet damit, daß Holzkohlenstückchen durch den Wind weit verfrachtet werden können. In W-Grönland fand man 3500 Jahre alte Holzkohlenreste. Vielleicht stammen sie von Waldbränden in Kanada, wo gleichalte Vorkommen nachgewiesen sind.

Weitere Literatur: *Schnitzer* (1968)

**52. Hagel.** Hagel tritt fast nur als Begleiter von Gewittern auf. *Krejci-Graf* beschrieb rezente Schlag-Marken von Hagel, *Redfield* schon vor über 100 Jahren fossile Eindrücke von „Hagel-Körnern" aus dem Buntsandstein von New Jerseys. Diese Deutung ist möglich, aber unbewiesen.

# VIII. Zeugen für jahreszeitlichen und langdauernden Klimawechsel

> Well, you know what I think it is, —
> I think it's sun-spots!
> Mrs Antrobus in *Th. Wilders* "The Skin of our Teeth", 1942.

**53. Jahresschichtung bei rezenten und glazialen Sedimenten.** Jahreszeiten — durch die Neigung der Erdachse zur Erdbahn bedingt — gibt es vermutlich schon seit Jahrmilliarden. Sie sind in fossilen Sedimenten dokumentiert durch regelmäßige *Schichtung*. Aus solcher jahreszeitlichen Schichtung läßt sich aber nicht nur die bloße Existenz von Jahreszeiten ablesen, sondern auch allerlei über deren Verlauf und Ausbildung. Sie ist also paläoklimatologisch bedeutungsvoll und darüber hinaus für die erdgeschichtliche Chronologie von großem Interesse.

Das berühmteste Beispiel bieten die eiszeitlichen *Bändertone*, die zuerst der Schwede *de Geer* meisterhaft erforscht hat. Sie lagerten sich in pleistozänen glazialen Stauseen ab, in die im Sommer das reichliche Schmelzwasser viel und relativ grobes Material einschwemmte. So bildete sich eine dicke, helle, sandige „Sommerschicht". Im Winter aber setzte sich die feinste Trübe als dünne, dunkle, sehr tonige „Winterschicht" ab (Abb. 84). Eine solche zu-

*Abb. 84* Spätglazialer Bänderton. Leppäkoski, Finnland. Profilhöhe 3—4 m. Fot. *H. Kinzl* aus *R. v. Klebelsberg*, 1949

sammengehörige Doppelschicht von meist mehreren mm oder cm Dicke wird mit einem schwedischen Wort als *Warwe* bezeichnet. Die Zahl der Warwen gestattet natürlich einen Rückschluß auf die Zahl der Jahre, die zu ihrer Bildung nötig waren. Ein Beispiel für sehr alte, vielleicht glaziale Bänderschiefer gibt Abb. 85.

Am schärfsten gebändert sind die Warwen in kaltem Wasser, da dort die Viskosität größer und die Fallgeschwindigkeit der Sinkstoffe kleiner, also die Sonderung nach Korngrößen (die Saigerung) besonders ausgeprägt ist (diatakte Warwen nach *Sauramo*). Doch darf man aus verschwommenen (symmikten) Warwen nicht gleich auf warmes Wasser schließen; denn auch andere Faktoren können mitspielen, vor allem der Elektrolytgehalt des Wassers. Salze können ein gemeinsames rasches Ausflocken aller Teilchen bewirken, wodurch ebenfalls ein symmiktes Sediment entstehen kann. In den glazialen Bändertonen Finnlands konnte man so Süß- und Salzwasserschichten unterscheiden. Auf jeden Fall zeichnet sich im Meer der jahreszeitliche Wechsel der Sedimentzufuhr oft weniger scharf ab als in den Binnenseen. Am besten ist im Meere die Feinschichtung in anaeroben Sedimenten erhalten, da schichtungszerstörende Bodenfauna fehlt (Graptolithen-Schiefer, Abb. 86).

Hier wäre auch die *Firnschichtung* zu erwähnen, die sich auf

*Abb. 85*   Gebänderter Schiefer im Liegenden der huronischen Tillite. Vielleicht ein „Warwit". Cobalt, Canada. Fot. *M. Schwarzbach*

*Abb. 86*   Bänderschiefer aus dem Silur (Graptolithenschiefer). Malmoya, Oslo-Fjord. Die sehr regelmäßige Bänderung erinnert ganz an die glazialen Warwen-Tone (vgl. Abb. 84 und 85!). Sie ist aber hier sicher *nicht glazial!* Ob es sich um Jahresschichtung handelt, ist unbekannt. Fot. *M. Schwarzbach*

Grund pollenanalytischer Untersuchungen als jahreszeitlich erweist (*Vareschi*), und das Inlandeis. Bohrkerne in Grönland und der Antarktis zeigten wenigstens in den oberen Lagen einen regelmäßigen Wechsel zwischen kleineren und größeren Werten von $^{18}O/^{16}O$. Das spiegelt den Wechsel von Winter und Sommer wider (*Langway* 1970 u. a., Abb. 96).

*Rezente Beispiele* für deutliche Schichtung (wohl meist Jahresschichtung) in Seen: Lake Louise und Lake Cavell im kanadischen Felsengebirge *(Johnston, Kindle)*; Dicke der Warwen $^{1}/_{2}$ cm. — Züricher See (Abb. 87); die Schichten sind z. T. historisch datierbar *(Nipkow, Minder)*.
Im Meer: Schwarzes Meer *(Archangelski)*; Küstengebiet der Adria *(Seibold)*; Kalifornien (*Calvert* 1966).

## 54. Jahresschichtung bei fossilen nichtglazialen Sedimenten. Fossile Beispiele für regelmäßige, feine Schichtung gibt es außer bei

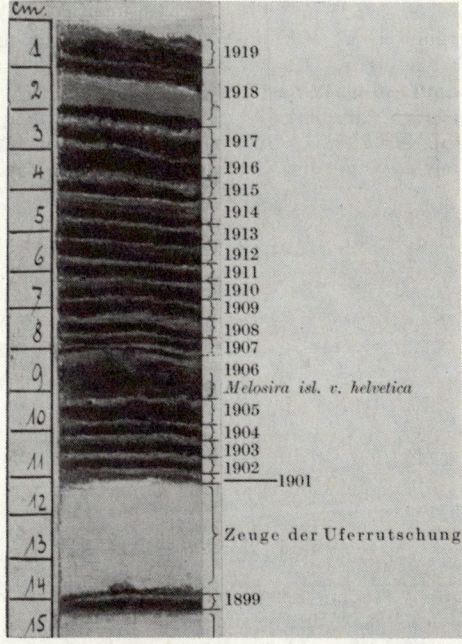

*Abb. 87* Rezenter Schlamm mit Jahresschichtung. Züricher See. Umfaßt die Jahre 1899—1919. Die Sedimentation von 1918 und besonders 1900 ist wegen Uferrutschungen ungewöhnlich groß. 1906 tritt die Kieselalge *Melosira islandica var. helvetica* zuerst auf. Nach *Nipkow*, 1920, aus *Minder*, 1938

den pleistozänen Bändertonen in großer Zahl seit dem Präkambrium. Aber fast nirgends ist der Beweis erbracht oder wenigstens versucht worden, daß es sich um jahreszeitliche Schichtung handelt. Man sollte daher in solchen unsicheren Fällen auch nicht von Warwen oder Warwen-Sedimenten (Warwiten) sprechen, wie es z. B. *Misar* (1960) vorgeschlagen hat, sondern allenfalls von „Warwiten" oder einfach von Bänderschiefern. Einige Unterschiede zwischen echten und unechten glazialen Bändertonen gab *Rattigan* (1967) an.

Relativ sichere Jahresschichtung scheint z. B. beim *Faulenseemoos* am S-Rand des Thuner Sees vorzuliegen (*Welten*). Die feinen Bänder dieser postglazialen Ablagerung zeigen verschiedene Pollenführung. Helle Schicht = Sommer; dunkle Schicht = Herbst, Winter, frühes Frühjahr; Dicke der Jahresschicht 0,5—2,4 mm. Ähnlich verhalten sich Pollen oder Diatomeen in gebänderten Ablagerungen vom Schleinsee in Oberschwaben (postglaziale Wärmezeit, *H. Müller* 1962) und von Bilshausen (Mittel-Deutschland, Cromer-Interglazial, *H. Müller* 1965), von der Lüneburger Heide (interglaziale Kieselgur, *Dewall, Giesenhagen*), Villaroya in Spanien (Villafranca, *Remy*), Rott bei Köln (Oligozän, *Krieger,* nach *Schwarzbach* 1952, Abb. 88).

Bei den Ölschiefern der eozänen Green River Formation (USA) ist die sehr feine Bänderung (z. T. nur 0,014 mm) bedingt durch

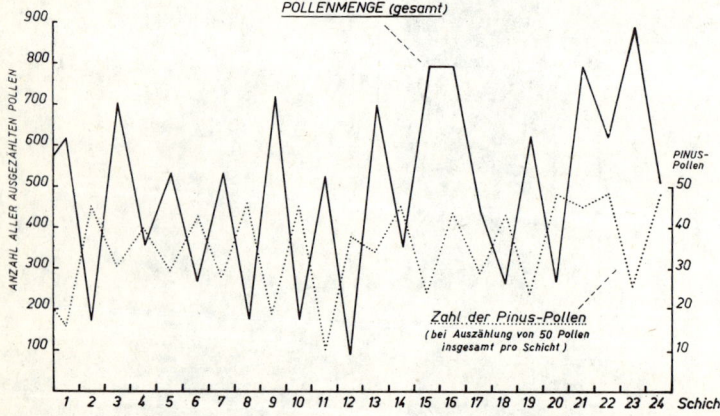

*Abb. 88*   Rhythmus der Pollen-Führung in gebänderter „Blätterkohle". Oligozän, Rott am Siebengebirge. Nach Untersuchungen von *Wilh. Krieger*. Das untersuchte Stück Blätterkohle war 0,8 mm dick und bestand aus 24 Schichten. Schichten mit viel und wenig Pollen wechseln miteinander ab (ausgezogene Kurve); genau entgegengesetzt verläuft die punktierte Kurve der *Pinus*-Pollen. Wahrscheinlich jahreszeitlicher Rhythmus. Aus *Schwarzbach*, 1952

dünne Lagen organischer Substanz (sommerliche Planktonproduktion? *Bradley, Mac Ginitie*; s. zuletzt *Eugster* & *Surdam* 1973).
Die mächtigen *Salzlager* des Perm (besonders in Deutschland und Nordamerika) zeigen oft ausgezeichnete Schichtung („Jahresringe"). Daran sind toniges Material, Anhyrit und Steinsalz beteiligt. Durchschnittsmächtigkeit im deutschen Steinsalz 5—10 cm, im „Linienanhydrit" 0,5—1 mm; im Ober-Perm des Delaware Basin (USA) 0,1—4,5 mm (insgesamt dort 260 000 „Warwen" auf 447 m Evaporite; *R. Y. Anderson* et al. 1972). Bei der Deutung als Jahresschichten erhält man oft eine so niedrige Sedimentationsdauer, daß man große Sedimentationslücken vermuten muß. Es wäre aber auch möglich, daß die einzelnen Salzschichten einen viel längeren Zeitraum als ein Jahr repräsentieren. — Über den „Sonnenflecken-Zyklus" im Perm vgl. 58.

Weitere Literatur: *A. G. Fischer* (1964; vgl. dazu *Zankl* 1971).

**55. Jahresringe bei Organismen.** Am bekanntesten sind die *Jahresringe der Bäume*. Sie erlauben ja ohne weiteres, das Alter von Bäumen festzustellen; auch für fossile Funde gilt das (Abb. 89).

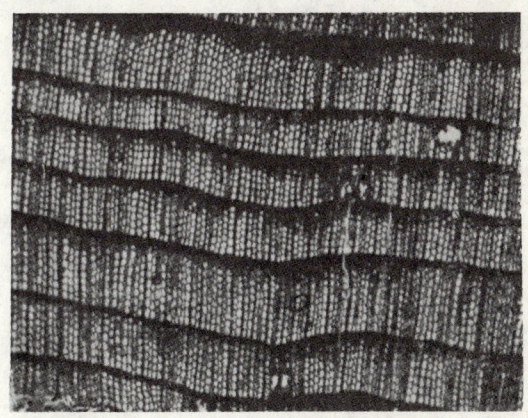

*Abb. 89* Jahresringe bei einem Koniferen-Stamm aus der Kreide von König-Karls-Land (78° n. Br.). Nach *W. Gothan*, 1908

Die Jahresringe sind am schärfsten ausgeprägt in Klimaten mit kaltem Winter, dagegen undeutlicher in den feuchten Tropen. Die jahresring-losen Baumstämme des Karbons in Europa und Nordamerika deuten daher auf wärmeres und gleichförmigeres Klima als in Gondwana; außerdem aber wohl auch auf eine geringere Fähigkeit als heute, Jahresringe zu bilden. Vgl. 90.
*Hartteile von Tieren* zeigen ebenfalls häufig Wachstumsringe (Mu-

scheln, Brachiopoden, Korallen, Fisch-Schuppen, Otolithen). In vielen Fällen handelt es sich wohl um Jahresringe (das Alter der Fische wird mit Hilfe ihrer Schuppen bestimmt!). Aber es gibt auch andere, kürzere Wachstums-Rhythmen (vgl. 57). Bei Belemniten konnte man mit Paläotemperatur-Bestimmungen wahrscheinlich machen, daß das Tier mehrere Wachstumsringe pro Jahr produzierte (Abb. 94; vgl. jedoch z. B. Untersuchungen von *Manze* an *Inoceramus*-Rippen, *Jux* et al. 1971!).

**56. Jahreszeitliche Eingliederung geologischer Vorgänge.** Bei jahreszeitlicher Schichtung ist es manchmal möglich, geologische Vorgänge in eine bestimmte Jahreszeit einzugliedern. Man hat in diesem Zusammenhang wohl auch — freilich etwas kühn — von „*fossiler Phänologie*" gesprochen (*Alb. Heim*; vgl. auch *Deecke* 1930). So konnte O. *Heer* bei gewissen Schieferplatten von Oeningen genau angeben, in welcher Jahreszeit sie entstanden waren: im Frühjahr (Blüten von Kampferbaum und Pappel), Sommer (geflügelte Ameisen, Früchte von Ulmen, Pappeln und Weiden) oder Herbst (Früchte von Kampferbaum, Dattelpflaume und Waldrebe).

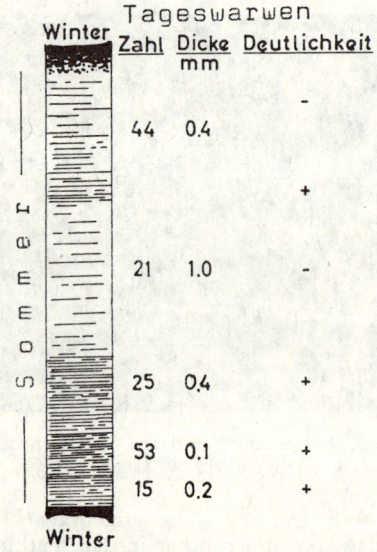

*Abb. 90*   „Tageswarwen" in der Jahresschicht eines pleistozänen glazialen Bändertons. Riß- oder Mindel-Eiszeit; Erlenbusch im Eulengebirge, Schlesien (vgl. Abb. 84!). Mindestens 158mal wechselte im Laufe des Jahres die Sediment-Zufuhr in dem Gletscher-Stausee (vgl. Abb. 91!). Aus *Schwarzbach*, 1940

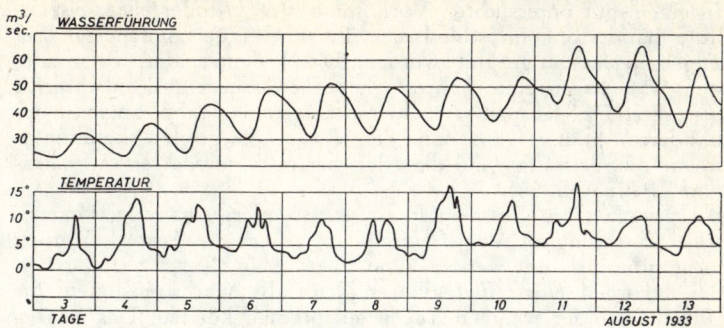

*Abb. 91* Wasserführung eines Gletscherbaches. Dora Baltea, Süd-Alpen. Nach *Alfieri*, 1938, umgezeichnet. Ausgeprägter Tages-Rhythmus, der dem Temperaturgang (unten) genau parallel geht, mit rhythmischer Schlamm-Führung verbunden ist und zur Bildung von „Tageswarven" (Abb. 90!) führen kann

Es ist ganz amüsant, daß ähnliche Überlegungen mit zu den ältesten paläoklimatologischen Spekulationen überhaupt gehörten, indem man schon im 18. Jahrhundert aus Fossilien den *Beginn der Sintflut* zu bestimmen suchte (*Woodward* 1702 und *Scheuchzer* 1723: im Mai; *Parsons* 1758: im Herbst; vgl. *E. Dorf* 1955).

**57. „Tagesschichtung".** Außer der jahreszeitlichen Schichtung kann auch eine feinere Bänderung überliefert sein, die auf kurzfristigen, Wochen oder Tage umfassenden Witterungswechsel zurückgeht.

Eiszeitliche Bändertone zeigen häufig innerhalb der scharf ausgeprägten Jahreswarvung feinste Schichten, die sich besonders in die Sommer-Lagen einschalten (Abb. 90). Man kann sie als *„Tageswarven"* bezeichnen, obgleich sie keineswegs immer *einem* Tag zu entsprechen brauchen. Im allgemeinen ist eine Verwechslung von Jahres- und Tageswarven nicht zu befürchten, obgleich sie (nach *Hansen*) auch einmal *de Geer* passiert ist, der so in Dänemark 2500 anstelle von 129 Jahren zählte.

Die Entstehung von Tageswarven erklärt sich leicht, wenn man die Wasserführung der heutigen Gletscherbäche betrachtet, die nicht nur zwischen Winter und Sommer schwankt, sondern auch ganz regelmäßig zwischen Tag und Nacht (Abb. 91). Das bedeutet, daß auch die Schlammführung und anschließend die Sedimentation zwischen Tag und Nacht wechselt und so feinste Schichtung hervorrufen muß. Es ist allerdings leicht möglich, daß einmal mehrere Tage nur eine Schicht ergeben (etwa bei Schlechtwetterperioden), aber man kann nicht annehmen, daß an einem Tag mehrere Schichten entstanden.

In einem gut untersuchten Vorkommen (saale- oder elster-eiszeitliche Bändertone im schlesischen Eulengebirge) konnten *bis 158 Tageswarwen* ausgezählt werden. Das bedeutet, daß an mindestens 158 Tagen eines Jahres erhebliche Schnee- und Eisschmelze herrschte. Das Klima war also nicht extrem glazial, obgleich der Bänderton-Stausee ganz nahe dem Rande des großen skandinavischen Inlandeises lag und die Gletscher noch vorrückten (*Schwarzbach* 1940; Abb. 90).

Bei präquartären Sedimenten ist es besonders schwierig, kurzfristige Schichtung zu identifizieren, da ja auch die Jahresschichtung nicht sicher erkannt werden kann.

Bei *tierischen Hartteilen* gibt es gleichfalls Wachstumslinien, die einem Tag oder wenigen Tagen entsprechen können. Das zeigten Beobachtungen von *Orton* und *Davenport* an *Cardium edule* und andern rezenten Muscheln. *Pecten* entwickelte in Cold Springs bis 145 „Tageswarwen", die von einer dicken „Winterlinie" (entsprechend dem winterlichen Wachstumsstillstand) gefolgt wurde.

Hier handelt es sich wohl schon nicht mehr um Witterungswechsel, sondern einfach um den *Wechsel von Tag und Nacht*. Das gilt noch mehr von den feinen Wachstumslinien bei paläozoischen Tetrakorallen und Brachiopoden. Man zählte bei devonischen Arten 380—404 feine Linien zwischen den gröberen „Jahresringen" und schloß daraus auf 380—405 Tage im devonischen Jahr (*Wells, Scrutton, Mazullo*). Weitere Untersuchungen darüber sind notwendig, doch der Forschung eröffnen sich sicher hochinteressante Ausblicke.

**58. Sonnenflecken-Zyklen und Schichtung.** Der Abstand der Jahresringe (z. B. bei Bäumen) ändert sich ± unregelmäßig. Das geht vielfach auf Klimaschwankungen von der Dauer einiger Jahre oder Jahrzehnte zurück, manchmal auch auf andere, ganz lokale Ursachen. Man hat versucht, in diesen Schwankungen auch den Sonnenflecken-Zyklus wiederzufinden.

Die Sonne zeigt in ihrer *Fleckenhäufigkeit* eine ziemlich regelmäßige Periode von durchschnittlich etwas über 11 Jahren (bei einem Spielraum von 7 bis 17 Jahren; Abb. 92). Schon 1651 hat *Riccioli* vermutet, daß Sonnenflecken einen Einfluß aufs Wetter haben, und diese Frage ist später — nachdem regelmäßige Beobachtungen der Sonnenflecken (seit 1820) vorliegen — immer wieder untersucht worden, so in grundlegender Weise schon 1914 von *Köppen*. Tatsächlich bestehen Beziehungen; aber sehr eng sind sie nicht. Zwar verläuft die Temperaturkurve der Tropen der Kurve der Sonnenflecken-Relativzahlen[4] weitgehend parallel; aber die Abweichungen vom Durchschnitt erreichen noch nicht einmal 1°. In

---

[4]  Relativzahl R = 10 g + f (g = Zahl der Sonnenflecken-Gruppen, f = Zahl der Einzelflecke).

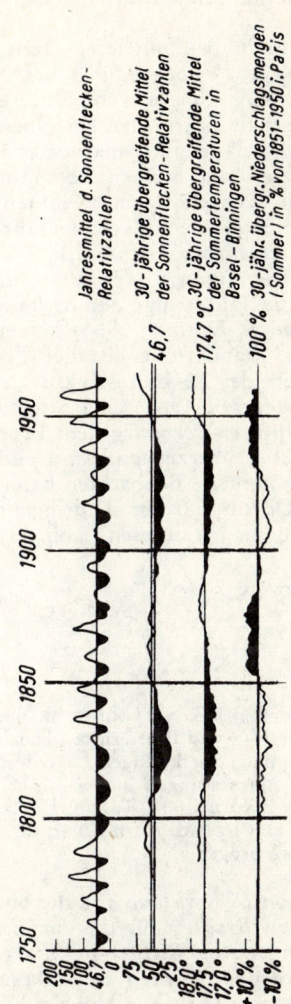

Jahresmittel d. Sonnenflecken-Relativzahlen

30-jährige übergreifende Mittel der Sonnenflecken-Relativzahlen

46.7

17.4°C 30-jährige übergreifende Mittel der Sommertemperaturen in Basel–Binningen

17.0

100 % 30-jähr. übergr. Niederschlagsmengen (Sommer) in % von 1851–1950 i. Paris

*Abb. 92*   Sonnenflecken und Sommer-Klima 1750—1967 (in Mittel-Europa). Aus *v. Rudloff*, 1967

anderen Gebieten vermag man überhaupt keine klaren Zusammenhänge zu erkennen.

Nach *Willett* bestehen am ehesten noch Beziehungen zwischen *Groß-Schwankungen* der Sonnenflecken-Tätigkeit und Klima der nördlichen Mittel-Breiten (so auch *v. Rudloff* 1967, Abb. 92). Die Groß-Schwankungen umfassen dabei je 3—4 der 11-Jahres-Zyklen.

Danach wäre in den mittleren Breiten der Nord-Halbkugel die *etwa 40jährige Periode* mit hohen Sonnenflecken-Relativzahlen durch ein wenig höhere Temperaturen charakterisiert. Der Niederschlag verhält sich in den einzelnen Gebieten verschieden. *Brier* (1961) fand bei genauer mathematischer Analyse keine Zusammenhänge zwischen Sonnenflecken und jährlichem Niederschlag. Bei anderen Kurven dagegen laufen höhere Relativzahlen und etwas erhöhter Niederschlag ungefähr parallel (Abb. 92).

So wäre es *eigentlich erstaunlich, wenn man den Sonnenflecken-Zyklus in den Bäumen oder in fossilen Sedimenten wiederfinden sollte.* Für die Jahresringe der Bäume hat eine sorgfältige Analyse durch *Bryson* & *Dutton* (1961) keinen Hinweis ergeben.

Bei glazialen Bändertonen ist der 11-Jahre-Zyklus nicht deutlich nachzuweisen, der 22-Jahre-Zyklus „seems to be recorded in some varves" (*Anderson* 1961). Bei älteren Sedimenten sind wohl *H. Korn* und *Richter-Bernburg* dem Problem am gründlichsten nachgegangen. Aber überzeugend sind auch ihre Ergebnisse nicht. Der unvoreingenommene Beobachter kann aus den Kurven von *Korn* (aus dem Devon-Karbon Thüringens) keinen regelmäßigen 11-Jahre-Rhythmus herauslesen (Abb. 93) und ebensowenig aus denen

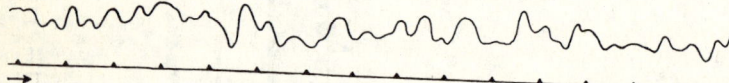

*Abb. 93* „Sonnenflecken-Zyklus" in oberdevonischen Bänderschiefern. Zwischen Obernitz und Bretternitz (Thüringen). Aufgetragen ist das Verhältnis der tonigen zur kalkigen Lage des Doppelbandes; auf der Abzisse bedeuten die Markierungen immer 10 Jahre, das Profil umfaßt also 160 Jahre. Nach *H. Korn,* 1938, Taf. XIII, Kurve I, 315—475 Jahre. Der 11-Jahres-Rhythmus ist nach *Korn* „deutlich erkennbar", tatsächlich aber nicht besonders ausgeprägt

von *Anderson* & *Kirkland* für die oberjurassische Todilto-Formation oder von *Bradley* für die eozänen Green River-Schiefer. Die Untersuchungen von *Richter-Bernburg* im deutschen Perm ergaben zwar bestechende Kurven mit Maxima bei 11,1—11,2 Jahren; aber ein strenger Kritiker kann sich nicht recht mit der zu subjektiven Methode befreunden: der Abstand der feinen Bänder wird nicht exakt gemessen (was freilich bei ihrer Feinheit auch nicht einfach wäre), sondern man zählt ab, nach wie viel Bändern eine „anomale" Lage (besonders dick, scharf, verdoppelt o. ä.) kommt.

Ähnlich skeptisch muß man die Versuche betrachten, andere, längere Perioden zwischen 23 und 21 000 Jahren (diese in den Green River-Schiefern oder in der Trias von New Jersey, *van Houten*) in der Schichtung zu erkennen.

Weitere Literatur: *Chappell* (1971), *Dzerdzeevskii* (1961), *Fairbridge* (1961), *Trendall* (1972).

**59. Jahreszeitliche Schichtung und absolute Zeitrechnung.** Echte Jahresschichtung erlaubt, die Sedimentationsdauer eines Schichtpakets unmittelbar durch Zählung festzustellen. Allerdings erfaßt man in einem Profil meist nur einen kleinen Zeitabschnitt; aber durch sinnreiche Kombination verschiedener Profile kann man einen großen Überblick und damit wertvolle Beiträge zur absoluten Chronologie der Erdgeschichte gewinnen.

Die klassische Anwendung dieser Methode hat der Schwede *de Geer* gegeben, der zu Anfang dieses Jahrhunderts aus den schwedischen Bändertonen die *Länge der „Nacheiszeit"* (ca. 15 000 Jahre) berechnete (ähnliche Untersuchungen in Finnland, *Sauramo*, und Nordamerika, *Antevs*). Die Dendrochronologie arbeitet in ähnlicher Weise, indem sie die Jahresringe der Bäume kombiniert und so Zeitspannen bis zu mehreren 1000 Jahren erfaßt. Das Profil vom Faulenseemoos (53) konnte an die Jetztzeit angeschlossen werden und ergab durch Zählung der Jahresschichten u. a., daß die Faulensee-Senke 7700 v. Chr. eisfrei wurde (*Welten*).

Solche günstigen Verhältnisse wie in der Nacheiszeit, besonders beim Rückzug der Inlandeis-Gletscher, gibt es in älteren Perioden nirgends. Man kann dort höchstens versuchen, einzelne Zeiträume mit Hilfe jahresgeschichteter Sedimente in ihrer Länge abzuschätzen. Das ist öfters gemacht worden, aber die Ergebnisse haben wegen ihrer Unsicherheit heute — im Zeitalter radiometrischer Altersbestimmungen — oft nur noch historisches Interesse.

Weitere Literatur: *Bradley* (1929, 1964; Green River Formation).

# IX. Rechnerische Ermittlung von Vorzeitklimaten

> Indem ich dieses Kapitel niederschreibe
> (April 1830), komme ich aus einer Ver-
> sammlung der geologischen Gesellschaft
> zu London, in welcher der Präsident in
> seiner Anrede den Ausdruck „ein geolo-
> gischer Logiker" gebrauchte. Es zeigte
> sich ein Lächeln auf aller Anwesenden
> Antlitz, und Einige konnten, gleich Ci-
> ceros Auguren, ein Lachen nicht unter-
> drücken; so drollig erschien die Zusam-
> menstellung der Geologie und Logik.
> *Ch. Lyell*, Principles of Geology,
> Deutsche Ausgabe von 1833.

**60. Formeln zur Temperatur-Bestimmung.** Die Klimazeugen stellen nicht die einzige Möglichkeit dar, das vorzeitliche Klima zu
rekonstruieren. Man kann — mindestens theoretisch — dem Problem auch von einer ganz anderen, deduktiven Seite her nähertre-
ten und versuchen, es rechnerisch zu behandeln. Da nämlich
Klima und geographische Verhältnisse so enge Wechselbeziehungen
zeigen und vor allem die Verteilung von Land und Meer von so
grundlegendem Einfluß auf die Klimaverteilung ist, müßten sich
auch aus der *paläogeographischen Situation* bestimmte Schlüsse auf
das vorzeitliche Klima ziehen lassen („morphogenes Klima").
*Forbes* (schon 1861) und später *Kerner* entwickelten empirische
Temperatur-Formeln, in denen die durchschnittliche heutige Temperatur der Breitenkreise und der prozentuale Anteil des Landes
pro Breitenkreis verwendet wird, bei *Kerner* auch die Entfernung
vom Golfstrom u. ä. *Semper* stellte für das Eozän die warmen
Meeresströmungen in den Vordergrund, und *Brooks* berechnete
mit verschiedenen Parametern Temperaturen für das Quartär.
Wir brauchen diese Arbeiten nur zu erwähnen, weil sie *methodisch
interessant* sind. Praktischen Wert für die Bestimmung paläoklimatologischer Daten haben sie nicht, weil das Klima das Ergebnis
zu vieler Faktoren ist; von diesen ist in der Regel überhaupt keiner exakt bekannt, und damit ergibt sich zwangsläufig, daß man
damit nicht in Formeln operieren kann. Allenfalls könnte man für
die allerjüngste Vergangenheit zu annehmbaren Werten kommen,
da dann (z. B. in der Nacheiszeit) die paläogeographischen Verhältnisse den heutigen schon außerordentlich ähnlich sind, und tatsächlich stimmen entsprechende Berechnungen von *Brooks* (z. B.
für die Ostsee zur Zeit der Litorina-Senkung; 4000—7000 B.P.)
leidlich mit den Werten überein, die man mit Hilfe der Klimazeugen längst ermittelte.
Die modernen Meteorologen sind in dieser Beziehung *hoffnungs-*

*voll.* Wenn genügend paläogeographische Daten zur Verfügung stehen — so meinte *Flohn* 1965 — wird die theoretische Klimatologie auf dieser Basis „mittels Modellrechnungen auch das regionale Klima mit genügender Approximation abschätzen können. Wir stehen erst am Anfang einer weitreichenden Entwicklung." Vorläufig gibt es aber noch keine genügend genauen paläogeographischen Karten. *Die weitere Entwicklung hängt also mehr von den Geologen als von den Meteorologen ab.*

Weitere Literatur: *Ruhe* (1964; Hawaii)

# X. Physikalische Methoden zur Bestimmung vorzeitlicher Temperaturen

> The medieval doctors of divinity who did not pretend to settle how many angels could dance on the point of a needle cut a very poor figure as far as romantic credulity is concerned beside the modern physicists who have settled to the billionth of a millimetre every movement and position in the dance of the electrons.
> *B. Shaw*, Vorwort zu „Saint Joan", 1923.

**61. Allgemeines über die Sauerstoff-Isotopen-Methode und erste Anwendungen.** Die modernste Methode der Paläoklimatologie ist ein Kind des Atomzeitalters; sie gründet sich auf die Isotopenforschung und erlaubt, „direkte" Temperatur-Angaben zu erhalten. Man könnte von „geologischen Thermometern" sprechen, wenn nicht dieser Name schon von den Mineralogen für etwas ganz anderes präokkupiert wäre. (Sie bezeichnen damit bestimmte Mineralien, mit denen man ihre Bildungstemperatur — das „unterirdische Klima", wie es *E. Wegmann* 1961 nannte — bestimmen kann.)

Die Methode stammt von dem amerikanischen Nobelpreisträger *Urey*, der sich u. a. mit den *Isotopen des Sauerstoffs* beschäftigte und dabei feststellte, daß z. B. das Verhältnis $^{18}O/^{16}O$ im Calziumcarbonat von dessen Bildungstemperatur abhänge. „I suddenly found myself with a geologic thermometer in my hands." 1951 wurden von ihm zusammen mit *Lowenstam, Epstein* und *McKinney* die ersten erstaunlichen Resultate veröffentlicht, so von Jura- und Kreide-Belemniten. Bei einem Jura-Belemniten von der Insel Skye mit 24 Anwachsringen wurde jeder Ring mit dieser Methode untersucht und die Werte in einem Diagramm aufgetragen (Abb. 94). Die Temperaturkurve zeigt 4 „Winter" und 3 „Som-

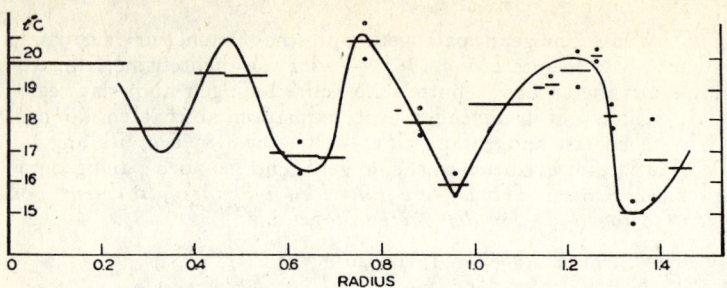

*Abb. 94*  Temperatur-Kurve des Jura-Meeres in Schottland (Skye) während der Lebenszeit eines vierjährigen Belemniten. Die mit der $^{18}O/^{16}O$-Methode untersuchten Proben wurden in verschiedener Entfernung vom Zentrum des Belemniten entnommen (Abzisse). Die Temperaturen schwankten zwischen 15 und 21° C. Nach *Urey, Lowenstam, Epstein & McKinney*, 1951

mer"; das Tier produzierte also pro Jahr mehrere Ringe und erreichte ein Alter von etwa 4 Jahren. Die Temperatur war im ganzen während der Jugendzeit etwas höher als im Alter, die jahreszeitliche Temperaturdifferenz etwa 6°, die mittlere Temperatur 17,6°.

Seitdem sind mit Massenspektrometern viele Untersuchungen dieser Art durchgeführt worden, nicht nur aus dem Mesozoikum, sondern auch aus älteren Schichten, hauptsächlich freilich aus Tertiär und Quartär (vgl. 96, 108, 119). Außer $CaCO_3$ ist u. a. auch das Eis solchen Messungen zugänglich. Man bezieht die Messungen auf einen Standard und gibt die Abweichungen (in $^0/_{00}$) als $\delta^{18}O$ an; d. h. es ist

$$\delta^{18}O \; ^0/_{00} = \frac{R_{Probe} - R_{Standard}}{R_{Standard}} \cdot 1000$$

wobei $R = \dfrac{^{18}CO_2}{^{16}CO_2}$

Dieser $\delta$-Wert dient dann direkt zur Errechnung der Meerestemperatur

$$t = 16,5 - 4,3 \; \delta + 0,14 \; \delta^2,$$

wobei t die Temperatur in ° Celsius angibt.

Gewöhnlich werden die Temperaturen, die man mit dieser Methode ermittelt, einfach als *„Paläotemperaturen"* bezeichnet. Die ausschließliche Verwendung dieser Bezeichnung für $^{18}O$-Temperaturen ist aber nicht sehr glücklich, denn auch fossile Pflanzen usw. liefern Paläotemperaturen.

**62. Schwierigkeiten in der Anwendung der Methode.** Wie bei der Anwendung der $^{14}C$-Methode auf kalkige Ablagerungen muß man damit rechnen, daß die große Beweglichkeit des $CaCO_3$ das

Ergebnis verfälscht. Dessen Zu- und Abfuhr wird umso eher zu erwarten sein, je höher das erdgeschichtliche Alter der Proben ist, und umso weniger, je jünger sie sind.

Isotopische Temperaturen von *rezenten Foraminiferen* ergaben daher z. T. gute Übereinstimmung mit den direkt gemessenen Temperaturen im Meer. Auch die Belemniten mit ihrem ausnahmsweise dichten Kalkskelett sind wohl relativ gut geeignet — jedenfalls besser als die locker struierten Schalen von Mollusken oder Brachiopoden. Doch scheinen selbst die Paläotemperaturen von Belemniten nicht immer einwandfrei zu sein; das zeigt z. B. in der europäischen Ober-Kreide ein Vergleich mit der Temperaturkurve, die aus geologischen Klimazeugen gewonnen wurde (*E. Voigt* 1964, Abb. 129). Die Umkristalisation der Rostren könnte in diesem Fall das Ergebnis verfälschen.

Relativ sichere Paläotemperaturen scheinen Fossilien zu liefern, die ihr Skelett aus *Aragonit* aufbauen (wie z. B. Ammoniten) und den Aragonit noch heute enthalten. Diese Modifikation des $CaCO_3$ ist nämlich ziemlich unstabil, und seine Erhaltung spricht dafür, daß die Fossilschalen keinem postmortalem Isotopenaustausch unterlegen sind (*Jordan* & *Stahl* 1970).

Zu den Fehlerquellen gehört u. a. auch, daß nicht alle Tiere das ganze Jahr hindurch Kalk bilden; das Material, das analysiert wird, gibt also nur die Temperatur einiger *Monate* an, und das kann immerhin Unterschiede von mehreren Grad ausmachen.

*Beispiel:* Rezente *Globigerina inflata* im mittleren Nord-Atlantik ergaben nach der $^{18}O/^{16}O$-Methode eine Temperatur von 18°, während die Temperaturen des Meeres dort tatsächlich zwischen 18° im Februar und 25,5° im August schwankten (*Emiliani* 1958, S. 266). — Dagegen spiegeln *Globigerinoides rubra* und *G. sacculifera* wahrscheinlich die Sommer-Temperaturen der Meeresoberfläche wider.

Ferner kann der Lebensraum im Laufe der ontogenetischen Entwicklung wechseln. So erhielten *Eichler* & *Ristedt* (1966) beim rezenten *Nautilus* für die ersten Septen höhere Temperaturwerte als für die letzten Septen; offenbar lebt *Nautilus* zunächst in flachem, warmem Wasser, später in kühleren Tiefen. Überhaupt muß damit gerechnet werden, daß die fossilen Gehäuse aus verschiedenen Tiefen und damit verschiedenen Temperaturbereichen stammen. Daher kann sich unter Umständen die Paläobathymetrie in den Paläotemperaturen wiederspiegeln (Abb. 95).

Von großer Bedeutung ist das *ursprüngliche Verhältnis* beider Isotopen im Wasser, da davon das $^{18}O/^{16}O$-Verhältnis im Sediment abhängt. So ist tropisches Wasser reicher an $^{18}O$ als arktisches (da der Dampfdruck von $H_2^{16}O$ höher ist als der von $H_2^{18}O$). Auch die verschiedene Salinität beeinflußt das $^{18}O/^{16}O$-Verhältnis, so daß man sogar versucht hat, aus $^{18}O/^{16}O$-Daten die Salinität fossiler Meere abzuschätzen (*Dodd* & *Stanton* 1971).

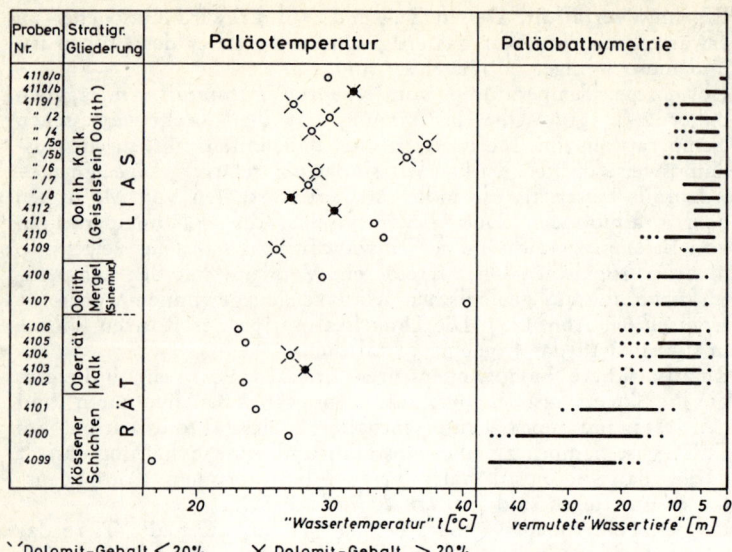

Abb. 95  Paläotemperatur und Paläobathymetrie im Rät-Lias der Alpen (Kenzenkopf). Niedriger „Wassertiefe" entsprechen im allgemeinen höhere Temperaturen. ○ Fossil, ● Gestein. Aus *Fabricius* et al., 1970.

Ferner ist das Verhältnis im Eis ein anderes als im Wasser, so daß für glaziale und nichtglaziale Zeiten eine Korrektur angebracht werden muß. Schließlich ist zu vermuten, daß sich das Verhältnis im Laufe der Erdgeschichte auch sonst änderte, wenn auch vielleicht nicht wesentlich. Aber auf alle Fälle gibt es eine Menge Faktoren — bekannten und wahrscheinlich unbekannten — die die einfache Berechnung komplizieren und die Methode nur für gewisse Fälle anwendbar machen.

Man ist daher heute vor allem etwas skeptisch gegenüber den *absoluten* Temperaturen, die angegeben werden. Dagegen dürften die Temperaturkurven, die man aus einigermaßen homogenen Sedimentfolgen (Tiefseesedimenten, Inlandeis usw.) ableitet, vielfach ein richtiges Bild der *relativen* Temperaturschwankungen geben.

Weitere Literatur: *Bowen* (1966), *Mook* (1971), *Valentine* & *Meade* (1961).

**63. Anwendung bei Tiefsee- und anderen Sedimenten.** Eine vielfache Anwendung hat das Verfahren in der *Tiefseeforschung* gefunden. Denn auch die kalkigen Foraminiferen-Gehäuse im Tiefseeschlamm sind einer $^{18}O/^{16}O$-Analyse zugänglich und die systematische Untersuchung der Bohrkerne hat gezeigt, daß man auf diese Weise Temperaturkurven für das Quartär und anscheinend auch Tertiär erhalten kann. Diese Kurven können wohl irgendwie mit den seit langem vom Festland bekannten Eiszeitgliederungen parallelisiert werden; in welcher Weise, ist freilich noch umstritten (vgl. 119).

Auch an Kalkabsätzen in *Höhlen* sind solche Untersuchungen möglich. *Duplessy* et al. (1971) kombinierten das mit radiometrischen Datierungen und konnten so für ein 130 000 Jahre langes Stalagmiten-Profil eine Temperatur-Kurve festlegen.

**64. Anwendung beim Gletscher-Eis.** Da das Verhältnis $^{18}O/^{16}O$ auch bei der Bildung von Schnee und Eis von den Temperatur-Verhältnissen abhängt, kann man auch für altes Gletscher-Eis die Temperatur berechnen, die einst herrschte. So fanden z. B. *Epstein, Sharp* & *Goddard* (1963) für die Byrd Station (Antarktis): das Eis, das heute in 290 m Tiefe liegt, entstand bei einer Tempe-

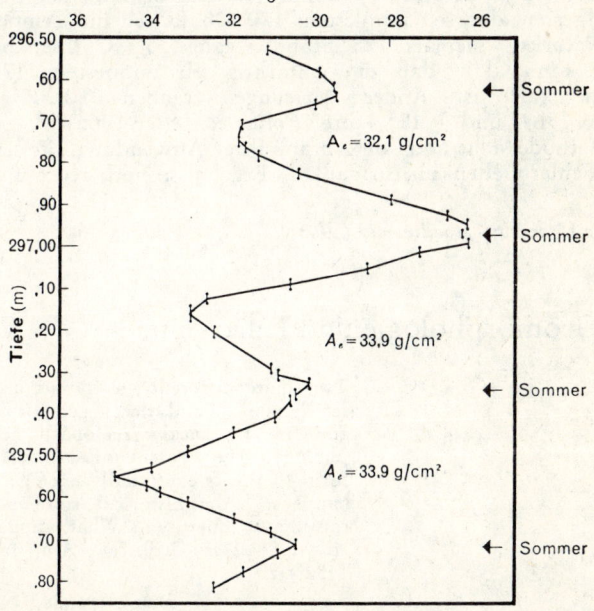

*Abb. 96* Jahresschichtung im grönländischen Inlandeis (ca. 300 m Tiefe) nach $^{18}O/^{16}O$-Messungen. Abzisse = Abweichungen des $^{18}O/^{16}O$-Verhältnisses vom Standard. Ae = jährliche Eis-Akkumulation. Nach *C. C. Langway*

ratur, die 2—4° kälter war als heute. In den oberen Partien der Gletscher ist manchmal auch der jahreszeitliche Temperaturwechsel zwischen Winter und Sommer noch ausgezeichnet nachzuweisen, d. h. die $^{18}$O-Kurve zeigt Jahresschichtung (*Langway* 1970; Abb. 96).

Aus Tiefbohrungen in der Antarktis (bis 2154 m tief; *Godd* et al. 1970) und Grönland (Camp Century, 1390 m; *Dansgaard* et al. 1970) erhielt man auf diese Weise wichtige Temperaturkurven für lange Abschnitte des Quartärs, die freilich bisher nur ganz unsicher datiert werden konnten, aber möglicherweise bis ins Prä-Würm zurückreichen (vgl. 118 und *Imbrie* 1972).

Weitere Literatur: *Gow* et al. (1970)

**65. Thermolumineszenz.** Gewisse Mineralien strahlen sichtbares Licht aus, wenn sie erhitzt werden. Diese Eigenschaft heißt Thermolumineszenz. Sie hängt ab von der natürlichen Strahlung und der Temperatur, der das Gestein ausgesetzt war. *Zeller* und *Pearn* (1960) untersuchten die Thermolumineszenz antarktischer Kalksteine und verglichen sie mit künstlich behandelten Proben. Sie folgerten, daß seit mindestens 170 000 Jahren die Temperatur der Antarktis niemals 125 Stunden lang 25° C überschritten haben kann, d. h. daß die Antarktis seit mindestens 170 000 Jahren „kalt" ist. Andere Messungen ergaben 210 000 Jahre (*Ronca* 1964) und > $10^6$ Jahre (*Ronca* & *Zeller* 1965). Die Methode steht noch am Anfang ihrer Anwendung. Sie schließt viele Fehlerquellen ein, so daß die Ergebnisse noch recht unsicher sind.

Weitere Literatur: *Macdiarmid* (1963)

# XI. Geomorphologie und Paläoklima

> Two quite different viewpoints are used in dynamic (analytical) geomorphology and in historical (regional) geomorphology. The student of processes and forms per se is continually asking, "What happens?"; the historical student keeps raising the question, "What happened?"
> *A. N. Strahler*, Geol. Soc. Am. Bull. 63, 1952[5])

**66. Klima-genetische Geomorphologie.** Die Oberflächenformen der Erde sind in hohem Maße vom Klima abhängig. Das polare

---

[5]) Zitiert in: The fabric of geology, ed. *C. C. Albritton*, 1963

Landschaftsbild ist durch ganz andere Kräfte der Verwitterung, Abtragung usw. geprägt als die Landschaften der immerfeuchten Äquatorialgebiete oder der Wüste Sahara. In andern Fällen tritt freilich die Tektonik mehr in den Vordergrund als das Klima; das beweisen die Hochgebirge der Erde oder die Tiefseegräben.

Die Geomorphologen haben klima-typische Kombinationen von Relief-Formen auf der Erde zusammengestellt und vergleichend betrachtet (ausführlich z. B. *Louis* in seinem Lehrbuch, 1968; eine Karte der klima-morphologischen Zonen der Gegenwart in *Büdel* 1971). Es erhebt sich die Frage, ob manche morphologische Landschaftsformen gar nicht dem heutigen Klima entsprechen, sondern *Reliktformen eines vorzeitlichen Klimas* sind.

Man wird erwarten dürfen, daß diese Frage hauptsächlich für die jüngste Erdgeschichte bedeutungsvoll ist. Denn morphologische Formen, die älter als das Tertiär sind, haben sich an der Oberfläche selten erhalten. Sie sind in der Regel abgetragen oder unter jüngeren Schichten begraben. Zum mindesten aber unterliegen sie den Kräften des jetzigen Klimas und werden durch die heutige Verwitterung und Abtragung umgestaltet und dem augenblicklich herrschenden Klima angepaßt. Aber diese Umwandlung geht langsam vor sich, und es gibt daher genug fossile Landschaftsformen. Mit ihnen beschäftigt sich die *klima-genetische Morphologie.* Einige wenige Hinweise darauf mögen genügen.

Zu den leicht erkennbaren Vorzeitformen gehören die *glazial* geprägten Landschaften der gemäßigten Breiten, z. B. in den Alpen oder unsern Mittelgebirgen. Es sind die Gebiete, von denen die Eiszeitforschung ausging. Die glaziale Formung mit Rundhökkern, Karen usw. liegt meist nur wenig mehr als 10 000 Jahre zurück.

Mit im Vordergrund der Diskussion stehen die *Rumpfflächen* (peneplains) unserer Gebirge. Man nimmt an, daß ausgedehnte, „exzessive" Flächenbildung heute vorzugsweise in den *Randtropen* vor sich geht. Sie wird durch die tiefgründige chemische Verwitterung der warm-feuchten Klimate besonders begünstigt. Auch für die Rumpfflächen im heute gemäßigten Klimagürtel werden solche Bedingungen angenommen, und da die Einebnungen offenbar im Tertiär entstanden sind und daher Vorzeitformen darstellen, ist für jene Zeit warmes und feuchtes Klima vorauszusetzen. Oft wurde es als tropisch bezeichnet. Der Paläoklimatologe kann solchen pauschalen Schlußfolgerungen nicht immer folgen. So ist z. B. im rumpfflächen-reichen Mittel-Europa das Klima mindestens bis zurück ins Oligozän nicht tropisch, sondern subtropisch oder gar nur warm-gemäßigt gewesen. Das zeigen deutlich zahlreiche Klimazeugen (für die rheinischen Gebirge ausführlich dargelegt in *Schwarzbach* 1968).

Als „Flächenbildner" ist ein feuchtes Subtropen-Klima tatsächlich auch kaum weniger geeignet als ein tropisch-feuchtes Klima. Beide Klimattypen gehen heute stellenweise ineinander über. Doch zeigt dieses Beispiel, daß morphologische Vorzeitformen nur mit Vorsicht als Klimazeugen verwendet werden können.

Weitere Literatur: *Rathjens* (1971), *Rohdenburg* (1971) und neuere Lehrbücher der Geomorphologie

# XII. Paläoklimatologie und nutzbare Lagerstätten

> Einem ist sie die hohe, die himmlische Göttin, dem andern
> eine tüchtige Kuh, die ihn mit Butter versorgt.
> *J. W. v. Goethe* (1749—1832)

**67. Allgemeines.** Verwitterung und Sedimentation sind maßgebliche Faktoren bei der Bildung zahlreicher nutzbarer Lagerstätten, aber gleichzeitig in hohem Maße vom Klima abhängig. Damit erklärt sich der enge Zusammenhang, der zwischen Paläoklimatologie und Lagerstättenlehre besteht: Salze und Kohlen z. B. — um nur zwei zu nennen — stehen da wie dort im Mittelpunkt. Die Paläoklimatologie hat also auch *unmittelbare praktische Bedeutung.* Natürlich scheiden alle magmatischen Lagerstätten hier aus oder interessieren uns höchstens mit ihren (klima-abhängigen) Verwitterungserscheinungen. Auch von den sedimentären Lagerstätten fallen keineswegs alle in dieses Kapitel.

Da in den Abschnitten über die Klimazeugen ausführlicher auf entsprechende Lagerstätten-Typen eingegangen wurde und im erdgeschichtlichen Teil auch ihre stratigraphische Verbreitung dargestellt ist, genügt es, hier eine kurze Übersicht zu geben. Dabei wurden außer Erzen und „Nichterzen" auch einzelne sonst wichtige Sedimente (Bausteine u. a.) mit berücksichtigt.

**68. Beispiele für klima-abhängige Lagerstätten** (Abb. 97)

a) *Lagerstätten warmen Klimas.*

Nickelsilikate der Serpentine (Neukaledonien, Ural, Frankenstein in Schlesien); Gel-Magnesite in Serpentin (Kraubath in Steiermark u. a.) — Bauxit (dazu vgl. *Krotow*). — Salze. — Kalkstein.

b) *Lagerstätten kühlen Klimas.*

Bauwürdige Anhäufung von Erzblöcken in Moränen (Beispiel: unterhalb der primären Kupferglanz-Lagerstätte von Kennecott, Alaska). Erratische Erz-Geschiebe geben Hinweise auf die anstehenden Erz-Vorkommen (Beispiel: Entdeckung der Kupfer-Lagerstätte Outokumpu in Ost-Finnland durch O. *Trüstedt* 1910, vgl.

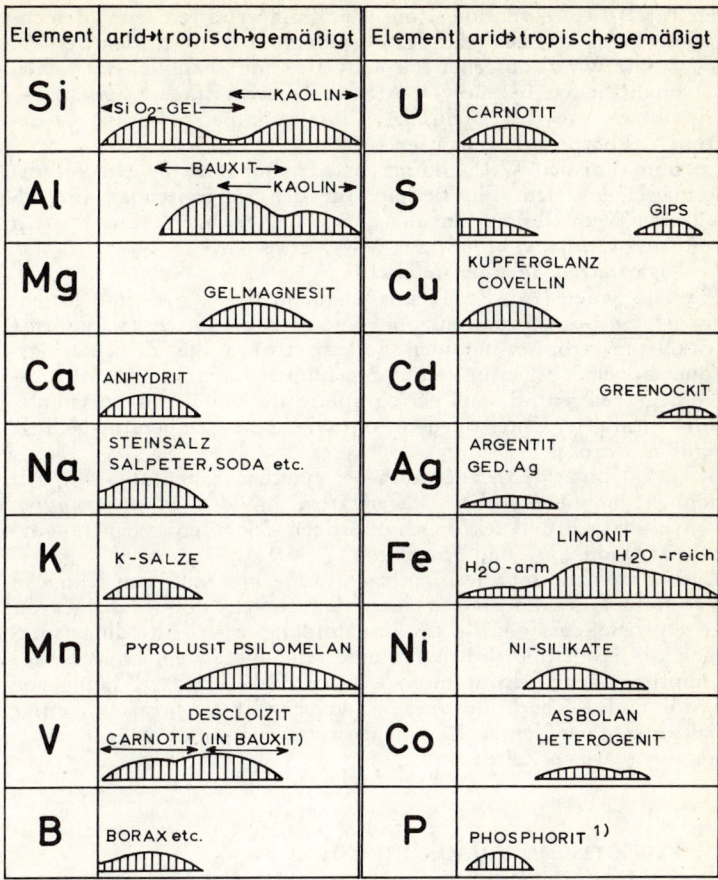

| Element | arid→tropisch→gemäßigt | Element | arid→tropisch→gemäßigt |
|---------|------------------------|---------|------------------------|
| **Si** | ◄Si O₂-GEL——►  ◄——KAOLIN►| **U** | CARNOTIT |
| **Al** | ◄——BAUXIT——►  ◄——KAOLIN►| **S** | GIPS |
| **Mg** | GELMAGNESIT | **Cu** | KUPFERGLANZ COVELLIN |
| **Ca** | ANHYDRIT | **Cd** | GREENOCKIT |
| **Na** | STEINSALZ SALPETER, SODA etc. | **Ag** | ARGENTIT GED. Ag |
| **K** | K-SALZE | **Fe** | LIMONIT  H₂O-arm  H₂O-reich |
| **Mn** | PYROLUSIT PSILOMELAN | **Ni** | NI-SILIKATE |
| **V** | DESCLOIZIT CARNOTIT (IN BAUXIT) ◄——► | **Co** | ASBOLAN HETEROGENIT |
| **B** | BORAX etc. | **P** | PHOSPHORIT [1] |

1) NACH STRAKHOV   ARID

*Abb. 97*   Typisches Klima von sedimentären Lagerstätten. Nach *Cissarz*, 1965, Phosphorite ergänzt nach *Strakhov*

*Laitikari* 1941). — Fluvioglaziale Schotter (dazu vielleicht auch das goldführende Witwatersrand-Konglomerat!). Löß.

c) *Lagerstätten ariden und semi-ariden Klimas.*

Aride Konzentrations-Lagerstätten: Kupfer vom Red Bed-Typ (USA, Ural-Vorland, Wernersdorf am Riesengebirge u. a.), Silber (Silver Reef, Utah), Uran-Vanadium (Carnotit; Colorado, Utah, Ural-Vorland), Blei-Zink (vielleicht Mechernich am Nordrand

der Eifel). — Oxydations-Zone der Erzlagerstätten reich, Zemen-
tations-Zone oft sehr mächtig, besonders im warm-ariden Bereich.
— Vom Wind ausgeblasene eluviale und Fanglomerat-Seifen
(Diamant-Seifen in Südwest-Afrika; manche Zinnerz-Seifen). —
Gips bzw. Anhydrit, Steinsalz, Kalisalz, Salpeter, Borate, Coele-
stin. — Phosphat-Lagerstätten (42).
Im humid-ariden Wechselklima Bauxit, Bohnerz, Fe-Mn-Verwit-
terungslagerstätten. Ein Beispiel für den tiefgreifenden Einfluß
warmen Wechselklimas auf die Entstehung reicher Fe-Lagerstätten
beschrieb *Campana* (1966) aus NW-Australien.
d) *Lagerstätten humiden Klimas.*
Fluviale Seifen (Au, Pt, Titanit, Diamanten). — See- und Rasen-
eisen-Erze. — Oxydationszone von Erzlagerstätten (wenig entwickelt im tropisch-humiden Bereich, ebenso die Zementations-
zone; besser dagegen im feucht-gemäßigten Klima). — Kaolin. —
Kohlen (gelegentlich mit petrographischen und damit wirtschaft-
lich wichtigen Unterschieden, die vielleicht temperatur-bedingt
sind; *H. Jacob*).
Bei den Kohlen (33), aber auch bei manchen Erzen (Fe, Mn, Al)
können besonders reiche Lagerstätten an den *Knotenpunkten*
von klimatisch und tektonisch günstigen Zonen entstehen („nodi"
bei *Stepanov* 1937 und *Strakhov*).
Auch *Erdöl* und marine Eisenerze brachte man mit dem Klima in
Verbindung. *H. Borchert* meinte, daß eisfreie Pole, d. h. Warmzeiten, besonders günstig für ihre Bildung seien. Allerdings sprechen die erdgeschichtlichen Befunde wohl gegen eine solche Ver-
knüpfung; denn Schwarzmeer-Sedimente (die bei der Bildung von
Erdöl und — nach *Borchert* — von Fe-Erzen primär wichtige
Faktoren darstellen) zeigen keineswegs Zusammenhänge mit besonders warmen Zeiten.

# B. Historische Paläoklimatologie:
# Der Klimaablauf in der Erdgeschichte

> Solange die Erde steht, soll nicht auf-
> hören Saat und Ernte, Frost und Hitze,
> Sommer und Winter, Tag und Nacht.
> *1. Mose* 8, 22

**69. Allgemeines zur historischen Paläoklimatologie.** Eine große
Anzahl von Klimazeugen gibt uns die Möglichkeit, Aussagen über
das Klima der Vorzeit zu machen. Das Hauptziel des Geologen
besteht darin, alle diese vielen Aussagen *zeitlich* zu ordnen und
zusammenzufassen und dadurch ein möglichst geschlossenes Klimabild der einzelnen Abschnitte der Erdgeschichte zu zeichnen. Auf

diese Weise gewinnt er dann einen Überblick über den Klimaablauf in der Erdgeschichte, die Klimaänderungen und Klimaschwankungen.

*Tabelle 13*  Erdgeschichtliche Zeittafel

| Ära | Formation (Periode) | Unter-Abschnitte (besonders in Europa) | | Ungefähres absolutes Alter (Millionen Jahre; Ma) |
|---|---|---|---|---|
| Känozoikum (Neozoikum) | Quartär | | Holozän Pleistozän | |
| | | | | 2—3 |
| | Tertiär | Neogen | Pliozän Miozän | |
| | | | | 25 |
| | | Paläogen | Oligozän Eozän Paleozän | |
| | | | | 65 |
| Mesozoikum | Kreide | | | |
| | | | | 135 |
| | Jura | | Malm Dogger Lias | |
| | | | | 195 |
| | Trias | | Keuper Muschelkalk Buntsandstein | |
| | | | | 225 |
| | Perm | | Zechstein Rotliegendes | |
| | | | | 285 |
| Paläozoikum | Karbon | | Pennsylvanian Mississippian | |
| | | | | 350 |
| | Devon | | | |
| | | | | 405 |
| | Silur | | | |
| | | | | 440 |
| | Ordovizium | | | |
| | | | | 500 |
| | Kambrium | | | |
| | | | | 570 |
| Präkambrium | Proterozoikum (Algonkium) Archaikum | | | |
| | | | | > 3500 |

Viele besondere *Schwierigkeiten* stellen sich ihm dabei entgegen. Die Klimazeugen — auch diejenigen ein und derselben Formation — sind ja nicht streng gleichaltrig: die Dauer der einzelnen großen Zeitabschnitte beträgt meist einige 10 Millionen Jahre (vgl. die stratigraphische Tab. 13!). Um aus dem spärlichen Material überhaupt einen Überblick zu gewinnen, bleibt daher nichts übrig, als verschieden alte Zeugen zusammen zu betrachten. Hierzu kommt, daß wir über die vorzeitliche Land- und Meerverteilung, die eine wichtige Grundlage aller Klimabetrachtungen bilden muß, nur ungenügend unterrichtet sind.

Wenn wir so die einzelnen Zeitabschnitte nacheinander darstellen, dann ergibt sich mit aller Deutlichkeit, wie lückenhaft unsere Kenntnisse noch sind, und daß es sich dabei um meist noch ganz unvollkommene Versuche handelt. Je weiter wir in der Erdgeschichte rückwärts gehen, um so unsicherer wird das Bild.

Wichtig sind Übersichten der *regionalen Paläoklimatologie;* denn sie erfassen die regionale geologische Literatur viel gründlicher, als das ein Außenstehender kann. Aber leider gibt es davon nur wenige. Ausnahmen bilden u. a. die USSR (*Sinitzin, Strakhov* u. a.), Nordamerika (freilich veraltet: *Ruedemann* 1939), Australien und Neuseeland (in *D. A. Brown* et al. 1968), Südamerika (*Volkheimer*).

Weitere Literatur: Lehrbücher der Stratigraphie (*Brinkmann* 1966 u. a.).

# XIII. Präkambrium

> O, ich kenne Sie: wenn Sie von der Er-
> schaffung der Welt zu sprechen beginnen,
> die Haare stehen einem zu Berge.
> Der Polizeimeister in *N*. *Gogol*, Der Re-
> visor, I. 1 (1836)

**70. Gliederung.** Das Präkambrium ist wohl mindestens 7 mal
länger als der Zeitabschnitt von Kambrium bis heute ($>$ 3500: ca.
550 Mill. J.). Aber es gibt — abgesehen vom jüngsten Präkambrium — sehr wenig konkrete Klimazeugen. Wir sind daher zu
einem großen Teil auf theoretische Überlegungen angewiesen.
Die Gliederung des Präkambriums ist nicht einheitlich. Die Tab. 14
lehnt sich an *Cloud* u. a. an.

**71. Die Entwicklung der Ur-Atmosphäre und die primordiale
Klimageschichte der Erde.** Man nimmt heute an, daß sich während des Präkambriums aus einer reduzierenden Ur-Atmosphäre
die heutige Lufthülle der Erde entwickelte. Sie war u. a. *zunächst*

*Tabelle 14* Stratigraphische und paläoklimatologische Gliederung des
Präkambriums

| Ma | *Kambrium* | | | ↑ |
|---|---|---|---|---|
| 550—600 | | | | Moderne Klima-geschichte |
| | | | Jung-proterozoische Vereisungen ca. 800 Stromatolithen-kalke usw. Älteste redbeds | |
| | Jüng. Prä-kambrium | Jung-Pro-terozoikum | | |
| 1800—2100 | | | | |
| | Mittl. Prä-kambrium | Alt-Pro-terozoikum | Huronische Eiszeit | |
| 2400—2700 | | | | |
| | Ält. Prä-kambrium | Archaikum | | Primor-diale Klima-geschichte |
| $>$ 3500 | | | | |

Bei *Salop* (1968) ist das Jung-Proterozoikum unterteilt in Meso-, Neo-
und Epi-Proterozoikum. Das Epi-Proterozoikum umfaßt die jungproterozoischen Vereisungen. *Keller* et al. (1968) gliedern das Jung-Proterozoikum in Unter-, Mittel- und Ober-Ripheum und (675—560 Ma)
Vend (mit den Vereisungen). — Vgl. auch *Rankama* (1970)

*reich an CO₂ und ohne O.* Erst vor 3000 Mill. J. stieg der O-Gehalt an, und damit konnte sich auch Ozon bilden. Die Wirkung eines kräftigen Ozon-Gürtels, der die für Organismen gefährliche Ultraviolett-Strahlung abschirmte, machte sich freilich erst viel später (kurz vor dem Kambrium) bemerkbar. Umgekehrt sank inzwischen der ursprünglich hohe $CO_2$-Gehalt der Atmosphäre ab und erreichte vielleicht vor 1000 Mill. J. ungefähr seinen heutigen Wert (*Cloud, Rutten, Schidlowski* u. a.).

Das erklärt manche Eigenarten der präkambrischen Sedimentation; erst im späten Präkambrium stellen sich „normale" Sedimente ein. Das muß aber auch erhebliche klimatische Folgerungen gehabt haben. Der zuerst — gegenüber heute — extrem hohe $CO_2$-Gehalt muß wohl, ähnlich wie auf der heutigen Venus, zu einem *heißen Klima* geführt haben. Aber im Gegensatz zur Venus hatten sich auf der Erde „infolge der optimalen Sonnendistanz Oberflächentemperaturen eingestellt, bei denen die Kondensation des ausgegasten Wasserdampfes und die Bildung einer Hydrosphäre möglich war, die in der Folge fast den gesamten Kohlendioxidanteil der Atmosphäre aufnehmen konnte. Ein Planet wie die Venus, der in seinem Frühstadium die Bildung einer Hydrosphäre infolge zu hoher Oberflächentemperaturen verpaßt hatte, konnte den zunehmenden $CO_2$-Gehalt nicht entsprechend abpuffern und wurde von der Glashauswirkung der eigenen Atmosphäre thermisch überrollt (‚runaway greenhouse effect', *Rasool* & *de Bergh,* 1970)" (*Schidlowski* 1971).

Auf die fundamentale Bedeutung der *Hydrosphäre* kommen wir später (bei den Klimahypothesen, XXIX) noch einmal zu sprechen. Die Klimaverhältnisse der Erde waren jedenfalls anfangs völlig anders als jetzt, ohne daß wir allerdings direkte Beweise dafür haben. Wir können die Entwicklung dieser Klimaverhältnisse im älteren Präkambrium — an die Bezeichnung Ur- oder Primordial-Atmosphäre anknüpfend — als Ur- oder *primordiale Klimageschichte* bezeichnen. Ganz am Anfang kann dabei auch die Eigenwärme der Erde noch eine maßgebliche Rolle gespielt haben (vgl. *Windley* 1973).

**72. Beginn der modernen Klimageschichte der Erde.** Erst mit einer halbwegs „normalen" Atmosphäre waren heutige Temperaturen möglich und damit schließlich auch *Frosttemperaturen,* d. h. Eisbildung. Das mag vor spätestens ca. 2000 Mill. J. der Fall gewesen sein. In dieser Zeit begann also die moderne Klimageschichte der Erde, oder anders ausgedrückt — um ein Ergebnis unserer Schlußbetrachtungen (167, 171) vorwegzunehmen — die Zeit relativer Klimakonstanz (Abb. 98).

Wir können diese Klimageschichte allerdings erst seit dem Kambrium einigermaßen rekonstruieren und nicht schon seit ihren (hypothetischen) Anfängen im mittleren Präkambrium, weil aus den ganz alten, vielfach metamorphen und abgetragenen, weitgehend fossilfreien Schichten zu wenig Klimazeugen vorliegen; diese Zeugen können zudem ihr genaues Alter nicht angeben.

**73. Nichtglaziale Klimazeugen des Präkambriums.** Außer den weitverbreiteten „Moränen" des Präkambriums sind nur wenig andere Klimazeugen zu erwähnen. Ihre genaue stratigraphische Korrelation ist zudem schwierig oder unmöglich.

Im jüngeren Proterozoikum sind *Kalke und Dolomite* verbreitet (aber offenbar schon lange vorher — vielleicht seit über 2700 Mill. J. — vereinzelt vorhanden). Sie enthalten häufig Algenreste (Stromatolithen), auch in Form kleiner Riffe, z. B. in der amerikanischen Belt-Formation (*Fenton* & *Fenton* 1957; auch *Cloud, Glaessner, P. Hoffmann* u. a.). Sie erreichen manchmal einige 100 m Mächtigkeit und treten (weniger mächtig) öfters über oder unter jungproterozoischen „Tilliten" oder glazial-marinen Sedimenten auf. Soweit es sich in solchen Fällen um *gering*mächtige Kalklagen handelt, wird man nicht gleich an ausgesprochen warmes Klima denken müssen; denn auch in kühlen Meeren und in rezenten Seen der pleistozänen Vereisungsgebiete setzt sich Kalk ab. Die Profile zeigen also nicht einen Wechsel von glazialen und sehr warmen, sondern zwischen glazialen und „etwas wärmeren" (d. h. nichtglazialen) Verhältnissen an. Mächtigere Stromatolithen-Kalke dagegen muß man — wie bei entsprechenden Ablagerungen in später Zeit — als Zeugen warmen Klimas betrachten. (Die — nicht recht plausible — Idee, daß durch einen „anti-greenhouse effect" Zusammenhänge zwischen Kalkablagerung und jungproterozoischen Vereisungen bestehen, hat *J. D. Roberts* 1971 zur Diskussion gestellt.)

Seit fast 2000 Mill. J. gibt es auch *Rotsedimente*, am meisten im oberen Proterozoikum und auch da nicht sehr häufig (Tor-

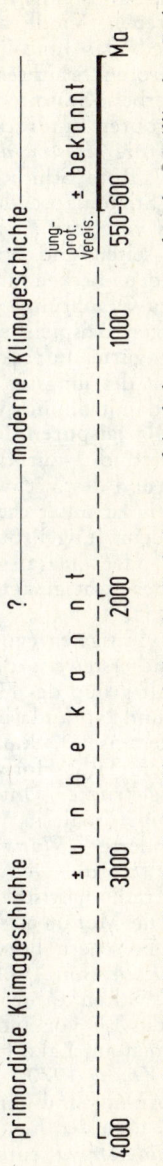

Abb. 98 Nur ein kleiner Bruchteil der Klimageschichte der Erde ist ungefähr bekannt: von mehr als 4 Milliarden Erdgeschichte nur ca. 700 Millionen Jahre

ridon-Sandstein in Schottland, Dala- und Jotnischer Sandstein in Schweden, Vindhyan in Vorderindien u. a.) *Cloud* läßt mit den redbeds das Jung-Proterozoikum beginnen.

Die roten Schichten mögen warmes Klima anzeigen. Die roten Waterberg-Schichten in Transvaal (ca. 1800 Mill. J.) zeigen Regentropfen-Eindrücke (vgl. Taf. 5 in *Truswell* 1970). Das sind wohl die *ältesten direkt überlieferten Spuren von Regen auf der Erde!* Rote Schichten im westafrikanischen Jung-Proterozoikum (mit Steinsalzpseudomorphosen) hat *Trompette* mit der deutschen Trias verglichen.

Sehr selten sind präkambrische *Salze* (Sibirien; in Australien im Amadeus-Becken und, mindestens 350 m mächtig, in der Ooraminna-Ölbohrung; „Salzkristalle" in der Belt-Formation). Diese wenigen Beispiele präkambrischer Klimazeugen reichen nicht aus, Klimagürtel zu rekonstruieren. Sie deuten lediglich an, daß das Klima des jüngsten Proterozoikums ähnlich dem phanerozoischen und damit ähnlich dem heutigen Klima gewesen ist.

**74. Glazialspuren des älteren Präkambriums.** Je weiter wir in der Erdgeschichte zurückgehen, desto lückenhafter wird die Überlieferung und desto schwieriger wird es, zwischen Tilliten und Pseudotilliten zu unterscheiden. Aus dem „älteren" Präkambrium (d. h. vor dem Jung-Proterozoikum) sind daher nur ganz wenige glaziale oder glazial-verdächtige Vorkommen zu erwähnen. Damit ist aber nicht gesagt, daß tatsächlich so wenig Moränen abgelagert wurden.

Am wichtigsten (vor allem wegen ihres hohen Alters) und relativ am sichersten ist die nordamerikanische *Gowganda-Serie* in der Cobalt group des Huron. Sie läßt sich vom Lake Huron über Cobalt und Noranda bis zum Lake Chibougama verfolgen, d. h. über mindestens 800 km. Sie ist mehrere 100 m mächtig und enthält mehrere Tillit-Horizonte (Abb. 17). Gekritzte Geschiebe (Abb. 99) und gekritzter Untergrund wurden beobachtet; ebenso kommen z. B. in Cobalt in Verbindung mit den Diamiktiten ausgezeichnet gebänderte „Warwen-Schiefer" vor (Abb. 85). *Coleman* hielt diese „*Huronische Eiszeit*" für eine der großen Eiszeiten der Erde. Nach radiometrischen Daten ist das Huron ca. 2000—2500 Mill. J. alt. Die Moränen-Natur des Gowganda-Diamiktits ist von manchen Forschern bezweifelt worden (*Winterer,* vgl. *Crowell* 1957 und *Robertson* 1971), aber andere (*Lindsey* 1969, *Lindsay* et al. 1970) halten an der glazialen Entstehung fest. *Lindsey* nimmt an, daß das Eis von Norden kam (so auch *Casshyap* 1969). Die Vorkommen am Lake Huron deutet er (1971) als glazial-marin. (Vgl. auch *Young* 1970.) Andere „Tillite" des nordamerikanischen Präkambriums sind ihrer Entstehung nach und stratigraphisch umstritten, so der Fleur-de-Lys-Diamiktit in Neufundland (vgl. 75). In *Süd-Afrika* enthält die Witwatersrand-Formation tillit-ähnliche Sedimente. Ihre berühmten goldführenden Konglomerate werden als fluvio-glazial angesehen, ihre pyrit-uraninit-führenden Seifen als Beweis für eine weitgehend O-freie Atmosphäre (vgl. zuletzt *Schidlowski* 1971). Das Alter entspricht ungefähr dem Huron.

*Abb. 99*   Huronischer Tillit mit gekritztem Geschiebe. Cobalt Series, Kekeko Lake (Quebec). Nach *M. E. Wilson*, 1939

Etwas jünger, aber doch immerhin wohl 1900 Ma alt (Transvaal-System) sind die geringmächtigen, aber weitverbreiteten Griquatown-„Tillite" (mit gekritzten Geschieben; Abb. in Du Toit 1954, Fig. 25) und — in Transvaal — der Daspoort-Tillit.
Einige Diamiktite des älteren Präkambriums aus Russ. Asien finden sich in einer Zusammenstellung von *Chumakov* (1965).

## Die jungproterozoischen Vereisungen

**75. Allgemeines.** Fast das ganze, lange Präkambrium enthält, wie wir sahen, viel zu wenig Hinweise auf das Klima. Nur am Ende, etwa 200 Mill. Jahre vor dem Kambrium, erscheint plötzlich eine große Anzahl von Klimazeugen in Form von Tilliten. Man könnte auch sagen: eine *zu* große Anzahl; denn weniger könnte man leichter erklären. So aber entsteht ein zusätzliches Problem. Man hat diesen tillit-reichen Zeitabschnitt, der dem trilobiten-führenden Kambrium und damit dem Phanerozoikum vorangeht, als *Eokambrium* (*Broegger*), Infrakambrium (*Menchikoff, Pruvost*) oder (in Rußland) als Vend (= ob. Ripheum) bezeichnet und entsprechend z. B. von der eokambrischen Eiszeit gesprochen. Aber wahrscheinlich repräsentieren die Tillite gar keinen scharf begrenzten, relativ kurzen Zeitabschnitt, sondern einen längeren Zeitraum kühlen Klimas (von *Chumakov* — nicht sehr treffend — auch als „Afrikanische Glazialära" bezeichnet). Nach neueren Datierungen umfaßt er eine viel längere Zeitspanne als das Kambrium selbst. Aus diesen Gründen muß man vor allem von der (an sich einprägsamen) Bezeichnung Eokambrium („Morgenröte des Kambriums") abgehen und — weniger scharf präzisiert — von *jungproterozoischen Vereisungen* sprechen. Bei *Salop* (1968) charakterisieren sie das Epi-Proterozoikum (und das Eokambrium ist bei ihm ein Zeitabschnitt *zwischen* Kambrium und den Tilliten!) Zur Nomenklatur vgl. auch *Rankama* (1970).

**76. Vorkommen.** Die jungproterozoischen Diamiktite sind *stratigraphisch und genetisch größtenteils wenig sicher*. Auf den Karten ihrer Verbreitung sind daher notgedrungen auch zweifelhafte Vorkommen mit eingetragen. Das gilt auch für die Abb. 106. Doch ist dort unterschieden zwischen einigermaßen sicheren Tilliten und der großen Zahl sonstiger Diamiktite. Nur über die wichtigeren (und einige weniger wichtige, aber neue) Vorkommen sind im folgenden einige Angaben (mit neueren Literatur-Zitaten) gemacht. Eine Karte der zahlreichen übrigen Fundpunkte wurde schon früher gegeben (*Schwarzbach* 1961); ähnliche Karten veröffentlichten später *Cahen* (1963), *Harland* (1964) und *Chumakov* (1964).

In der folgenden Liste bedeutet: = geschrammter Untergrund, // geschrammte Geschiebe.

**Nord- und Mitteleuropa**

*Skandinavisches Hochgebirge und Fischer-Halbinsel* (*Føyn* u. a., zuletzt *Asklund* 1960, O. *Holtedahl* 1961, *Keller* & *Sokolov* 1960, *Reading* & *Walter* 1966, *Spjeldnes* 1964, *Welin* 1971). = //. Über 1400 km zu verfolgen: vom Mjoesen-See (Moelv-Tillit, Abb. 100) über eine Reihe von Fundpunkten am schwedischen E-Rand der Kaledoniden bis zum Tana- und Varangerfjord und weiter zur Fischer-Halbinsel (N Murmansk). Die Tillite liegen z. T. auf kristallinem Grundgebirge (Sito in N-Schweden, Bossekop N-Norwegen, Fristad S-Norwegen, z. T. auf der Sparagmit-Serie (Långmarkberg, Moelv), z. T. auf einer Dolomit-Serie des obersten Präkambriums (Varanger, Abb. 101; Fischer-Halbinsel). Im Hangenden folgt kambrische Fauna. Gekritzte Geschiebe sind nicht häufig. Die Tillit-Mächtigkeit ist gering (meist etwa 10 m). *Welin* hält die Ablagerungen am Kaledoniden-Rand für lakustrische Moräne (Aquatillit), also keine normale Grundmoräne. Dazu paßt die Deutung *v. Gaertners* für den vielerwähnten geschrammten Untergrund bei Bigganjarga am Varangerfjord (entdeckt 1891 von *H. Reusch*): ein gestrandeter Eisberg habe die Schrammung verursacht (weil die Schrammen anders verlaufen als die

*Abb. 100* Moelv-Tillit. „Eokambrium", Mjösen-See (Süd-Norwegen). Fot. *M. Schwarzbach*

Einregelung der Geschiebe im Tillit; doch ist diese Begründung nicht unbedingt notwendig). Dieser Fundpunkt veranlaßte die Bezeichnung *Varanger-Vereisung* (*Kulling;* neuerdings *Chumakov:* Lappländische Glazial-Epoche). Der Ursprung der Gletscher wird in einem Hochgebiet im Bereich des Baltischen Schildes vermutet, also östlich oder nordöstlich von den zentralen Kaledoniden. Überliefert wäre also nur das tiefgelegene Randgebiet dieses Inlandeises.
Am Tanafjord sind 2 Tillite ausgebildet. Ein Schiefer zwischen ihnen ergab ein Rb/Sr-Alter von 665 ± 10 Ma *(Pringle).*
*Chumakov* (1971) gab eine Rekonstruktion des „Lappländischen Inlandeises", zu dem er auch die Vorkommen der Russischen Tafel rechnet (Abb. 102; vgl. auch die Karte in *Chumakov* & *Cailleux* 1971 mit zusätzlicher Darstellung „periglazialer Äolisation").
*Schottisches Hochgebirge (Schichallion)* — *Hebriden (Islay)* — *NW-Irland* (*J. G. C. Anderson, Elwell, Sutton* & *Watson,* zuletzt *Spencer* 1971). Die Vorkommen erstrecken sich verstreut über 350 km; gute Aufschlüsse auf der Insel Islay (Port Askaig) und den kleinen felsigen Garvellachs. Die Port Askaig-Tillit-Serie von 750 m enthält (nach *Spencer*) 47 Diamiktite, auch Dropstein-Schiefer und Sandsteinkeile (= Eiskeil-Pseudomorphosen?). *Spencer* nimmt mindestens 17 Eisvorstöße an. Die Diamiktite liegen zwischen einer Kalk- und einer Dolomit-Serie. Die Schichten gehören ins tiefere Dalradian; der Ob. Dolomit gab ein Rb/Sr-Alter von 572 Ma *(Leggo* & *Pidgeon).*
*Normandie (Graindor* 1957, *Dangeard* 1964). //. *Winterer* (1964): „The climate could have been anything from tropical to glacial", d. h. der Diamiktit *kann,* muß aber nicht glazial sein. Die Nähe der schottischen

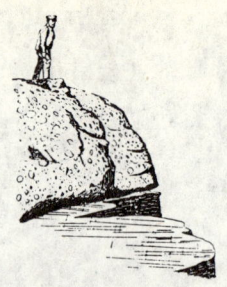

*Abb. 101*   Tillit des „Eokambriums" mit geschrammtem Untergrund. Bigganjarga, Varanger-Fjord (Nord-Norwegen). — Oben: Zeichnung von *H. Reusch,* 1890. Aus *Holtedahl* et al., 1960. — Unten: Foto aus *v. Gaertner,* 1943

Vorkommen läßt jedoch ohne weiteres an glaziale Entstehung denken. *Eisengebirge* (Železné Hory, Böhmen; *Fiala & Svoboda* 1956). Sehr unsicher.

### Arktis

*Spitzbergen und Nordostland (Kulling, Harland, Spjeldnes* 1964, *Wilson & Harland* 1964). //.
*Ost-Grönland* (zwischen 72—74°N; *Poulsen* u. a., *Katz; Spencer* 1971). //.
Die Schichtenfolge ist bei Kap Oswald:
Unter-Kambrium

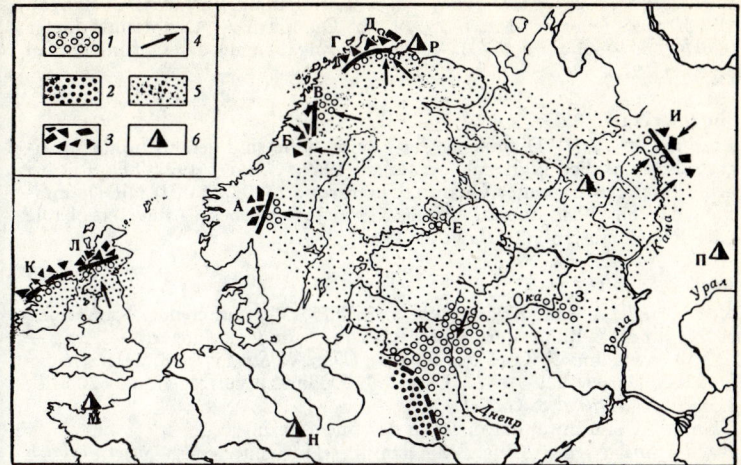

*Abb. 102*  Jungproterozoische Vereisung in Europa. 1 kontinentales Glazial, 2 Periglazial, 3 marines Glazial, 4 Gletscherströmung, 5 vermutliche
Ausdehnung des Inlandeises, 6 tillit-ähnliche Gesteine. Die Buchstaben bezeichnen Fundpunkte. Aus *Chumakov,* 1971

Sandstein, Schiefer (mit Steinsalz-Pseudomorphosen), Dolomit, ca. 400 m
Ob. Tillit-Serie, 150 m, mit viel Granitgeschieben
Schiefer, 150 m
Unt. Tillit-Serie, 100 m, mit viel Dolomitgeschieben
Kalke, Dolomite (mit Stromatolithen), bunte Schiefer, Sandsteine, 4000 m
(ob. Eleonore Bay-Gruppe)
*Fränkl* (1953) bezweifelte die glaziale Deutung der Tillite. — Am Sco-
resby-Sund folgt 12 000 m tiefer, an der Basis der Eleonore group, der
Gnejssö-„Tillit".
*Nord-Grönland* (Peary-Land; *Troelsen* 1956, *Jepsen* 1971. //. Am Jör-
gen-Brönlund-Fjord liegen übereinander: klastisches älteres Präkambrium,
45 m Tillite, 25 m (und bald darauf noch einmal 200 m) Dolomite (mit
Stromatolithen), schließlich Unter-Kambrium mit Trilobiten. Das liegende
der Tillite ist nicht geschrammt, bildet aber z. T. Rundhöcker.

### Nordamerika

*Neufundland (Church* 1969, *Harland* 1969). Fleur de Lys-Diamiktit. Ge-
nese und Alter nicht sicher, nach *Harland* vielleicht dem Gnejssö-Tillit
(E-Grönland) vergleichbar. Vgl. auch *M. Anderson* 1973.
*S-Ufer des Oberen Sees* (L'Anse, Michigan, *Murray* 1956). Nur = (von
*Gussow* 1956 durch scheuerndes Küsten-Eis erklärt).
*Yukon Territory* (Bonnet Plume River, *Ziegler* 1959). 600—700 m Ge-
röllton auf 17 km², Gerölle meist Quarzite. //.
*SE-Brit. Columbia, NW-Idaho, NE-Washington.* (Toby conglomerate,
*Aalto* 1971).
*Utah* (Great Salt Lake, Wasatch Mts., Deep Creek Range, zuletzt *Misch*

& *Hazzard* 1962, *Condie* 1967). //; z. T. Rutschmassen (Wasatch Range).
*SW-Mexico* (Florida Mts.). //. 12 m Diamiktit + Dropstein-Schiefer
(*Corbitt* & *Woodward* 1973). — Weitere Angaben aus den Cordilleren bei
*Stewart* 1972.

## Südamerika

*Brasilien.* = // (?). Diamiktite der Lavras-Serie sind genetisch und stratigraphisch unsicher (vgl. zuletzt *Maack* 1969, *Grabert* 1972). Doch wird
neuerdings geschrammter Quarzit-Untergrund (180 000 m²!) mit Diamiktiten darüber von Jequitai (Minas Gerais) angegeben; Alter: "probable
Late Pre-Cambrian" (*Isotta* et al. 1969).

## Afrika

*Nord-Afrika* a. Anti-Atlas (*Hupé* 1958). 15 000 m unter dem Kambrium,
b. N- und W-Rand der Syneklise von Taoudeni (Tagant — Atar —
Eglab) sowie am W-Rand des Hoggar (*Dars* & *Sougy* 1958, zuletzt *Biju-
Duval* & *Gariel* 1969). = //. Über > 2000 km zu verfolgen; ca. 620 Mill.
J. nach *Biju-Duval* & *Gariel.*
*Ghana.* 2 Diamiktite (der obere in der Buem-Serie)
*Angola und Nieder-Kongo.* 2 Diamiktit-Horizonte, nach *Schermerhorn*
& *Stanton* (1963) nicht glazial. Die Parallelisierung mit Katanga ist un-
sicher. *Cahen* (1963) korreliert den oberen Diamiktit mit dem „Grand
conglomérat".
*Kongo-Becken* (Katanga-Zambia; *Cahen* 1958, 1963, *Cahen* & *Lepersonne*
1956, Lex. Strat., und 1967, *Binda* & *v. Eden* 1972). //. Bis 500 m „Tillit"-
Serie in der Kundelungu-Formation, mit 2 „Tilliten" („Grand conglomérat", nach *Binda* & *v. Eden* glazial-marin; darüber gelegentlich „Petit
conglomérat"), jünger als 710 Ma.
*Südwest-Afrika* (zuletzt *H. Martin* 1965, *Kröner* 1971, *Kröner* & *Rankama* 1972). = (Kl. Karasberge, *Schwellnus* 1941. Nach *H. Martin* und
*Kröner* & *Rankama* nicht durch Gletscher, sondern durch treibendes Eis
geschrammt). //. Am W- und N-Rand der Nama-Plattform sind Diamiktite über 800 km zu verfolgen, vom Oranje bis zum Kunene River. Z. T.
sind sie anscheinend gleichalt, aber in verschiedenen Faziesbereichen gebildet (einerseits im Übergangsbereich zwischen stabilem Vorland und Geosynklinale, andererseits in der Damara-Geosynklinale). Nach *Kröner* &
*Rankama* repräsentieren sie außerdem zwei verschiedene Epochen, nämlich Prä-Nama- bzw. Prä-Damara-Vereisungen (Numees u. a., ca. 720 bis
700 Ma) und Nama- bzw. Damara-Vereisungen (Chuos u. a., 650 Ma?).
Über den „Tilliten" Quarzite mit *Ediacara*-Fauna. — Das letzte Wort
über die stratigraphische Stellung ist offenbar noch nicht gesprochen.

## Australien

Vgl. besonders *David-Browne* 1950, *Noakes* 1956, *Brown* et al. 1963,
*Dunn* et al. 1971. Das Jung-Proterozoikum wird in Australien als
Adelaide-System bezeichnet.
a. *Süd-Australien* (*Bowes* 1954, *Glaessner* & *Parkin* 1958, *Glaessner* 1971,
*Mirams* 1964). = (W Lake Frome, *Mirams*; nach *Daily* et al. tektonische
Schrammung!). // (Abb. 103). Diamiktit-Serie in der Flinders Range
fast 6000 m (wohl glazial-marine, geosynklinale Ablagerung, Abb. 104)
und über 500 km zu verfolgen. Bei Adelaide 2 Tillit-Horizonte (Sturt-

*Tabelle 14 a*   Übersicht der australischen Vereisungen (vgl. Abb. 105)

|  | Kambrium | Ma |  |
|---|---|---|---|
|  |  | 570 |  |
| Ade-lai-dean |  | 650 |  |
|  | Marionan-(Egan-)Vereisung |  |  |
|  | ............................................... | 700 |  |
|  |  | 740 | (späte Phase) |
|  | Sturt-(Moonlight-)Vereisung | 750 | (frühe Phase) |
|  | ─────────────────── | 750 | Sturt Marker (ein Granit-Konglomerat an der Basis der glazigenen Serie des Mt. Painter, S-Austral.) |

und darüber Marinoan-[Elatina-]Tillit; zwischen beiden eine Kalk-Serie). Von *Ediacara*-Fauna und Kambrium überlagert.

*Abb. 103*   Gekritztes Geschiebe aus jungproterozoischem Tillit. Adelaide. Nach *David* aus *Kayser*'s Lehrbuch der Geologie, 1923

*b. Zentral-Australien* (meist North. Territ.). Zahlreiche Vorkommen im Amadeus-Becken (//; mit 2 Tilliten, durch 1200 m Schiefer und Kalk getrennt; Rb/Sr-Alter der Schiefer 790 und 735 Ma), Ngalia-Becken (//; mit dem ob. Tillit anderer Gebiete parallelisiert), Georgina-Becken (//; die Tillit-Serie am Mt. Cornish — an der Grenze gegen Queensland — enthält mehrere Diamiktit-Bänke; unter dem untersten Diamiktit tektonische Schrammung, vgl. *Schwarzbach* 1964).

*c. Kimberley-Region* (NW-Australien, „Walsh-Tillit", Moonlight Valley-Vereisung; *Dow* 1965, *Perry* & *Roberts* 1968). = //. In dem ausgedehnten Gebiet (> 500 km) 19 Vorkommen von schönem geschrammten Untergrund. 2 Tillit-Horizonte, durch 1000 m Schiefer und Siltstein getrennt. Nach Rb/Sr-Altersbestimmungen ist der untere Tillit ca. 750, der obere ca. 670 Ma alt (*Dunn* et al.).

*d. Tasmanien und King Island.* (*Banks* 1962, *Carey* 1947, *Campana* & *King* 1958, *Schwarzbach* 1966). Der alters-unsichere Zeehan-Tillit wird jetzt als Perm betrachtet. — 30 m mächtige Diamiktite (vielleicht Jung-Proterozoikum) auf King Island (in der Bass-Straße) sind nach eigener Beobachtung wohl eher Pseudo-Tillite (dagegen *Dunn* et al.: „apparently a genuine tillite").

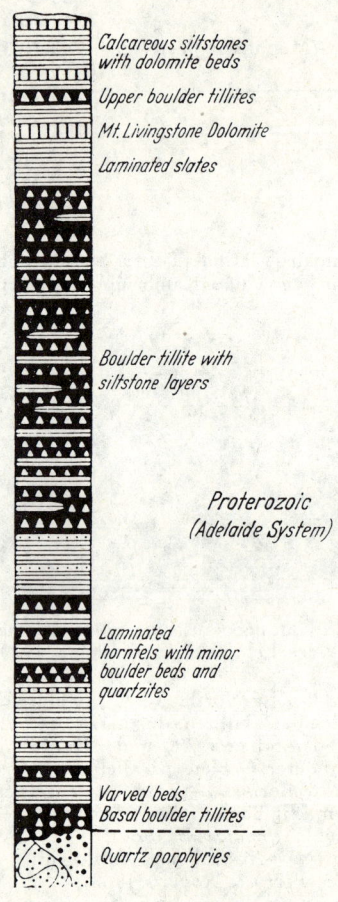

Calcareous siltstones with dolomite beds

Upper boulder tillites

Mt. Livingstone Dolomite

Laminated slates

Boulder tillite with siltstone layers

Proterozoic (Adelaide System)

Laminated hornfels with minor boulder beds and quartzites

Varved beds
Basal boulder tillites

Quartz porphyries

*Abb. 104*    Profil einer jungproterozoischen Tillit-Serie in Australien. Mt. Fitton (nördliche Flinders Range). Profil-Höhe 7500 m. Vielleicht glazialmarines Sediment. Nach *Glaessner* und *Parkin*, 1958

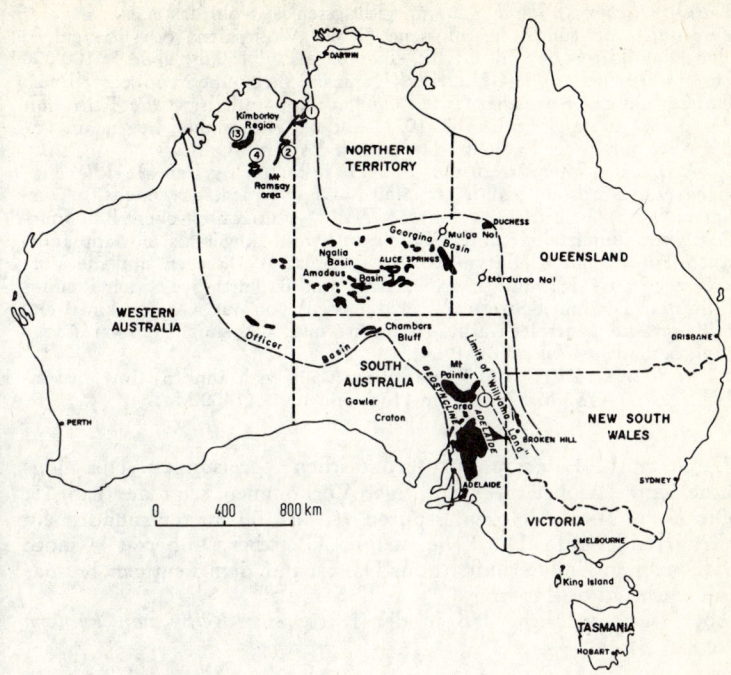

*Abb. 105*  Verbreitung der jungproterozoischen Tillite in Australien. ④
Zahl der Vorkommen von geschrammten Untergrund. ⌀ Öl-Bohrungen
mit Tilliten. Aus *Dunn* et al., 1971

### Indien — China

*Vorderindien (Ahmad* 1962) //. Konglomeratische Lagen in den Vind-
hyan-Schichten; Alter und Entstehung unsicher (nach *Crawford* &
*Compston* 1970 ganz zweifelhaft).
*China (Wang* 1955, *Schüller* & *Ying* 1959).
a. Nantung u. (weit verbreitet) S-China. //. Bei Nantung 35 m, im S bis
400 m mächtig. Bei Nantung folgt unterkambrische *Redlichia*-Fauna; als
Alter der Tillite gibt *Saito* (nach *Dunn* et al.) 600 Ma an (für andere
„Tillite" in China: 950, 750, 650 u. 570 Ma).
b. Öst. Tienshan (NE-Rand des Tarim-Beckens, *Norin* 1941). //. Darüber Ober-Kambrium.

### Russ. Asien und Russ. Tafel

Vgl. besonders *Chumakov* 1964, 1971, *Lungershausen* 1960, *Salop* 1968,
*Schatzky* 1958. Zahlreiche Vorkommen zwischen Weißrußland und Lena
(Abb. 106). Nach *Chumakov* und *anderen* z. T. Pseudotillite. Im wesent-
lichen 3 Regionen mit Diamiktiten:

*a. Europäisches Rußland. //.* Am wichtigsten ist wohl das erst in neuerer Zeit durch Bohrungen erschlossene Gebiet Wolhyniens (Orscha-Senke); eine Diamiktit-Serie (mit „Tillit"-Bänken bis zu 150 m) über > 100 000 km² nachgewiesen. Die Geschiebe (Granit usw.) stammen von kristallinem Untergrund der Russischen Tafel. *Chumakov* parallelisiert die Tillite mit denen in Lappland (vgl. Abb. 102). Andere Vorkommen liegen am Ladoga-See und in der Pachelma-Depression des Mittl. Urals.

*b. Mittl. Asien und Kasachstan.* Einige Vorkommen gelten als sicher glazigen (//, Dropsteine, auch "striated but not typical pavements"). Darunter liegen Granite (720 Ma). 2 „Tillit"-Horizonte: oben Baikonur-Diamiktit (unmittelbar unter Kambrium; wohl jünger als die lappländischen Tillite), unten Djatym-Tou (= Lappland). Dagegen sind die Vorkommen im Gr. Karatau (zwischen Aral- und Balkasch-See) sicher Pseudotillite: ein Diamiktit-Streifen (Rutschmassen) von nur wenigen km Breite begleitet die zentrale Karatau-Längsstörung auf einige 100 km Länge (vgl. besonders *Chumakov* 1964).

*c. Ost-Sibirien.* Z. T. wohl Pseudotillite (wildflysch-ähnlich). Im Jenessei-Gebirge 700—750 Ma, im Patom-Hochland 1000—1400 Ma.

## 77. Gesamtbild der jungproterozoischen Vereisungen.

Die mögliche Korrelation einiger wichtiger Vorkommen zeigt die Tab. 15. Die *Karte* aller „Vereisungsspuren" (Abb. 106) bietet zunächst ein verwirrendes Bild. Die Erde ist mit „Gletschern" übersät — noch viel mehr als im Permokarbon. Das ist mit dem heutigen Klimabild nicht zu erklären.

Aber es ist möglich, daß in der Karte *eine Reihe von Fehlern* steckt.

*Tabelle 15*    Korrelation einiger jungproterozoischer „Tillite"

| Alter (Ma) | Europa | Arktis | W-Sahara | Katanga |
|---|---|---|---|---|
| ca. 650 (z. T. jünger?) | Norwegen, Islay, Russ. Tafel u. a. | Grönland (Kap Oswald, Peary-Ld.) | Atar usw. | Petit conglomérat (?) |
| ca. 750 | | | | Grand conglomérat (?) |

| Alter (Ma) | SW-Afrika | Australien | China |
|---|---|---|---|
| ca. 650 (z. T. jünger?) | Numees, Chuos, Otavi | Marionan | Nantung |
| ca. 750 | | Sturt u. Moonlight | |

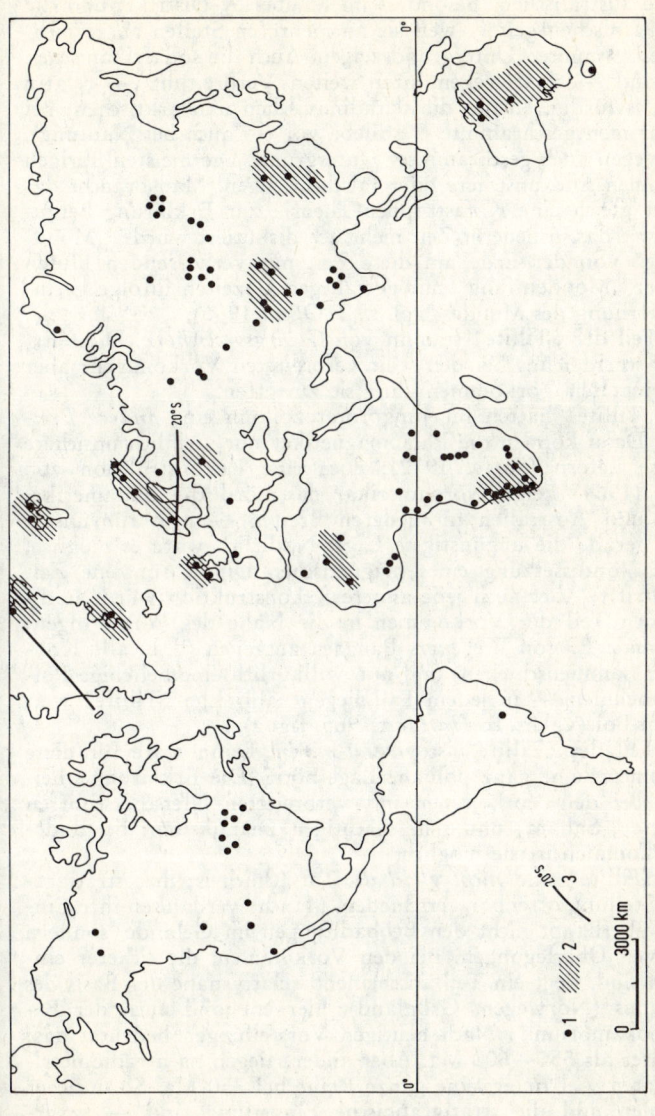

*Abb. 106* Weltkarte der jungproterozoischen „Vereisungsspuren". 1 Diamiktite (nur z. T. Tillite!) nach *Chumakov* 1964 (ein wenig geändert). 2 relativ sichere Tillite. 3 paläomagnetische Breite für den jeweiligen Kontinent (nach *Irving* 1964)

1. Ein Teil der Diamiktite ist *gar nicht glazigen*. Das kann man als sehr wahrscheinlich annehmen. Als *sicherste* Tillite müssen wohl die australischen (besonders im Kimberley-Distrikt) und die nordafrikanischen gelten, weil sie an mehreren Stellen ausgezeichneten geschrammten Untergrund zeigen. Auch die südafrikanischen Tillite sind — u. a. wegen ihrer weiten Verbreitung — relativ vertrauenswürdig, ebenso die skandinavischen und arktischen; bei allen kommen geschrammte Geschiebe vor (so auch bei Nantung), in Norwegen auch geschrammter Untergrund. Die meisten übrigen Vorkommen sind unsichere oder falsche Zeugen. Man braucht dabei nicht gleich eine Katastrophen-Theorie zur Erklärung herzuziehen, wie das in neuerer Zeit mehrfach diskutiert wurde ("Mondablösung" von der Erde um diese Zeit mit verheerenden Fluten oder aber "Mondeinfang" mit gewaltigen Gezeiten infolge geringer Entfernung des Mondes; vgl. z. B. *Olson* 1966).

2. Ein Teil der "Tillite" stammt von *Gebirgsgletschern*. Diese Erklärung scheidet aus bei den weit verbreiteten Vorkommen; aber bei vereinzelten Vorkommen kann sie zutreffen.

3. Die "Tillite" hatten im Jungproterozoikum eine *andere Breitenlage*. Dazu können die Paläomagnetiker nur ziemlich unsichere Hinweise liefern (*Soffel* 1972); doch eine Rekonstruktion von *Girdler* (1964) zeigt Nordamerika, das nördliche Südamerika, Europa und Australien in niederen Breiten — also für unsere Zwecke gerade die ungünstigste Lage. Natürlich wäre es möglich, daß die Voraussetzung eines magnetischen Dipols für jene Zeit nicht zutrifft. Aber auch jede andere Rekonstruktion würde höchstens einen Teil der Vorkommen in die Nähe des Pols bringen: man kann z. B. von *Wegeners* Pangaea ausgehen (d. h. alle Kontinente zusammenschieben) und nun willkürlich eine beliebige Pol-Lage annehmen — in jedem Fall liegen zahlreiche "Tillite" weit weg vom Pol (vgl. z. B. *Harland* 1965, fig. 2).

4. Ein Teil der "Tillite" ist *glazial-marin*. Dann wäre für diese Vorkommen keine ganz polnahe Lage nötig. Die Erklärung scheidet aus bei den Vorkommen mit verbreiteten Gletscherschliffen (Kimberley, Sahara) und sehr mächtigen Diamiktiten; bei anderen Vorkommen ist sie möglich.

5. Die "Tillite" sind *nicht gleichalt*. Tatsächlich ist ihre stratigraphische Stellung offenbar verschieden. Manche verdanken ihre Einstufung überhaupt nicht den Beobachtungen im Gelände, sondern suggestiven Überlegungen. Bei den Vorkommen, die sicherer einzustufen sind, liegt ein Teil anscheinend relativ nahe der Basis des Kambriums (Norwegen, Grönland), hier entstand auch der Begriff "Eokambrium". Nach heutigen Vorstellungen bedeutet das: etwas älter als 550—600 Ma. Aber andere liegen nach radiometrischen Daten viel tiefer, eine ganze Reihe bei 750 Ma. So unsicher die Zahlen und die stratigraphische Einstufung sind — wahr-

scheinlich handelt es sich *nicht* um *ein einheitliches Eiszeitalter* vom Typ des quartären oder permokarbonischen, sondern um einen längeren Zeitraum von der Größenordnung von vielleicht 200 Mill. J., in dem mehrere Vereisungs-Epochen liegen. Dann könnten einzelne Gebiete *nacheinander* in glaziale Klimaverhältnisse gelangen, z. B. durch kontinentale Drift (vgl. die entsprechende Deutung bei den Gondwana-Vereisungen, Abb. 127). Freilich kann man damit nicht operieren in den Gebieten, wo (wie z. B. in Australien) „ältere" und „jüngere" Tillite zusammen auftreten.

Durch die 5 Hilfsannahmen könnte das verwirrende Gesamtbild etwas einfacher werden. Doch es bleibt zweifelhaft, ob diese Annahmen genügen, und ob nicht noch eine weitere Voraussetzung nötig ist: eine *niedrigere Gesamt-Temperatur der Erde*. Sie brauchte wohl nur wenig unter der Temperatur zu liegen, die in den pleistozänen Glazialzeiten herrschte. Immerhin wäre dann die Zeit des Jung-Proterozoikums durch eine oder mehrere Eiszeiten charakterisiert, die *kälter* als die späteren waren.

Für Klimahypothesen wäre es wichtig zu wissen, ob das *gesamte* jüngere Präkambrium etwas kühler als die Jetztzeit war. Die relative Seltenheit von roten Sedimenten, mächtigen Kalken und Evaporiten, das Vorkommen von Moränen scheint für größere Kälte zu sprechen, für ein vielfach kühl-gemäßigtes Klima. Doch spielt bei der Sedimentation nicht nur das Klima eine Rolle; es müssen auch entsprechende Stoffe ($CaCO_2$, Salze usw.) zur Verfügung stehen. Es ist nicht gesagt, daß das im Präkambrium im gleichen Maß der Fall war wie heute. Wenn die geochemischen Ausgangsbedingungen anders waren als jetzt, muß das im übrigen die Interpretation der Klimazeugen zusätzlich umsomehr erschweren, je weiter wir im Präkambrium zurückgehen.

Jünger als die jüngsten Tillite (aber älter als das trilobiten-führende Unter-Kambrium) ist die *Ediacara*-Fauna (hauptsächlich in Süd-Australien; *Glaessner,* zuletzt 1971). Es ist die älteste bekannte Fauna mit normalen, marinen Metazoen. Kalkschalen besaßen diese Tiere noch nicht.

Weitere Literatur: *Horwitz* (1967), *Grabert* (1973), *Piper* (1973).

# XIV. Das ältere Paläozoikum

> Wo damals die Grenzen der Wissenschaft
> waren, da ist jetzt die Mitte.
> *G. Ch. Lichtenberg* (1742—1799)

**78. Allgemeines und Riffgürtel.** Mit dem Kambrium beginnt die Überlieferung reicher Faunen, und damit treten zu den anorganischen Klimazeugen die organischen — zunächst nur spärlich, später, besonders seit der üppigen Entfaltung der Landpflanzen im Jung-Paläozoikum, in reicherer Zahl. Im ganzen können wir freilich auch über das Klima der altpaläozoischen Zeitabschnitte nicht übermäßig viel sagen, wenn auch viel mehr als über die vorkambrische Zeit.

Kambrium, Ordovizium, Silur und Devon — ein Zeitraum von etwa 200 Mill. Jahren — kann man zusammenfassend betrachten. Er ist zunächst dadurch charakterisiert, daß die Nordkontinente bis in hohe Breiten Anzeichen für warmes und vielfach auch trokkenes Klima aufweisen; der „Riffgürtel" liegt weit nördlich, wie die Karten der Abb. 171 deutlich zeigen. Unter Riffgürtel ist hier wie auch bei den anderen Formationen der Gürtel besonders intensiver Kalksedimentation zu verstehen. — Gegenteilige Angaben vgl. 83 a!

## 79. Kalkgürtel auf der Nord-Halbkugel.

*Kambrium:* die mehrere 100 m mächtigen Kalke (z. T. von Archaeocyathinen aufgebaut) in Schlesien, Sardinien, im Anti-Atlas, oder die geradezu gebirgsbildend auftretenden Vorkommen in den nordamerikanischen Kordilleren (so in Brit. Columbia) bis hin nach Alaska und Grönland; weit verbreitete Kalke und Dolomite in Sibirien.

*Ordovizium:* besonders viel Kalke und Dolomite in Nordamerika (Beckmanstown, Chazy, Trenton) bis nach Grönland hinauf. — Vgl. *Jaanusson* (1973, mit Karte).

*Silur:* die vielfach beschriebenen Korallenriffe der schwedischen Insel Gotland und die besonders weit verbreiteten mittelsilurischen (Niagara-)Riffe im östlichen und nordöstlichen Nordamerika; diese beginnen im Süden in Illinois und Indiana — 4° nördlicher als die heutigen Korallenriffe — und reichen bis 75° n. Br. (Cornwallis Island). „This depicts the most extensive areal spread of reefs in North America during geologic time" *(Lowenstam).* Zum Teil sind die Riffe ergiebige Ölträger. Ähnliche Riffkalke auch im Westen Nordamerikas (Nevada) und im Norden Asiens (Neusibirische Inseln, Werchojansk). An der Wende Silur-Devon Riffe in NW-Pakistan (*Teichert* & *Stauffer* 1965).

*Devon:* mächtige Riffkalke vor allem im mitteleuropäischen Mittel-Devon (Ardennen, Rheinland, Harz), ferner in Nordamerika (Helderberg, Gaspe, Onondaga, eindrucksvolles Luftbild in *Dott* & *Batten* 1971, S. 273). Givet-Bioherms werden noch von 71° N angegeben (Novaja Semlja). In Nord-Afrika gibt es devonische Kalke, doch nicht so mächtig wie in Mittel-Europa. (Riffe vgl. *Elloy* 1972.)

## 80. Kalkgürtel auf der Süd-Halbkugel.

In Australien kambrische Archaeocyathinen-Kalke von z. T. fast 1000 m Mächtigkeit (in Süd-Australien) und über 600 km. Man hat hier gelegentlich Vergleiche mit dem rezenten großen Barrière-Riff an der Ostküste Australiens gezogen. (Dagegen nahm *Öpik* kühles Klima an.) Silurische Korallenriffe von Queensland bis Tasmanien (über mehr als 2500 km!). Mittel- und oberdevonische Riffe in West-Australien (Abb. 107). — Kambrische Kalke in *Antarktika* (Ellsworth Mts., einige 100 m, nach *Craddock*

et al. 1964; am Ross-Eis zwischen Byrd- und Nimrod-Gletscher wird die
Shackleton Limestone-Serie 4000 m dick).
Weitere Literatur: *Cowie* (1971), *Holland* (1971).

**81. Rote Sedimente.** Mächtige Rotsedimente (mit Steinsalz-Pseudomorphosen) gibt es im Kambrium Süd-Australiens.
Im Devon ist besonders das Old Red im Norden Europas, Rußlands und Asiens zu nennen; Netzleisten, Gips und Salz kommen
als Zeugen einer gewissen Aridität in diesen mächtigen Schuttmas-

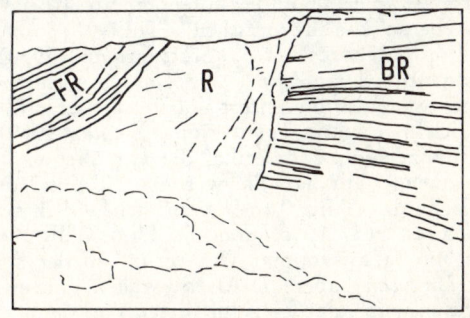

*Abb. 107 a, b*   Oberdevonisches Riff in NW-Australien (Napier Range).
Von links (SSE) nach rechts folgen (nach *P. E. Playford*): schräger Außen-
hang des Riffes (FR, fore-reef), das eigentliche (ungeschichtete) Riff (R)
und die flach lagernden Lagunen-Kalke (BR, back-reef). Fot. *M. Schwarzbach*

sen des kaledonischen Gebirges vor. Im östlichen Nordamerika gehören u. a. die Catskill redbeds dazu, in Ost-Grönland oberdevonische Sandsteine mit den ältesten Tetrapoden. —Devonische Bauxite gibt es im Ural und Spanien.

Die generelle Bindung an den Riffgürtel (aber auch an die aride Zone) ist deutlich.

**82. Evaporit-Gürtel und Windrichtungen.** Eine ausführliche Zusammenstellung der salinaren Sedimente gab *Lotze* (darauf wird auch bei den anderen Formationen immer wieder verwiesen; vgl. auch Abb. 170).

*Vorkommen*

*Kambrium:* Evaporite selten in Europa, Nordamerika, Australien, aber mächtig entwickelt in Sibirien (Jenessei, Lena), Vorderindien („Salt" Range).

*Silur:* Russische Tafel, Sibirien, in den nördlichen USA (Gebiet der großen Seen).

*Devon:* im Süden der Russischen Tafel, im südlichen Kanada.

Auch die salinaren Sedimente begleiten den warmen Gürtel. Für das Silur und Devon nimmt *Strakhov* an, daß die Vorkommen in Nordamerika und Sibirien dem nördlichen Trockengürtel entsprechen, die europäischen der südlichen Trockenzone.

Im Kambrium dagegen könnten auch die USA südlich vom Äquator gelegen haben. Darauf deuten einige paläomagnetische Messungen, und *Seeland* (1969) hat es auf Grund von östlichen bis südöstlichen *Winden* (SE-Passat?) im Kambrium des Gr. Seen-Gebietes vermutet.

**83 a. Glazialspuren außerhalb von Afrika.** Zahlreiche „Tillite" u. ä. sind sicherlich keine glaziale Bildungen. Als Rutschmassen muß man z. B. die ordovizischen „boulder conglomerates" bei Quebec usw. betrachten, ebenso die devonischen „Tillite" *(Schindewolf)* der Mittelmeerinsel Menorca (vgl. *Schwarzbach* 1958). Vgl. ferner den Squantum-Diamiktit (92). Zu den nicht zweifelsfreien „Tilliten" gehören auch die unterpaläozoischen „Gerölltonschiefer" am Snake River (Yukon-Territorium, *Ziegler* 1959) und zahlreiche Vorkommen in Südamerika, die vor allem *Maack* (zuletzt 1969) zusammengestellt hat. Sie werden z. T. ins Vor-Devon gestellt (so die Zapla-„Tillite" in Argentinien und in Bolivien, *Rod* 1960, *Lohmann* 1961, 1965, und die Iapó-„Tillite" in Paraná), z. T. ins Devon (geschrammter Untergrund in der Serra-Grande-Formation, *Malzahn*), aber die Altersangaben sind unsicher. Es ist ohne weiteres *möglich*, daß einzelne dieser Vorkommen (Iapó u. a.) wirklich glazigen sind (vgl. auch *Grabert* 1965); das paläogeographische und paläomagnetische Bild spricht nicht dagegen.

Einige sedimentologische Beobachtungen im Kambrium und Ordovizium Schwedens sollen nach *M. Lindström* (1972 a, b) auf kaltes Klima deuten (Küsteneis-Pressung; 12 Sandkörner mit Eis-Bearbeitung). Aber ohne zusätzliche bessere Klimazeugen sind sie nicht zu verwenden. (Vgl. auch *Vortisch* 1973.)

### 83 b. Sahara- und Pakhuis-Vereisung.

Aus der Sahara berichteten seit 1960 französische Geologen immer mehr über Spuren einer ausgedehnten paläozoischen Vergletscherung. Diese *Sahara-Vereisung* (Abb. 108) unterscheidet sich zunächst von allen anderen präquartären Vergletscherungen dadurch, daß sie weniger durch typische Moränen bezeugt ist, sondern hauptsächlich durch geschrammten Untergrund und glaziale Reliefformen (U-Täler, Rundhöcker, „Drumlins" und sogar „Pingos"! *Rognon* et al. 1968, gute Fotos in *S. Beuf* et al. 1971). Die geomorphologischen Beweise sind mindestens z. T. suspekt, und *Schermerhorn* (1971) hat überhaupt Bedenken gegen diese Sahara-Vereisung geäußert. Die Schrammen und Furchen scheinen aber überzeugend; sie übertreffen in mancher Beziehung die pleistozänen. „They can be followed by miles" (*Fairbridge*) — das kann man im pleistozänen Schweden oder Kanada wohl kaum. Eine andere Ursache als Gletscher läßt sich nicht gut finden.

Die „Tillite" selbst scheinen weniger beweiskräftig zu sein. Doch tritt ja auch in den zentralen Teilen der pleistozänen Vereisungsgebiete (Nordeuropa usw.) die Akkumulation gegenüber der glazialen Erosion oft stark zurück.

Die meisten Vorkommen liegen im Umkreis des Hoggar-Gebirges, doch vereinzelt nach W noch bis zur spanischen Sahara und zum Grand Erg Occidental, im E bis zum östlichen Djado-Plateau, d. h. über mehr als 2000 km und mit einer Flächen-Ausdehnung von mehr als 8 Mill. km². (Vgl. auch *Tucker* & *Reid* 1973.) Meist finden sich die Glazialspuren auf „Cambro-Ordovicien"; dessen zertalte Oberfläche wird von der „Unité IV" mit den Glazialspuren erosionsdiskordant überlagert. Auch innerhalb dieser Serie treten Schrammungen und dergl. auf. Die Unité IV gehört ins untere Llandovery (= unterstes Silur). *Die Vergletscherung muß daher ebenfalls Llandovery- oder oberordovizisch-untersilurisches Alter haben.* Sie wird als Inlandeis-Vergletscherung aufgefaßt. Im Hoggar wird eine Eisbewegung nach N angenommen. Das Zentrum des Eisschildes könnte also im S gelegen haben.

Auch aus Süd-Afrika ist (schon länger) eine altpaläozoische Vereisung bekannt, die *Tafelberg-Vereisung* oder (eigentlich besser) Pakhuis-Vereisung. Tillite lassen sich vom Tafelberg bis 100 km weiter nördlich bei Clanwilliam verfolgen. Am Pakhuis-Paß ist geschrammter und gefurchter Untergrund aufgeschlossen. Im Hangenden folgt die unterdevonische Bokkeveld-Serie; die Vereisung muß also älter sein. Neue Fossilfunde (von *I. C. Rust*) machen oberordovizisches Alter wahrscheinlich.

Das wäre ungefähr das *gleiche Alter wie in der Sahara* (ca. 430

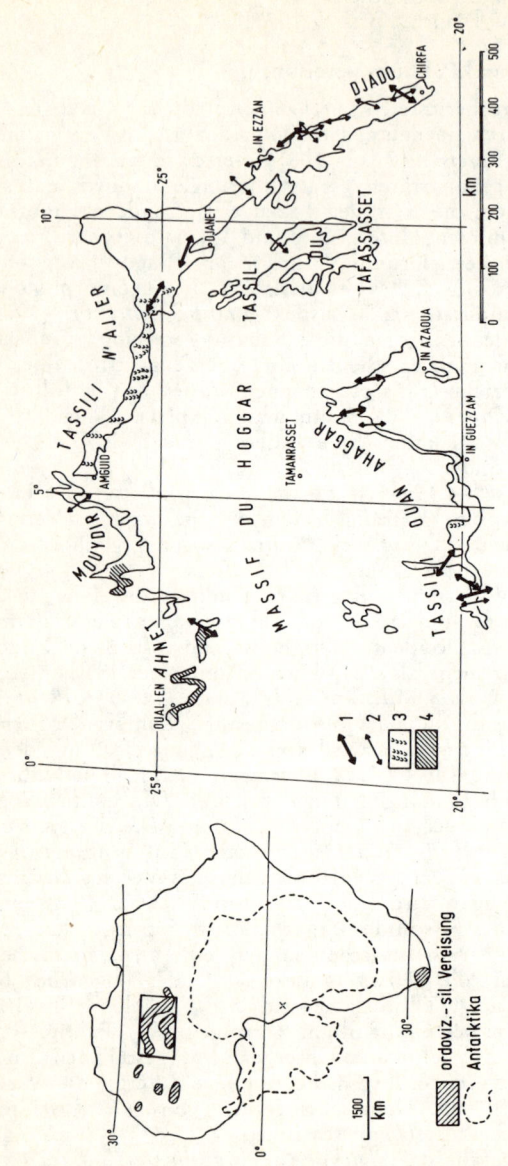

*Abb. 108* Sahara-Vereisung im Ordovizium-Silur. 1 Richtung der Schrammen und der glazialen Reliefformen im Untergrund. 2 dto in der Unité IV. 3 Paläo-Täler. 4 Gebiete, in denen Unité IV am häufigsten dem Sockel auflagert. Nach *Beuf* et al., 1966. Die Nebenkarte zeigt gleichzeitig die „Tafelberg-Vereisung"; zum Vergleich ist das heutige Antarktika (mit seinem Südpol) in Afrika hineinprojiziert

bis 440 Mill. J.). Aber das gibt einige Rätsel auf. Prinzipiell ist zwar die paläomagnetisch ermittelte altpaläozoische Pol-Lage für polnahe afrikanische Vereisungen ganz günstig (Abb. 109). Aber beide Gebiete liegen 50° auseinander, und wenn man für *beide* Vereisungen polnahe Lage voraussetzt, so kann *nicht* ein gemeinsamer Pol in Frage kommen; wir müßten vielmehr eine sehr rasche Polwanderung (von N nach S) annehmen. Eine brauchbare Lösung wäre auch ein großes Inlandeis im zentralen Afrika. Sahara- und Kap-Vereisung könnten dann die nördlichen und südlichen Randgebiete dieses Inlandeises sein (Abb. 108). Dieses afri-

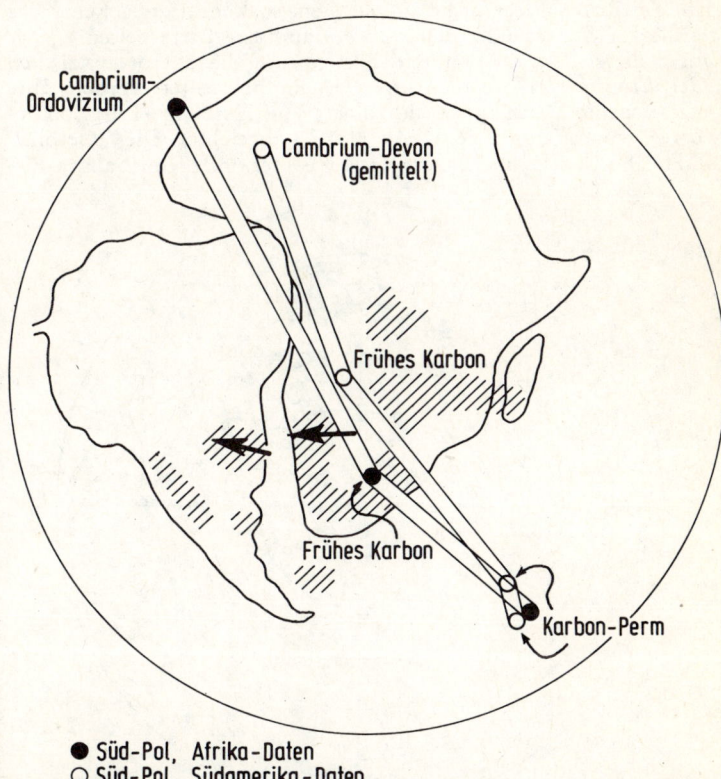

● Süd-Pol, Afrika-Daten
○ Süd-Pol, Südamerika-Daten

*Abb. 109* Wanderung des Süd-Pols durch Afrika im Paläozoikum. Die paläomagnetischen Daten für Afrika und Südamerika weisen auf enge Verbindung beider Kontinente. Schraffiert = permokarbonische Vereisung (Pfeile: Gletscherbewegung). Die Sahara-Vereisung paßt in dieses Bild gut hinein. Nach *Frakes* & *Crowell*, 1970

kanische „antarktische" Eis wäre erheblich größer gewesen als das heutige Antarktika. Von seinem Kerngebiet ist allerdings keine Spur überliefert; doch besagen ja fehlende Klimazeugen nicht viel. Ein später (durch kontinentale Drift) abgetrenntes Stück der Sahara-Vereisung ist (nach *P. E. Schenk* 1971) möglicherweise die glazigene White Rock Formation in Neuschottland.

Die Sedimentationsverhältnisse im Ordoviz-Silur Europas sprechen nicht gegen eine Sahara-Vereisung in jener Zeit, auch wohl nicht die silurischen Riffe in Gotland. So wie sich im Pleistozän Inland- eis in Skandinavien und (wenn auch wohl reduzierte) Korallen- riffe am Roten Meer nicht ausschlossen, so könnte umgekehrt das gleiche für Sahara-Gletscher und gotlandische Riffe gelten.

Unter diesen Gesichtspunkten müssen auch die oberordovizischen *„Gerölltonschiefer" in Thüringen* erneut betrachtet werden. Ihre glazialmarine Deutung wurde zuletzt von *Katzung* (1961) befür- wortet, von *Hempel* & *Weise* (1967) abgelehnt. Die „Gerölle" sind z. T gekritzt und fazettiert. Eine Herkunft von Sahara-Eis-

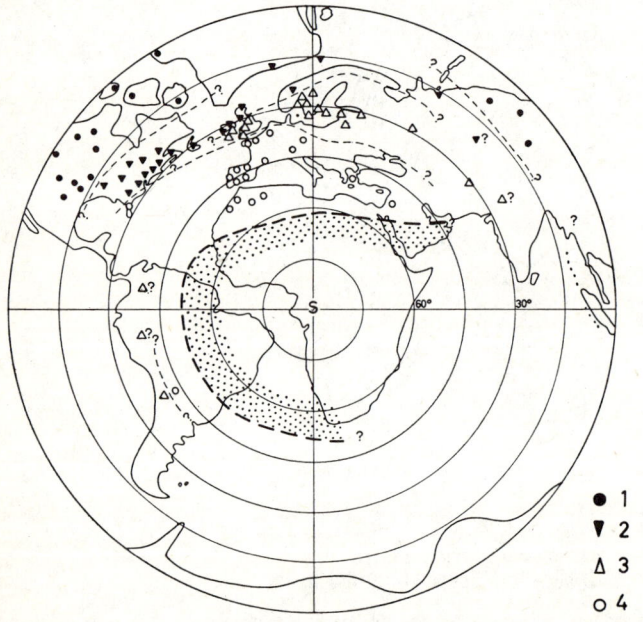

*Abb. 110* Faunen- und Klimakarte des Ordoviziums. 1 tropische, 2 warm-temperierte, 3 kalt-temperierte, 4 antarktische Faunen; punktiert Antarktis. Aus *Spjeldnes*, 1961. Die (erst später entdeckte) Sahara-Ver- eisung liegt genau an der richtigen Stelle dieser Rekonstruktion!

bergen kann man ernsthaft erwägen (so auch *H. Pfeifer* 1972). Die paläomagnetischen Ergebnisse zeigen freilich eine niedrige Breitenlage für Thüringen.

*Berry* & *Boucot* (1973) erklärten globale regressive und anschließende transgressive Tendenzen an der Wende Ordovizium-Silur durch „glazial-eustatische Kontrolle". Freilich gibt es Ähnliches in der Erdgeschichte auch ohne Vereisungen.

Weitere Literatur: *Cornelius* (1971), *Harland* (1972), *Bigarella* (1973).

**84. Gesamtbild.** Im ganzen sind Nordamerika und Europa, vor allem die nördlichen und arktischen Anteile, warm und stellenweise arid. Möglicherweise gehört das aride Nordamerika zum nördlichen, das aride Nord-Europa zum südlichen Trockengürtel. Dem entspricht ein Äquator, der durch Nordamerika-Europa hindurchzieht. Mit diesem paläoklimatischen Bild stimmen die paläomagnetischen Messungen gut überein. In Südamerika und Afrika (außer dem devonischen Nord-Afrika) fehlen warmklimatische Klimazeugen fast ganz, dafür gibt es Glazialspuren im oberen Ordovizium — unteren Silur in Nord- und Süd-Afrika; vielleicht auch in Südamerika. Diese beiden Kontinente nehmen also die glaziale Entwicklung des jungpaläozoischen Gondwana schon voraus, sie lagen offenbar polnah. Das entspricht der paläomagnetischen Breitenlage. Dagegen weist Australien noch Riff-Klima auf und ebenso — mindestens im Kambrium — Antarktika.

Das Klimabild des Ordoviziums hat *Spjeldnes* 1961 auf Grund der Faunen rekonstruiert (Abb. 110). Seine Karte (mit paläomagnetischem Süd-Pol in Afrika) fügt sich unserm Gesamtbild gut

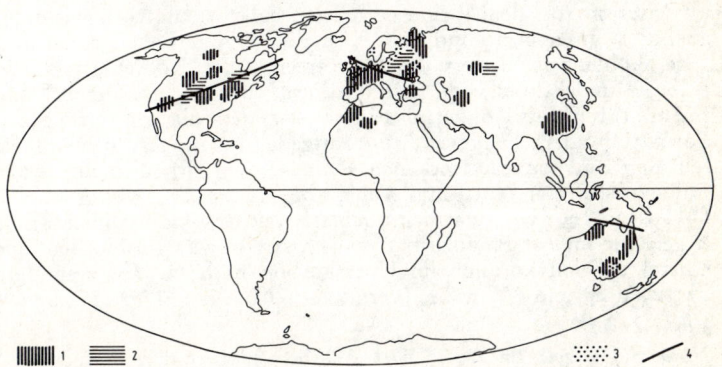

*Abb. 111* Klimakarte des Devons. 1 Riffgürtel, 2 Evaporite, 3 Rot-Sedimente, 4 paläomagnetischer Äquator für den jeweiligen Kontinent (nach *Irving,* 1964 und *van Hilten,* 1964). Nach *Schwarzbach,* 1958, vereinfacht

ein. Das altpaläozoische Sahara-Eis hat *Spjeldnes* richtig vorausgesehen!
Eine Klimakarte des Devons gibt Abb. 111.

Weitere Literatur: *Cowie* (1971), *Fairbridge* (1972 b), *Holland* (1971), *Rognon* et al. (1972).

# XV. Jung-Paläozoikum und jungpaläozoische Vereisungen

> It is necessary to stand still and survey
> the "status quo" which some cynic has
> defined as "the mess we are in now".
> *Edna P. Plumstead*, Plenary address, 2nd
> Gondwana Congr. South Africa, 1970

**85. Allgemeines.** Karbon und Perm zeigen auf der Nord-Halbkugel klimatologisch recht gegensätzliche Züge; das Karbon ist vielfach humid, das Perm arid. Trotzdem seien sie hier als „Jung-Paläozoikum" zusammen behandelt, weil auf der Süd-Hemisphäre das „permo-karbonische Eiszeitalter" ein überaus charakteristischer Zug ist, der die beiden Zeitabschnitte zusammenhält. Daß im Norden Spuren dieser Vereisungen fehlen, verleiht diesen Gebieten ja gleichfalls ein (wenn auch sozusagen negatives) gemeinsames Charakteristikum für diese Zeit.
Paläoklimatologisch kommt Karbon und Perm auch sonst erhöhtes Interesse zu, denn beide enthalten weltwirtschaftlich wichtige, gründlich untersuchte und vom Klima abhängige Lagerstätten: die „Steinkohlenzeit" liefert die Hauptmenge der Kohlen in Nordamerika und Europa, und auch das Perm enthält (in anderen Kontinenten) reichlich Kohlen; das Perm ist zudem die wichtigste Salz-Formation der Erdgeschichte. Ausgedehnte Lagerstätten ganz feuchten und extrem trockenen Klimas lösen sich also im Jung-Paläozoikum der Nord-Halbkugel ab.

**86. Riffgürtel.** Die warmen Gebiete reicher Kalksedimentation liegen wie im Alt-Paläozoikum vorzugsweise weit im Norden, der Gürtel der Riffkorallen im Unterkarbon nach *D. Hill* besonders zwischen 20 und 60° n. Br. (vergl. auch Abb. 171, 172).

*Vorkommen*

*Nord-Halbkugel:* Im *Unter-Karbon* (Mississippian) der „Kohlenkalk" Europas, bis 700 m mächtig, mit reicher Fauna von Korallen, Producten usw. in Irland, England, Belgien; in den USA der Bredford-Oolith, Mammoth Cave-Kalk in Kentucky, Red Wall limestone im Colorado-Canyon und andere mächtige Kalke („a geologic phenomenon apparently not commonly in progress in the world today", *v. Engeln* & *Caster*).

Das *Ober-Karbon* (Pennsylvanian)-*Perm* enthält wenig Kalke in West-
und Mittel-Europa (kleine Bryozoen-Riffe im Zechstein Englands und
Thüringens), dagegen z. T. mächtige Kalke (vielfach mit großen Foraminiferen) in der Arktis (Spitzbergen, Ost-Grönland, Alaska), Ost-
Europa und Süd-Ural, Zentral- und Ost-Asien, Nordamerika („Horse-
shoe-Atoll"). — Das Perm ist deutlich kalkärmer als das Karbon.
Auf der *Süd-Halbkugel* sind nur wenige Vorkommen zu erwähnen (Bu-
rindi-Kalk im Unter-Karbon von N.S. Wales, Riffkalke im Bonaparte
Gulf Basin, NW-Australien, *Veevers* & *Roberts* 1968; ferner Timor,
dessen ungewöhnlich reiche Perm-Fauna nach *Gerth* eine Warmwasser-
Lebensgemeinschaft mit Korallen usw. darstellt). *Stehli* hat aus den
„artenarmen" Faunen des hohen Nordens rein statistisch auf kühles
Klima geschlossen, aber dabei die Zufälle des Fossilfindens doch wohl zu
gering eingeschätzt. Die erhebliche Kalkverbreitung in diesen Gebieten
spricht jedenfalls eher für wärmeres Klima.

## 87. Die Steinkohlenwälder als Zeugen feuchten und z. T. warmen Klimas.

Das Karbon — vor allem sein mittlerer Abschnitt — erscheint in Europa und Nordamerika in besonderem Maße als eine
Zeit *hoher Niederschläge.* Das beweisen in erster Linie die ausgedehnten Sumpfmoore, aus deren Torf-Ablagerungen die Steinkoh-
lenflöze hervorgegangen sind. Die Entwicklung einer üppigen,
torfliefernden Landvegetation beginnt schon (Bären-Insel!) im
Ober-Devon; sie erreicht im *Ober-Karbon* (vor allem in der west-
fälischen Stufe) einen Höhepunkt. Der größte Teil der Steinkohlen Nordamerikas und Europas (einschließlich des Urals, des
nördlichen Afrikas und Nord-Kleinasiens) gehört so dem Ober-
Karbon an. Die günstigen Bedingungen für Moorbildung dauerten
dabei über lange Zeiträume hinweg an, wie die große Zahl der
Kohlenflöze (mehrere 100) in manchen Becken anzeigt; sie erstreckt sich stellenweise über gewiß einige 10 Millionen Jahre.
Im *Perm* verschwinden die Kohlenmoore aus Nordamerika und
Europa mit wenigen Ausnahmen. Dafür breiten sie sich nun in den
großen Becken Sibiriens (Kusnezk, Minussinsk, Tunguska), China,
Vorderindien und auf der Süd-Halbkugel aus. Die Steinkohlen
Australiens, Süd-Afrikas (Ecca) und Südamerikas gehören wohl
meist dem obersten Karbon oder dem Unter-Perm an; in den
sibirischen Becken setzt sich die Kohlenbildung z. T. ins Mesozoikum hin fort.
Man hat vielfach die Frage diskutiert, ob die Steinkohlenflora
gleichzeitig auch *warmes* Klima anzeige. Die riesigen *Mengen*
pflanzlicher Substanz, die in den Steinkohlenflözen angehäuft
sind, kann man *nicht* in diesem Sinne ins Feld führen, wie schon
früher (33) dargelegt wurde; im Gegenteil: heute liegen die Torfmoore ganz überwiegend in kühlen Klimaten. Aber die karbonischen Kohlen der Nord-Halbkugel entstanden alle unter *ungewöhnlichen,* heute im allgemeinen nicht mehr verwirklichten *Bedingungen,* nämlich in den tektonisch labilen Außen- und Innen-

senken der variszischen Gebirge, und damit waren sie von klimatologischen Faktoren (mindestens der Temperatur) weitgehend unabhängig. Ihre Klima-Ansprüche können nur indirekt ermittelt
werden, und da spricht das allgemeine Klimabild jener Zeit
(z. B. die Lage des „Riff-Gürtels") für warmes Klima. *Den karbonischen Floren Europas und Nordamerikas muß man also wohl
„tropisches" oder* (so nach *R. Potonié*) *„subtropisches" Gepräge
zuschreiben.*
Diese Überlegungen gelten aber nicht für die jungpaläozoischen
Floren der *Süd*-Halbkugel, die u. a. durch den Farnsamer *Glossopteris* (Abb. 112) charakterisiert sind. Nach Ausweis der übrigen

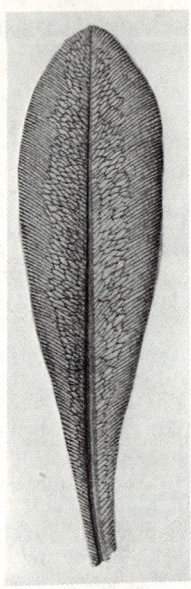

*Abb. 112    Glossopteris* (ein Farnsamer) als Zeuge kühlen Klimas im Permo-Karbon der Gondwana-Länder. Die Blätter werden bis einige Dezi-
meter lang. Aus *Gothan*, Vorgesch. d. Pflanzenwelt, 1912

Klimazeugen muß man sie als Bewohner *kühlerer* Klimate betrachten.
Überhaupt ist für Ober-Karbon und Perm eine deutliche Differen-
zierung in einzelne *pflanzengeographische Provinzen* charakteristisch (Abb. 125), im Gegensatz zum Unter-Karbon mit relativ
ähnlicher Vegetation auf der ganzen Erde.
Die Gürtel reicher Kohlenbildung *wandern* im Laufe des Karbons
(Abb. 113). So liegen sie im Unter-Karbon z. T. relativ weit nörd-

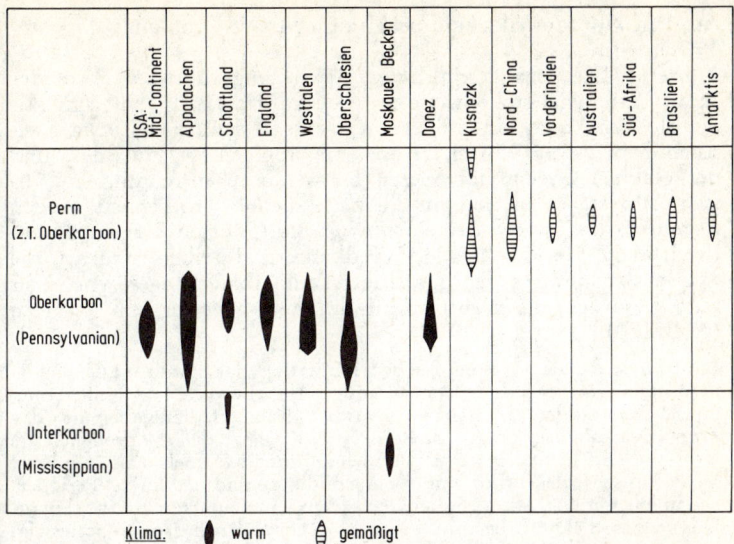

*Abb. 113* Klimatische Stellung der Kohlengürtel im Jung-Paläozoikum. Die Steinkohlen in Europa—Nordamerika bildeten sich in warm-feuchtem, die Kohlen Asiens und der Gondwana-Länder in gemäßigtem Klima

lich (Spitzbergen, Schottland, Moskau), im hohen Ober-Karbon relativ weit südlich (französisches Zentralplateau, Saar u. a.); schließlich verlagern sie sich überhaupt auf andere Kontinente. Das hat z. T. sicher klimatische Gründe, d. h. es spiegelt sich darin die langsame Verschiebung eines feuchten Klimagürtels im Laufe des Jung-Paläozoikums wider.

Weitere Literatur: *Erhart* et al. 1962.

## 88. Zeugen ariden Klimas im Karbon und Perm, besonders der Nord-Halbkugel. *a) Karbon.*

Mit der weiten Verbreitung feuchten Klimas im Karbon der Nord-Gebiete stimmt gut überein, daß Zeugen ariden Klimas *zurücktreten.* Salinare Sedimente fehlen in Europa. Gips und Steinsalz treten im Unter-Karbon der nördlichen USA auf, oberkarbonische Anhydrit- und Gipslager in der Arktis (Axel-Heiberg-Land, *Kranck* 1961, *Hoen* 1964; Grönland, Spitzbergen). Erst gegen Ende des Karbons häufen sich Anzeichen dafür, daß auch in Europa die Aridität zunimmt. Die redbed-Fazies, die dann im Perm herrschend wird, beginnt in Nord-Europa bereits im Westfal (Brit. Inseln) und wandert im weiteren Verlauf des Ober-Karbons allmählich nach Süden (Saarland, Waldenburg in Schlesien, Ocejo-Becken in Spanien, *Oele* & *Mabesoone* 1963; vgl. auch *M.* & *R. Teichmüller* 1965 und Abb. 113). Ähn-

ist es in Nordamerika und wohl auch in Ost-Grönland (*Kempter* 1961).

*b) Perm.* Die eben geschilderte Entwicklung führt im Perm der Nord-Halbkugel stellenweise zu großer Aridität. Es läßt sich klimatologisch kaum ein größerer Gegensatz denken als etwa zwischen dem Westfal Mittel-Europas mit üppigen Regenwäldern und der gleichen Gegend im oberen Perm mit lebensfeindlichen Wüsten. Am stärksten kommt die zunehmende Trockenheit in den *Begleit-Erscheinungen der Rot-Sedimente* (Fährten, Regentropfen-Eindrücken, Verkieselungen, Windkantern, Inselbergen u. a.), die extreme Aridität in den gewaltigen *Salz*-Ablagerungen jener Zeit zum Ausdruck; die größten Kalisalz-Lager gehören dem Perm an (Abb. 170).

In *Europa* ist die typische Redbed-Formation das kontinentale, unterpermische „*Rotliegende*" (Deutschland) oder „Lower New Red" (England), das fast im gesamten europäischen Raum nachzuweisen ist (den Formations-Namen prägte *Murchison* 1849 nach den Vorkommen im Ural-Vorland!). Stellenweise wechselten zunächst mehrmals feuchtere Verhältnisse (gelegentlich mit Kohlenbildung) und trocknere Perioden, ehe im oberen Rotliegenden die Trockenheit ganz zur Herrschaft gelangte. Die Salzabscheidung beginnt bereits im Unter-Perm (so in Schleswig-Holstein, wo allerdings *Trusheim* 1971, Umlagerung älterer, devonischer Salze vermutet; Salzsedimentation ist in dieser Zeit weit verbreitet im Osten der Russischen Tafel, dazu die Kali-Lager von Solikamsk). Sie erreicht aber ihren Höhepunkt im Zechstein, vor allem mit den mächtigen Steinsalz- und Kalisalzablagerungen Mittel-Europas (vgl. auch Abb. 170).

Auch in *Asien* gibt es an einer Reihe von Stellen salinare Ablagerungen. *J. M. Schejnmann* zeichnet eine ausgedehnte aride Zone, die sich vom Ural bis zum oberen Jangtsekiang und Hoangho erstreckt.

*Nordamerika* weist wie Europa gewaltige permische Gips-, Steinsalz- und z. T. auch Kali-Vorkommen auf, besonders im Gebiet zwischen Kansas — Neu-Mexiko — West-Texas. Ebenfalls wie in Europa begleiten rote Gesteine die salinaren Sedimente sowohl im Osten wie im Westen der USA; erwähnt sei der Coconino-Sandstein (Arizona: Grand Canyon). Rote Arkosen von großer Mächtigkeit (bis 2000 m) gibt es auch im Unter-Perm (und Karbon?) Ost-Grönlands; sie erstrecken sich über 1000 km *(Kempter* 1961).

In *Süd-Afrika* vollzieht sich eine ähnliche Entwicklung wie auf der Nord-Halbkugel: die Ecca-Schichten mit ihren Kohlenflözen werden von den z. T. roten Beaufort-Schichten gefolgt. Der Farbgegensatz ist — wie z. B. auch in Mittel-Europa — ein stratigraphisch wichtiges Merkmal. Er geht im Norden wie im Süden auf eine Verschiebung der Klimagürtel zurück, allerdings letzten Endes auf eine entgegengesetzte: der warm-klimatische Kohlengürtel der Nord-Halbkugel rückt in den *pol*wärtigen Trockengürtel, die kühl-klimatischen Kohlengebiete Süd-Afrikas in die *äquator*wärts anschließende wärmere und z. T. aride Zone.

Weitere Literatur: *Meyerhoff & Teichert* (1971)

**89. Windrichtung.** Aus dem Karbon gibt es nur ganz vereinzelte Angaben über Windrichtung, etwas mehr aus dem Perm, die sich meist auf Rippeln und Dünen stützen (Tab. 16).

*Tabelle 16*    Windrichtungen im Perm

| Lokalität | Zeitliche Stellung | Wind wehte aus | Autor |
|---|---|---|---|
| Nahe-Becken | Rotliegendes | SW | *Reineck* 1955 |
| Mittel-Deutschland | Zechstein | SSW bis ESE* | *Ludwig; Richter-Bernburg* 1941 |
| Nordsee | unt. Perm | E | *Glennie* 1972 |
| England | Perm | E | *Shotton* 1956 |
| Colorado-Plateau | Perm—Trias | N, NE | *Reiche; Poole* 1957, 1962 |
| Wyoming—Utah | Pennsylvanian—Perm | NE | *Opdyke* u. *Runcorn* 1960 |

\* Die „Weißliegend"-Dünen an der Basis des Zechsteins deutet *Pryor* (1971) jedoch als marine Sedimente.

*Schove, Nairn und Opdyke* versuchten, diese Beobachtungen mit dem sonstigen Klimabild des Perms in Einklang zu bringen; sie führten die in der Tabelle angegebenen Richtungen auf Passat-Winde zurück (mit einem durch Nordamerika und Europa verlaufenden Äquator). Natürlich können die wenigen Beobachtungen über permischen Wind dabei nur ganz unsichere Hinweise bieten.

**90. Das Problem jahreszeitlichen Klimawechsels im Karbon.** Diese Frage wurde vor allem im Zusammenhang mit den jungpaläozoischen Baumstämmen lebhaft diskutiert: sie zeigen in Europa und Nordamerika fast niemals *Jahresringe*, etwas häufiger dagegen die Gondwana-Funde. Nur recht vereinzelte Funde der Nord-Halbkugel weisen Jahresringe auf (so im niederrheinischen Zechstein, *Schweitzer* 1960; die ältesten Funde stammen aus dem Ober-devon der östlichen USA; Abb. in *Arnold* 1947); das erklärte man dadurch, daß diese Stämme von den kühleren Gebirgen herabge-schwemmt seien, während in den tropischen Tiefländern der An-reiz zur Ringbildung fehlte. Man hat das Fehlen der Jahresringe als Beweis für „unvorstellbar ausgedehntes und gleichartiges" Klima angesehen (*Gothan, P. Jordan* u. a.) und herablassend ge-meint, die gegenteilige Meinung zeuge „von keiner Sachkenntnis". Aber es ist viel wahrscheinlicher, daß *nicht* ein äquatoriales Klima ohne Jahreszeiten die Ursache ist (ein solches Klima — Af bei

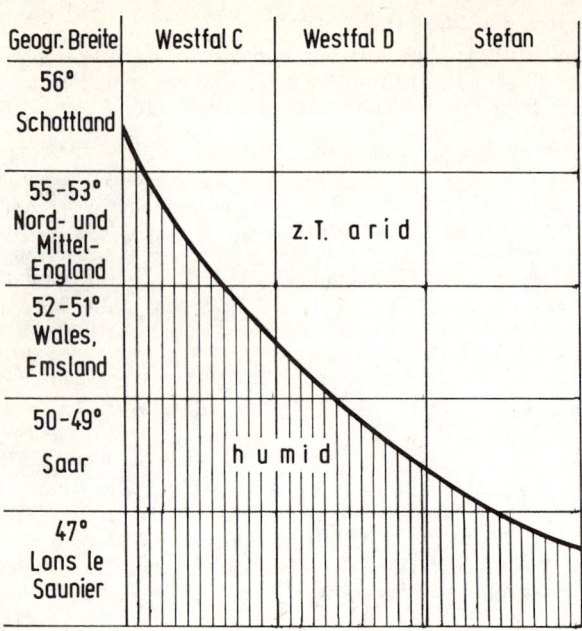

*Abb. 114* Süd-Wanderung der Steinkohlensümpfe und der nördlichen ariden Zone in Europa im oberen Oberkarbon. Nach *M. & R. Teichmüller*, 1965

*Köppen* — gibt es nur ganz beschränkt! vgl. *Schwarzbach* 1964, Abb. 9), sondern nur das *Fehlen winterlicher Temperaturen* unter 0° und gleichmäßige Feuchtigkeit. Auch heute sind ja die Jahresringe am deutlichsten in den Frostklimaten, und das mag damals, in einem primitiven Stadium der pflanzlichen Entwicklung, noch viel ausgeprägter gewesen sein. Jedenfalls gibt die regelmäßige Schichtung in Nebengesteinen der Kohlenflöze, in thüringischen Sedimenten (*H. Korn,* allerdings mit anfechtbaren Schlußfolgerungen), in den Knochen von Reptilien und Amphibien aus dem Perm von Oklahoma (*Peabody*) genug Hinweise auf nicht gleichförmiges Klima.

Weitere Literatur: *Chaloner & Creber* (1973).

**91. Das Problem längerer Klima-Rhythmen.** In den karbonischen Kohlenbecken gibt es weitverbreitet regelmäßige Sedimentations-Rhythmen von mehreren Metern Mächtigkeit (z. B. mariner Schieferton — nichtmariner Schiefer, sandiger Schiefer, Sandstein — schließlich Wurzelboden und Kohlenflöz; Abb. 115). Diese *Zyklo-*

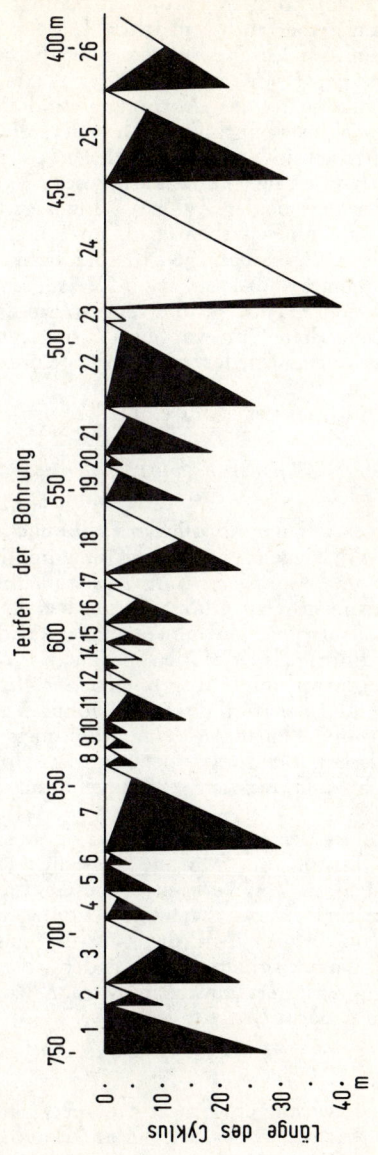

*Abb. 115* Regelmäßige Sedimentations-Zyklen (Zyklotheme) im flözführenden Vise-Namur (Karbon) der Bohrung Stryzów (Polen). Die 26 Zyklen ((Durchschnitts-Mächtigkeit 13,7 m) beginnen marin (schwarz) und enden jeweils mit einem dünnen Kohlenflöz. Die Ursache sind wohl tektonische Bewegungen und jedenfalls *nicht* glazial-eustatische Schwankungen. Nach *Schwarzbach*, 1949

*theme* (cyclothems) könnten tektonisch bedingt sein (durch ruckweise Absenkung), aber auch klimatisch. Dabei wäre daran zu denken, daß tektonische Veränderungen einen leichten Klimawechsel hervorriefen (so *J. M. Weller*), oder aber glazial-eustatische Meeresspiegelschwankungen die Abtragung und Sedimentation in regelmäßigem Zyklus beeinflußten. Diese letztere Deutung ist aber nicht sehr wahrscheinlich, weil es Hunderte von Zyklothemen gibt, jedoch nur relativ wenige permokarbonische Vereisungen; außerdem ist das Zeitmaß beider Zyklen völlig verschieden. Eine weitere Deutung ermöglichen theoretisch auch die Strahlungskurven (164; vgl. auch *A. G. Fischer* 1964 für die Trias).

Auf die bislang nicht überzeugenden Versuche, den Sonnenflekken-Rhythmus von 11 Jahren und längerperiodische Rhythmen in devonisch-karbonischen Grauwacken Thüringens und den Salzablagerungen des Perms wiederzuerkennen, wurde früher (58) bereits hingewiesen.

Am wahrscheinlichsten ist wohl eine *tektonische* Ursache der Zyklotheme.

Weitere Literatur: *Hollingworth* (1962), *Swann* (1964), *Westoll* (1968), *Casshyap* (1970).

**92. Glazialspuren auf der nördlichen Halbkugel.** Im Einklang mit dem offenbar vorwiegend warmen Klima im Karbon und Perm Nordamerikas und Eurasiens (mit Ausnahme von Indien) steht es, daß dort keine sicheren Glazialspuren bekannt sind. Doch sind Konglomerate, Rutschmassen immer wieder fälschlich (oder wahrscheinlich fälschlich) als Moränen gedeutet worden, so in den USA (Caney-Schiefer mit hausgroßen „Geröllen", Geröllschiefer in der Haymond formation und den Johns Valley shales u. a.), im Unter-Karbon Thüringens, im Mündungsgebiet der Lena. Die erste (falsche) Meldung vorquartärer Moränen (im Perm Englands durch *A. C. Ramsay* 1855) geht auf eine Fehldeutung zurück.

Am ehesten könnte der vor allem von *Sayles* beschriebene „*Squantum-Tillit*" in Boston eine Moräne darstellen (Abb. 116). Er ist allerdings nicht allzu weit verbreitet; die Geschiebe sind höchstens undeutlich gekritzt. *Crowell* hat seine glaziale Entstehung bezweifelt, ebenso *Dott* (1961). Mit dem „Tillit" zusammen kommen ausgezeichnete Warwenschiefer vor. Leider ist auch die stratigraphische Stellung unsicher; außer an Karbon hat man neuerdings auch an Devon gedacht.

Weitere Literatur: *Newell* (1957), *Schwarzbach* (1961 b), *Sevon* (1973; Pennsylvania).

**93. Gondwana-Vereisungen.** Schon *Ed. Suess* hat in seiner großen Synthese des „Antlitzes der Erde" klar erkannt, daß die Kontinente der Süd-Halbkugel und Vorderindien viele Züge gemeinsam

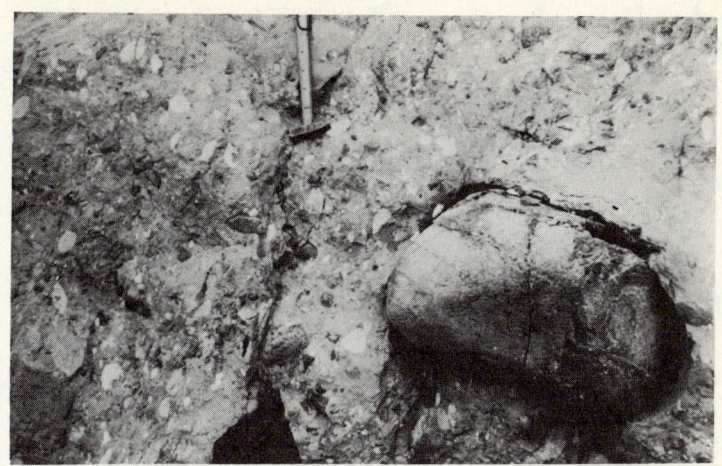

*Abb. 116*    Squantum-Tillit bei Boston. Fot. *M. Schwarzbach*

haben. Es liegt nahe anzunehmen, daß sie im Jung-Paläozoikum
Verbindung miteinander hatten. Nach dem Vorschlag von *Suess*
1883 nennt man diese große paläogeographische Einheit *Gond-*
*wana*. (Die — auch von *Suess* gebrauchte, bis heute fast ausschließlich verwendete — Bezeichnung „Gondwana-*Land*" ist ein Pleo-
nasmus, da „Gondwana" bereits „Land der Gond" bedeutet. Die
Gond sind ein zentralindisches Volk. Vgl. auch *Mehta* 1971.)
Das Hauptkennzeichen von Gondwana und der auffallendste Unterschied zur Nord-Halbkugel sind seine großen *jungpaläozoischen*
*Vereisungen.* Sie stehen heute im Vordergrund des „Gondwana-
Problems", waren aber zur Zeit von *Suess* noch fast völlig unbekannt.
Ihre genaue stratigraphische Einstufung ist weitgehend unsicher, so
daß man noch immer am besten von „permokarbonischen" Vereisungen spricht. Es ist möglich, daß sie in den verschiedenen Kontinenten nicht genau gleiches Alter haben. Eingehende neuere Untersuchungen der meisten dieser Glazialgebiete haben *J. C. Cro-*
*well* und *L. A. Frakes* durchgeführt.

## 93 a. Vorderindien
(Abb. 117)

The contrast of the present with the past was astounding, and it was easy to see why some of the early geologists fought so long against the idea of glaciation in India at the end of the Carboniferous.
*A. P. Coleman* über die Gletscherschliffe am Penganga-Fluß, 1929.

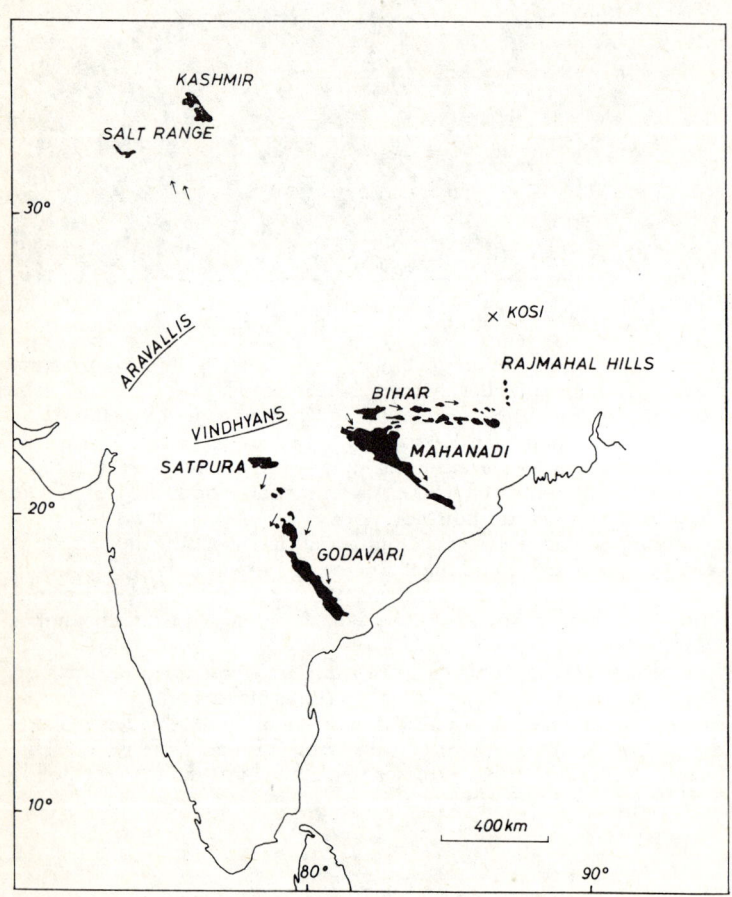

*Abb. 117* Verbreitung der Unteren Gondwana-Schichten (mit dem Talchir-Tillit) in Vorderindien. Gletscherbewegung (Pfeil) nach *K. Jacob*. Kombiniert nach *Jacob*, 1952. Die Kaschmir- und Kosi-Tillite sind unsicher

Die Entdeckungsgeschichte der Gondwana-Vereisungen begann 1856 (durch *W. T. Blanford*) in Vorderindien, dem einzigen größeren nördlich vom Äquator gelegenen Teil von Gondwana. Die *Hauptvorkommen* der Moränen (Talchir-Tillite, Talchirs) liegen in einem ausgedehnten, 1000 km langen Gebiet im östlichen und mittleren Indien zwischen 17 und 24° n. Br. Die tillit-führende Schichtenfolge (mit 1 oder 2, bis über 30 m mächtigen Tilliten) ist bis über 100 m mächtig. Geschrammte Geschiebe sind bekannt, aber nur an 2 Stellen geschrammter Untergrund (am Penganga-Fluß, 19° N, entdeckt 1872, und — 1000 km davon entfernt und erst 1963 durch *A. J. Smith* bekanntgemacht — am Ajay-Fluß, Bihar). Die Geschiebe werden von *K. Jacob* aus dem Gebiet der Vindhyans und Aravallis hergeleitet (d. h. aus N und NW), aber es gibt auch genau entgegengesetzte Rekonstruktionen.

Über den Tilliten kommt an einigen Stellen *Eurydesma* vor; es folgen die Kohlenflöze der Damuda-Serie mit *Glossopteris,* darüber *Productus*-Kalke.

Ein zweites Tillit-Vorkommen ist aus der *Salt Range* bekannt (zuletzt *Schindewolf* 1967, *Teichert* 1967). Die Eisbewegung ging anscheinend von S nach N. Sandsteine über den Tilliten enthalten auch hier die „kühle" Muschel *Eurydesma* und Conularien. Unsichere Vorkommen liegen in Kaschmir („Blaini-Tillit"; nach *Valdiya* 1970 nichtglazial) und in der Kosi-Schlucht (Ost-Nepal).

Weitere Literatur: *Ahmad* (1961, 1970), *Ghosh* (1962 und — mit *Mitra* — 1967).

**93 b. Arabien.** Nicht allzuweit von Indien entdeckte man Tillite im südwestlichen Oman (21° n. Br., 58° E; *Hudson,* 1958) und in Saudi-Arabien (18—19° n. Br., 44—46° E; *Helal* 1965). Im Oman liegen sie zwischen sandigen Kalken mit *Metalegoceras*. Die Geschiebe lassen sich wie die von *Helal* beschriebenen vom arabischen Schild ableiten.

Beide Vorkommen bedürfen noch weiterer Untersuchung.

**93 c. Süd-Afrika.** (Abb. 118)

> It is very pleasing to note the interest which the members of this Society take in problems unconnected with gold mining. This indeed is a healthy sign, and speaks well for the future of the Society.
> *D. Draper* zur Diskussion über das Dwyka-Konglomerat im 1. Heft der Trans. Geol. Soc. South Africa, Johannesburg 1896.

Auch in Süd-Afrika kennt man alte glaziale Bildungen schon sehr lange (*Sutherland* 1868). Die wichtigste Moränen-Ablagerung ist hier das *Dwyka-„Konglomerat"* (nach dem Fluß Dwyka bei Prince Albert). Für dieses Gestein prägte *Albr. Penck* 1906 den Namen *Tillit,* der heute allgemein für verfestigte Moränen angewendet wird.

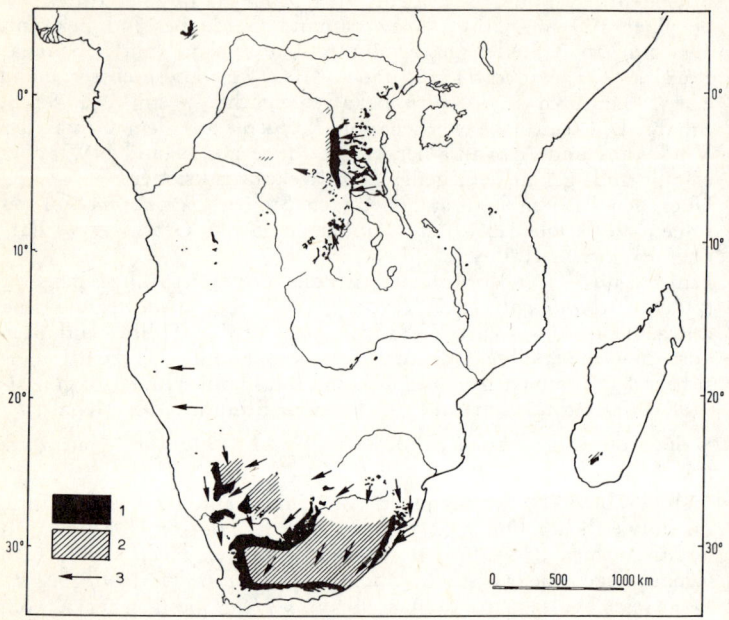

*Abb. 118* Verbreitung der permokarbonischen Tillit-Schichten im südlichen Afrika. Schraffiert = Tillite unter jüngerer Bedeckung; Pfeile = Gletscherbewegung. Nach *Lepersonne,* 1960; in SW-Afrika ergänzt

Die tillit-führende Dwyka-Formation erreicht im S der Kap-Provinz nach einer Karte *T. Strattens* bis über 1000 m Mächtigkeit. Nach N hin ist sie viel weniger mächtig. Gekritzte Geschiebe sind häufig; ebenso ist geschrammter (präkambrischer) Untergrund an zahlreichen Stellen z. T. wundervoll erhalten (berühmt ist Noitgedacht bei Kimberley) — so wundervoll, daß die Schrammung noch 1880 von *A. R. Wallace* für pleistozän gehalten wurde! Die glazialen Sedimente sind z. T., vor allem im S, aquatischer (wohl meist limnischer) Entstehung. Marine Fossilien in Verbindung mit den Tilliten sind jedenfalls nur aus Südwest-Afrika bekannt (*Eurydesma,* der Goniatit *Eoasianites* u. a.); man kann dort (nach

*Martin* et al. 1970) eine Meeresbucht annehmen, die sich zwanglos mit analogen marinen Funden in Uruguay und Argentinien verbinden läßt (Abb. 119). Die marine Ingression kann glazial-isostatisch bedingt sein (*H. Martin*). Aber man kann in ihr auch einen Hinweis auf die erste „Öffnung des Atlantiks" sehen (*Teichert* 1970), die man sonst gewöhnlich in die Kreide verlegt.

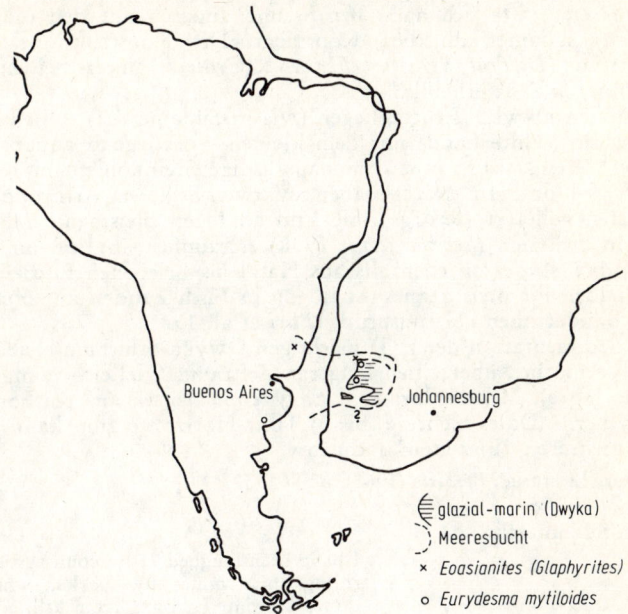

*Abb. 119*   Die marinen Eurydesma-Eoasianites-Schichten in Südamerika und SW-Afrika. Nach *H. Martin* et al., 1970

Neben Bänderschiefern und Rundhöckern (mit Lee-Seite im Süden) haben sich (nach *H. Martin*) im Kaokoveld (im nordwestlichen Südwest-Afrika) sogar U-Täler erhalten; selbst Kar-Nischen glaubt *Martin* am Grootberg zu erkennen (diese Annahme ist freilich nicht überzeugend).
Die glaziale Dwyka-Formation bedeckt große Teile Süd- und Südwest-Afrikas. Sie ist außerdem im Sambesi-Gebiet, am E-Rand des Kongo-Beckens (Lukaga-Formation) und in Madagaskar (Sakoa glacials) nachgewiesen, d. h. von 32° S bis 4° N.
Das *Zentrum* eines großen Eisschildes lag wohl im nördlichen Transvaal — Rhodesia — Zambia. Von dort strömte das Eis in

großen, Hunderte von km langen Loben nach dem Karru-Bek-
ken im S, Botswana im SW, Kaokoveld im W ab, vielleicht auch
ostwärts nach Madagaskar, das damals wohl noch näher als heute
lag. Der Ursprung eines Natal-Eislobus lag anscheinend im heutigen Indischen Ozean, d. h. vielleicht (nach *Crowell* & *Frakes* 1972)
in Antarktika (Abb. 127). Ein anderes, kleines Eiszentrum ist am E-
und SE-Rand des Kongo-Beckens anzunehmen. Der Kaokoveld-
Lobus erstreckte sich nach *Martin* und anderen auf den (damals
nahen) südamerikanischen Kontinent. Die Konstruktionen der
Eisströme (*DuToit, Stratten, Frakes* & *Crowell*) unterscheiden sich
im übrigen z. T. erheblich.

Über den Dwyka-Tilliten liegen (wie in Südamerika) stellenweise
Schichten (white band) mit dem kleinen, vorwiegend aquatischen
Reptil *Mesosaurus,* außerdem bauwürdige Steinkohlen mit *Glossopteris*-Flora. In Natal haben Warwen-Schiefer Arthropoden-
Fährten geliefert (*Savage*). Sie sind analogen pleistozänen Fährten in Schlesien (*Schwarzbach* 1938) erstaunlich ähnlich, und die
von *Ann Anderson* ebenfalls aus Natal beschriebenen Fisch-Fähr-
ten haben ihr pleistozänes Analogon in Fisch-Funden aus ostalpi-
nen Bändertonen bei Innsbruck (*Fliri* et al. 1971).

Die Sedimentation der z. T. mächtigen Dwyka-Schichten erstreckte
sich vermutlich über einen längeren Zeitraum (vielleicht einige 10
Mill. Jahre). Mikro-Flora und *Eurydesma* deuten auf Karbon bis
Unt. Perm. Da es mehrere (bis 5) Tillit-Horizonte gibt, kann man
mit mehreren „Eiszeiten" rechnen.

Weitere Literatur: *Besairie* (1961), *Bond* 1952.

## 93 d. Südamerika

> I have been laughed at by country people
> riding their mules by market while I
> chipped striated stones from tillite well
> within the tropics not far from planta-
> tions of coffee and bananas in Brazil.
> *A. P. Coleman,* Geol. Soc. Am. Bull. 1939

Die Kenntnis der Tillite im Permokarbon Südamerikas reicht
nicht so weit zurück wie in den anderen Süd-Kontinenten. Die
ersten gekritzten Geschiebe fand man 1908 auf einer Expedition
der Harvard-Universität. Seitdem sind viele Untersuchungen
durchgeführt worden, besonders im wichtigen Paraná-Becken, aber
das geologische Gesamtbild zeigt noch immer zahlreiche Unklar-
heiten. Eine Bestandsaufnahme vermittelte der 1. Gondwana-Kon-
greß 1967 in Mar del Plata und Montevideo.

*Paraná-Becken* (Abb. 120). Dieses riesige, über 1 000 000 km²
große Becken erstreckt sich von Santo Paulo und Mato Grosso in
Brasilien über Paraná, Santa Catarina und Rio Grande do Sul bis
nach Paraguay, Uruguay und (im Untergrund) Argentinien. Fol-

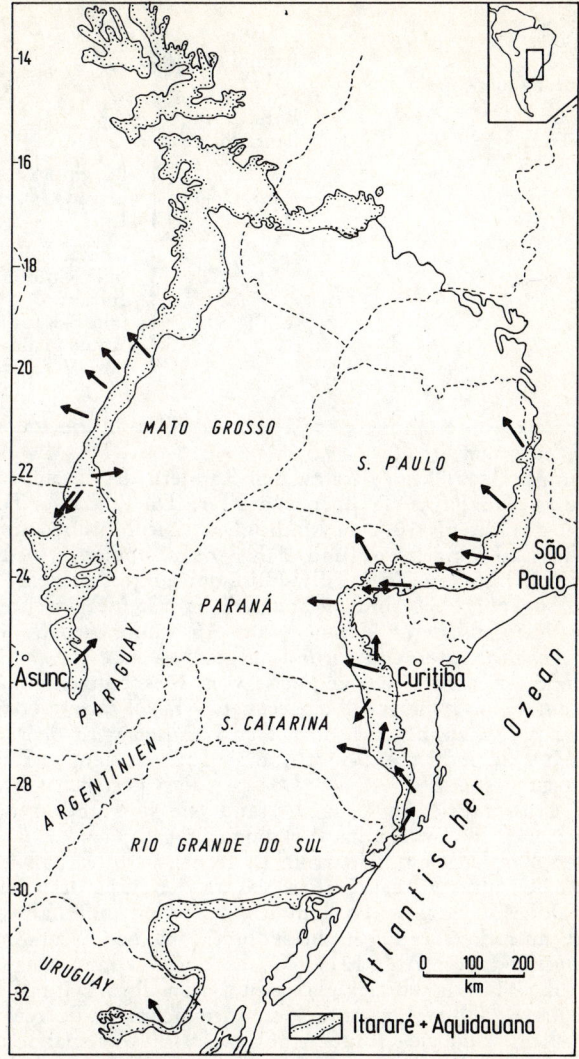

*Abb. 120* Verbreitung der tillit-führenden Itararé-Schichten am Rand des Paraná-Beckens. Pfeile = Gletscherbewegung und current direction (nach *Rocha-Campos, Bigarella, Frakes* & *Crowell, H. Martin*)

gende Schichten — insgesamt 3000 m — liegen hier flachschüssel-förmig:

| | | |
|---|---|---|
| Kreide<br>(z. T. schon Ober-Jura?) | Basalte (bis 1000 m) | |
| Eokreide | Botucatú | |
| Mittel-Trias | Santa Maria | |
| Perm | Passa Dois | Rio do Rasto<br>Estrado Nova<br>Irati |
| Karbon | Tubarão | Guata<br>(mit Rio Bonito)<br>Itararé<br>(am E-Rand)<br>Aquidauana<br>(am W-Rand) |

Die Schichtenbezeichnungen und die stratigraphische Zuordnung sind nicht einheitlich.

Das Jung-Paläozoikum tritt an den Rändern des Beckens zutage, z. T. über Devon, z. T. über Prä-Silur. Die glaziale Tubarão-Gruppe erreicht bis 1000 m Mächtigkeit. Die Moränen sind vielfach fluviatil umgelagert und daher nicht immer typisch. Man kann im E bis 7, im W 3 Tillit-Horizonte unterscheiden, in Bohrungen sogar 17. Sie sind meist durch Sandsteine getrennt. Auch schöne Warwenschiefer kommen vor. An zahlreichen Stellen (ca. 30) ist geschrammter Untergrund aufgeschlossen.

Das Becken-Zentrum war zeitweise vom Meer eingenommen und kontinentale und marine Ablagerungen (mit Brachiopoden, Muscheln u. a.) verzahnen sich dort. Den Fossilien wird oberkarbonisches Alter zugeschrieben, doch sind sie für eine genaue Eingliederung nicht besonders geeignet. Das gilt auch von den Goniatiten, die *D. Closs* (1967) in Uruguay fand (sie sind aber bedeutsam, weil sie auch in SW-Afrika vorkommen, Abb. 119).

Für den Vergleich mit Südafrika ist ferner wichtig, daß über der Tubarão-Gruppe (in den Irati shales an der Basis des permischen Passa Dois) *Mesosaurus* vorkommt. — Sowohl innerhalb des Itararé als auch darüber liegen die südbrasilianischen Steinkohlen mit *Glossopteris*-Flora (Abb. 121).

Die große Mächtigkeit der glazialen Serien, ihre Untergliederung in mehrere Tillit-Horizonte, ihre Umlagerung deuten darauf hin, daß die Tubarão-Gruppe eine ansehnliche Zeitspanne umfaßt. Die Strömungsrichtungen des Eises im Paraná-Becken haben u. a. *V. Leinz* 1937 (auf Grund der Geschiebe-Einregelung), später *H. Martin* (u. a. mit Hilfe glazigener Falten) und *Frakes* & *Crowell* dargestellt. Im einzelnen gibt es unterschiedliche Auffassungen,

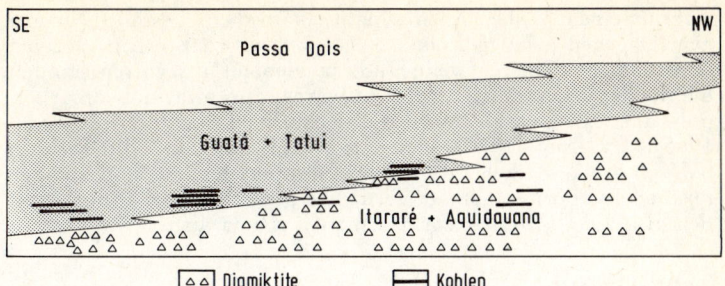

*Abb. 121*  Fazies-Profil durch die permokarbonische Tubarão-Gruppe in Brasilien. Die Kohlen liegen z. T. zwischen, meist aber über den Tilliten; sie sind kühl-klimatisch. Nach *Rocha-Campos,* 1967

doch besteht jedenfalls überwiegend die Meinung, daß das Eis des östlichen Beckenrandes im wesentlichen von E oder SE kam, d. h. teilweise aus dem Gebiet des heutigen Atlantiks oder — kontinentale Drift vorausgesetzt — *aus SW-Afrika.* Eindeutige afrikanische Geschiebe sind aber in Südamerika (entgegen *Maack*) nicht nachgewiesen.

Weitere Literatur: *Bigarella* (1970, et al. 1961, 1967), *Harrington* (1962).

*Falklands-Inseln.* Dort kommen zusammen mit *Glossopteris* und viel erwähnten *Dadoxylon*-Stämmen (mit deutlichen Jahresringen) auch Diamiktite vor (Lafonian-Tillit; *Halle* 1912, *Adie* 1952). *Frakes* & *Crowell* (1967) deuten sie jetzt in einer eingehenden Untersuchung z. T. als submarine glaziale Ablagerung. „Geschrammter Untergrund" wird auf Rutschung zurückgeführt. *Vorkommen in den Anden und pampinen Sierren.* Im Gegensatz zum kratonischen Paraná-Becken und den Falklands-Inseln sind die sonstigen Tillit-Serien des südamerikanischen Kontinents z. T. stärker tektonisch gestört, so in der pampinen Sierra de la Ventana (SW Buenos Aires; *Coates* 1967). Dort besteht die gefaltete, 1000 m mächtige (oberkarbonische?) Sauce Grande Formation meist aus Diamiktiten, die glazialen Ursprungs sein können. Im andinen und subandinen Bereich liegen „Tillite" in 5 einzelnen N—S gestreckten Becken von Bolivien (14° S) bis nach Patagonien (45° S). Die Ablagerungen reichen vielleicht z. T. bis ins Unter-Karbon hinab (*Lohmann* 1965). Sie sind nicht immer eindeutig und z. T. mit Turbiditen verbunden, so daß sie als resedimentierte Moräne aufgefaßt werden. Sie enthalten jedoch geschrammte Geschiebe. „Geschrammter Untergrund" erwies sich z. T. als tektonischer Harnisch (*Frakes* & *Crowell* 1969). — „Tillite" in Nord-Chile (Rio Chopa) hat *R. Maass* (1970) als fragwürdig bezeichnet. Die anderen Vorkommen haben *Maack* und *Har-*

*rington* einem einheitlichen südamerikanischen Eisschild einbezogen. Dagegen nehmen *Frakes* & *Crowell* an, daß es sich dort um selbständige kleinere (wenn auch langlebige) Eiszentren handelt, die durch Gebirgsrelief verursacht waren, also nicht unbedingt sehr pol-nahe lagen (vgl. auch die Rekonstruktion von *Lohmann* 1965). *J. Helbig* (1970) wies darauf hin, daß die Tillit-Serie im bolivianischen Becken von unterpermischen Kalken und spätpermischen Evaporiten gefolgt wird. Die glazialen Verhältnisse wurden also ziemlich rasch von wärmerem Klima abgelöst.

## 93 e. Antarktika (Abb. 122)

> One does not have to be a geologist to raise the eyebrows in wonderment and feel befuddled at the sight of fossil trees 2 ft in diameter, leaves more than 1 ft long, and coal seams about 25 ft thick, all within 3° of the South Pole.
>
> G. A. Doumani über *Glossopteris*-Flora, „evidence for continental drift" am Mt. Weaver (Amer. Assoc. Petrol. Geol. Bull. 52, S. 355, 1968)

Der „Weiße Kontinent" war bis lange nach dem 2. Weltkrieg auch ein „weißer Fleck" in der Landkarte der Gondwana-Vereisungen. Obgleich Antarktika immer zu Gondwana gerechnet wurde, fand erst 1960 *W. E. Long* Tillite (Buckeye tillite) in den Horlick Mountains. *Glossopteris* war allerdings schon seit dem Anfang dieses Jahrhunderts bekannt (Süd-Victoria-Land) und in 85° S, 114° W gab es bereits einen Mount Glossopteris. Der pol-nächste Fundpunkt fossiler Pflanzen auf der Erde (am Mt. Weaver, 87° S, 153° W) enthält ebenfalls *Glossopteris*-Flora (allerdings wurde die Fundschicht zunächst für jurassisch gehalten). Heute kennt man glaziale Schichten (von vermutlich meist permischem und karbonischem Alter) in mehreren „Becken" des transantarktischen Gebirges (d. h. zwischen Ross-Eis und Weddell-See): im Beardmore-Gletscher-Gebiet (Queen Alexandra Range u. a., Pagoda-Tillit), in den Queen Maud-Horlick Mts. — Ohio Range (Buckeye-Tillit), Pensacola Mts. (Gale mudstone-Tillit), etwas weiter abseits in den Ellsworth Mts.

Die Tillite liegen z. T. in sehr mächtigen, geosynklinalen Schichtenfolgen und sind dann selbst einige 100 m mächtig. Am Rand des stabilen östlichen Kontinents dagegen (in der flachlagernden, paläozoisch-mesozoischen Beacon group) sind sie geringmächtig (Buckeye-, Pagoda-, Darwin-Tillit) und enthalten dann einen erheblichen fluviatilen Anteil (*Schmidt* & *Williams* 1969). Geschrammte Geschiebe sind häufig, geschrammte Geschiebe-Pflaster und geschrammter Untergrund vielfach beobachtet. Doch die Auf-

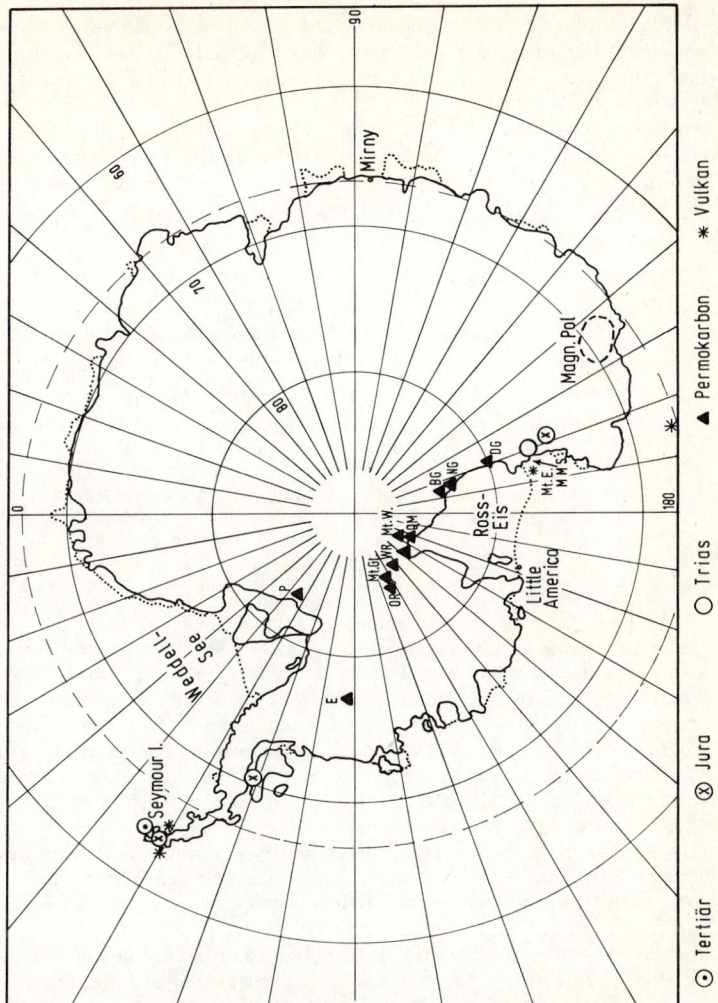

*Abb. 122*   Permokarbonische Tillite und *Glossopteris*-Vorkommen in Antarktika. Die meisten Vorkommen sind an die transantarktischen Gebirge geknüpft. Die Karte zeigt außerdem wichtige jüngere Fossil-Fundpunkte. BG Beardmore Glacier, DG Darwin Gl., E Ellworth Mts., MMS Mc Murdo Sound, Mt. E. Mount Erebus, Mt. Gl. Mount Glossopteris, Mt. W. Mount Weaver, NG Nimrod Gl., OR Ohio Range, P Pensacola Mts., QM Queen Maud Range, WR Wisconsin Range

schlüsse sind wegen der Eisbedeckung lückenhaft und schwer zugänglich, Fossilien sehr selten, so daß auch die Gesamtkenntnis lückenhaft ist. So weiß man z. B. nichts über die flächenmäßige Ausdehnung des Eises. *Frakes, Matthews* & *Crowell* (1971) haben trotzdem versucht, die in die „Becken" abströmenden Gletscher zu rekonstruieren. *Lindsay* nimmt einen Eis-Schild von kontinentalem Ausmaß an.

Weitere Literatur: *Grindley* (1963), *Haskell* et al. (1965).

## 93 f. Australien. (Abb. 123)

> Eighteen years ago Professor *Tate* went to Hallett's Cove to look for shells. He was disappointed in the objects of his visit, but discovered the ice-polished surfaces on the cliff which remain to this day the finest examples of their kind in any part of Australia.
> *W. Howchins* anläßlich einer Exkursion („the largest scientific excursion ever held in the Southern Hemisphere") der Austral. Assoc. for the Advancement of Science nach Hallett's Cove, Adelaide, Sept. 1893 (Trans. Proc. Roy. Soc. S. Austr. 19, 1895)

Die australische jungpaläozoische Vereisung kennt man seit 1859, also fast solange wie die in Indien. Die Glazialspuren, die *Selwyn* damals im Inman Valley fand (Abb. 124), waren überhaupt die ersten, die aus dem Kontinent — dem einzigen ohne rezente Gletscher! — bekannt wurden, eher als die pleistozäne Vereisung am Mt. Kocziusko. Gegenüber den anderen Süd-Kontinenten ist die stratigraphische Einstufung der räumlich und zeitlich ausgedehnten Vereisungen z. T. sicherer.

Die *erste deutliche Vereisung* liegt in New South Wales in der oberen Kuttung-Serie, die wohl etwa dem oberen Ober-Karbon entspricht (jünger als Visé; mit *Rhacopteris-Lepidodendron*-Flora). Ein Toskanit in dieser Serie ergab ein K-Ar-Alter von 298 Mill. Jahren (*Everden* & *Richards* 1962). Die Haupt-Glazial-Serie enthält mehrere typische (z. T. bis 20 m mächtige) Tillite und Geröllschiefer. Bei Seaham gibt es auch ausgezeichnete Warwen-Schiefer mit slumping (*Fairbridge*) und Arthropoden-Fährten (*Glaessner*; vgl. auch *Rattigan* 1967 und Süd-Afrika, 93 c).

Die Kuttung-Vereisung hat vielleicht nur lokale Bedeutung. Sie wird (zuletzt durch *Crowell* & *Frakes* 1971) als alpine Vergletscherung in den Gebirgen Ost-Australiens betrachtet.

Die *Hauptvereisung* wird durch die Lochinvar-Tillit-Serie dargestellt, die mit ganz anderer Flora (*Glossopteris, Gangamopteris*)

verbunden und am Irvin-Fluß in West-Australien in ca. 300 m
Abstand von einer marinen Schicht mit zahlreichen Cephalopoden
(*Metalegoceras jacksoni*) überlagert ist; nach *Teichert* gehört diese
Fauna ins Perm, so daß auch für den Lochinvar-Tillit (unter-)per-
misches Alter wahrscheinlich ist. Auch andere bekannte Tillite ge-
hören hierher (Wyngard in Tasmanien, Bacchus Marsh in Victoria,
Abb. 23 usw.).

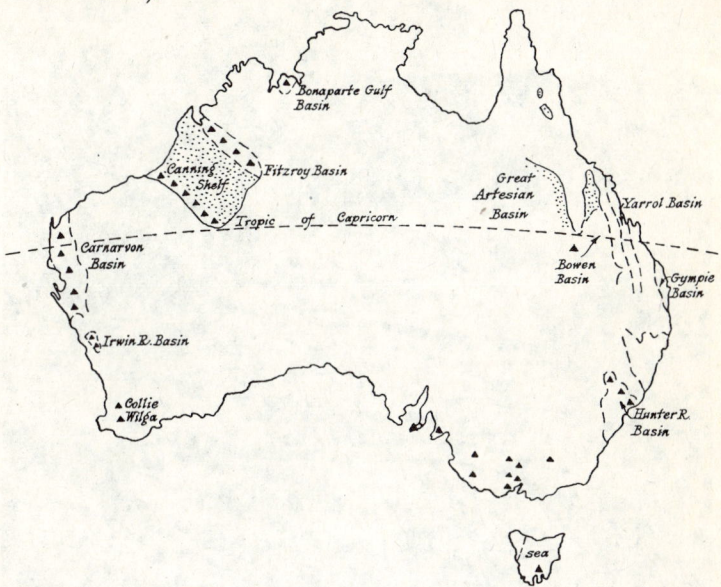

*Abb. 123*  Verbreitung der jungpaläozoischen Tillite in Australien.
mariner Bereich, ⋯ terrestrische Becken, ▲ Glazial-Ablagerungen. Aus
*D. Hill*, 1958

Die Tillit-Serie erreicht Mächtigkeiten von einigen 100 m. Gelegentlich ist ein mehrfacher — nach *Bowen* bis 51facher — Wechsel von Tilliten und anderen Sedimenten zu beobachten. *Wanless*
(1960) folgerte daraus einen mehrfachen Wechsel von Glazialen
und „Interglazialen", ähnlich wie im Quartär; doch ist das nicht
bewiesen.
Außer gekritzten Geschieben kennt man an mehreren Stellen geschrammten Untergrund, so nahe Adelaide bei Hallet's Cove und
besonders im Inman Valley (South Australia, Abb. 124); an dieser
klassischen Stelle begründete *Selwyn* 1859 die Existenz alter Vereisungen in Australien (nahebei steht ein „Glacier Rock Tea-
house"! vgl. *Schwarzbach* 1964, Abb. 2). Auch U-Täler wurden

beschrieben. Spuren dieser Inlandeis-Vergletscherung gibt es verstreut über den ganzen Kontinent, d. h. *über mehr als 3500 km
Entfernung.*

*Abb. 124*    Geschrammter Untergrund der jungpaläozoischen Vereisung:
Inman Valley, Süd-Australien. Aus *Glaessner* u. *Parkin*, 1958

Von dem Bild einer einheitlichen, ganz Australien umfassenden
„veritable Antarctica" (*David u. Süßmilch*) ist man heute aber
abgekommen (vgl. etwa die Rekonstruktion von *Crowell* & *Frakes*. Abb. 127). Das *Eis-Zentrum* lag wohl in der südlichen Hälfte
Australiens oder sogar südlich von Australien, d. h. *vielleicht im
(damals nahe gelegenen) Antarktika*, mit einem Südpol „150 km
or so southwest von Adelaide". Noch im jüngeren Unter-Perm
schwand das Eis. Doch lagen Gletscher immer noch nahe; das be-

weisen glazialmarine Sedimente in New South Wales (Branxton) und Tasmanien. (Dort gehen eisverdriftete Dropstones bis in die oberpermische Ferntree group). Schon vorher begann Kohlenbildung (Greta coals); sie setzt sich im Ober-Perm fort (Newcastle). So wird im Perm erst antarktisches, dann kühles Klima, mit Zeiten reger Kohlenbildung geherrscht haben. Die Australien nahe gelegene Insel *Timor* enthält reiche marine Perm-Faunen wärmeren Klimas, auf deren Gegensatz zu den australischen Gletscher-Gebieten vor allem *Gerth* hingewiesen hat. Wenn das Timor-Perm wesentlich jünger als die australische Vereisung ist, wäre die geringe Entfernung kein so großes Problem (und ebensowenig das Vorkommen einiger jungpermischer Riff-Korallen in Nord-Neuseeland, *Leed* 1956). Aber nach *Audley-Charles* (1966) gibt es bereits *unter*permische Riffe auf Timor, so daß sich doch einige Schwierigkeiten ergeben; sie lassen sich auch durch kontinentale Drift nicht ohne weiteres lösen.

Weitere Literatur: *Banks* (1962), *David* & *Browne* (1950), *D. Hill* (1959).

**93 g. Parallelisierung der Gondwana-Vereisungen.** In zahlreichen Glazial-Gebieten von Gondwana liegen über den Tilliten kohlenführende Schichten mit *Glossopteris-Flora*. Eine Zusammenstellung solcher ähnlichen Profile zeigt Tab. 17. Es liegt nahe anzunehmen, daß damit gleichzeitig eine zeitliche Parallelisierung erreicht ist, d. h. daß die Haupt-Tillit-Serien und die Kohlen-Serien gleichalt sind. Durch Fossilien läßt sich das freilich nur ungefähr stützen. Man wird als einigermaßen sicher annehmen dürfen, daß die *Glossopteris*-führenden Kohlenschichten überwiegend permisch sind. Die meisten Tillite liegen offenbar nahe der Grenze Karbon — Perm (stellenweise beginnen sie vielleicht im Unter-Karbon). Für die angegebene Parallelisierung spricht auch das Vorkommen der dickschaligen Muschel *Eurydesma* und (in Südamerika und Süd-Afrika) das kleine Reptil *Mesosaurus*. Beide werden meist als Leitfossilien des untersten Perm angesehen. Allerdings kommt *Eurydesma* z. B. in Südamerika nur abseits der sicheren Profile vor.

Aber es ist ebenso möglich, daß die Tillite *nicht genau gleiches Alter* haben, und das würde dann auch für die Kohlen gelten. (Die Kohlen folgen zeitlich sozusagen zwangsläufig den Tilliten: postglaziales kühl-feuchtes Klima ist häufig für Torfbildung günstig, z. B. ja auch im Holozän Nord-Europas usw.!)

Tatsächlich haben die südamerikanischen Geologen die dortigen Vereisungen immer als karbonisch angesehen; freilich auf Grund unsicherer Fossilien. Die australischen Tillite dagegen sind offensichtlich z. T. permisch (und sogar oberpermisch). Wenn diese Altersverschiebung besteht, so läßt sie sich mit dem *Wandern des Süd-Pols* erklären; er würde im Ober- (und vielleicht Unter-) Kar-

*Tabelle 17* Zusammenstellung der Gondwana-Tillite

| | Vorder-indien | Süd-Afrika | Süd-amerika | Ant-arktika | Australien |
|---|---|---|---|---|---|
| | | | | | Newcastle coals |
| | | | | | Glaziale Schichten (Branxton u. a.) |
| | Damuda-Serie mit Kohlen und *Glosso-pteris*-Flora | Ecca mit Kohlen und *Glosso-pteris*-Flora | Passa Dois mit Kohlen u. *Glosso-pteris* Flora, an der Basis | Kohlen und *Glosso-pteris*-Flora | Greta coals m. *Glosso-pteris*-Flora |
| Perm | *Eury-desma*-Schicht | *Meso-saurus* | *Mesosaurus* [*Eurydesma* in der Sa. Ventana] | | *Eurydesma*-u. *Metale-goceras*-Schichten |
| | Talchir-Tillite | Dwyka-Tillite (m. *Eury-desma*) | Tubarão mit Itararé-Tilliten u. Kohlen | Buckeye-u. a. Tillite | Lochinvar-u. a. Tillite |
| Ober-Karbon | | | | | Kuttung-Tillit, *Lepidoden-dron-Rhacopteris*-Flora |
| Unter-Karbon | | Beginn der Tillit-Ablagerung? | | | |

bon näher an Südamerika, aber im Perm näher an Australien gelegen haben. Diese Deutung gab zuerst *L. C. King* (1958). Sie
bringt für die weite Ausdehnung der Gondwana-Eisgebiete eine
einfache Erklärung, und ist in neuerer Zeit vor allem von *Crowell*
und *Frakes* ausgiebig herangezogen worden (Abb. 127).

**94. Rückblick auf das Jung-Paläozoikum.** Das Klimabild des Jung-
Paläozoikums wird besonders seit dem Ober-Karbon beherrscht
von dem Gegensatz zwischen Süd- und Nord-Hemisphäre. Südamerika, Süd-Afrika, Australien und Antarktika weisen — wie
auch Vorderindien — mit ihren mächtigen und weit ausgedehnten glazialen Ablagerungen (Abb. 125) auf zeitweise sehr kaltes

Klima hin. Im Unter-Karbon dagegen war das Klima auf der Erde offenbar ausgeglichener.

Die Ausdehnung der vereisten Gebiete schätzte *Salomon-Calvi* (wohl zu hoch) auf ca. 14 Mill. km². Darin ist aber Antarktika nicht enthalten, über dessen (erst später entdecktes) permokarbonisches Eis jedoch keine Größenangaben möglich sind. Immerhin dürfte das heutige antarktische Eis (mit 12,6 Mill. km²) durch das gesamte Gondwana-Eis erheblich übertroffen gewesen sein. *Gough* (1970) hat es sogar für möglich gehalten, daß der Druck dieser Eismassen die Zerspaltung von Gondwana in Gang setzte! Doch damit war wohl selbst das mächtige Gondwana-Eis überfordert. (Vgl. auch die — freilich nicht sehr treffende — Kritik von *Meyerhoff* & *Teichert* 1971 und *Gough*'s Reply.)

Dabei liegt der zeitliche Schwerpunkt der Glazialsedimente an der Wende Karbon-Perm (ca. 285 Ma), doch beginnt stellenweise die Gletscherbildung vielleicht schon im früheren Karbon, und Eisberg-Drift ist noch im späteren Perm nachzuweisen, so wie wir ja Zeugen *alt*paläozoischer Gletscher schon in Südamerika und Afrika eingetroffen hatten. Die Gletscher werden abgelöst von Kohlensümpfen mit *Glossopteris-Flora,* die gleichfalls ziemlich kühles Klima anzeigen und dem gemäßigten Gürtel angehören.

Für Nordamerika — Europa ist dagegen warmes Klima anzunehmen; dazu treten vor allem im Karbon reiche Niederschläge. Der aride Gürtel der Nord-Halbkugel lag noch weiter nördlich als die Sumpfwälder der Steinkohlenzeit. Erst im Perm stellten sich im mittleren Europa und in den südlichen USA ausgesprochen aride Verhältnisse ein. Das nördliche und östliche Asien ist besonders im Perm durch feuchtes Klima der gemäßigten Breiten charakterisiert

*C. E. P. Brooks* hat den Versuch gemacht, das Rätsel dieser Klima-Verteilung aus den paläogeographischen Verhältnissen heraus zu erklären. Aber das geht nur sehr gezwungen; es ist schwer einzusehen, warum ein äquatornahes Gondwana der Schauplatz von Inlandeis-Gletschern werden sollte. So liegt es näher, trotz der Bedenken mancher Geophysiker, mit einer ganz anderen Lage von Pol und Äquator zu rechnen, wenn auch das allein noch nicht ausreicht: eine befriedigende Lösung gibt erst eine zusätzliche Verschiebung der Kontinente, wie sie *Alfr. Wegener* zuerst annahm (Abb. 126). Ja, die Klimaverhältnisse im Jung-Paläozoikum muß man noch immer als ein besonders schlagkräftiges Argument zugunsten dieser Hypothese gelten lassen. Die paläomagnetischen Messungen haben weitere entscheidende Hinweise geliefert. Auch die (freilich sehr spärlichen) Beobachtungen über Windrichtungen passen in das Bild hinein (89). Übrigens würde schon eine geringere Kontinental-Drift, als sie *A. Wegener* annimmt, eine Deutung im Karbon — Perm sehr vereinfachen.

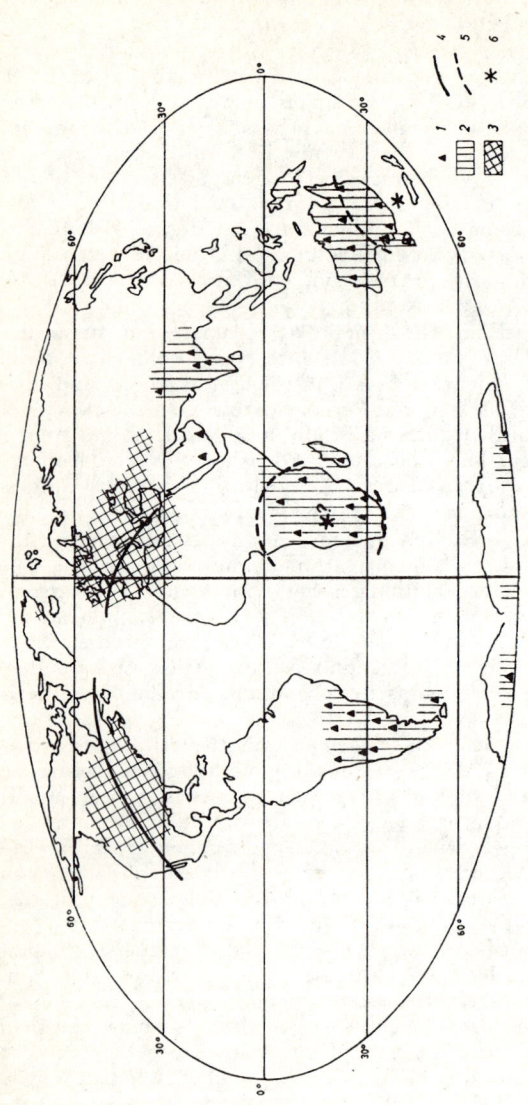

*Abb. 125* Weltkarte des Klimas im Karbon-Perm. 1 Tillit und Gletscherschliff, 2 *Glossopteris*-Flora, 3 Euramerische Flora, 4 Äquator, 5 80° südl. Breite, 6 Süd-Pol (4—6 nach paläomagnetischen Messungen der jeweiligen Kontinente). Die Spuren der Vereisungen finden sich fast nur auf den Süd-Kontinenten; der Farnsamer *Glossopteris* war in den gleichen Gebieten verbreitet. Die karbonischen Steinkohlen Europas und Nordamerikas gehören zu einem warm-feuchten Gürtel. Sehr gute Übereinstimmung zwischen paläoklimatologischen und paläomagnetischen Ergebnissen. Aus *Schwarzbach*, 1964 b. Die Vereisung der Antarktis war nach heutiger Kenntnis noch etwas größer, als die Karte zeigt (vgl. Abb. 122). Vgl. auch Abb. 126—127!

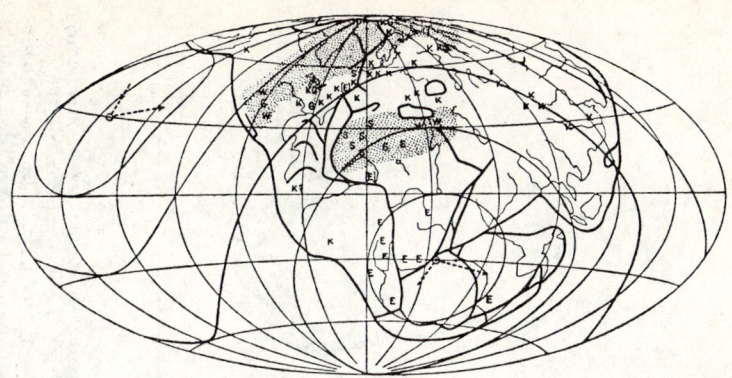

*Abb. 126*  Paläogeographie des Jung-Paläozoikums nach *Köppen* und *Wegener* (1924). E = Eis-Spuren. K = Kohle. S = Salz. W = Wüstensandstein. ⠿ Trockengebiete. ⊙ Nord- und Südpol. Die klassische, wenn auch in den Details überholte Deutung der Klimaverhältnisse durch kontinentale Drift; Zusammenschiebung der Süd-Kontinente zu einem Gondwana-Superkontinent.

Eine weitere Vereinfachung bringt die Annahme, daß der Süd-Pol im Laufe des Permokarbons quer durch Gondwana wanderte und dadurch die Vereisungszentren ihre Lage wechselten (Abb. 127). Die zahlreichen, im einzelnen recht verschiedenen Rekonstruktionen, die *Wegeners* Nachfolger, vor allem auch die Paläomagnetiker, in den letzten Jahren entworfen haben, zeigen übereinstimmend folgende Lage der Kontinente: *die Süd-Kontinente nahe dem Süd-Pol; Nordamerika — Europa im Äquator-Bereich oder zum mindesten näher dem Äquator als heute.*
Im Laufe des Perm gelangen Nordamerika — Europa in den Wüstengürtel der Nordhalbkugel. Allerdings spielt bei der großen Ausweitung arider Gebiete im Perm ganz gewiß auch eine Rolle, daß durch die variszische Faltung vielerorts kontinentale Verhältnisse das Übergewicht erhielten. Große Teile Asiens dagegen kamen im Perm in eine feuchte Zone hinein.

Weitere Literatur: *Plumstead* (1973), *P. L. Robinson* (1973).

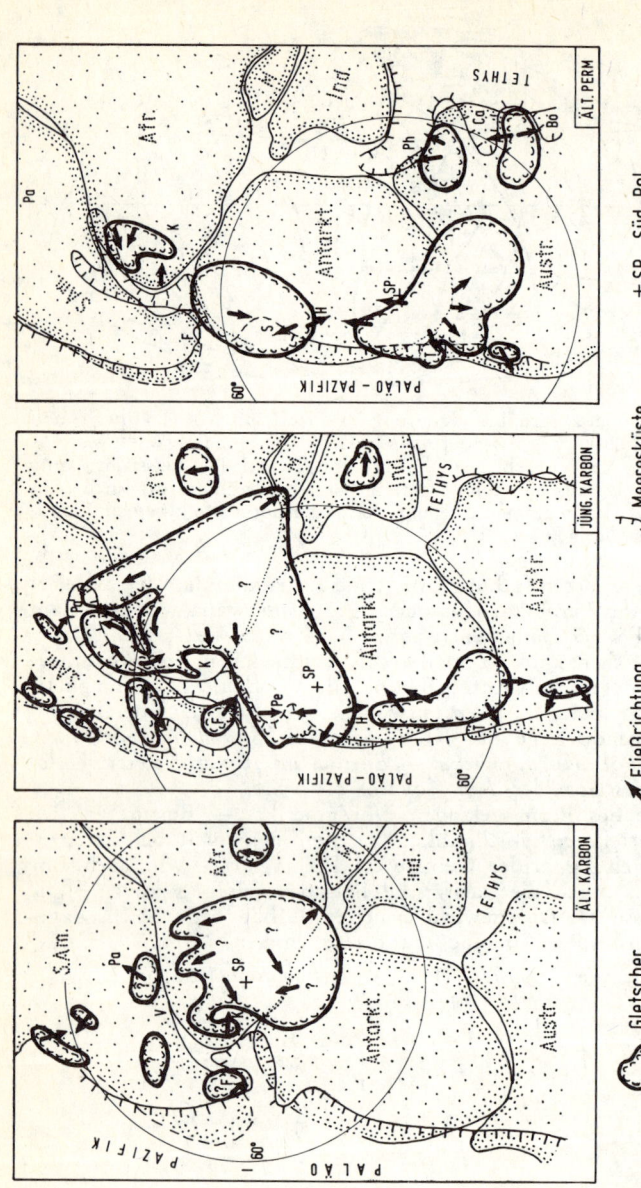

*Abb. 127* Moderne Gondwana-Rekonstruktion von *Crowell & Frakes* (1970; umgezeichnet und etwas vereinfacht). 3 Stadien (ält. und jüng. Karbon, ält. Perm). Der Süd-Pol wandert von Süd-Afrika in die Antarktis. Süd-Pol und Breitenkreise nach paläomagnetischen Messungen. Die Rekonstruktion ist z. T. stark hypothetisch. B Bonaparte Basin, Ca Carnarvon Basin, F Falkland-I., H Horlick Mts., K Karru-Becken, M Madagaskar, Pa Paraná-Becken, Pe Pensacola Mts., Ph Perth Basin, S Sentinel Range, SP Süd-Pol, T Tasmanien, V Sierra de la Ventana

🝆 Gletscher    ⌐ Fließrichtung    ⌐ Meeresküste    + SP  Süd-Pol

# XVI. Mesozoikum

The writer in 1958—9 searched for Cretaceous and Tertiary sediments in moraines
in the McMurdo Sound district. A con-
siderable number of erratics of sediments... were found... Apocryphical
erratics could occur locally, for there
might be truth in the recent story that
a visitor to McMurdo Sound was found
throwing exotic fossiliferous rocks on
moraines, and when asked why, replied
"I hate geologists".
*H. J. Harrington*, The geology and morphology of Antarctica (1965) (Vgl. auch
*A. Cailleux*, Géologie de l'Antarctique,
1963, S. 2)

**95. Allgemeines.** Die Einzelabschnitte des Mesozoikums — Trias,
Jura, Kreide — zeigen zwar in manchen Gebieten ziemlich verschiedene klimatologische Eigentümlichkeiten, im ganzen aber
doch genügend einheitliche Züge, daß man sie zusammen betrachten kann. Charakteristisch für die paläo-geographischen Verhältnisse und damit auch wichtig für die Paläoklimatologie sind die
relativ große Ausweitung der Landflächen zu Beginn des Zeit-
raums, meist geringes Relief, ferner die Existenz einer queren
Meeresverbindung zwischen Süd-Asien und Süd-Europa durch das
alte „Mittelmeer" der Tethys.

**96. Riff- und Kalkgürtel; Phosphorite.** Der Kalkgürtel warmen
Klimas reicht besonders in der Trias und im Jura viel weiter nach
N und ist auch in der Kreide viel breiter als heute.
In *Europa* ist vor allem die alpine Geosynklinale durch z. T.
mächtige Riffbildungen gekennzeichnet. Die nördliche Grenze
der Riff-Korallen liegt in der Jura-Zeit noch in England, d. h.
30 Breitengrade nördlicher als heute. Ihre Artenzahl war allerdings dort viel geringer als weiter südlich, entsprechend heutigen
Verhältnissen (Tab. 8).

*Beispiele für Riff- und Kalkbildungen in Europa. Trias:* Südtiroler Dolomiten, Dachsteinkalk der Salzburger Alpen (nach *Zapfe* und *A. G. Fischer* 1964 ein Barriere-Riff), Hoher Göll (*Zankl* 1969), obertriassische
(vor allem rhätische) Korallenriffe auch sonst in den nördlichen Kalkalpen und in der Steiermark (*E. & E. Flügel* 1962); Balkan-Halbinsel. —
Ausgedehnte Kalksedimentation auch im außeralpinen Bereich (Muschelkalk in Deutschland, Süd-Frankreich, Spanien, Sardinien).
*Lias:* in Mittel-Europa kalkärmer als die Trias, aber mächtige Kalke z. B.
im Apennin und Nord-Afrika.
*Höherer Jura:* kalkreich, z. T. mit Korallen- und Schwamm-Riffen, in
Süd-Deutschland, West-Europa (von Süd-Frankreich bis Portugal), im

Norden bis Yorkshire, im Kimmeridge bis Schottland; in den Alpen z. B. Untersberg bei Berchtesgaden, in den Beskiden Tithon von Stramberg (Abb 128).
*Kreide:* Rudisten-Riffkalke im mediterranen Gebiet. — Für die Schreibkreide von Rügen (Unter-Maastricht) erhielt *H. Nestler* (1965) durch palökologische Untersuchungen an Invertebraten 20° C für die oberen Wasserschichten. — Karte mit Meeresströmungen in *Gordon* 1973.

*Abb. 128*    Riffkalk des Ober-Jura (Tithon). Stramberg in Mähren (Tschechoslowakei). Fot. *M. Schwarzbach*

Kalkreiches Mesozoikum kennzeichnet auch die Tethys-Bereiche des südlichen *asiatischen* Kontinents bis nach Indonesien hin. Fast die ganze Länge der japanischen Inseln wird im Mittel- und Ober-Jura von einer Riff-Kette begleitet, „perhaps comparable to the Great Barrier reef of today" (*Kobayashi* 1942). Als Riffbauer treten allerdings weniger Korallen als vielmehr Stromatoporen auf. *Kobayashi* möchte annehmen, daß schon im Mesozoikum ein warmer Kuro-Schio-Strom existierte. Die wärmeliebende Tethys-Fauna der Kreide-Zeit hat man auch auf den „Guyots" des nordwestlichen Pazifiks wiedergefunden (*Hamilton*).
In den Geosynklinalen von *Nordamerika* spielen Kalke eine geringere Rolle als in Europa, doch kommen sie stellenweise besonders in der Trias in mächtigerer Entwicklung von Nevada bis zur Alaska range vor. Die Kalk-Armut der Kordilleren muß z. B. einem Alpengeologen auffallen; tatsächlich hat gerade angesichts dieses Gegensatzes zwischen Alpen und Kordilleren der Schweizer *Arn. Heim* (1924) an einen bereits mesozoischen kühlen „Kalifornien-Strom" gedacht.
Die Temperatur-Werte, die die $^{18}O$-*Methode* geliefert hat, weisen in den meisten Gebieten gleichfalls auf recht hohe Meerestemperaturen. Sie liegen z. T. um mehr als 10° höher als heute (Tab. 18). Nur ausnahmsweise ergeben sich niedrigere Werte. Freilich streuen die Werte z. T. um 20° und deuten damit an, wie unsicher sie vielfach sind (vgl. 62 und *Fabricius* et al. 1970 u. a.).

Aus den [18]O-Kurven haben *Bowen* u. a. ein Maximum im Coniac — Campan (Ober-Kreide) abgeleitet. Die palökologische Analyse ergibt allerdings mindestens für den mitteleuropäischen Bereich ein anderes Bild (*E. Voigt*, Abb. 129). Auch hier zeigen sich also Diskrepanzen, die weiterer Untersuchung bedürfen.

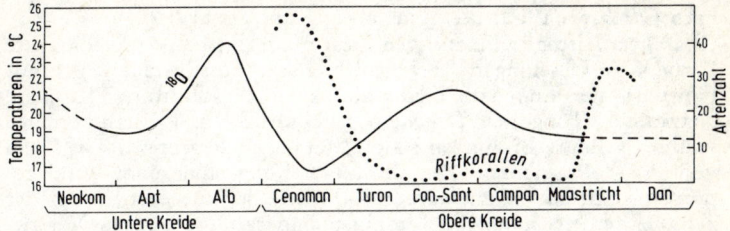

*Abb. 129* [18]O-Temperatur-Kurve der Kreide (nach *Bowen*). Die Klimakurve, die z. B. aus den Riffkorallen in Mittel-Europa konstruiert wurde, stimmt damit nicht überein. Nach *E. Voigt*, 1964

*Tabelle 18* Einige [18]O-Temperaturen des Meeres im Mesozoikum

| Ort | Zeitliche Einstufung | Mesozoische Temperatur in ° C | Heutige Meerestemperatur in ° C |
|---|---|---|---|
| Skye (Schottland) | Jura | 17—23 | 7—13 |
| Alpen | Unter-Lias | 17—32 } | 10—15 |
| Frankreich | Bajocien | 20—21 } | |
| Neu-Guinea | Oxford | 16 | 25 |
| Cutch, Indien | Kimmeridge | 18—19 | 25 |
| Krim | Campan | 17,6 | 2—24 |
| Deutschland und Polen | höh. Ober-Kreide | 20 | |

Auf die *Phosphorite* im ob. Malm—unt. Kreide des nordwestlichen Europas hat *Casey* (1971) hingewiesen. Die damalige klimatische Lage entspricht dem Bildungsraum heutiger Phosphate (31). Der Zusammenhang mit Aufquellwasser könnte durch die beginnende Öffnung der Atlantik-Spalte gegeben sein.

**97. Zone der Rotsedimente und Evaporite.** In *Europa* schließt sich die Trias petrographisch z. T. eng an das Perm an. Dieselben roten Sedimente, die das „Rotliegende" charakterisieren, erscheinen im „Buntsandstein" wieder. Offensichtlich handelt es sich beide Male um Ablagerungen ähnlichen, weitgehend ariden Klimas. Dabei ist keineswegs immer an vollaride Verhältnisse zu denken. Die Fazies des Buntsandstein tritt außer in Deutschland auch z. B. in England („Bunter", „New Red"), Süd-Frankreich, West-Sardinien, auf den Balearen, in Ost-Spanien, aber auch im marokkanischen Atlas und am West-Rand des Urals bis hin zum Weißen Meer auf. Im südöstlichen europäischen Rußland war dagegen nach *Otschew* (1960) die Trias eher feucht als arid.

Charakteristische Klimazeugen des Buntsandstein sind die rote Farbe, Verkieselungen (Karneol-Lagen), Fossilarmut (oft nur Fährten), der Lungenfisch *Ceratodus*, Schrägschichtung, Rippeln, Netzleisten, Tongallen, Regentropfeneindrücke u. ä. Dazu kommen vielfach salinare Bildungen (Gips, Steinsalz); letzteres oft in Form von Pseudomorphosen. Die alte Vorstellung einer vom Wind geprägten, extremen Buntsandstein-„Wüste" ist aufgegeben. Bei der *Zusammenschwemmung* der tonigen und sandigen, roten Verwitterungsmassen angrenzender Gebiete in abflußlosen Senken mit brackischen Endseen oder in übersalzenen Flachmeeren haben fluviatile Vorgänge eine Hauptrolle gespielt (*Wurster* 1965, *W. Hoppe* 1972 u. a.).

In den Ost-Alpen setzen sich die *Steinsalz*-Ablagerungen des Perm in die Trias fort („Haselgebirge"). Salzreich sind in Mittel-Europa der obere Buntsandstein, der mittlere Muschelkalk (früher Deutschlands wichtigste Steinsalzformation!), der mittlere Keuper („Gipskeuper", zuletzt *Krisl* 1969); in England und Irland erreichen salz- und gipsführende Mergel 900 m Mächtigkeit. Im französischen Alpen-Vorland (bei Dax) gibt es sogar Kalisalze, in Spanien und im Atlas von Marokko Salzstöcke des Keuper (*Lotze*).

Im Jura sind salinare Sedimente schon viel seltener und noch mehr in der Kreide (nur im oberen Jura kommen sie stellenweise vor: Münder Mergel in Nordwest-Deutschland u. a.).

*Bauxite* sind u. a. bekannt aus Ural, Harz-Vorland, Süd-Frankreich, Ungarn, Herzogowina.

In *Nordamerika* weist die Trias vielfach ähnliche Züge wie in Europa auf. In den Rocky Mountains erreichen die kontinentalen Red-bed-Ablagerungen mehrere 1000 m Mächtigkeit. Typisch ist die Moenkopi-Formation der Unter-Trias in Utah, Colorado, Arizona oder die obertriassische Newark Formation in den östlichen USA (von Virginia bis New York; im Connecticut Valley). Aus den roten Schiefern des New Red von New Jersey beschrieb schon vor mehr als 100 Jahren *Redfield* Regentropfen-Eindrücke und stellte fest, daß die Regenschauer von Westen kamen. Im Colorado-Plateau fand *F. G. Poole* recht regelmäßige NE-Winde (auch für den unteren Jura; Passatwind? Abb. 74).

Die gleiche Red-bed-Fazies ist auch im unteren Jura der westlichen USA verbreitet (Navajo Sandstone in Arizona — Neu-

Mexiko, Nugget Sandstone in Utah und anderen Staaten). Wie die Trias führt auch der Jura weitverbreitet Gips und auch Steinsalz, weniger häufig die Kreide (am meisten noch die Unter-Kreide: Arkansas, Louisiana).

In *Asien* treten salinare Bildungen besonders im höheren Jura hervor (NW-Kaukasus mit 850 m Anhydrit- und Steinsalzschichten, *Mitin* 1962; Hissar-Gebirge, Turkestan) und an zahlreichen Stellen in der Kreide. Red beds charakterisieren die untertriassische Panchet-Formation in Vorderindien (*Balasundaram* et al. 1970) und die untere Kreide SE-Asiens (Abb. 130).

Auch auf der Süd-Hemisphäre ist im Mesozoikum vielfach Redbed-Fazies vorhanden; die jungpaläozoischen Kohlengebiete wandeln sich mehr und mehr in mindestens halbaride Gebiete um.

In *Südamerika* gehört hierher der *Botucatú-Sandstein* (wohl Ob. Jura—Unt. Kreide), eine äolische Bildung mit zahlreichen Windkantern. Mit fast 2 000 000 km² gilt das Gebiet als die „größte Paläowüste" der Erde. Aus der Textur der Dünen leiteten *Almeida,* dann *Bigarella* & *Salamuni* (1961) N- und NE-(Passat-) Winde im nördlichen, W- und WSW-Winde im südlichen Gebiet ab (Abb. 131). Danach ähnelten die Luftdruck-Verhältnisse im frühen Mesozoikum dem heutigen Zustand — obgleich der Atlantik vermutlich nicht bestand. Gips und z. T. auch Salz gibt es im Jura und besonders in der Kreide der Anden. Auch der Ober-Jura Argentiniens war ziemlich arid (*Volkheimer* 1970).

Das nördliche *Afrika* (Atlas-Länder, Tunesien) gehört mit seinen (relativ geringen) Evaporit-Vorkommen zum gleichen Trockengürtel wie Europa. Bezüglich des äthiopisch-somalischen Raums möchte man das zunächst auch annehmen; er liegt ja mindestens heute nördlich der äquatorialen Klimazone. Nach dem großräumigen Klimabild der Erde im Mesozoikum und auch nach paläomagnetischen Daten wird er aber wohl in der Jura-Kreide-Zeit noch zur südlichen Trockenzone gehört haben (so auch *Machens* 1970). Der südliche Evaporit-Gürtel wird noch deutlicher durch die ausgedehnten, neu entdeckten Halit-Carnallit-Vorkommen zwischen Gabun und Angola (Unter-Kreide) und die Steinsalz-Serien im südlichen Tanzania (Jura) gekennzeichnet (*Machens* 1970).

Im südlichen Afrika sind die Ablagerungen der Karru-Formation mit ihren reichen Funden landbewohnender Reptilien u. a. wichtig. Wie in Europa schließen sich hier die permischen Schichten faziell und klimatisch eng an die triassischen an („Permotrias"), wobei sich auch hier feuchtere Perioden (Molteno) zwischen mehr trockene (Beaufort im Liegenden, „Red Beds" und Cave-Sandstein im Hangenden) einschalten; der Cave-Sandstein gilt als im wesentlichen äolische Bildung (*Beukes*).

*Im ganzen* kann man sagen: In Europa und Nordamerika lag der Gürtel der roten Sedimente und Evaporite in der Trias viel weiter nördlich als heute (Nord-Grenze im südlichen Kanada und in England), zur Jura-Zeit reichte er zeitweise ebenso weit. Er um-

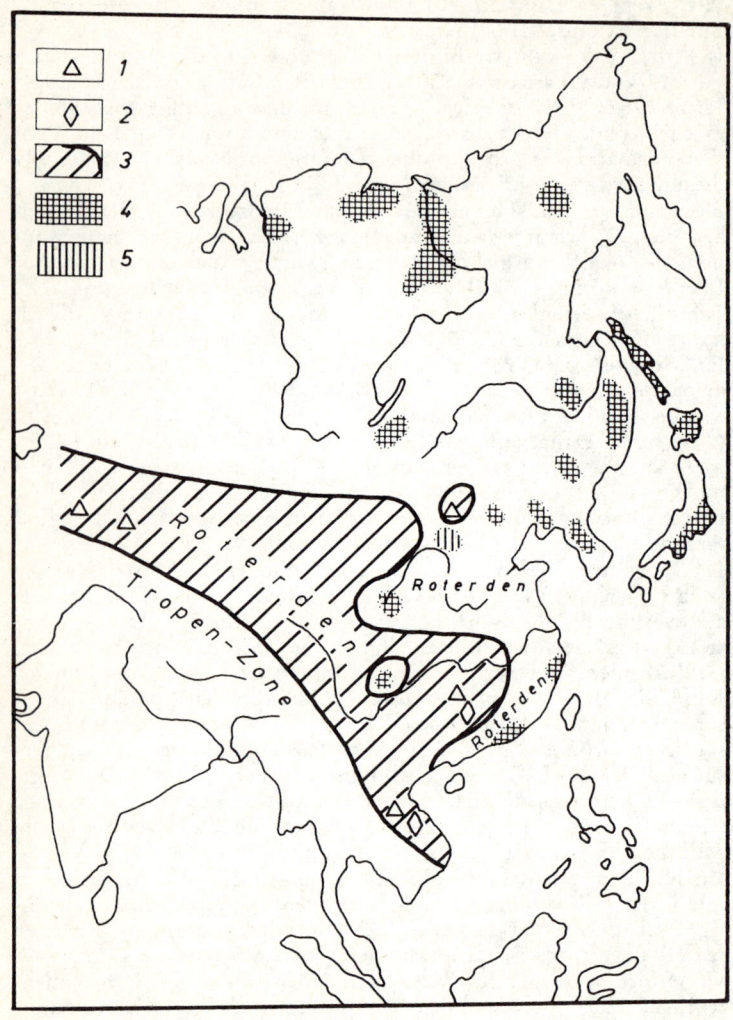

*Abb. 130*  Paläoklimatologische Karte von Ost-Asien in der unteren Kreide. 1 = Gips. 2 = Steinsalz. 3 = arides Gebiet. 4 = Kohle. 5 = kohlige Schiefer. — An die aride Zone schließt sich nach Norden ein humides Gebiet an. Nach *J. M. Schejnmann*, 1954, umgezeichnet

faßte also noch fast die ganzen USA und Europa, und erst in der Kreide zieht er sich fast bis zum heutigen Gebiet zurück, d. h. beschränkt sich in den USA auf die südliche Hälfte, in Europa auf einen kleinen südlichen Streifen. Auf der Süd-Halbkugel lag der Trockengürtel z. T. nicht wesentlich anders als heute, z. T. weiter nördlich.

**98. Boreale Provinz.** Gegenüber dem recht warmen „Riff"-Gürtel hebt sich im Norden eine etwas kühlere „boreale" Provinz ab

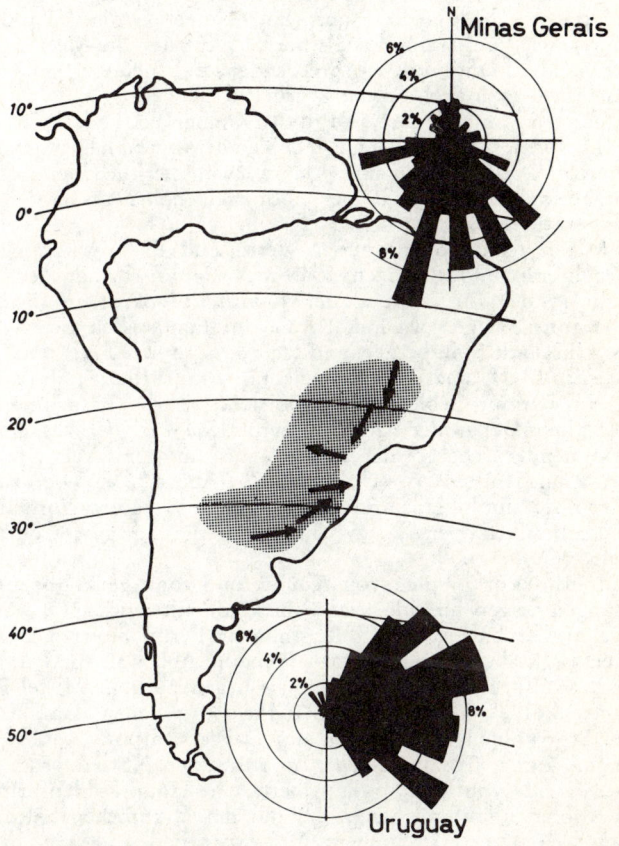

*Abb. 131* Botucatú-Wüste (grau) und ihre Windrichtungen. 2 Diagramme der Dünen-Schrägschichtung. Die Grenze zwischen Passat und Westwind-Gürtel liegt bei heute 25—27° s. Br. Nach *Bigarella & Salamuni,* 1961

(zuerst *M. Neumayr* 1883). Sie ist dadurch charakterisiert, daß *Riffkorallen* und überhaupt Kalksedimente ganz *zurücktreten,* dafür aber vielfach glaukonitführende Ablagerungen stärker hervortreten. Die *Süd-Grenze* zieht durch Nordamerika und Mittel-Europa. Kennzeichnende marine Formen sind z. B. die Muschel „*Aucella*" und der Ammonit *Virgatites* im Jura, *Belemnitella* in der Kreide (vgl. u. a. *B. Ziegler* 1964). In Japan deuten gewisse Ammoniten im Lias und oberen Dogger auf zeitweilige kalte Strömungen (*Sato*), die also etwa dem heutigen Oya Schio entsprechen würden. Auch die *Süd-Hemisphäre* weist wenigstens in der Kreide eine boreale Meeres-Zone auf (Süd-Anden, Graham-Land, Seymour-Insel), und wenn wir als boreal nicht nur die Meere bezeichnen, sondern auch die entsprechenden Landgebiete, gehört auch Australien dazu (vgl. *Schwarzbach* 1964).

Im ganzen war die boreale Provinz immer noch viel wärmer als die heutigen Gebiete. Einige [18]O-Temperaturen liegen im Callovien von Ost-Grönland und Alaska zwar merklich tiefer als weiter südlich, aber doch immer noch weit höher als die heutigen Temperaturen.

Wichtiger als diese unsicheren Werte sind die Vorkommen von Wirbeltieren und Pflanzen. Das Mesozoikum bringt den Höhepunkt in der Entwicklung der *Reptilien*; vor allem die Riesen unter ihnen zeigen warmes Klima an. Fundstellen liegen in der Trias bis nach Spitzbergen und (seit 1967 durch *Peter Barett*) am Coalsack Bluff (Beardmore Glacier) in Antarktika; in Jura-Kreide bis ins Amur-Gebiet Nord-Sibiriens, nach Patagonien und Australien. Der in der Antarktis gefundene *Lystrosaurus,* ein landbewohnender Therapside, kommt auch in der Trias von Süd-Afrika und Indien vor (*Colbert* 1970; Abb. 132). „The discovery of Triassic amphibians and reptiles in the Fremouw Formation at Coalsack Bluff opens a new chapter in the study of Continental Drift" (*Colbert*).

Zahlreiche Vorkommen von *Kohlen* und sonstige kohligen Ablagerungen zeigen humide Verhältnisse an. Ein wichtiges, weit ausgedehntes Gebiet ist (wie z. T. schon im Perm) Sibirien, dazu SE-Asien (vgl. die Karten bei *Schejnmann*, Abb. 130, und *Strakhov* 1962, 1969). Einzelne Vorkommen liegen auch in Mittel-Europa („Lettenkohle" im Keuper, Rhät-Lias in Schonen u. a., bauwürdige Steinkohlen im Wealden des Deisters, alpine Kohlen: Keuper von Lunz, Gosau-Kreide). Im westlichen Nordamerika ist die Ober-Kreide von Mexiko bis Alberta eine Hauptkohlenformation; die Kohlenanhäufung hängt hier mit der laramischen Faltung der Rocky Mountains zusammen. Aus Australien sind u. a. bauwürdige Kohlen der Trias zu erwähnen (im Süden Leigh Creek, in Queensland Ipswich). Überhaupt scheint Australien im Mesozoikum keineswegs sehr trocken gewesen zu sein. Alle eben erwähn-

Abb. 132  *Lystrosaurus* und sein Vorkommen in der Trias von Süd-Afrika, Antarktika und Indien. Gondwana-Rekonstruktion. B Beaufort, F Fremouw (am Beardmore Glacier), P Panchet. Nach *Colbert*, 1970

ten Kohlen gehören wohl dem *subtropisch-gemäßigten* Klimagürtel an.

Dem feuchteren Klima der Kohlenbildung entspricht gelegentlich kräftige *Kaolinisierung,* so in Schonen, wo Lias auf kaolinisiertem Grundgebirge liegt und feuerfeste Tone dem Rhät-Lias eingeschaltet sind. Die ausgesprochen tonige Fazies des Lias und der Unter-Kreide in Mittel-Europa setzt auf alle Fälle eine vorhergehende intensive chemische Verwitterung voraus.

Bemerkenswert sind in diesem Zusammenhang *polnahe reiche Pflanzenfundprodukte.* In der *Antarktis* (Abb. 122) führt die Trias von Süd-Victoria-Land Cycadophyten und den Farnsamer *Dicroideum* (*Warren* 1962, *Plumstead* 1964). Im Dogger von Graham-Land (63° S, Hope Bay, Kap Flora) entdeckte die schwedische Expedition von 1902—03 eine Flora mit zahlreichen Farnen, Cycadophyten und Koniferen, die überraschende Ähnlichkeit mit der von Yorkshire aufweist, aber auch nach Australien und Indien enge Beziehungen zeigt.

In der *Arktis* lieferte der Rhät-Lias von Jameson-Land (Ost-Grönland) 200 Arten (*T. M. Harris*; erste Beschreibungen von *Scoresby* 1822); ganz ähnliche Floren wurden auch in Schweden, Deutschland und Japan nachgewiesen. In die Unter-Kreide gehören einige reiche, berühmte Pflanzenfundpunkte von Alaska, Kome (West-Grönland), Spitzbergen, König-Karls-Land. Von Kome machte schon *Heer* 100 Arten bekannt, darunter zahlreiche Farne und Cycadeen. Die Hölzer von König-Karls-Land zeigen ausgeprägte Jahresringe. Der Ober-Kreide gehören die sehr artenreichen Fundstellen von Atana und Patoot in West-Grönland an; von hier beschrieb *Nathorst* auch Blatt und Frucht des heute tropischen Brotfruchtbaums (*Artocarpus dicksoni*, Abb. 133). Nach

*Abb. 133* Blatt eines Brotfruchtbaums (*Artocarpus dicksoni*) aus der Ober-Kreide von West-Grönland. Nach *Nathorst*, 1890, umgezeichnet. Original im Riksmuseum, Stockholm. Der 26 cm lange Blattrest wurde unter 70° n. Br. von einem Eskimo gefunden und „seine Entdeckung sogleich durch das Geschenk eines Messers belohnt"

*Seward* muß man ein Klima wie heute in Südeuropa annehmen. — Auf die unsichere stratigraphische Einordnung mancher grönländischer Fundpunkte hat *B. E. Koch* (1964) hingewiesen. Für andere Fundstellen dürfte Ähnliches gelten.

Die Floren des Jura und der Unter-Kreide zeigen, daß das Klima auf der ganzen Erde damals *recht gleichförmig* gewesen sein muß. „In keiner geologischen Periode", so schreibt *Gothan* (in *Gothan-*

*Weyland,* S. 474) für den Jura, „haben wir ... eine gleichförmigere Flora auf der Erde gehabt als zu dieser Zeit." Neuere Untersuchungen haben freilich mehr Unterschiede aufgezeigt, als man ursprünglich annahm.

Weitere Literatur: *Hallam* (1971), *Smiley* (1967), *Krassilov* (1973).

**99. Glazialspuren.** Kein Zeitabschnitt der jüngeren Erdgeschichte ist so *arm* an Glazialspuren wie das Mesozoikum. Sichere Tillite fehlen vollständig. Allerdings sind immer wieder „Moränen" vermutet worden (Trias von Gorki bei Moskau, Jura-Kreide der südlichen Anden, Australien u. a.). Aber sie haben kritischer Nachprüfung nicht standgehalten, ebensowenig wie „erratische Blöcke" in der Trias der Blue Mountains (New South Wales; Abb. 8 in *Schwarzbach* 1964) und im Cenoman von England (*Hawkes* 1943).
Zuletzt sind aus Antarktika mesozoische „Tillite" beschrieben worden: der „Mawson-Tillit" in South Victoria-Land (77° S, 160° E; nach *Gunn* & *Warren* 1962 wohl Jura oder Kreide) und am Beardmore-Gletscher (*Oliver* 1964). Aber er wird jetzt als nichtglaziale Explosionsbrekzie gedeutet (zuletzt *Borns* & *Hall* 1969).
Unsicher sind wohl auch gelegentliche Angaben über „Eiskristalle" (so im südwestdeutschen Muschelkalk, *Pfannenstiel*).

**100. Gesamtbild** (Abb. 134). Das gesamte Mesozoikum erscheint als eine ausgesprochene Wärmezeit der Erdgeschichte. Sichere Ver-

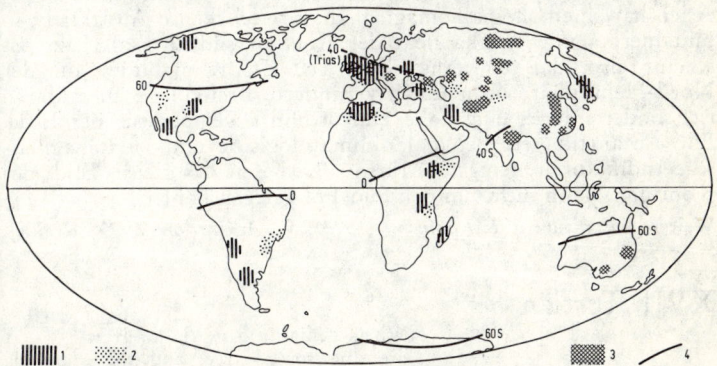

*Abb. 134* Klimakarte des Jura. 1 Riffgürtel, 2 Evaporite, 3 Kohlen, 4 paläomagnetisch ermittelte Breiten (nach Messungen in den jeweiligen Kontinenten). Europa lag äquator-näher, Australien pol-näher als heute

gletscherungen sind unbekannt und auch die Polargebiete durch relativ warmes Klima mit reicher Vegetation ausgezeichnet. Die klimatischen Gegensätze traten vor allem im Jura stark zurück;

wenn sich auch der äquatoriale Warm-Gürtel und die borealen Provinzen höherer Breiten (mit Kohlenbildung) deutlich unterscheiden lassen. Zwischen diese beiden schiebt sich der aride Gürtel. Er ist in der Nord-Hemisphäre vor allem in der Trias sehr ausgeprägt, schwächer bereits im oberen Jura; er wandert aus dem nordamerikanisch-mitteleuropäischen Raum während der Kreide-Zeit schon fast in seine heutige Lage. Rhät-Lias und Kreide scheinen feuchter und auch kühler zu sein. Auf der Süd-Halbkugel ist der südliche Trockengürtel durch die Botucatú-„Wüste" zeitweise gut markiert.

In der Süd-Verlagerung der Klimazonen auf der Nord-Halbkugel zeigt sich eine allgemeine Klimaverschlechterung in diesem Gebiet an. Daran und auch an Klimaschwankungen dürften außer kontinentaler Drift auch paläogeographische Änderungen im eigentlichen Sinne — Transgressionen und Regressionen, Gebirgsbildungen — nicht unbeteiligt sein. Experimentelle Untersuchungen von *Luyendyk* et al. (1972) deuten an, daß sich eine erd-umspannende Tethys-Meeresströmung (in ungefähr 30° N) von E nach W bewegte. Die Landbarrieren von Arabien und Mittelamerika existierten noch nicht.

Mit dem paläoklimatischen Gesamtbild stimmt das *paläomagnetische Bild* nicht immer ganz überein. Zwar ergibt sich — wie zu erwarten — für Europa und Nordamerika eine niedrige paläomagnetische Breite in der Trias, aber im übrigen Mesozoikum — entgegen den Erwartungen — eine höhere Breite als heute. NE-Asien hat eine hohe paläomagnetische Breite, ebenso Australien; in Südamerika und Afrika liegt der Äquator südlicher als jetzt. Es scheint also, daß ein erheblicher Teil des Klimabildes auf der Nord-Hemisphäre nicht durch veränderte Breitenlage zu erklären ist, sondern durch eine hohe Durchschnitts-Temperatur der Erde. Für Antarktika ergeben paläoklimatologische und paläomagnetische Indikatoren wenigstens für die Jura-Zeit das gleiche Bild: der Kontinent kann nicht um den Süd-Pol gelegen haben.

Weitere Literatur: *P. L. Robinson* (1973), *W. A. Gordon* (1973; Kreide).

# XVII. Tertiär

> When, genial, a lost Alaska grew
> broodblossomed tree, and the Magnolia stole
> warm-scented to the Pole.
> "A minor poet", zitiert von *A. C. Seward*, Plant life through the Ages, 1931

**101. Allgemeines.** Während bis zum Ende des Mesozoikums das Klimabild nur in großen Zügen rekonstruiert werden kann, lassen sich für das Tertiär (und noch mehr das Quartär) Details mehr und mehr erkennen; sehr eingehende Vegetations- und Klimakarten kann man bereits rekonstruieren (*Axelrod* u. a. in Nordamerika, *Pokrowskaja, Sinitzin* u. a. in Eurasien). Das hängt vor allem damit zusammen, daß die faunistischen und floristischen Funde vielfach unmittelbar mit heutigen Formen verglichen werden können; überhaupt kommt nunmehr — nachdem die Angiospermen auf den Schauplatz getreten sind — den botanischen Klimazeugen eine Hauptrolle zu. Von zahllosen Beispielen können im folgenden nur ganz wenige gebracht werden.

Das Tertiär ist — wie das Mesozoikum — wärmer als die Jetztzeit, wobei sich im Laufe dieser 60—70 Millionen Jahre eine allmähliche Abkühlung bemerkbar macht; am Ende des Tertiärs, d. h. von 2—3 Millionen Jahren, sind fast die heutigen Klimaverhältnisse erreicht. Bei allen paläoklimatologischen Rekonstruktionen im Tertiär ist daher eine genaue zeitliche Datierung, mindestens nach den Hauptabschnitten (Tab. 19) besonders wichtig.

Im Tertiär werden die großen Geosynklinalen des Mesozoikums — soweit sie nicht schon in der Kreidezeit verschwanden — end-

*Tabelle 19*   Gliederung des Tertiärs

| | Haupt-Abschnitte u. Alter (Ma)* | Oft erwähnte Unter-Abschnitte in | |
|---|---|---|---|
| | | Europa | Nordamerika |
| | 1.5—3.5 | | |
| | Pliozän 7 | Pont | |
| Jung-Tertiär (Neogen) | Miozän | Sarmat Torton Helvet Burdigal Aquitan | |
| | ≥ 26 | | |
| | Oligozän | Chatt Rupel Lattorf | |
| | 37—38 | | |
| Alt-Tertiär (Paläogen) | Eozän | Lutet, Ypern | Uinta Bridger (Claiborne) Wasatch (Wilcox) |
| | 53—54 | | |
| | Paleozän 65 | | Fort Union |

* nach *Funnell* 1964

gültig zu den Gebirgsketten der Alpen, des Himalaya usw. aufge-
faltet. Das bringt tiefgreifende paläogeographische Veränderungen
mit sich, die auch auf die klimatischen Verhältnisse von entschei-
dendem Einfluß waren.

## 102. Temperatur-Verhältnisse (vor allem im älteren Tertiär) im heutigen warmen und gemäßigten Gürtel.

Das ältere Tertiär
zeichnet sich an vielen Stellen durch *höhere Temperaturen* als heute
aus (Abb. 145—146). Am auffälligsten ist das in den mittleren und
höheren Breiten. Im heutigen gemäßigten Klimabereich liegen
zahlreiche *Pflanzenfundpunkte,* die artenreiche Floren subtropischen Charakters geliefert haben. Kennzeichnend sind z. B. Palmen; ihre pol-wärtige Grenze lag im Alt-Tertiär in Alaska (62°
N) und Ostpreußen (55° N), und auch das deutsche Miozän führt
noch Palmen. Als klassischer Fundpunkt einer miozänen Flora
(und Fauna) sei Oeningen am Bodensee genannt, von dem O.
*Heer* schon 1865 in der „Urwelt der Schweiz" 465 Pflanzen- und
844 Insekten Arten angab (vgl. zuletzt *Hantke*).
Die Süd-Halbkugel bietet wegen der kleineren Landfläche weniger Fundpunkte und daher weniger Vergleichsmöglichkeiten, doch
gibt es auch da entsprechende Floren wärmeren Klimas. In Australien z. B. war *Araucaria* bis Tasmanien verbreitet; heute liegt
ihre Süd-Grenze im nördlichen Neu-Süd-Wales (vgl. *Gill* 1961).
Angaben über Argentinien hat neuerdings *Volkheimer* (1971) zusammengestellt.
Leider gibt es nur spärliche Angaben über die tertiäre Vegetation
der Tropen. Umfassende Pollendiagramme (vom Maastricht bis
zum Unter-Miozän) veröffentlichte *v. d. Hammen* aus den Anden
Kolumbiens. Sie zeigen (z. B. in der Verbreitung von Palmen)
leichte Klimaschwankungen. (Nach *v. d. Hammen* sollen sie regelmäßige Perioden von 6 u. 2 Ma zeigen; aber das ist wohl recht
hypothetisch.) Die Temperaturen lassen sich nicht gut ableiten; sie
waren wohl nicht wesentlich anders als heute, nach *v. d. Hammen*
z. T. etwas niedriger.
*Krokodile* lebten im Alt-Tertiär bis nach New Jersey, England,
der Mongolei und Patagonien. Im Eozän von Messel (Deutschland) konnte *D. E. Berg* (1964) noch 5 Gattungen nachweisen.
Heute liegt die Nord-Grenze in Florida und Nord-Afrika (Abb.
58). In Australien lieferte eine jungtertiäre Wirbeltierfirma bei
Alcoota (NW Alice Springs) Krokodile (*M. O. Woodburne* 1967);
in der Jetztzeit sind sie auf Nord-Australien beschränkt. Doch
wird in diesem Fall weniger die Temperatur als die Aridität des
heutigen Zentral-Australiens eine Rolle spielen.
Tropische Käfer gibt es im Eozän des mitteldeutschen Geiseltals,
Termiten im unteroligozänen Bernstein des heute kühl-gemäßigten
Ostpreußens, *Mastotermes* (heute — freilich als Relikt-Gattung —
nur im nördlichen Australien) in mitteleuropäischen Fundpunkten

(z. B. im Miozän von Schoßnitz in Schlesien), die Blattlaus *Longistigma* (heute in SE-USA) im Jung-Tertiär von NW-Island (*Heie & Friedrich* 1971) — um auch von *Insekten* einige (ganz willkürlich ausgewählte) Klimazeugen zu nennen.

Die tertiären Landgebiete der warmen Zone sind auch durch rote Verwitterungsbildungen gekennzeichnet (z. B. in Nord-Irland und am Vogelsberg in Hessen, begünstigt durch das basaltische Substrat; in der Schweiz, Abb. 135; im Jung-Tertiär des Jenessei-Gebirges).

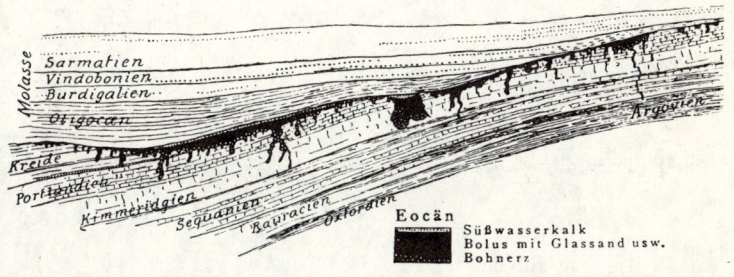

*Abb. 135* Roterde-Bildungen (Bohnerze) im Alt-Tertiär der Schweiz. Jura-Gebirge. Die Roterde liegt auf Kreide und wird von Oligozän überdeckt. Aus *Alb. Heim*, 1919

Ein Beispiel komplexer Temperatur- (und Niederschlags-) Bestimmung auf Grund verschiedener kontinentaler Klimazeugen geben Tab. 20—21 für die rheinische Braunkohlenformation (Miozän). Andere Beispiele aus dem deutschen Jung-Tertiär bieten *W. Jung* (1963), *Mädler* (1939), *van der Burgh* (1973).

Die warmen *Meere* des Alt-Tertiärs enthalten als wichtige Kalkbildner große Foraminiferen (Nummuliten); sie kennzeichnen vor allem die Tethys bis nach Indonesien hin (berühmtes Beispiel von Nummuliten-Kalk: die Sphinx bei Kairo); doch gehen sie an der Ostküste bis fast nach Kapstadt, vielleicht unter dem Einfluß eines alttertiären Agulhas-Stroms.

Noch immer gab es in Europa Korallenriffe, wenn auch in bescheidenem Umfang; so waren die Uferränder des miozänen (vindobonen) Meeres von Marokko über Katalonien bis Süd-Frankreich und bis hin zum nahen Orient von Korallenriffen besetzt (*Chevalier*), ebenso das Sarmat-Meer von Süd-Rußland. Ausgedehnte obereozäne Riffe (mit Kalkalgen und Korallen) begleiteten die Nord-Küste des Ergene-Molassebeckens in Türkisch-Thrazien (N Marmara-Meer; *E. Kemper* 1966). Im Atlantik gab es

*Tabelle 20*   Einige heutige Temperatur-Grenzen, die für die rheinische Braunkohlenformation wichtig sind (*Schwarzbach* 1968)

| | Kältester Monat ° C | Wärmster Monat ° C | Jahres-mittel ° C | Nieder-schläge mm |
|---|---|---|---|---|
| Krokodile | > 10 | | | |
| Palmen | > 8 (selten < 8) | | viel-fach 18 (auch niedriger; Neusee-land 12) | |
| Sequoia sempervirens | 6—10 | 15—17 | 11—15 | > 800 |
| Mastixia | wohl > 10 | | > 14 | > 1000 |
| Anteil ganzrandiger Blätter 60 %* | 10 | 26 | 18 | > 1000 |
| | | | > 13 | > 500 |
| | | | > 16 | > 1000 |

Rotverwitterung auf Basalt
Rotverwitterung allgemein

* Die Klimawerte dieser Zeile sind gemittelt aus den heutigen Werten von Jacksonville (Florida) und Neapel (Italien).

*Tabelle 21*   Ungefähre Klima-Daten des rheinischen Mittel-Tertiärs (*Schwarzbach* 1968)

| | Mittel-Tertiär | Zum Vergleich das heutige Köln |
|---|---|---|
| Kühlster Monat | 8—10° | 2° |
| Wärmster Monat | > 22° | 18° |
| Jahresmittel | 16—18° | 10° |
| jährl. Niederschlag | > 1000 mm | 700 mm |

noch im Miozän reichlich Riffkorallen im Madeira-Archipel (zuletzt *Lietz* & *Schwarzbach* 1970).

Auf der Nord-Halbkugel war die *Ausweitung der warmen Zone* gegenüber heute besonders groß in Europa und an der West-Küste Nordamerikas. In Europa hat dabei sicherlich die breite Meeres-verbindung zwischen Mittelmeer und dem warmen Indischen Ozean eine erhebliche Rolle gespielt. An der nordamerikanischen Pazifik-Küste verlief (nach *Durham* 1950; Abb. 141) die 20°-Februar-Isotherme des Meeres nördlich von 49° N (heute bei 24°

N!). Ähnliche Unterschiede beweisen die tertiären Floren in Alaska. An der Ost-Küste Nordamerikas dagegen lagen z. B. die Korallenriffe nur wenig weiter nördlich als jetzt (*Forman* & *Schlenger* 1957; vgl. auch die tertiäre Verbreitung der Bryozoe *Metrarabdotos* dort und in Europa nach *Cheetham* 1967). Entsprechend fand *Emiliani* (1956) für das Oligozän-Meer bei den Bahamas 28°.3 Oberflächen-Temperatur; heute sind es (im August) 28°.

Auf der Süd-Halbkugel ist die polwärtige Ausweitung z. T. offenbar gering. Es gibt riffbildende Korallen im Miozän der Nullarbor-Ebene in SW-Australien (Forrest Reef, 31° S, d. h. nicht viel südlicher als heute; vgl. *Fairbridge* 1953). Dagegen ist Patagonien auffällig wärmer als jetzt. Im Paleozän-Eozän verlief hier (nach *Volkheimer*) die 10°-Isotherme des kühlsten Monats — 1500 km südlicher als heute. In Neuseeland deuten $^{18}$O-Temperaturen (nach *Devereux* et al.) auf eine erste Abkühlung im Pliozän (ca. 2.5 Ma nach *Kennett* et al. 1971).

Sichere *tertiäre Moränen aus niederen Breiten* sind — im Gegensatz zu den Tilliten aus den Polargebieten — *nicht* bekannt. Die „Tillite" aus den San Juan Mountains (Colorado) sind z. T. wohl Schlammströme (*van Houten*), z. T. Pleistozän (*Mather* & *Wengerd*). Als nicht-glazigen betrachtet man auch die Diamiktite der Big Horn Mts. (Wyoming; *Sharp*). Die „Tillite" des Kaukasus (Pliozän, *Milanowski* 1960) und des Altai *(Ragosin)* bedürfen wohl noch genauerer Untersuchung. (*Welikowskaja* führte Kaukasus-Diamiktite auf Muren zurück.) Man könnte aber in diesen beiden Fällen ohne weiteres an jungtertiäre Gebirgsvergletscherung denken.

Die polwärtige Verbreiterung des warmen Klimagürtels kann nicht nur — jedenfalls nicht direkt — durch kontinentale Drift verursacht sein; denn sie tritt in beiden Hemisphären auf. Sie ist vielmehr wohl ein Ausdruck der höheren Durchschnittstemperatur der Erde in dieser Zeit; sie wird jedenfalls höher als 20° gelegen haben.

Weitere Literatur: *Daley* (1972), *Wolfe* (1972), *Tanai* (1972).

## 103. Temperatur der hohen Breiten im Tertiär und Beginn der känozoischen Vereisungen.

Besonders eindrucksvoll sind die *reichen Baumfloren*, die z. T. schon vor 200 Jahren aus der *Arktis* beschrieben wurden — aus Gebieten, die heute jenseits der polaren Baumgrenze liegen. Pionierarbeit hat hier vor allem O. *Heer* mit seiner Flora fossilis arctica (1866—1883) geleistet, auch wenn seine Bestimmungen vielfach überholt sind (Revisionen gab u. a. *E. W. Berry*). Wichtige Fundpunkte liegen in Island, Grönland, Spitzbergen (Abb. 136), Grinnell-Land (81°45′N — der polnächste Fundpunkt tertiärer Pflanzen!).

Nach *Berry* sind von Grinnell-Land 15 Arten bekannt, die sich vor allem auf *Equisetum, Taxodium, Pinus, Abies, Populus, Betula* und *Corylus* verteilen. Von Spitzbergen (78° N) führt *Schloemer-Jäger* (1958) als häufigste Arten *Sequoia langsdorfi, Metasequoia occidentalis* und *Cercidiphyllum arcticum* an; sie schließt auf „untere Bergwaldstufe mit hoher Luftfeuchtigkeit und hohen Niederschlägen im Sommer"; Januar-Durchschnitt über 0°. Von Spitzbergen und Island liegen auch moderne pollenanalytische Untersuchungen vor (*Manum, Pflug* u. a.). In den reichen Floren Grönlands überwiegen nach *Berry* die Blätter von *Weide, Pappel, Birke* und *Hasel*. Sicher vertreten sind dort u. a. auch *Liquidambar, Ulmus, Platanus, Sassafras, Fraxinus, Cornus, Liriodendron, Acer* und *Vitis*.

*Abb. 136*    Blatt einer Haselnuß (*Corylus m'quarrii*) aus dem Alt-Tertiär von Spitzbergen. ¹/₂. Aus *Schwarzbach*, 1946

Die Floren enthalten also — mit Ausnahme einiger rezenter Relikte — keine wesentlichen Bestandteile, die heute nicht in den kühlen Breiten von Europa oder Nordamerika gedeihen. *O. Heer* gab 1868 als mittlere *Jahrestemperatur* für die Tertiär-Floren von Island mindestens 9, Grönland 9 und Spitzbergen 5¹/₂ bis 6° C an. Diese Schätzungen dürften auch nach unserer heutigen Kenntnis der Wirklichkeit nahe kommen. Für Brjánslaekur (NW-Island, Miozän?, u. a. mit *Magnolia, Acer, Sassafras* und vielen Beziehungen zu Nordamerika) kam *W. Friedrich* 1966 zu 10—11° (heute: 4°).
Im Tundra-Gebiet der Bering-Straße (Seward-Halbinsel) liegt unter pliozäner Lava (5.7 Ma) eine ziemlich reiche Koniferen-

Flora; Tundra existierte damals nicht (*Hopkins* et al. 1971). Im
älteren Miozän war es noch erheblich wärmer; in der Seldovian
Flora von Alaska deuten *Liquidambar* und *Nyssa* auf eine durchschnittliche Mindest-Temperatur von 20—21° im Juli. Wesentlich
wärmer kann der Juli andererseits nicht gewesen sein; denn *Picea*
in der gleichen Flora erträgt keine höhere Juli-Temperatur als 20
bis 21° (*Wolfe* & *Leopold* 1967). Die mitteleozäne Ravenian-Flora
Alaskas weist nach *Wolfe* (1972) auf einen „paratropischen Regenwald".
Die genaue stratigraphische Eingliederung der meisten arktischen
Floren ist schwierig. Neuere radiometrische Daten zeigen, daß
die Einstufung durch die Paläobotaniker z. T. ein *zu hohes Alter*
ergeben hat (so in Island).
Auch aus der *Antarktis* (Abb. 122) sind einige tertiäre Baumfloren
bekannt (Kerguelen, 49° S), Seymour-Insel (bei Graham-Land,
64° S, heute vereist; mit *Nothofagus* und *Araucaria;* diese auch
auf King George Island, Süd-Shetland-Inseln, 62° S, *Barton* 1964,
*Orlando* 1964). Pollenanalytische Angaben finden sich bei *L. M.
Cranwell* (1969).
Für die polaren Fundpunkte ergibt sich zusätzlich das Problem
der *ungewöhnlichen Lichtverhältnisse* (Polarnacht, Fotoperiodis-
mus; vgl. *Allard*). *Boucot* hat zwar (in der Diskussion zu *Briden*
1968) darauf hingewiesen, daß einzelne, freilich kümmerliche Vor-
posten von Weidenbäumchen heute noch in 82° N gedeihen. Aber
damit kann man die reichen fossilen Polarfloren nicht vergleichen.
Bei heute sehr polnaher Lage der Fundpunkte muß man da wohl
doch eine etwas niedrigere Breitenlage im Tertiär annehmen.
Schon am Polarkreis (wie z. B. heute in Island) liegen erheblich
günstigere Lichtverhältnisse vor als unter 80° Breite. Paläomagnetische Messungen widersprechen solchen relativ geringfügigen Ver-
schiebungen wohl kaum.
Ein antarktischer Kontinent ohne Inlandeis mit reicher Vegetation
kann für die Ausbreitung von Pflanzen und Tieren auf der Süd-
Hemisphäre von großer Bedeutung gewesen sein. Diese mögliche
Rolle als *Verbindungsglied* zwischen den Kontinenten am „süd-
lichen Ende der Welt" hat *Ph. J. Darlington jr.* (1965) spannend
geschildert (vgl. auch *Keast* 1972).
Schon aus rein theoretischen Überlegungen heraus muß man ver-
muten, daß den großen pleistozänen Vereisungen des gemäßigten
Klimagürtels *tertiäre Gletscher* in den höheren Breiten vorangin-
gen. Dem entsprechen kaltzeitliche Schwankungen in pliozänen
Ablagerungen (Tjörnes auf Island, *Bárdarsson, Schwarzbach* &
*Pflug;* südliches Alpen-Vorland, *Lona* 1962 u. a.) und Tillite. Die
Moränen brauchen nicht von Inlandeis, sondern können von Ge-
birgsgletschern herrühren.
*Tillite* und andere Vereisungsspuren aus dem Pliozän wurden be-

*Abb. 137*   Tillit aus dem Jung-Tertiär von Südost-Island (Hoffell). Fot.
*M. Schwarzbach*

schrieben aus Island (Hornarfjord, *Jónsson,* sowie *Schwarzbach* &
*Pflug* 1956, mit *Sequoia*-Pollen über den Tilliten, Abb. 137; Ost-
Island, *Wensink* 1965, in der paläomagnetischen Gruppe $N_2$ = ?
Gauß), aus Alaska (*D. J. Miller, Bandy* et al. 1969), aus Süd-Ar-
gentinien (Cerro del Fraile, 1432 m, 50° 33′ S, *Fleck, Mercer* 1972),
aus der Antarktis (Heard Isld., südl. Indik, *Stephenson* 1964;
Jones Mts., 74° S, *Craddock* et al. 1964, auch 1970, *Rutford* et
al. 1968; Wright Valley, Süd-Victoria-Land, Talgletscher älter als
3.7 Ma, *Bull* 1970, vgl. auch *Behling* 1970, *Denton* et al. 1971,
*Hamilton* 1972).
Weniger beweisend ist „eistransportierter Quarz" (auf Grund
elektronenmikroskopischer Untersuchungen) in subantarktischen
Tiefsee-Kernen. *Margolis* & *Kennett* (1970) folgerten daraus, daß
die antarktischen Vereisungen im Eozän begannen, im Miozän
reduziert waren und sich dann verstärkt fortsetzten (vgl. auch
*Goodell* et al. 1968). Im arktischen Ozean tritt eistransportierter
Detritus nach *Mullen* et al. (1972) seit ca. 3.5 Ma auf.
*Auf alle Fälle setzt die Gletscherbildung auf der Erde nicht syn-
chron ein.* Sie kann daher nicht gut für eine scharfe Grenzziehung
zwischen Tertiär und Quartär benutzt werden. Die quartären
Eiszeiten sind nur ein Teil — allerdings der bei weitem wichtigste
Teil — eines *känozoischen Eiszeitalters.*

Weitere Literatur: *Hays* (1969), *Pearson* (1964), *E. M. Kemp* (1972),
*Kennet* & *Brunner* (1973).

**104. Niederschläge in Europa.** Ausgedehnte *Braunkohlenlager* beweisen besonders in Deutschland erhebliche Feuchtigkeit für große Abschnitte des Tertiärs (Mittel-Eozän, Ält. Miozän).

*Evaporite* sind aber zeitweise ebenfalls verbreitet: Steinsalze, z. T. auch Kalisalze, im Ober-Eozän bis Unter-Oligozän des Ebro-Bekkens und Oberrhein-Grabens; im Unter-Miozän Rheinhessens (vielleicht mit äolischen roten Mergeln bei Schaffhausen, *F. Hoffmann* 1960) und des nördlichen Karpathen-Vorlandes; im Ober-Miozän Spaniens und Italiens.

Auch *Steppen-Floren und -Faunen* liefern Hinweise auf trockenes Klima (Ober-Miozän im Wiener Becken und in Bessarabien; *W. Berger, Jakubowskaja, Thenius*). Blätter aus der obermiozänen Flora von Oeningen (Schweiz) zeichnen sich mindestens bei einigen Gattungen durch hohe Nervaturdichte aus (*Manze* 1968; Abb. 64); auch das spricht für eine gewisse Trockenheit. *Pop* (1972) hat die Möglichkeit monsunaler Verhältnisse diskutiert.

Von *K. Schubert* (1961) sind die oligozänen Bernsteinwälder (mit *Pinus succinifera*) an der Ostsee-Küste als Savannen-Wälder gedeutet worden. Aber ein *sehr* trockenes Klima ist aus den Bernstein-Fossilien wohl kaum abzuleiten.

Im mittleren Europa erhält man demnach die Abfolge (Abb. 143):

| | |
|---|---|
| Ober-Miozän | stärker arid |
| Ält. Miozän | stärker humid |
| Ob. Eozän — Unt. Oligozän | stärker arid |
| Mittel-Eozän | stärker humid |

Die mehr ariden Epochen werden z. T. durch eine zeitweilige leichte Nord-Verschiebung des subtropischen Trockengürtels bedingt sein. Doch lokale orographische Faktoren können hinzutreten: aufsteigende Gebirge, welche die regenbringenden Winde abhielten (Oberrhein-Graben, Karpathen- und Pyrenäen-Vorland, Wiener Becken) und Meeresregressionen.

Eine etwas andere Entwicklung als das übrige Europa nimmt *Rußland*; denn dort war es während des Tertiärs meist feuchter als heute und die Ukraine noch nicht, wie jetzt, größtenteils waldloses Steppenland. Das zeigen z. B. deutlich die Vegetationskärtchen von *I. M. Pokrowskaja* (vgl. *G. Klotz* 1955). Im Eozän herrschen in der Ukraine immergrüne „tropische" und subtropische Wälder, im Oligozän Nadel-Laub-Mischwälder mit viel immergrünen subtropischen Gattungen und *Taxodium*-Mooren, im Miozän zunächst (Abb. 138) sommergrüne Laubwälder, dann Kiefer-Laub-Mischwälder. Erst im höheren Miozän stellen sich Steppen-Phytozönosen ein. Dieser Wandel hängt gewiß eng mit der paläogeographischen Entwicklung Osteuropas zusammen; noch im Eozän verband eine ost-uralische Meeresstraße die weit ausgedehnte Tethys mit dem Nordmeer, aber im Laufe des Tertiärs erfolgte Regression des Meeres, bis fast der heutige kontinentale Zu-

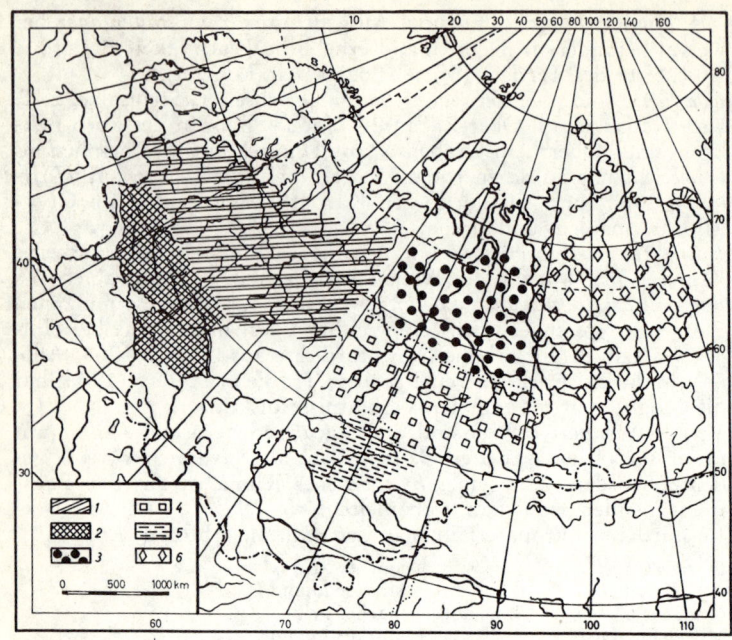

*Abb. 138*  Vegetations-Karte Eurasiens im unteren Miozän. 1 = Nadel-Laub-Mischwälder mit viel *Sciadopitys*. 2 = sommergrüne Laubwälder mit Anteil immergrüner subtropischer Elemente und *Taxodium*-Mooren. 3 = Kiefer-Laub-Mischwälder. 4 = sommergrüne Laubwälder. 5 = sehr reichhaltige sommergrüne Laubwälder; auf den Wasserscheiden Steppen-Phytozönosen. 6 = Kiefer-Fichten-Wälder mit *Tsuga* und sommergrünen Laubwald-Elementen. Nach *J. M. Pokrowskaja* aus *G. Klotz* (1955)

stand, allerdings mit deutlich höheren Temperaturen als in der Jetztzeit, erreicht ist.

Weitere Literatur: *Stäblein* (1972).

## 105. Niederschläge in Nordamerika.
In klassischer Weise zeigt sich der *Einfluß der Gebirge* im westlichen Nordamerika (vgl. *Chaney, Dorf, Axelrod, Wolfe* u. a.). Die heutigen innermontanen Wüstengebiete — vor allem Great Basin und Mohave Desert — haben zahlreiche kretazische und neozoische Floren geliefert, die für Ober-Kreide und den größten Teil des Tertiärs reiche Baumvegetation beweisen. Das Klima war zunächst warm und feucht. Erste Anzeichen subhumiden Klimas finden sich in der mittel-eozänen Green River Flora der zentralen Rocky-Mountain-Region (*Mac Ginitie* 1969), dann in der etwas jüngeren (untermiozänen)

Florissant-Flora von Zentral-Colorado. Die Entwicklung vom
Miozän bis zur Gegenwart (mit nur 100—200 mm Niederschlag
im Great Basin) zeigen die Tab. 22 und die Abb. 139. Die allmähliche Heraushebung der Sierra Nevada und Küstengebirge zu
ihrer heutigen Höhe geht diesem Klima- und Vegetationswandel
parallel; die arkto-tertiäre humide Flora wird mehr und mehr
durch eine aride, madro-tertiäre Flora (nach der Sierra Madre
in Mexiko) ersetzt.
Auch prä-eozäne Böden zeigen feuchteres Klima als heute an
(*P. Abbott & Minch* 1973, SW-Kalifornien).

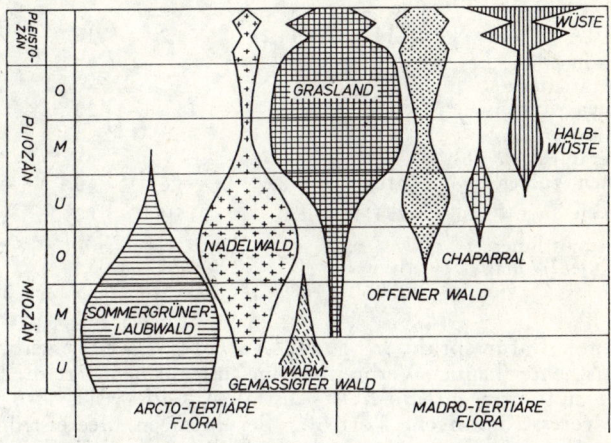

*Abb. 139*   Vegetations-Entwicklung im Jung-Teritär des nördlichen Großen Beckens (Nordamerika). Zunehmende Aridität. Nach *Axelrod*, 1956,
umgezeichnet

Wie genau man über die Niederschlagsverhältnisse besonders des
Jung-Tertiärs schon Bescheid weiß, zeigen die Niederschlagskarten
größerer Gebiete (Jung-Tertiär der südwestlichen USA, *Axelrod*),
wenn man auch die Karten nicht ganz wörtlich nehmen darf. Für
„a summer's day at Middlegate" (Unter-Pliozän von Nevada) gibt
*Axelrod* (1956, Fig. 12) scherzhafterweise sogar eine Wettervor-
hersage: „Continued clear with afternoon showers".
**106. Niederschläge in den übrigen Kontinenten.** In den Steppen-
gebieten des heutigen *Inner-Asiens* zeichnen die russischen Paläoklimatologen besonders für das Alt-Tertiär vielfach ausgedehnte
Wälder ein (*Pokrowskaja*, Abb. 138, *Sinitzin*, *Strakhov*). *Australien* ist im Tertiär anscheinend ebenfalls etwas feuchter gewesen

*Tabelle 22* Klimawechsel im Jung-Tertiär der westlichen USA (nach *E. Dorf*)

| | Unter-Miozän | Mittel- bis Ober-Miozän | Ob.-Miozän bis Unter-Pliozän | Mittel- bis Ober-Pliozän | Gegen-wart |
|---|---|---|---|---|---|
| | Bridge-Creek-Flora | Mascall-, Payette-Flora | Weiser-Flora | Alturas-Flora | |
| Durchschnittliche Jahrestemperatur in °C | 14,2 | 14,2 | 14,2 | 10 | 10 |
| Durchschnittliche Temperatur der 6 heißesten Wochen | 18 | 18 | 18 | 20 | 22 |
| Durchschnittliche Temperatur der 2 kältesten Wochen | 10,8 | 8,6 | 8,6 | 3,1 | — 2,5 |
| Frostfreie Tage | 254 | 230 | 215 | 180 | 141 |
| Durchschnittlicher jährl. Niederschlag in mm | 1270 | 889 | 635 | 445 | 305 |

als heute. Dafür spricht z. B., daß *Nothofagus* weiter verbreitet war als heute (heutige Verbreitung im australischen Bereich: Neuguinea und im regenreichen Ost-Australien; *Gill* 1961).

**107. Meeresströmungen.** Vorläufer der heutigen Meeresströmungen sind erkennbar. Europa steht wohl unter dem Einfluß eines tertiären Golfstroms, die pazifische Küste Nordamerikas (mit Palmen in Alaska) wird von einem Ur-Kuro Schio bespült. Die eigenartige Verbreitung der Nummuliten in Afrika weist auf einen warmen Agulhas- und einen kalten Benguela-Strom.

Von Bedeutung war sicher die breite Meeresverbindung Mittelmeer — Indik über die heutige Suez-Landenge (schon *Semper* 1896). Dort drang vermutlich eine warme Meeresströmung ins Mittelmeer ein, vielleicht verursacht durch den NE-Passat, der damals weiter polwärts reichte. Neuere experimentelle Untersuchungen von *Luyendyk* et al. (1972) ergaben Ähnliches.

In Einzelheiten etwas abweichend ist die von *Frakes* & *Kemp* (1973) deduktiv abgeleitet Rekonstruktion der Meeresströmungen.

**108. Die Änderung des Klimabildes im Laufe des Tertiärs.** Die tertiäre Klimaentwicklung ist gekennzeichnet durch *generellen Temperatur-Rückgang.* Die Klima-Kurve verläuft aber nicht gleichmäßig, sondern zeigt *Schwankungen.* Das geht z. T. auf

Temperatur-Schwankungen zurück, aber z. T. auf wechselnde Nie-
derschlags-Verhältnisse.

In den Floren und Faunen der mittleren Breiten überwiegen im
Alt-Tertiär häufig die wärmeliebénden Gattungen äquatorwärtiger
Gebiete, später immer mehr die einheimischen Gattungen. Beson-
ders deutlich und wenig durch andere Einflüsse gestört ist das in
den aquatischen Faunen, so bei den Fischen West-Deutschlands
(Abb. 140) oder bei den marinen Mollusken der pazifischen Küste
Nordamerikas (*Durham* 1950, Abb. 141).

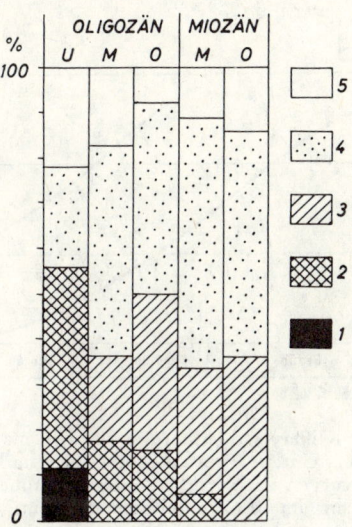

*Abb. 140*   Tertiäre Fisch-Faunen in West-Deutschland. Dargestellt ist der
Anteil klimatologisch verschieden anspruchsvoller Gattungen. 1 = rein
tropisch. 2 = tropisch-subtropisch. 3 = tropisch-subtropisch und kühler.
4 = subtropisch-gemäßigt. 5 = gemäßigt-kalt. Deutlich zeigt sich die allmähliche Abkühlung im Tertiär. Nach *W. Weiler*, 1942, umgezeichnet

Im San Joaquin Basin konnte *Addicott* (1970) die kalifornische
Kurve erheblich verfeinern und eine *Wärmeschwankung im Miozän* nachweisen (Abb. 141). Ähnlich verlaufen tertiäre Temperatur-Kurven aus Australien und Neuseeland (z. T. auf Grund von
[18]O-Untersuchungen; *Beu, Dorman, Gill*, Abb. 142) und von pazifischen Tiefsee-Proben (*Savin* et al. 1972, *R. Douglas* 1973). Da
auch die mitteleuropäischen Kurven (Abb. 143) Andeutungen für
wärmeres Miozän zeigen, könnte es sich um eine *weltweite* Schwankung handeln. (In Neuseeland und Australien mag als zusätzliche
Ursache auch kontinentale Drift — kombiniert mit der allgemeinen

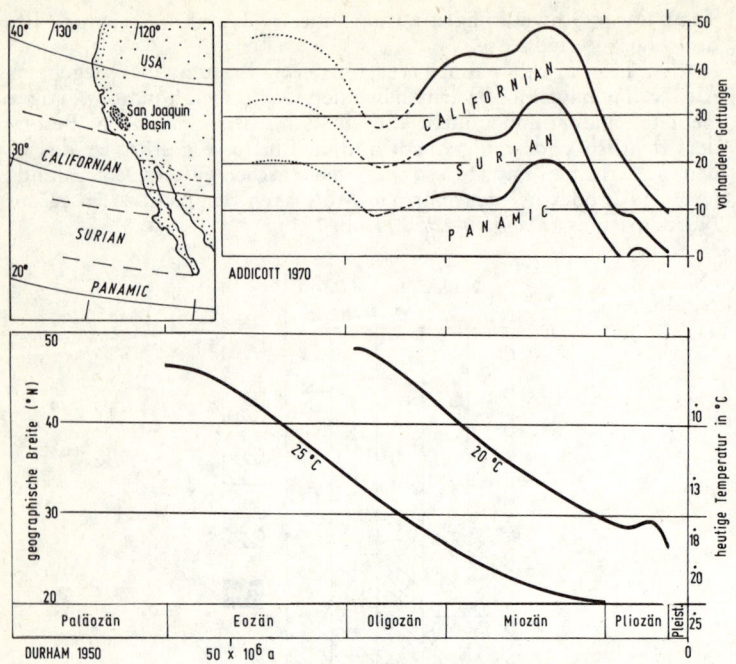

*Abb. 141* Tertiäre Klimaverschlechterung in den marinen Mollusken-Faunen Kaliforniens. Unten: Februar-Isothermen nach *Durham*, 1950. Oben: detaillierte Kurven nach *Addicott*, 1970 (Faunen-Verschiebungen im San Joaquin Basin; im Miozän reichten die heutigen Faunen-Zonen — vgl. Nebenkärtchen — weiter nach N)

Temperatur-Absenkung — hinzukommen, *Schwarzbach* 1965, 1968).

Im Laufe des Tertiärs sinken auch die Temperaturen am *Tiefseeboden* ab, wie O[18]-Messungen ergaben (*Emiliani* 1961): von fast 15° in der Kreide zu 10° im Oligozän, 7° im Miozän, 2° im Pliozän (heute: 2°) des äquatorialen Pazifik. Die Werte dürften den Meeres-Temperaturen der hohen Breiten entsprechen, von denen das Tiefenwasser stammt. Der Temperatur-Rückgang beträgt also ungefähr 12° in 60—70 Mill. Jahren. In der Größenordnung stimmt das recht gut überein mit dem Wert, der sich aus *Durhams* Kurven (Abb. 141) oder der Kurve für die rheinischen Floren (Abb. 143) ergibt. — Für die Oberflächentemperaturen des Meeres vgl. Abb. 162.

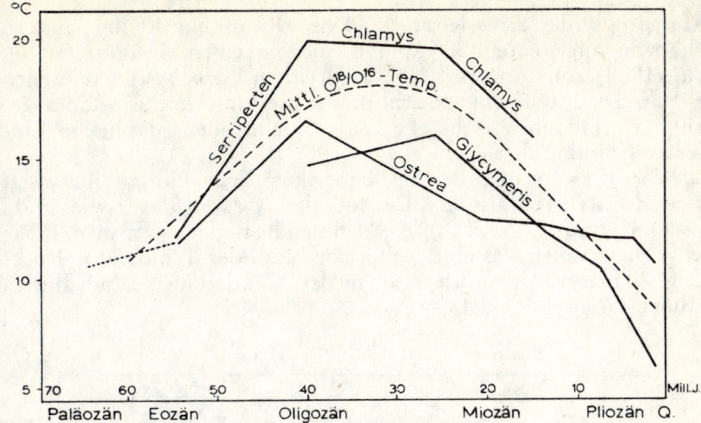

*Abb. 142* Oligozän-miozänes Temperatur-Maximum in Australien (Victoria), nach $^{18}O/^{16}O$-Messungen an marinen Muscheln. Nach *Dorman* & *Gill,* 1959; aus *Schwarzbach,* 1964

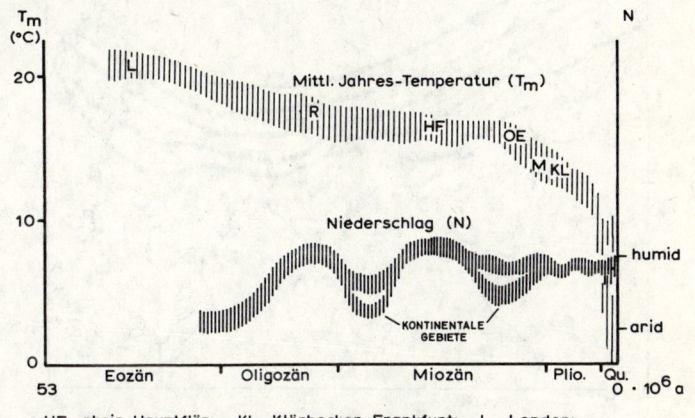

HF = rhein. Hauptflöz;    KL = Klärbecken Frankfurt;    L = London;
M = Massenhausen;    OE = Oeningen;    R = Rott

*Abb. 143* Klimakurven des mitteleuropäischen Tertiärs. Oben: mittlere Jahrestemperaturen (vgl. dazu Abb. 60!), unten: Niederschlag. Aus *Schwarzbach,* 1968 a

Die *rheinische Kurve* (Abb. 143) stützt sich auf den prozentualen Anteil ganzrandiger Blätter. Obgleich das mitteleuropäische Tertiär auch Niederschlags-Schwankungen zeigt, wie wir schon sahen, spiegelt die Kurve der Blätter wohl im wesentlichen den Temperaturgang wider. Eine leichte kühlere Schwankung ist im jüngeren Oligozän angedeutet. Sie kommt auch in einem Diagramm von *Mai* (1964) zum Ausdruck. Die zahlreichen *kleinen* Schwankungen in *Mais* Diagramm (hauptsächlich auf die Mastixioideen-Flora gegründet) sind aber wohl eher auf fazielle oder edaphische Einflüsse zurückzuführen.

Bei der Entwicklung der nordamerikanischen Floren überwiegt ohne Zweifel vielfach der Einfluß des *Niederschlags,* wie schon erwähnt wurde (Abb. 139). Auch in den heutigen asiatischen Trockengebieten spielt das eine Rolle; aber auch der Temperatur-Rückgang ist in Asien deutlich, z. B. in der Wanderung der nördlichen Palmen-Grenze (Abb. 144).

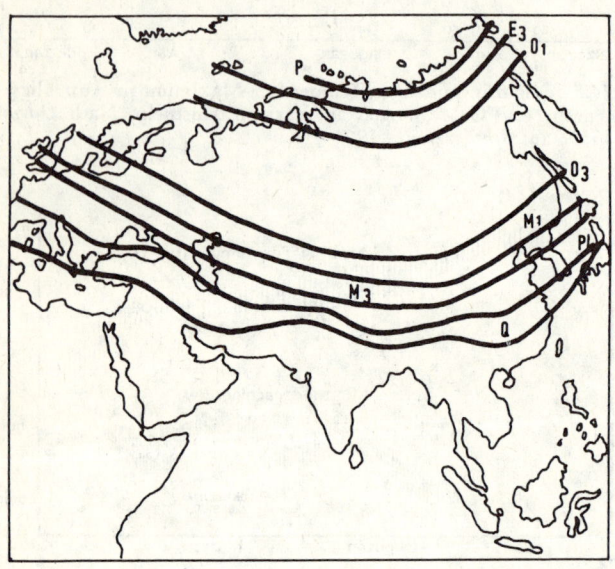

*Abb. 144*  Süd-Verlagerung der Palmen-Grenze im Känozoikum Eurasiens. P Paleozän, E Eozän, O Oligozän, M Miozän, Pl Pliozän, Q Quartär. Nach *Sinitzin,* 1965

Für Patagonien — heute z. T. vergletschert — hat *Volkheimer* die Klima-Entwicklung dargestellt (Tab. 23).

**109. Gesamtbild.** Das Tertiär bietet ein relativ übersichtliches Klimabild (Abb. 145—146).

Im *Alt-Tertiär* war es offenbar überall auf der Erde *erheblich wärmer* als in der Jetztzeit. Die Durchschnittstemperatur der Erde

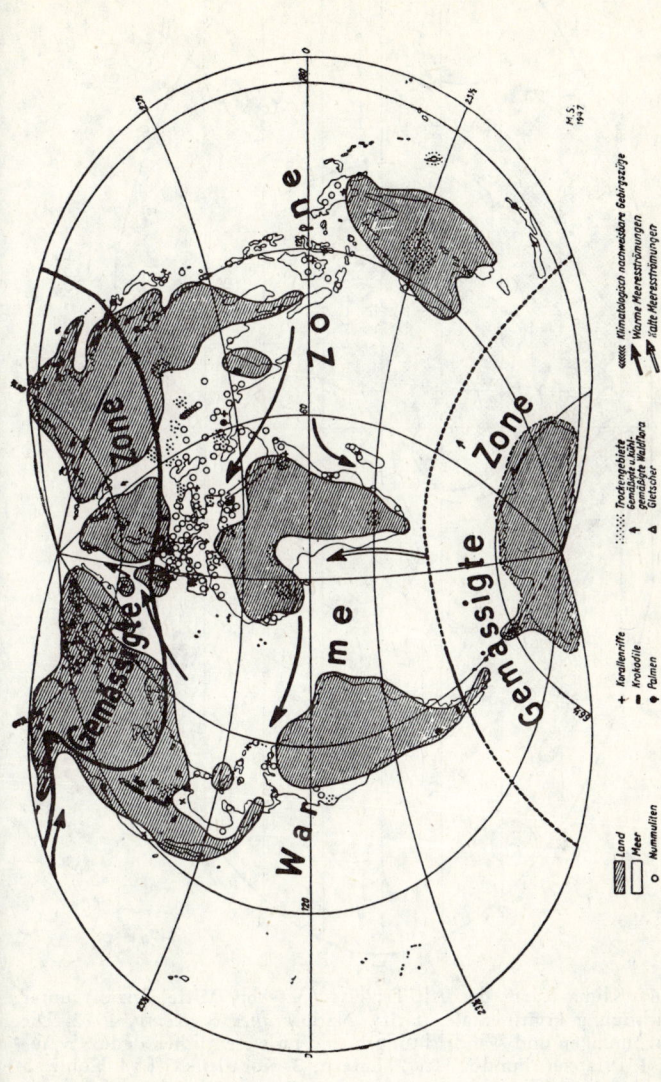

*Abb. 145* Klima-Karte des Alt-Tertiärs. Nach *Schwarzbach*, 1946. Die Karte geht von beobachteten Klimazeugen aus und setzt die heutige Lage der Kontinente voraus. Mindestens in manchen Gebieten muß man aber wohl mit leicht geänderten Breiten-Lage und mit einem schmäleren Atlantik rechnen; vgl. Abb. 146.

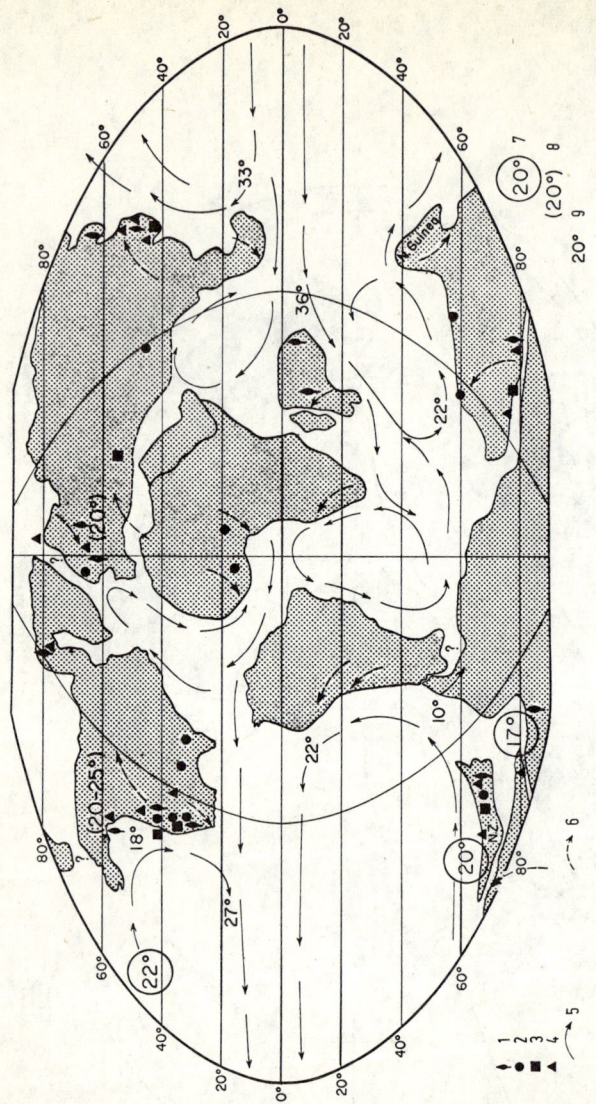

*Abb. 146* Klima-Karte des Alt-Tertiärs (Alt- bis Mittel-Eozän) unter Berücksichtigung kontinentaler Drift. Nach *Frakes* & *Kemp,* 1972. Die Meeresströmungen und Windrichtungen sind im wesentlichen deduktiv abgeleitet. 1 Pflanzen-Fundpunkt, 2 Laterit, 3 Korallen-Riff, 4 Kohle, 5 Meeresströmung, 6 Windrichtung, 7 [18]O-Temperatur, 8 mittl. Jahrestemperatur, 9 berechnete Temperatur. Vgl. Abb. 145!

*Tabelle 23*  Tertiäre Klima-Entwicklung in Patagonien (nach *W. Volkheimer* 1971, geringfügig ergänzt nach *Fleck* und *Mercer*)

| | Temperatur | | Niederschlag |
|---|---|---|---|
| Pliozän | Anden: kühl— gemäßigt; vereinzelt Gletscher | extraandin: gemäßigt | semiarid u. arid |
| Miozän | gemäßigt | | humid |
| Oligozän | gemäßigt | | humid |
| Eozän | warm — gemäßigt bis subtropisch | | sehr humid |
| Paleozän | subtropisch | | humid |

betrug wohl > 20°. Die heutige warme Zone erscheint um durchschnittlich 10—15 Breitengrade nach Norden und um 10 Breitengrade in Südamerika ausgeweitet (in Australien wohl weniger), die polare Baumgrenze war auf der nördlichen Halbkugel sogar um 20—30, auf der südlichen um 10 Breitengrade polwärts verschoben; die Polargebiete trugen reiche Waldvegetation; polare Eiskappen existierten wohl noch nicht. Das Wärmegefälle zwischen Pol und Äquator war geringer als heute, das Gesamtklima der Erde also *gleichförmiger.*

Im *Laufe des Tertiärs* wurde das Klima überall allmählich (wenn auch z. T. in kleinen Wellen und mit einer Wärmeschwankung im Miozän) *kühler,* bis im Pliozän fast heutige Verhältnisse herrschen. In der Antarktis und Arktis, vielleicht auch in einzelnen Hochgebirgen mittlerer Breiten, lassen sich im Jung-Tertiär *die ersten Vorläufer der großen känozoischen Vereisungen nachweisen.*

Ein Teil der Klimaänderungen ist durch *lokale* paläogeographische Verhältnisse bedingt, so die zunehmende Aridität des westlichen Nordamerikas durch Gebirgsbildungen. Im allgemeinen reicht wenigstens der nördliche Trockengürtel im Alt-Tertiär etwas weiter polwärts als heute.

Die symmetrische Anordnung der tertiären Klimagürtel in Bezug zum heutigen Äquator macht *große känozoische kontinentale Driftbewegungen in meridionaler Richtung unwahrscheinlich.* Zu diesem Ergebnis kam auch *Chaney* bei der Rekonstruktion tertiärer „Isofloren". Dagegen wären kleinere Änderungen der Breitenlage (etwa in der Arktis oder Australien) oder breitenparallele Driftbewegungen (etwa im atlantischen Raum) mit paläoklimatologischen Befunden durchaus in Übereinstimmung. Die moderne Klimakarte von *Frakes* & *Kemp* (1973) berücksichtigt solche Abweichungen vom heutigen Kartenbild (Abb. 146), und die beiden

Verf. leiten daraus veränderte Meeresströmungen und z. T. erhöhte Temperaturen ab.

*Luyendyk* et al. (1972) wiesen besonders auf die Schließung der erdweiten Tethys-Strömung durch die mittelamerikanische und arabische Landbrücke und deren klimatische Folgen hin. *Hopkins* (1972) hat damit und mit der Trennung Australiens von Antarktika den Beginn der ostantarktischen Vereisungen (vor 12 Ma) in Zusammenhang gebracht und mit dem Auftauchen der Landbrücke von Panama die Entstehung der grönländischen Eiskappe vor vielleicht 3 Ma.

# XVIII. Quartär

> Noch starrt das Land von fremden Zentnermassen;
> wer gibt Erklärung solcher Schleudermacht?
> Der Philosoph, er weiß es nicht zu fassen,
> da liegt der Fels, man muß ihn liegen lassen,
> zuschanden haben wir uns schon gedacht.
> *J. W. v. Goethe,* Faust II, 1831

**110. Allgemeines und Abgrenzung.** Das Quartär ist mit vielleicht 2—3 Millionen Jahren die bei weitem kürzeste „Formation", aber in einzigartiger Weise klimatologisch durch seine *Eiszeiten*[5] und außerdem durch die Entwicklung des Menschen charakterisiert. Das rechtfertigt, dieses „Eiszeitalter" (wie es der Einfachheit halber oft genannt wird) als *Quartär* dem Tertiär gegenüberzustellen, obgleich eigentlich (wie *Flint* richtig hervorhebt) die Bezeichnung „jüngeres Känozoikum" passender wäre.

Die Entdeckung der quartären Eiszeiten geschah etwa um 1800 in den Schweizer Alpen, aber einen großen Teil der quartären Ablagerungen betrachtete man noch lange Zeit als Zeugen der Sintflut. Der alte, von *Buckland* 1823 geprägte Name Diluvium (lat. „große Flut") für das Pleistozän erinnert noch daran.

Seitdem hat sich die Erforschung des „Eiszeitalters" zu einem selbständigen Zweig der Geologie mit eigenen Gesellschaften, Zeitschriften und Kongressen entwickelt, besonders in Europa und Nordamerika, den Hauptvereisungsgebieten. Daher kann hier nur ganz Weniges gebracht und muß im übrigen auf die ausgezeichneten Übersicht-Darstellungen verwiesen werden, die zuletzt von *Butzer, Charlesworth, Flint, Frenzel, v. Klebelsberg, Rankama,*

---

[5]  „*Eiszeit*" (Glazial) ist ein stratigraphischer, *zeitlicher* Begriff, dagegen „*Vereisung*" eine *räumliche* Bezeichnung (= Vergletscherung). In der Sahara z. B. gab es also zwar eine Würm-Eiszeit, aber keine Würm-Vereisung.

*Turekian, West, Woldstedt, Zeuner,* für die USSR von *Gerasimov, Markov* u. a., für die USA von *H. E. Wright* & *Frey* gegeben wurden.

Das „glaziale Klima" soll nach Beschluß des Internationalen Geologen-Kongresses von 1948 in London zur *Abgrenzung gegen das Tertiär* dienen. Aber die charakteristische Temperatur-Abnahme beginnt schon lange vorher während des Tertiärs; der Übergang zum Quartär ist ganz allmählich. Vereisungen gibt es im polaren Bereich mindestens schon seit dem Pliozän (103), und sie werden auch in den gemäßigten Breiten je nach der Höhenlage zu verschiedenen Zeiten eingesetzt haben. Daher ist eine scharfe Abgrenzung Tertiär/Quartär auf klimatischer Grundlage nicht möglich. Auch Standardprofile in Italien (mit dem ersten Erscheinen kälteliebender mariner Tiere wie der Muschel *Cyprina islandica,* der Foraminifere *Anomalia baltica* u. a.) geben *zufällige* Fixpunkte; denn das erste Vorkommen dieser nördlichen Einwanderer muß nicht nur klimatisch, sondern kann auch durch sonstige paläogeographische Verhältnisse bedingt sein (z. B. *Olausson* 1971). Die $O^{18}$-Temperaturen zeigen jedenfalls an dieser Grenze keinen auffälligen Temperaturwechsel an (*Emiliani* et al. 1961).

Auf alle Fälle wird jetzt vieles, was früher zum Pliozän gerechnet wurde (Villafrancia, Calabrian), als Quartär betrachtet. Eine scharfe Grenze ließe sich vielleicht mit der paläomagnetischen Zeitskala festlegen (121), sobald diese Skala einmal etwas mehr gesichert ist. Das wäre zwar eine ziemlich willkürliche Abgrenzung; aber sie hätte gegenüber der paläontologischen Festlegung in Italien den großen Vorteil, daß sie unabhängig an zahlreichen Stellen auf der Erde erkannt werden könnte.

Die *alte Gliederung* des Quartärs (des „Eiszeitalters" im weiteren Sinne) ist folgende:

Holozän („Nacheiszeit"; in Deutschland früher: „Alluvium")
Pleistozän (früher: „Diluvium").

Das *Holozän* umfaßt nur die letzten ca. 10 000 Jahre, also wahrscheinlich weniger als $^{1}/_{100}$ des Pleistozäns. Es besteht weder aus zeitlichen noch sonstigen geologischen Gründen ein Anlaß, dem Holozän einen besonderen nomenklatorischen Rang zuzubilligen. Doch ist es besonders gut erforscht, und wir behandeln es aus diesem Grund in einem besonderen Abschnitt. Ob es wirklich die „Nacheiszeit" oder aber nur eine neue Zwischeneiszeit darstellt, ist unbekannt.

Jedenfalls bevorzugt man heute *andere Großgliederungen* des Quartärs, z. B. eine Dreigliederung nach *Woldstedt* (Tab. 24). Auch dabei ist die zeitliche Ausdehnung der 3 Hauptabschnitte vermutlich ziemlich ungleich (das Jung-Quartär ist kürzer als jeder der beiden anderen Abschnitte). Die Tab. 24 zeigt gleichzeitig die Einteilung in einzelne Kaltzeiten (Eiszeiten, Glaziale) und Warmzeiten (Zwischeneiszeiten, Interglaziale) im holländisch-deutschen Bereich. In Klammern sind die alpinen Bezeichnungen eingefügt. Vgl. auch Tab. 33.

*Tabelle 24* Groß-Gliederung des Quartärs in Mittel-Europa (nach *P. Woldstedt*)

| | |
|---|---|
| | *Holozän* |
| | Weichsel(Würm)-Kaltzeit |
| Jung-Quartär | *Eem-Warmzeit* |
| | Saale(Riß)-Kaltzeit |
| | *Holstein-Warmzeit* |
| | Elster(Mindel)-Kaltzeit |
| Mittel-Quartär | „*Cromer-Warmzeit*" (2 Interglaziale?) |
| | Menap(Günz)-Kaltzeit |
| | *Waal-Warmzeit* |
| | Eburon(Donau)-Kaltzeit |
| Alt-Quartär | *Tegelen-Warmzeit* |
| | Prätegelen(Biber)-Kaltzeit |
| | *Übergangsschichten* |
| | Pliozän |

Weitere Literatur: *Hafsten* (1970), *Harris* & *Fairbridge* (1967).

**111. Glazialklima der ehemals vergletscherten Gebiete.** Mehrmals bildeten sich im Quartär gewaltige Gletschereiskappen, auch außerhalb der polaren Gebiete (Abb. 147). Das nordamerikanische Inlandeis übertraf an Ausdehnung das heutige antarktische Eis, und

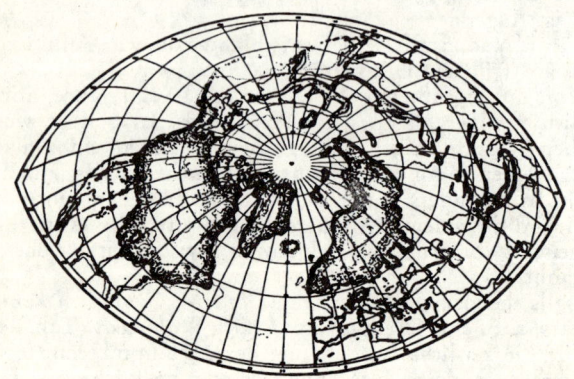

*Abb. 147* Ausdehnung der pleistozänen Vereisungen auf der Nord-Halbkugel. Maximalstand. Aus *R. A. Daly*, 1934

das Inlandeis Nord-Europas erreichte die mehrfache Größe Grönlands. Auch in andern Kontinenten entstanden ansehnliche Gletscher. Viele heute eisfreie Gebirge waren vergletschert. Insgesamt war die Eisbedeckung im Pleistozän 3 x so groß wie heute (Tab. 25).

*Tabelle 25* Größe *rezenter* und pleistozäner Eismassen (nach *Flint* 1971)

| Jetztzeit | Pleistozän | Maximale Größe ($10^6$ km²) |
|---|---|---|
| *Antarktis* | | 12.6 |
| *Grönland* | | 1.7 |
| | Antarktis | 13.8 |
| | Grönland | 2.3 |
| | Laurentisches Eis | 13.4 |
| | Cordilleren-Eis | 1.6 |
| | Skandinavisches Eis (incl. Britisches Eis) | 6.7 |
| | Alpen | 0.04 |
| | Asien | 4.0 |
| | Südl. Südamerika | 0.7 |
| | Australien und Neuseeland | 0.03 |
| *Gesamte Erde* | | *15.0* |
| | Gesamte Erde | 44.4 |

Diese Glazialgebiete liegen heute zum größten Teil im gemäßigten Klimabereich. Das setzt eine tiefgreifende Änderung der damaligen Klimaverhältnisse voraus. Es wird heute allgemein angenommen, daß dabei eine *Temperaturminderung* (und nicht Niederschlagserhöhung) die ausschlaggebende Rolle spielte. Die klimatischen Verhältnisse haben sich im einzelnen auch während einer einzigen Eiszeit geändert und waren natürlich auch in verschiedenen Breiten ganz verschieden. Im allgemeinen wird man vermuten dürfen, daß das Vordringen der Gletscher mit kühlem und feuchtem Klima gekoppelt war, und daß sich dann mehr kalt-trockenes Klima in der Umgebung der Eismassen einstellte. Das Maximum einer Vereisung wird auch als *Pleniglazial* bezeichnet, die Vorstoßphase als Ana-, die Rückzugsphase als Kataglazial (*Venzo* 1953).

Als Zeugen ehemaliger Vergletscherung haben Moränen — sowohl Moränen-Gesteine als auch entsprechende Relieformen (Endmoränen usw.) — mit erratischen Blöcken (Abb. 148) und Schrammung des Untergrundes, Rundhöckern, Drumlins, Rinnenseen usw. die größte Bedeutung. Sie bilden die typischen flachen Glaziallandschaften in Nord-Europa wie in Kanada und den nördlichen USA oder in Nord-Asien. In den ehemals vergletscherten Gebirgen treten die Wirkungen der abschleifenden Tätigkeit der Gletscher

*Abb. 148* „Erratischer Block": Roemer-Stein bei Breslau (Schlesien). Geschiebe des skandinavischen Inland-Eises. Transportweg mindestens 600 bis 700 km. Fot. *M. Schwarzbach*

(Rundhöcker u. ä.), dazu U-Täler und Kare in den Vordergrund. Dabei ist zu beachten, daß diese Landschaften meist der *letzten* Vereisung entstammen. Schon die Gebiete der vorletzten Vereisung zeigen nur noch ganz verwaschene Endmoränen, kaum Seen und fortgeschrittene Entwässerung (24). Die Schneegrenze war tief abgesenkt (500—1000 m; Abb. 149, auch Abb. 37).

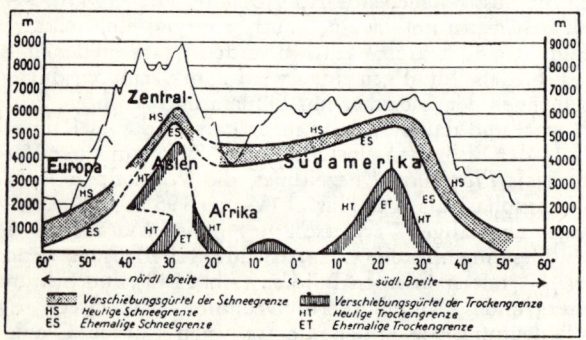

*Abb. 149* Heutige und eiszeitliche Schneegrenze auf einem Meridian-Profil. Eingezeichnet ist auch die Verschiebung der Trockengrenze. Gleichmäßige Depression auf der ganzen Erde. Aus *A. Penck*, 1937

Im Vorland der Gletscher, den z. T. weit ausgedehnten *„Perigla-zial-Gebieten"*, treten die Erscheinungen des Bodenfrostes (Permafrost) mit Eiskeilen, Kryoturbationen usw., aber auch äolischen Wirkungen (Löß), asymmetrischen Tälern u. ä. hervor (22). Zum Periglazialbereich gehörte in Europa u. a. auch noch Frankreich (Karte von *Tricart*).

Zu den anorganischen kommen die organischen Klimazeugen: kälteliebende Pflanzen (*Dryas* usw., Abb. 150; vielfach pollenana-

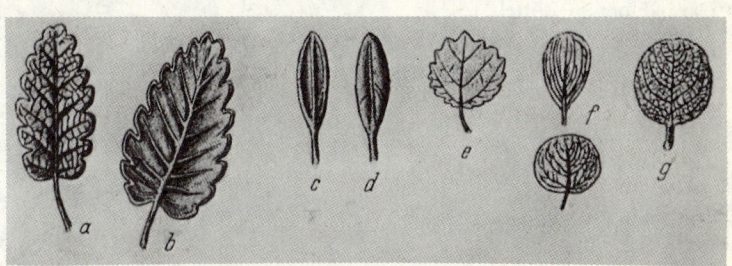

*Abb. 150*  Pflanzen der arktischen Tundren Europas im quartären Eiszeitalter. a—b *Dryas octopetela;* c—d *Loiseleuria (Azalea) procumbens;* e *Betula nana;* f *Salix polaris;* g *Salix herbacea.* Etwa $^1/_1$. Aus *Alb. Heim*, 1919

lytisch untersuchbar) und Tiere (Moschusochse, Ren, Mammut, Wollhaariges Nashorn usw.). Neben den Landbewohnern wären auch Tiere der benachbarten Meeresgebiete zu nennen (*Portlandia artica* im Spätglazial der Ostsee u. a.).

Die Tab. 26 bringt einige quantitative Beispiele für die eiszeitliche Temperatur-Minderung aus verschiedenen Kontinenten.

Bei der Berechnung der jährlichen Temperatur-Werte aus der Senkung der Schneegrenze geht man gewöhnlich davon aus, daß bei 100 m Höhen-Differenz sich die Temperatur um ca. $0,6°$ ändert. Doch wechselt das u. a. mit den Niederschlägen. Es bestehen auch Zusammenhänge — wenigstens in Eurasien — zwischen mittl. Juli-Temperatur und der Höhenlage der Schneegrenze, so daß man auch diesen sommerlichen Wert für das Pleistozän ableiten kann (*M. Brusch, Büdel* 1949). Die polare Baumgrenze (die heute der Juli-Isotherme von $+ 10,5°$ entspricht) in der Karte Abb. 154 wurde auf diese Weise konstruiert.

Bei fossilen Dauerfrostboden-Erscheinungen (Eiskeilnetzen, Pingos usw.) stützt man sich darauf, daß die heutige Süd-Grenze des Permafrosts ungefähr der Jahres-Isotherme von $— 2°$ entspricht (Kärtchen in *Frenzel* 1967, S. 28—29).

Die Minderung der Temperatur-Werte kann im Sommer und Winter verschieden gewesen sein (*Poser* 1947, kritische Bemerkungen

*Tabelle 26*   Eiszeitliche Temperatur-Erniedrigung in mittleren Breiten (meist Würm-Glazial)

| Klimazeuge | Temperatur-Erniedrigung in °C | | Autor |
|---|---|---|---|
| | Jahr | Sommer | |
| *Dryas*-Flora in Mittel-Europa | 10 | | *Gagel* 1923 u. a. |
| Käfer (Coleoptera) in England | 13 | 7 | *Coope* et al. 1971 |
| Senkung der Schneegrenze in den Alpen | > 6 | | *A. Penck* 1938 |
| Tundren-Polygone in England | 13½ | | *Shotton* 1960 |
| Eiskeile in Mittel-Deutschland | 11 | | *Soergel* 1936 |
| *Pinus koraiensis* in Japan | 7½ | | *Miki* 1956 |
| Senkung der Schneegrenze in Japan | | 4½—6½ | *Hoshiai* et al. 1957 |
| *Picea glauca* u. *P. mariana* in Texas | | 8 | *Potzger* & *Tharp* 1947 |
| Gletscher-Vorstoß über lebende Wälder in Ohio | 15 | 11 | *Goldthwait* 1959 |
| Senkung der Schneegrenze in Colorado | 5.5 | | *Antevs* 1954 |
| Frostspalten in Montana | > 8 | | *Schafer* 1949 |
| Marine Küstenfauna in Massachusetts ($^{18}$O-Temperaturen) | 6 | | *Gustavson* 1973 |
| Periglazial-Erscheinungen in Lesotho (Afrika) | 5.5—9 | | *Harper* 1969 |
| Senkung der Solifluktions- und Schneegrenze in den Snowy Mts. (Australien) und Tasmanien | 9 | 5 | *Galloway* 1965 |
| Senkung der Schneegrenze in Neuseeland | 5—7 | | *Willett* 1950, *Gage* 1966 |

dazu *Frenzel* 1967). Auch die Kontinentalität des Klimas spielt hinein (in NE-Sibirien war die Temperatur-Depression vermutlich geringer, wenn auch — nach *Frenzel* — nicht so gering, wie *Weischet* 1960 annahm). Die Zusammenhänge sind also nicht immer einfach, und da die Klimazeugen selber oft genug wenig Vertrauen verdienen, sind auch die Werte der Tab. 26 nicht allzu sicher. Im ganzen muß man in den gemäßigten Breiten wohl mit einer *maximalen Temperatur-Erniedrigung* von 8—13° rechnen, in Bodennähe auch mit 15—16° (*K. Kaiser* 1960). Alle diese Werte gelten meist für die letzte (Würm-)Eiszeit; aber da die Eis-Ausdehnung in den unmittelbar vorhergehenden Glazialen z. T. noch größer war, wird dort auch die Temperatur-Erniedrigung kaum viel geringer als im Würm-Glazial gewesen sein. Dagegen waren die Glaziale des älteren Pleistozäns offenbar weniger kalt. Für den *Juli* werden Temperatur-Erniedrigungen von 5—10° im nördlichen Eurasien angegeben (*Frenzel* 1967, Tab. 16).

Die Tab. 27 stellt eiszeitliche (und warmzeitliche) Temperatur-Werte für verschiedene Breiten zusammen (nach *Schell*, vgl. auch *Rüge*). Die meisten Werte sind extrapoliert und z. T. ganz hypothetisch.

*Tabelle 27*   Mittel-Temperaturen im Quartär (nach *Schell* 1961)

| | Mittel-Temperatur (°C) | | | Meridionales Temperatur-Gefälle (°C) | | |
|---|---|---|---|---|---|---|
| | Gegenwart | Glazial-Zeit | Interglazial-Zeit | Gegenwart | Glazial | Interglazial |
| 80—90° N | — 19 | — 70 | 0 | 45 | 93 | 27 |
| 40—60° N | + 10 | + 2 | + 13 | | | |
| 0—20° | + 26 | + 23 | + 27 | 75 | 133 | 57 |
| 90° S | — 49 | — 110 | — 30 | | | |

— *19* beobachtet oder aus Klimazeugen ermittelt; — *70* extrapoliert und ganz hypothetisch

Die *Niederschläge* in den Glazialgebieten waren offenbar nicht größer, sondern *geringer* als heute. Für die Weichsel-Kaltzeit in Mittel-Europa und West-Rußland werden z. B. 300—350 mm weniger als heute angenommen (ausführliche Diskussion in *Frenzel* 1967). Das bedeutet trotz der niedrigen Temperatur relativ *trockenes Klima*. Die fossilen Steppenfaunen im kaltzeitlichen Löß (mit Saiga-Antilope usw.) hatte man schon vor langem als Beweis dafür angesehen. Es scheint außerdem, daß die Kaltzeiten im Laufe des Quartärs nicht nur immer kälter, sondern auch trockener wurden. Innerhalb eines Glazials wechselte das Klima (mindestens in NW-Europa) von kalt-humid zu kalt-trocken (Abb. 151). Besonders im Spätglazial (d. h. in der ausgehenden Würm-Eiszeit) liefern u. a. die Binnenland-Dünen zahlreiche Hinweise auf die *Windrichtung*. *Poser* hat versucht, daraus für Mittel-Europa die Lage der Zyklonen zu rekonstruieren (Abb. 152). Es ergibt sich für den Sommer ein Hochdruckgebiet über den Alpen und Skandinavien mit westlichen Winden in Nord-Deutschland, nordwestlichen in Schlesien und Polen, nördlichen in Ungarn. Freilich sind die Beobachtungen ziemlich lückenhaft; auch sind nicht alle Dünen gleichalt.

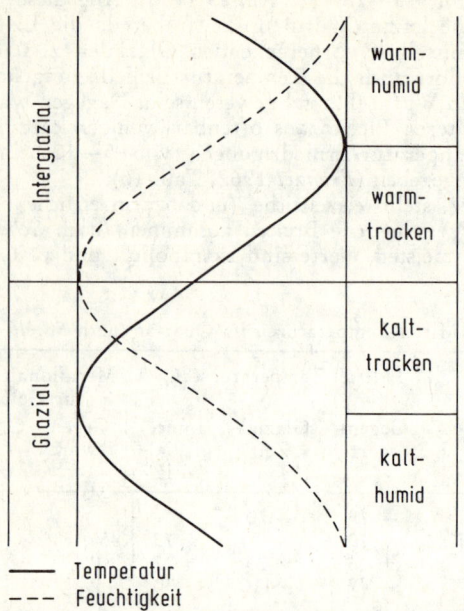

*Abb. 151*  Temperatur- und Feuchtigkeits-Entwicklung in einem Glazial und Interglazial. Nach *Iversen* und *Grichuk* aus *v. d. Hammen et al.,* 1971

**112. Glazialzeitliches Klima in den niederen Breiten.** Eine eiszeitliche Temperatur-Minderung muß für die ganze Erde angenommen werden, *auch für die Tropen* (Tab. 27). Das wird unmittelbar bewiesen durch die Depression der Schneegrenze auch in den äquatorialen Gebirgen: am Kilimandscharo 1300 m (*Flint*), in den Anden maximal 1400 m (zuletzt *Wilhelmy*), in der Bismarck-Kette, Neu-Guinea 1000 m (*Rickwood*).
Die entsprechende Temperatur-Depression läßt sich in den *Gebirgen* der niederen Breiten aus pollenanalytischen Untersuchungen abschätzen. See-Sedimente in der Sabana de Bogotá (Kolumbien, 2500 m hoch) zeigen einen Klimawechsel, der vielleicht vom Riß-Glazial bis zur Jetztzeit reicht. Nach *v. d. Hammen* & *Gonzalez* (1960) war das Würm-Glazial 8° kälter als heute (die Baumgrenze lag 1300 m tiefer); es war gleichzeitig feuchter. Anstelle der heutigen Wälder mit der Charakterpflanze *Weinmannia* traten *Quercus*-Wälder. — Am Sacred Lake (Mt. Kenia, 2440 m) lag die

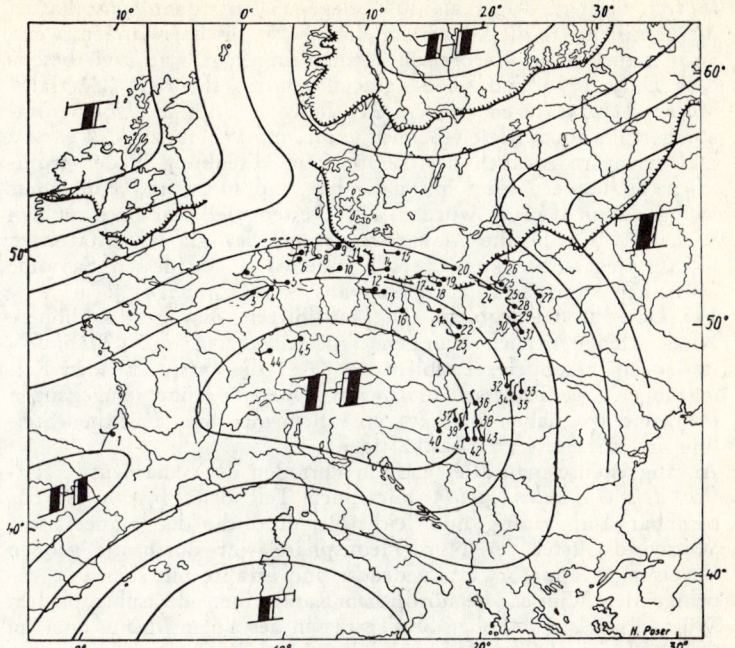

*Abb. 152* Wind und Luftdruck in Europa im Sommer des Spätglazials. Die Zahlen bezeichnen die einzelnen Lokalitäten, die Pfeile die Windrichtung (rekonstruiert aus den Dünen), die gezähnten Linien die Eis-Randlagen zu Anfang und Ende des Spätglazials. Aus *Poser*, 1948

Baumgrenze 1000—1100 m tiefer als heute; das entspricht wohl ebenfalls 8° Temperatur-Depression (für die älteste Dryas-Zeit; *Coetzee* 1964).

Montane Besiedelungs-Gebiete können sich auf diese Weise erheblich ausweiten, und das kann pflanzen- und tiergeographische Folgen haben. *Moreau* (1963) hat damit das Vorkommen ähnlicher Vogel-Arten in entfernten Gebieten Afrikas erklärt (vgl. auch *Coetzee* & *Van Zinderen Bakker* 1970).

Während also die Abkühlung in den tropischen Gebirgen ähnlich groß war wie in den gemäßigten Breiten, war sie in den warmfeuchten *Tiefländern* vermutlich viel geringer und läßt sich aus diesem Grunde auch viel schwieriger bestimmen. Aus theoretischen Gründen nahm *Flohn* eine kaltzeitliche Depression von 4° an, entsprechend einem „glazialen" Jahresmittel von 23° am Äquator. Die Meeres-Temperaturen können jedenfalls in den wärmsten

Meeren nicht niedriger als 20° gelegen haben; denn sonst hätten die Korallenriffe die Glazialzeiten nicht so gut überstanden, wenn auch natürlich ihr Verbreitungsgebiet eingeengt war (vgl. besonders *Daly* 1934 und seine „glacial control theory). „Glaziale" Meeres-Temperaturen von ca. 21° lieferten auch die [18]O-Bestimmungen im äquatorialen Bereich (*Emiliani* 1971 u. a.).

Das geringere Ausmaß der Temperatur-Absenkung in den tropischen Tiefländern trägt mit dazu bei, daß Flora und Fauna nur wenig davon berührt wurden, am ehesten vielleicht noch an den Küsten, wo z. B. die Mangrove wegen der glazial-eustatischen Meeresspiegel-Absenkung verschwindet und stattdessen Savanne erscheinen kann (so in Brit. Guayana, *v. d. Hammen*).

**113. Das Pluvial-Problem.** Die auffälligen Beweise für höhere Niederschläge in den heutigen Trockengebieten, die *„Pluviale",* stellen ein besonderes Problem dar. Auf die entsprechenden Klimazeugen (See-Terrassen usw.) wurde bereits früher eingegangen (43), und wir haben uns jetzt vor allem mit ihrer zeitlichen Stellung im Eiszeitalter zu beschäftigen.

Anfangs stellte man alle feuchten Perioden der Sahara usw. *zeitlich den Glazialen gleich.* Für einen Teil der Pluviale ist das offenbar auch richtig und leicht verständlich: der planetarische Westwind-Gürtel der Nord-Hemisphäre war durch die großen Vereisungen äquatorwärts gedrückt und erfaßte mit seinen regenbringenden Winden die nördlichen Randgebiete des subtropischen Wüstengürtels. Die hohen See-Terrassen des Toten Meeres oder im Great Basin (USA, Abb. 67), die Ausweitung des Kaspischen Meers bis hin zum Schwarzen Meer usw. verdanken dem ihre Entstehung. Auf der Nord-Halbkugel kann man diese Seebildungen als „Nord-Pluviale" bezeichnen.

Vielfach wird zu der größeren Feuchtigkeit auch die Temperatur-Erniedrigung wesentlich beigetragen haben, obgleich das (z. B. im Great Basin) nicht die einzige Ursache ist (vgl. *Flint* 1971). *Van Zinderen Bakker* (1962) hat daher vorgeschlagen, anstatt von Pluvialen von hypothermalen Phasen zu sprechen (und *Galloway* 1970: von „Minevaporal"). Tatsächlich sind *an manchen Stellen die Kaltzeiten gar nicht durch höhere Feuchtigkeit, sondern durch Trockenheit ausgezeichnet.* Im Einzugsbereich des Nil z. B. kamen während des Spät-Würm die tropischen Regen „nahezu zum Stillstand" und Sahara-Dünen lagen 1000 km südlicher (*Fairbridge* 1965, 1972 c). *Fairbridge* nimmt an, daß in den Kaltzeiten der äquatoriale Regengürtel extrem geschrumpft war, der Sahara-Gürtel also bis dorthin reichte. Umgekehrt stieß in den Interglazial-Zeiten der regenbringende SW-Monsun bis weit nach Nord-Afrika vor (Abb. 153). Ähnlich liegt die Grenzzone zwischen den südwestlichen Monsun-Winden und den nordöstlichen Passat-Winden (die innertropische Konvergenz; „Whirl Round

Latitude" bei *Opdyke* und *Fairbridge*) auch heute im Nord-Sommer weit im N (*Balout* 1955; Abb. auch in *Schwarzbach* 1953). Die sommerliche Wetterlage der Jetztzeit spiegelt also im kleinen die interglazialen Verhältnisse mit „Süd-Pluvialen" wider.

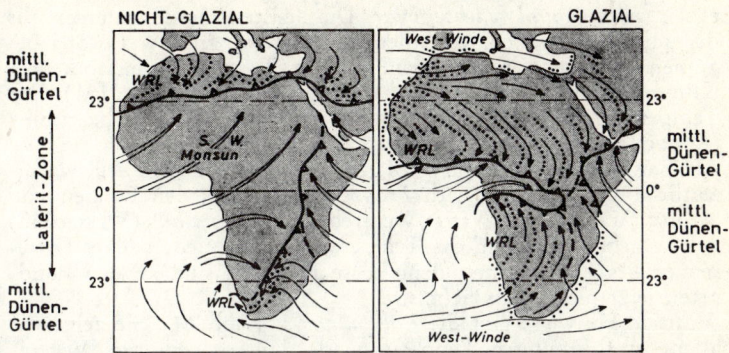

*Abb. 153* Niederschlagsverhältnisse in Afrika während des Quartärs. Links (extremes Interglazial): der tropische Monsun reicht weit nach N und bringt großen Teilen der Sahara Feuchtigkeit. Rechts (Glazial): der äquatoriale Regengürtel ist extrem geschrumpft, der aride Gürtel dehnt sich aus; doch bringt der nach S verlagerte Westwind-Gürtel in N-Afrika Regen. WRL Whirl Round Latitude; Grenze des Westwind- und Passat-Einflusses. Aus *Fairbridge*, 1964

Man muß demnach räumlich zwischen relativ kleinen *glazialen* und ausgedehnten *interglazialen Pluvialen* unterscheiden; *die Haupttrockenzeiten fallen in die Kaltzeiten.* Das entspricht theoretischen Überlegungen; denn je kälter, umso geringer die Verdunstung über den Meeren. *Flohn* (1953) schätzte die Reduktion auf 20 %. *Van Zinderen Bakker* gab eine von *Fairbridge* abweichende Rekonstruktion der meteorologischen Verhältnisse im quartären Afrika. Bezüglich Nord-Afrika stimmen aber beide ganz gut überein.
Bis jetzt gibt es noch zu wenig direkte Beobachtungen, vor allem auch zu wenig genaue Datierungen. Doch spricht in Nord-Afrika (außer im mediterranen Küstenbereich) wohl mehr für die *neue* Eingliederung der Feuchtphasen als für die konventionelle (durch ein Schema *Büdels* weit bekannt gewordene) alte Deutung.
Im südasiatischen Bereich sind die Glazialzeiten ebenfalls vorzugsweise arid; die Ursache ist dort das verstärkte zentralasiatische Hoch. Das machte sich auch im Monsun-Gebiet bemerkbar. Nach *Verstappen* (1970) fehlt der schmale „Pluvial"-Gürtel, der sich im Mittelmeerraum ausbildete, in West-Pakistan und Indien ganz.

Weitere Literatur: *Böttcher* et al. (1972), *Lietz* & *Schwarzbach* (1972), *R. S. U. Smith* (1972), *Huckriede* (1972).

**114. Klima der Interglazial-Zeiten.** Zahlreiche Beobachtungen, vor allem an fossilen Pflanzen und Tieren, zeigen, daß das Klima der Interglazial-Zeiten ähnlich wie das heutige, z. T. allerdings auch *etwas wärmer und feuchter* war. Die meisten Funde stammen aus den mittleren Breiten, vor allem aus Europa. In NW-Europa beginnen die Interglaziale wenigstens z. T. mit warm-trockenem Klima, das allmählich in warm-feuchtes übergeht (Abb. 151). Das Temperatur-Maximum wird auch als *Hypsithermal* bezeichnet (*Deevey* & *Flint* 1957, *Emiliani* 1972).

Als Beispiel zwei Tabellen (28, 29) für holstein- und eem-warmzeitliche Vorkommen (nach *Frenzel* 1967). Aus den Funden von *Azolla* (Wasserfarn), *Vitis* (Weinrebe), *Trapa natans* (Wassernuß) usw. ergeben sich deutliche Temperatur- und Niederschlags-Differenzen gegenüber heute; denn diese Pflanzen sind an den Fundorten jetzt nicht mehr heimisch.

Wichtige Hinweise gibt die *Pollenanalyse* (Abb. 61). Sie zeigt vor allem stratigraphisch kennzeichnende Unterschiede im Vegeta-

*Tabelle 28* Erhöhte Temperaturen und Niederschläge bei Holstein-Interglazialen gegenüber heute (nach *Frenzel*)

| | Erhöhung der Mittel-Temperatur (°C) | | | Erhöhung der Niederschläge mm |
|---|---|---|---|---|
| | Januar | Juli | Jahr | |
| Brit. Inseln | = | 2 | 1 | = |
| Dänemark | 1—2 | 3 | 2—3 | = |
| NW-Deutschland, Niederlande | = | 2 | 1 | = |
| Mittel-Rußland | 8—10 | 2 | 5—6 | 100 |

= bedeutet: keine Differenz gegenüber heute.

*Tabelle 29* Erhöhte Temperaturen und Niederschläge bei Eem-Interglazialen gegenüber heute (nach *Frenzel*)

| | Erhöhung der Mittel-Temperatur (°C) | | | Erhöhung der Niederschläge mm |
|---|---|---|---|---|
| | Januar | Juli | Jahr | |
| Dänemark | 2 | 1—2 | 1—2 | = |
| N- und Mittel-Deutschland | 1—2 | 3 | 2—3 | = |
| Mittel-Polen | 3—4 | 3 | 3 | 50 |
| Mittel-Rußland | 9—10 | 2 | 4—6 | 100 |
| NW-Ukraine | 2—3 | = | 1 | 50 |

tions- und Klimawechsel der einzelnen Interglaziale. So fehlt z. B. die Buche fast völlig im Letzten Interglazial Europas. Solche Unterschiede müssen allerdings nicht immer klimatisch bedingt sein, sondern können auch mit den verschiedenen Schwierigkeiten bei der Neu-Einwanderung nach den Kaltzeiten zusammenhängen. Die älteren Interglaziale sind vermutlich noch etwas wärmer als die jüngeren gewesen. In den Tegelen-Schichten Hollands ist sogar noch ein Affe *Macaca florentina* nachgewiesen (heute letzter Standort in Europa: Gibraltar); ebenso die seitdem in Europa verschwundenen Bäume *Tsuga, Carya, Pterocarya* u. a., ferner der Wasserfarn *Azolla tegeliensis*. Doch spielen auch dabei die Einwanderungsmöglichkeiten und ähnliche nichtklimatische Faktoren eine Rolle.

Marine Küstenfaunen von Long Island (New York) ergaben mit $^{18}$O-Bestimmungen 6° höhere Temperaturen für das Sangamon-Interglazial (*Gustavson* 1973).

Weitere Literatur: *Lozek* (1969), *Mägdefrau* & *Maeck* (1965).

### 115. Ablauf des quartären Eiszeitalters in Europa. a) Pleistozän.

In Europa gab es im Quartär *3 große Vereisungszentren:* in Skandinavien (das eigentliche „Nordische Inlandeis"), auf den Britischen Inseln und in den Alpen (Abb. 154). Dazu kommen zahlreiche kleine Gletscher in den Gebirgen.

Skandinavisches und britisches Inlandeis bildeten zeitweise eine mehr oder weniger zusammenhängende große Eismasse. Das skandinavische Eis drang über das Ostseebecken hinweg mehr als 2000 km weit nach Mittel- und Osteuropa vor, während das britische Eis auf die britischen Inseln beschränkt blieb, ja, das südliche England sogar frei ließ. Die Eisscheide verlief in Skandinavien etwas östlich von der Wasserscheide der heutigen Hochgebirge, aber trotzdem ganz unsymmetrisch zu der gesamten Eismasse, die im Zentrum etwa 3000 m Dicke erreichte.

In den Alpen waren die Täler, z. T. auch die Pässe, von einem zusammenhängenden Eisstromnetz überflutet; die höheren Gipfel ragten darüber hinaus. Die Schneegrenze lag 1200 m tiefer als jetzt. Mehrere große Gletscher drangen als Vorlandgletscher vom Malaspina-Typ aus dem Gebirge heraus, besonders im Norden (Süd-Deutschland); sie erreichten bedeutende Längen (Rhone-Gletscher 360, Inn-Gletscher 340, Rhein-Gletscher 200 km; *Klebelsberg* 1949. — Heutiger längster Alpengletscher: Aletsch-Gletscher, 26 km).

Die maximale Südgrenze des skandinavischen Eises — vielfach durch die südlichsten Vorkommen erratischer Blöcke charakterisiert — folgt oft sehr deutlich dem präexistierenden Relief, d. h. sie buchtet in Flußtälern oft weit nach Süden aus (das gilt auch für Nordamerika); sie verläuft durch Holland — Mitteldeutsch-

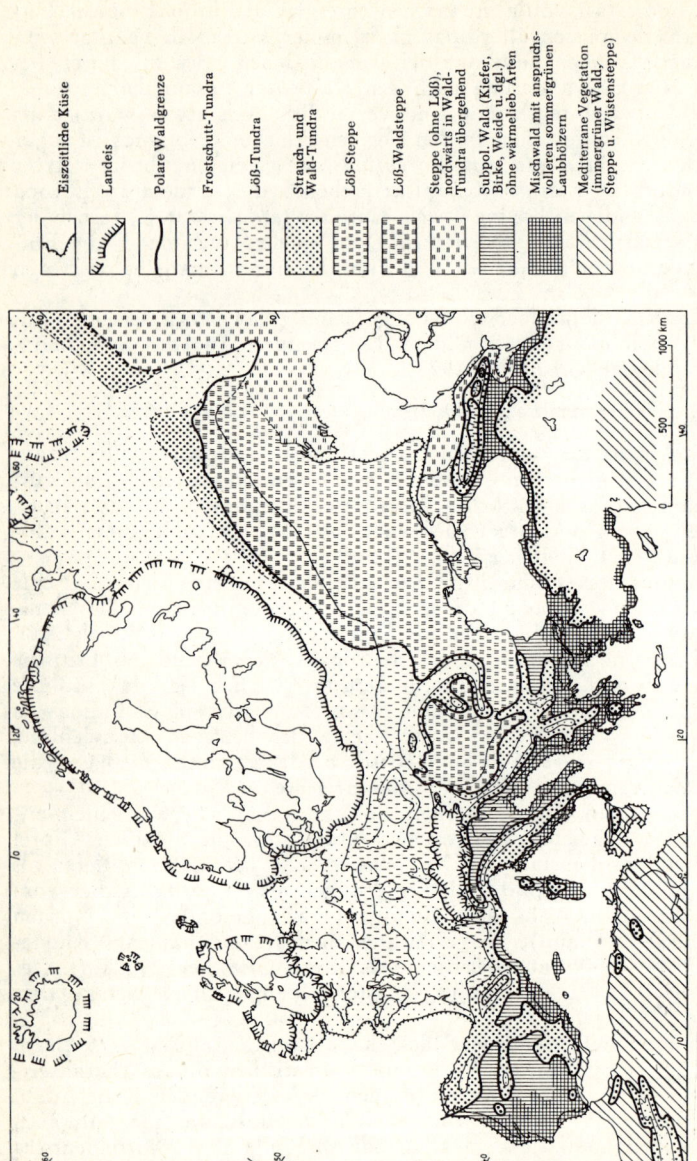

*Abb. 154* Klima-Zonen Europas in der Würm-Eiszeit. Nach *Büdel* aus *P. Woldstedt*, 1954

Eiszeitliche Küste

Landeis

Polare Waldgrenze

Frostschutt-Tundra

Löß-Tundra

Strauch- und Wald-Tundra

Löß-Steppe

Löß-Waldsteppe

Steppe (ohne Löß), nordwärts in Wald-Tundra übergehend

Subpol. Wald (Kiefer, Birke, Weide u. dgl.) ohne wärmelieb. Arten

Mischwald mit anspruchs-volleren sommergrünen Laubhölzern

Mediterrane Vegetation (immergrüner Wald, Steppe u. Wüstensteppe)

land — Sudeten — nördlichen Karpathenrand — Dnjepr- und Don-Senke.

In Europa ist zuerst die Erkenntnis gewonnen worden, daß man mit *mehreren quartären Eiszeiten* rechnen müsse. Sie fand ihre erste eingehende Begründung im alpinen Vereisungsgebiet durch A. Penck und E. Brückner (1901—09; vgl. Abb. 41). Sie unterschieden 4 Eiszeiten (Günz-, Mindel-, Riß-, Würm-Glazial; nach Alpenflüssen benannt, Abb. 155). In Nord-Deutschland kam man

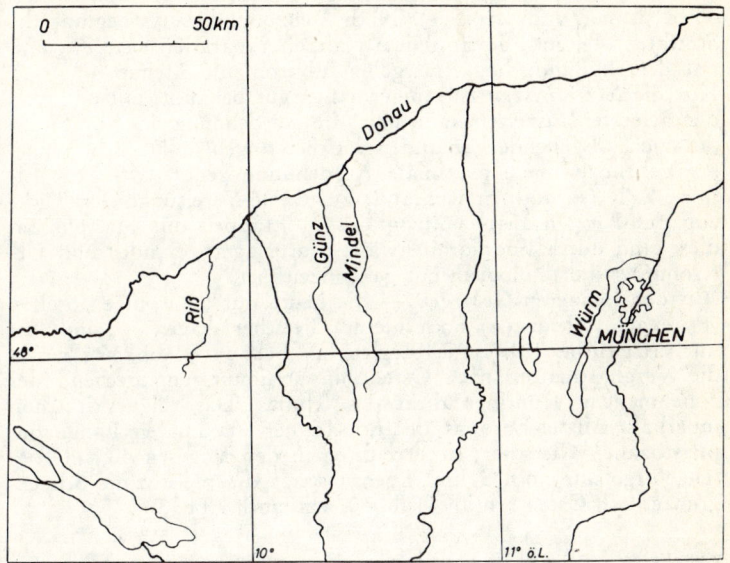

*Abb. 155*   Die namengebenden bayerischen Flüsse für die Quartär-Stratigraphie

zunächst zu einer Drei-Gliederung (Elster-, Saale-, Weichsel-Glazial). Auch die Interglaziale wurden hier besonders benannt (die beiden letzten als Holstein- und Eem-Interglazial; ins Eem gehört auch die Göttweiger Bodenbildung in Nieder-Österreich). Die Eiszeiten lassen sich durch kleinere Wärmeschwankungen (*Interstadiale*) noch weiter untergliedern, vielfach mit Hilfe von Paläoböden in Moränen- und Löß-Ablagerungen, sowie auf grund der zahlreichen Flußterrassen. So werden heute die Würm-, Riß- und Mindel-Eiszeit in je 2 deutlich geschiedene Kaltphasen I und II aufgeteilt (im Würm auch Früh- und Spät-Würm genannt; in dem wärmeren Mittel-Abschnitt liegt u. a. die vielerwähnte Paudorfer Bodenbildung, ca. 31 000—27 000 B. P.).

Doch sind die Untergliederungen oft unsicher, und vor allem ist die Kombination der oft ganz isolierten Profile und die stratigraphische Parallelisierung (so zwischen alpinen und norddeutschen Vereisungen) nicht ohne weiteres möglich. Nur selten liegen lange, durchgehende Profile vor. Die am besten fundierte Gliederung des Gesamtquartärs mit 6 Kaltzeiten konnte im holländischen Bereich aufgestellt werden (Tab. 24, Abb. 156—157). Wichtige, ziemlich lange Profile des älteren Quartärs mit mehreren Kalt- und Warmzeiten liegen am südlichen Alpenrand bei Leffe (zwischen Comer und Iseo-See). Nach *Venzo* und *Lona* beginnt die Schichtenfolge im Pliozän. Die 3 Kaltzeiten parallelisierte *Zagwijn* mit dem holländischen Prätegelen, Eburon und Menap.

Nur die *letzte Eiszeit* ist einigermaßen gut bekannt, und nur von den 3 letzten Eiszeiten kann man die Ausdehnung der von Skandinavien ausgehenden Inlandeisgletscher angeben. Die schon vorhin gekennzeichnete maximale Ausdehnung gehört z. T. zur Elster-, z. T. (so auch in Rußland) zur Saale-Vereisung. Der Rückzug des Letzten Eises vollzog sich in Etappen mit Haltphasen; diese sind durch Endmoränenwälle, vorgelagerte Sander und Urstromtäler morphologisch gut gekennzeichnet.

Aus den kleineren *Gebirgen* — die heute nur an wenigen Stellen (Pyrenäen, Abruzzen) noch kleine Gletscher tragen — sind fast nur eiszeitliche Tal- und Kargletscher bekannt (Abb. 36), wobei die Vergletscherung nach Osten hin abnimmt, entsprechend der zunehmenden Kontinentalität des Klimas. Das zeigt sich schon innerhalb Mittel-Europas deutlich in der maximalen Länge der pleistozänen Gletscher; sie erreichten in den Vogesen 40, im Riesengebirge nur noch 5 km. Ebenso steigt die pleistozäne Schneegrenze nach Osten hin an (Tab. 30, vgl. auch Abb. 37).

*Tabelle 30*   Pleistozäne Schneegrenze einiger europäischer Gebirge

| Gebirge | Lage | Höhe der pleistozänen Schneegrenze |
|---|---|---|
| Britische Inseln | 0—10° W | 600 m |
| Vogesen — Schwarzwald | 7—8° E | 900 m |
| Riesengebirge | 15—16° E | 1200 m |
| Tatra | 20° E | 1500—1600 m |
| Transsylvanische Alpen | 23—26° E | 1900 m |

Eine stratigraphische Gliederung dieser Gebirgsvergletscherungen ist nur ausnahmsweise möglich. Alle morphologisch hervortretenden Formen — vor allem Kare, U-Täler, Endmoränen — stammen auch hier aus der letzten Eiszeit.

Weitere Literatur: *v. d. Hammen* et al. (1971), *H. E. Wright* (1961).

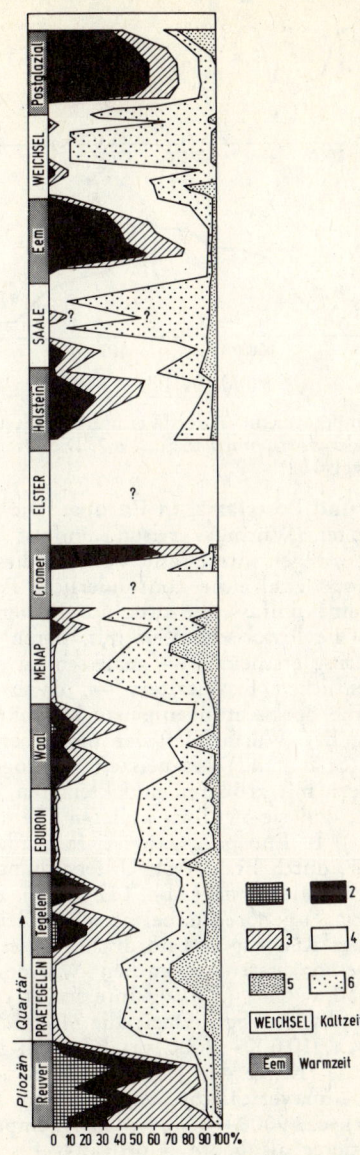

*Abb. 156* Vegetations-Entwicklung seit dem Ende des Tertiärs am Niederrhein. Schematisiertes Pollendiagramm. 1 Bäume des Tertiärs: *Sequoia, Taxodium, Sciadopitys, Nyssa, Liquidambar;* 2 thermophile Laubhölzer: *Fagus, Quercus, Castanea, Tilia, Carpinus, Corylus, Eucommia, Ulmus, Fraxinus;* 3 Holzgewächse feuchter Standorte: *Alnus, Carya, Pterocarya, Vitis;* 4 Nadelhölzer; 5 Heidekrautgewächse, Ericales; 6 Gräser und Kräuter. Nach *Frenzel,* 1967

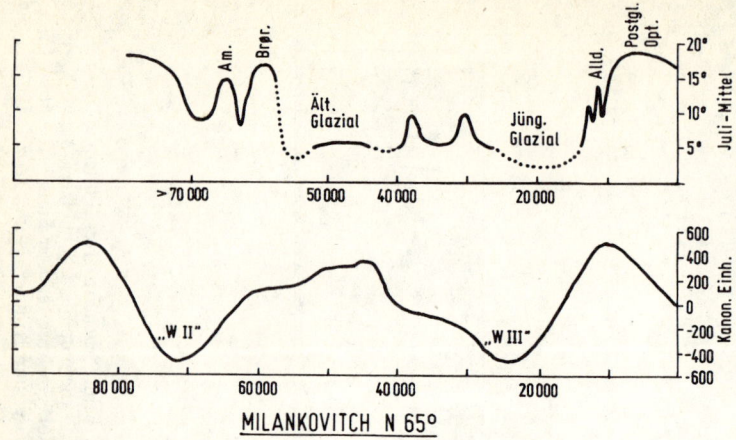

*Abb. 157*   Temperaturkurve der Weichsel-Eiszeit und des Postglazials in Holland. Nach *v. d. Hammen* et al., 1967. Die *Milankovitch*-Kurve weicht erheblich ab (vgl. 162)

**115 b. Spät- und Postglazial in Europa.** Die Zeit seit dem Ausgang der Letzten (Würm-)Vereisung umfaßt *nur ca. 10 000 Jahre.* Sie ist aber deswegen interessant, weil für diesen Zeitabschnitt vor allem in Europa zahlreiche kontinuierliche Pollenprofile bestehen und bereits eine umfassende absolute Datierung möglich ist. Er enthält auch die historische Zeit mit, deren Klimaschwankungen zwar sehr gering erscheinen — gemessen an den großen Ereignissen des eigentlichen Eiszeitalters —, dafür aber durch direkte meteorologische Beobachtungen genau bekannt sind.

Der Rückzug der Würm-Gletscher und überhaupt die Klimageschichte der (Spät- und) Nacheiszeit vollzogen sich nicht gleichförmig, sondern mit größeren und kleineren Schwankungen. *Bray* hat vermutet, daß sie zyklisch abliefen (Temperatur-Minima alle 2400—2600 a). In Europa ergab sich folgender Ablauf der Ereignisse, die z. T. durch Bänderton-Untersuchungen, z. T. durch $^{14}$C-Bestimmungen datiert sind (Abb. 157—158). Die Abschnitte I und II („Spätglazial") gehören dabei noch ins Pleistozän.

I. Allmählicher Rückzug des nordischen Eises bis nach Skandinavien. Nach einer ersten schwachen Wärmeschwankung um ca. 10 750—10 350 v. Chr. (*Bölling*-Interstadial) folgt als 1. klimatischer Höhepunkt der Späteiszeit die *Alleröd-Zeit* (nach Alleröd in Seeland), ca. 10 000—9000 v. Chr.; Juli in Mittel-Europa 4° kälter als heute (Karte der Juli-Isothermen in *Manley* 1949).

II. Erneute Klimaverschlechterung: *Jüngere Dryas-Zeit* (Jüngere Tundren-Zeit), ca. 9000—8000 v. Chr. Temperaturen in Deutschland 7—8° tiefer als heute. Nordisches Eis am Salpausselkä in

Finnland und an den mittelschwedischen Endmoränen (südlich von Stockholm); in den Alpen Gschnitz- und Daun-Stadium.

III. Endgültiger rascher Eisrückzug ins skandinavische Hochgebirge. Bei Upsala lebt 7500 v. Chr. der Zander (*Lucioperca lucioperca; Hörner*).

IV. Ansteigen der Temperaturen, Jahresmittel 2—3° höher als heute, ziemlich feucht: *Postglaziale Wärmezeit* (Atlantikum, Hypsithermal); ca. 5000—3000 v. Chr. Hasel (*Corylus; Andersson*), Wassernuß (*Trapa natans*), Sumpfschildkröte (*Emys orbicularis*) u. a. weiter verbreitet als heute, Baumgrenze einige 100 m höher; in Nord-Eurasien baumlose Tundra fast verschwunden (*Nejstadt*; vgl. *B. Frenzel* 1960) (Abb. 156).

V. Leichter Temperaturrückgang ("Neoglaciation") bis zum heutigen Zustand; dabei um 2300, 1200 und 600 v. Chr. relativ trokken (Rekurrenz-Horizonte der Torfmoore). Aus der Zeit nach Christi Geburt heben sich besonders heraus (nach *Brooks, Lamb* u. a., Abb. 158, 159):

| | |
|---|---|
| 500—700 n. Chr. | besonders trocken |
| 800—1200 n. Chr. | mehr Niederschlag als heute, milde Winter, wenig Eis (Normannen-Züge im Nord-Atlantik; Besiedelung von Grönland durch Normannen!) |
| 16. Jhd. — Ende des 19. Jhd. | *"Kleine Eiszeit"*; dabei: |
| 1. Hälfte des 17. Jhd.* 1810—1820 1850—1860 | Gletschervorstöße |
| 1680—1740 | "Interglazial" innerhalb der "Kleinen Eiszeit"; trocken, milde Winter |
| seit Ende des 19. Jhd. | Gletscherrückgang (Abb. 159—160); Winter werden milder |
| seit Mitte des 20. Jhd. | Aufhören des Gletscherrückgangs. |

* *Lamb* (1962) erinnert in dem Zusammenhang an *P. Bruegels* Winterlandschaften, die in dieser Zeit entstanden!

Weitere Literatur: *Bray* (1970)

## 116. Ablauf des quartären Eiszeitalters in Nordamerika.

Auch in Nordamerika gab es mehrere Vereisungszentren. Zu Europa bestehen aber folgende Unterschiede:

1. Das Zentrum der Haupteismasse (das "Laurentische Eis") lag über relativ niedrigem Gebiet.

2. Der (ebenfalls ziemlich große) Cordilleren-Eis-Komplex hing mit dem laurentischen Eis unmittelbar zusammen.

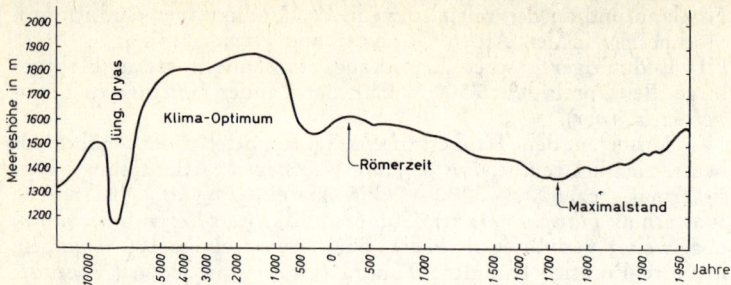

*Abb. 158*    Schneegrenze in Norwegen in den letzten 12 000 Jahren. Nach *O. Liestöl* (in *O. Holtedahl,* 1960), umgezeichnet

3. Die vom Eis bedeckte Fläche war viel größer als in Europa.
Das *laurentische* Inlandeis ging aus mehreren Gebirgsvergletscherungen hervor. Die Vorlandgletscher, die sich dabei allmählich entwickelten, fingen den Hauptteil des Schneeniederschlages ab, und im Vorland wurden schließlich größere Eisdicken erreicht als in den Gebirgen; die Gebirge verschwanden unter einer einheitlichen Inlandeiskappe.
Wie in Europa reichte die letzte Vereisung (Wisconsin) nicht ganz so weit wie die beiden vorhergehenden Vereisungen, die vom laurentischen Eiszentrum bis fast nach St. Louis vordrangen. Die *Süd-Grenze* springt je nach dem Relief bald mehr vor, bald zurück. Die atlantische Küste östlich New York ist durch die Endmoränen der letzten Vereisung geprägt, in der City von New York gibt es schöne Gletscherschliffe.
Das laurentische Eis vereinigte sich im Westen mit dem erheblich kleineren *Cordilleren-Eis.* Immerhin erstreckte sich auch diese Eismasse zusammenhängend vom Columbia-Fluß bis zu den Aleuten, d. h. über mehr als 3500 km. Sie umfaßte nicht nur ein Eisstromnetz aus Talgletschern und Vorlandgletscher wie in den Alpen, sondern auch eine mindestens 2500 m mächtige Inlandeiskappe, deren Zentrum in Brit. Columbia lag. Außer dem eigentlichen Cordilleren-Eis existierten zahlreiche selbständige Gletschergruppen (am größten in der Sierra Nevada in Ost-Kalifornien).
So wie im Süden die zu hohen Temperaturen der Eis-Ausdehnung in Nordamerika ein Ende setzten, so im hohen Norden stellenweise die zu geringen Niederschläge. Denn das nördliche und zentrale Alaska waren (mit Ausnahme der Brooks Range) nie vergletschert; sie entsprechen offensichtlich den eisfreien Kältewüsten im heutigen nördlichsten Grönland.
Seit langem werden auch in Nordamerika 4 Haupteiszeiten (mit 3 Zwischeneiszeiten) unterschieden (Tab. 33). Auch hier hat die

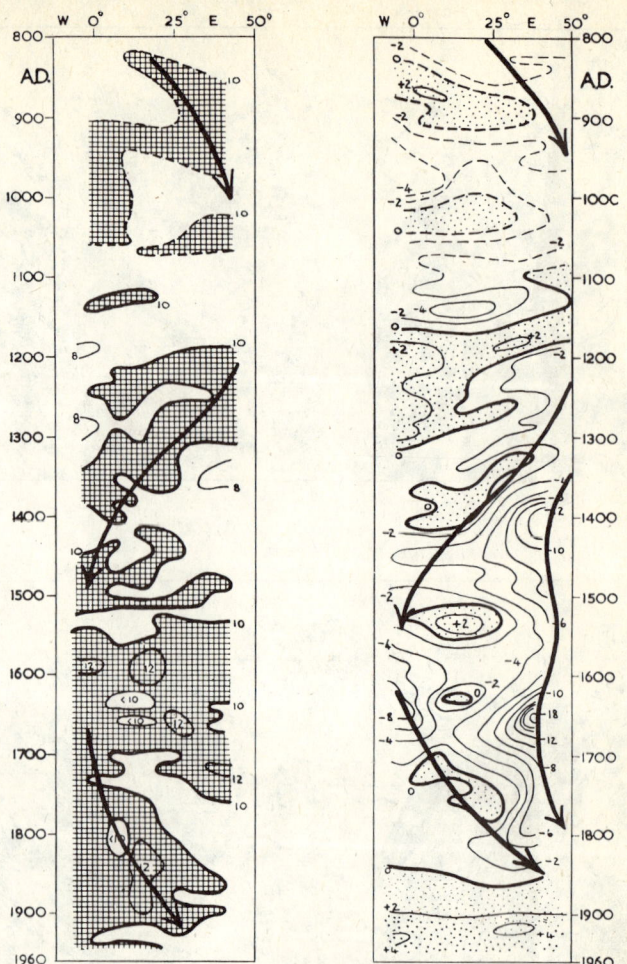

*Abb. 159*  Häufigkeits-Indices feuchter Sommer (links) und strenger Winter (rechts) von 800 n. Ch. bis 1960. Schraffiert = sehr feuchte Sommer; punktiert = sehr milde Winter. 50-Jahres-Mittel nahe 50° N. Aus *Lamb*, 1964

Letzte Eiszeit (Wisconsin) die größte Bedeutung für die Landschaftsgestaltung (wozu hier auch die Geschichte der Großen Seen gehört). Als Interglazialbildungen spielen die Verwitterungslehme (gumbotils) der Grundmoränen eine besondere Rolle. Floristische

*Abb. 160*    Der Rückgang des Bolschoi Asau-Gletschers am Elbrus (Kaukasus). Oben: September 1878; der Gletscher überfährt einen Nadelwald. Unten: Ansicht vom gleichen Standpunkt aus im August 1958; der Gletscher hat sich im Tal um mehr als 2 km zurückgezogen. Aus *G. K. Tuschinskij*, 1958

Belege sind seltener als in Europa, und auch über den Prä-Ne-braskan-Abschnitt des Quartärs ist in Nordamerika sehr viel weniger bekannt.

Die Parallelisierung mit Europa kann man wie in Tab. 33 vornehmen; aber nur die Gleichstellung der beiden jüngsten Stufen ist gesichert.

Der spätglaziale Eisrückzug verläuft z. T. ähnlich wie in Europa (Tab. 31).

*Tabelle 31*  Spätglazial in Europa und Nordamerika

| Europa | Nordamerika | Zeit v. Chr. |
|---|---|---|
| Jüngere Dryas-Zeit | Valders | 9000—8000 |
| Alleröd | Two Creeks | 10000—9000 |
| Ältere Dryas-Zeit | Port Huron-Mankato | vor 10000 |

Nach *Broecker* & *Farrand* (1963) ist das Two Creeks-Interstadial eher mit Bölling zu parallelisieren, doch hält *Flint* (1971) an der obigen Korrelation fest.

Das *Postglaziale Klimaoptimum* („Hypsithermal" *Deevey's* und *Flint's*) ist in Nordamerika gleichfalls nachzuweisen, aber weniger deutlich als in Europa ausgeprägt. Es zeigt sich auch hier in den Pollendiagrammen, so in Maine mit Eichen-Maximum, Hemlock- und Birken-Minimum (*Deevey*).

*Ritchie* & *Hare* (1971) rekonstruierten folgende Vegetations-Entwicklung an der heutigen arktischen Baumgrenze im nordwestlichen Nordamerika:

12 900—11 600 B. P. Tundra, 11 600—8500 Einwanderung der Fichte (Wald-Tundra), 8500—5500 geschlossener Fichtenwald, 5500—4000 Einwanderung der Erle; nur vereinzelt Fichte, 4000 bis jetzt verschwindet der Wald; Zwergbirken-Tundra. Die Polarfront lag während des Hypsithermals im Juli 350 km weiter nördlich als heute.

Weitere Literatur: *McDonald* (1971), *Porter* (1971), *Terasmae* (1961), *H. E. Wright* (1971), *H. E. Wright* & *Frey* (1965).

## 117. Ablauf des Eiszeitalters in den übrigen nichtpolaren Gebieten.
Über die Stratigraphie des Quartärs in den übrigen Gebieten ist viel weniger bekannt.

In *Asien* schloß sich an das skandinavische Inlandeis das westsibirische an; es reichte bis über den Jenissei hinaus. Die ostsibirischen Gebirge trugen gleichfalls eine beträchtliche Eiskappe, andere Gebirge Asiens ausgedehnte Gletscher. Im ganzen aber bleibt die Vergletscherung des niederschlagsarmen sibirischen Raumes weit hinter den Nachbarkontinenten zurück. Ein Würm-Interstadial ist hier vielleicht als Interglazial entwickelt (*Kind* 1972).

Die pleistozäne Vergletscherung in *Afrika* (am Kilimandscharo und anderen hohen Bergen) und *Australien* (Mt. Kosciusko, Tasmanien) war räumlich unbedeutend. Vom Kilimandscharo wird ein mehrfacher Klimawechsel angegeben (*Downie* 1964: 6 „Vereisungen"!). In beiden Kontinenten tritt jedoch mehr der Wechsel von feuchten und trockenen Perioden in den Vordergrund; aber die zeitliche Stellung der „Pluviale" ist ganz unsicher. In Australien ist Aridität mit Erosion, Humidität mit Verwitterung und Bodenbildung verbunden (zuletzt *Jessup* & *Norris* 1971).

Mehrere Vergletscherungen kennt man aus *Neuseeland:* nach *Gage* eine altpleistozäne Vereisung, dann ein langes Intervall (mit Gebirgsbildung) und 3 jungpleistozäne Vergletscherungen. Von großer Bedeutung ist das marine Küstenprofil von Wanganui (SW-Küste der Nordinsel). *C. A. Fleming* (1953, 1956) hat es gründlich bearbeitet. Die 2000 m Schichten Pleistozän beginnen über dem Pliozän und enthalten 6 Kalt- und 5 Warmzeiten. Eine unmittelbare Parallelisierung mit dem holländischen Normalprofil liegt also nahe (vgl. *Woldstedt* 1965); aber sie ist vorläufig noch ungesichert.

In *Südamerika* bildete sich eine zusammenhängende Eiskappe über den Anden südlich von 26° S. Ob sie sich ostwärts auch über das patagonische Tiefland ausbreitete (*Auer, Czajka*), ist umstritten (*Polanski*).

Von den jungen Klimaschwankungen ist die *Postglaziale Wärmezeit* nachgewiesen in Pollendiagrammen von Hawaii (*Selling*, Abb. 161; mit Ausbreitung des Regenwaldes), Neuseeland (*Cranwell* & *v. Post*, Abb. 161; auch dort mit größerer Feuchtigkeit), Feuerland (*v. Post, Auer*, Abb. 161; in Patagonien nach *Auer* auch Jüng. und Ält. Dryas sowie Alleröd nachweisbar), Kolumbien (*v. d. Hammen* & *Gonzalez*), am Mt. Kenia (*Coetzee*). Die Alleröd-Schwankung zeigt sich in einem Pollendiagramm von Kaisunga (NW-Kenia); die Baumgrenze lag dort in der Ält. Dryas-Zeit 500—600 m tiefer als heute (*Van Zinderen Bakker* 1962).

Weitere Literatur: *Farrand* (1971), *van Zinderen Bakker* (1969), *Butzer* (1973).

## 118. Der Ablauf des quartären Eiszeitalters in den Polargebieten.

Von besonderem Interesse ist der Verlauf der Vereisungen in den polaren Gebieten. Die „eiszeitliche" Vergletscherung hat dort, wie wir schon sahen, bereits im Tertiär eingesetzt und seit dieser Zeit bis zur Gegenwart ein beträchtliches Ausmaß gehabt. Doch lassen sich auch in den hohen Breiten *Schwankungen* in der Ausdehnung der Gletscher und Interglaziale nachweisen (Alaska, *Hopkins* et al.; N-Kanada, *Terasmae* u. a.; Grönland, *Bryan;* Island, Zusammenstellung bei *Th. Einarsson* 1971 und *M. Schwarzbach* 1955,

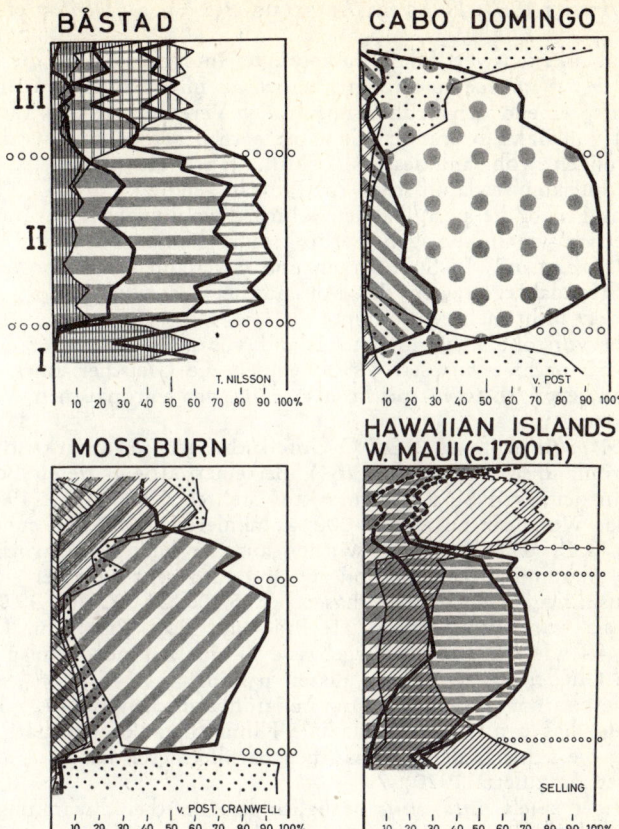

*Abb. 161*   Pollendiagramme der Postglazial-Zeit aus 4 Weltteilen. Båstad (Schweden), Cabo Domingo (Feuerland), Mossburn (Neu-Seeland), Hawaii. II = Postglaziale Wärmezeit. III = Jetztzeit. Die dicken Linien begrenzen in dem Diagramm aus Schweden Eichenmischwald, *Alnus, Betula;* in Feuerland Caryophyllaceae und Gräser; in Neu-Seeland *Darcrydium + Phyllocladus + Podocarpus* = Regenwald des Tieflandes; in Hawaii *Metrosideros* u. a., *Myrsine + Cheirodendron, Coprosma + Pritchardia.* — Die dünnen Linien begrenzen in Schweden *Pinus, Picea, Fagus + Carpinus;* in Feuerland *Nothofagus* und *Cyperaceae;* in Neu-Seeland *Metrosideros, Nothofagus* und Gräser + Cyperaceae; in Hawaii *Chenopodium* und *Dodonaea + Myoporum + Sophora + Acacia.* Die Postglaziale Wärmezeit tritt teils durch wärme-liebende, teils durch feuchtigkeitsliebende Vegetation überall deutlich hervor. Nach *T. Nilsson, v. Post, Cranwell,* aus *Selling,* 1948, umgezeichnet

*Thórarinsson* 1963; N-Asien; Antarktis, *Péwé* u. a., *Denton* et al. 1971).

Es ist bemerkenswert, daß ausgeprägte Interglaziale in diesem Raum *weiter zurück* zu reichen scheinen als in den mittleren Breiten, entsprechend dem frühen Beginn der Vereisungen. Das Interglazial von Bakkabrúnir in Island ist nach neuen radiometrischen Datierungen wohl mindestens 2 Mill. Jahre alt (*Everts* et al. 1972) und könnte damit schon ins Pliozän gehören.

In Island sind die postglazialen Klimaschwankungen zwar nicht so deutlich wie im übrigen Europa, immerhin aber nachweisbar (*Thorl. Einarsson*). In Spitzbergen und Grönland führen postglaziale Strandablagerungen die Miesmuschel (*Mytilus edulis*), die heute dort nicht mehr vorkommt.

Gletschervorstöße kann man in Island vor allem 1750—60 und 1840—50 nachweisen; seit 1890 nehmen die Gletscher stark ab (*Thórarinsson*). Das entspricht also z. T. den europäischen Verhältnissen.

*Neue Aspekte* eröffnen $^{16}O/^{18}O$-Untersuchungen im antarktischen und grönländischen *Inlandeis* (64). Bei einer 2164 m tiefen Bohrung an der Byrd Station (Antarktis) stellten *Gow* et al. (1970) fest: das Wisconsin begann 75 000, kulminierte 17 000 und endete 11 000 B. P. (Die Zeitdaten wurden aus der heutigen jährlichen Schnee-Akkumulation extrapoliert, sind also sehr unsicher.) Im Wisconsin liegen 3 wärmere Phasen bei 25 000, 31 000 und 39 000 B. P.; sie waren aber kälter als Prä- und Post-Wisconsin. Das würde — wie die anderen Ergebnisse — gut zur nordhemisphärischen Gliederung der letzten Eiszeit passen.

Die Tiefbohrung Camp Century im grönländischen Eis (225 km E Thule) hat u. a. auch postglaziale Klimaschwankungen nachgewiesen, die sich mit den europäischen parallelisieren lassen (*Dansgaard* et al., zuletzt 1970).

Im übrigen spielt *Antarktika* bezüglich der Gletscherschwankungen eine *Sonderrolle*. Dort scheint das Wachstum des Inlandeises eher durch *höhere* als durch tiefere Temperaturen begünstigt zu werden, d. h. die einst größere Ausdehnung des Eises, die man vielfach nachweisen kann, muß eher mit *Interglazialen* oder dem postglazialen Wärmeoptimum parallelisiert werden (weil dann mehr Schnee fiel). Dem entspricht, daß die Bilanz des antarktischen Inlandeises — die freilich nur sehr ungenau abgeschätzt werden kann — in den letzten Jahren anscheinend positiv war, während sonst die Gletscher auf der Erde zurückgingen (*Bardin* & *Souetova*, vgl. *Markov* 1969). Allerdings kann man ebensogut begründen, daß die antarktischen Gletscherschwankungen denen auf der Nord-Halbkugel doch entsprechen, weil der tiefe glazialzeitliche Meeresspiegel ein Vorrücken der Gletscher begünstigte (*Hollin* 1962).

Über die Eisbedeckung des Polarmeers im Quartär vgl. 132 und 170.

Weitere Literatur: *van Zinderen Bakker* (1969).

**119. Quartäre Tiefsee-Sedimente.** Die Tiefsee-Sedimente sind in der Neuzeit in den Mittelpunkt der Paläoklimatologie gerückt — *sie sind für die Eiszeitforschung wichtiger geworden als die klassischen Alpen* oder die viel untersuchten Terrassen-Treppen unserer Flüsse. Ein Hauptgrund dafür liegt darin, daß die Bohrkerne, die man am Tiefseeboden gewinnt, Profile durch das *gesamte* Quartär (und das anschließende Tertiär) liefern (obgleich die Schichtenfolgen keineswegs immer ganz lückenlos sind); wegen der geringen Sedimentationsgeschwindigkeit am Tiefseeboden ($<1$ bis $>10$ cm/1000 a) repräsentieren einige 10 m bereits einige Millionen Jahre. Außerdem läßt sich der Klimawechsel auf verschiedene Weise genau analysieren, und die absolute und paläomagnetische Datierung ist leichter möglich als bei kontinentalen Ablagerungen. Für die *Klima-Analyse* kommen vor allem in Frage:
a) Der *prozentuale Anteil wärme- und kälteliebender Tier-Arten* (besonders Foraminiferen, aber auch Radiolarien u. a.). Meist sind es rezente Arten; ihre Klima-Ansprüche sind ziemlich genau bekannt. Zu den ersten Untersuchungen dieser Art gehörten die von *W. Schott* 1935. Als kälteliebende Form gilt z. B. *Globorotalia pachyderma*, als wärmeliebende Art *Globorotalia menardii* (mit mehreren Variationen; Abb. 162). Man kann einzelne Arten herausgreifen oder aber möglichst viele berücksichtigen und den Anteil warmer und kalter Formen prozentual darstellen („total fauna analysis").
Man muß beachten, daß die winzigen Gehäuse teils auf Bewohner der wärmeren Oberfläche, teils der kalten Tiefsee zurückgehen, also über ganz verschiedene Tiefenbereiche des Ozeans aussagen.
b) Der *prozentuale Anteil rechts- und linksgewundener Gehäuse* einer Foraminiferen-Art. Bei einzelnen Arten ist dieser Anteil klima-abhängig (*Bandy* u. a., vgl. 29 und Abb. 50 sowie Abb. 162).
c) Der *Kalkgehalt der Schichten*. Es ist abhängig von der biologischen Produktivität (vor allem der kalkschaligen Foraminiferen), der Beimischung terrigenen, tonigen Materials und von der Kalklösung in kaltem Wasser. Kaltes Auftriebswasser begünstigt aber nicht nur die Kalk*lösung*, sondern durch seinen Nährstoffreichtum umgekehrt auch die Kalk*produktion*.
Die zeitliche Datierung und die Parallelisierung mit der Paläotemperatur-Kurve beweist, daß im Pazifik die *kalt*zeitlichen Schichten *kalkreicher* sind als die warmzeitlichen. Im Atlantik ist es umgekehrt. *Olausson* führte diesen Unterschied auf verschiedene biogene Kalkproduktion zurück (infolge reichlicher Zufuhr von antarktischem Auftriebswasser im äquatorialen Pazifik). *Ruddi-*

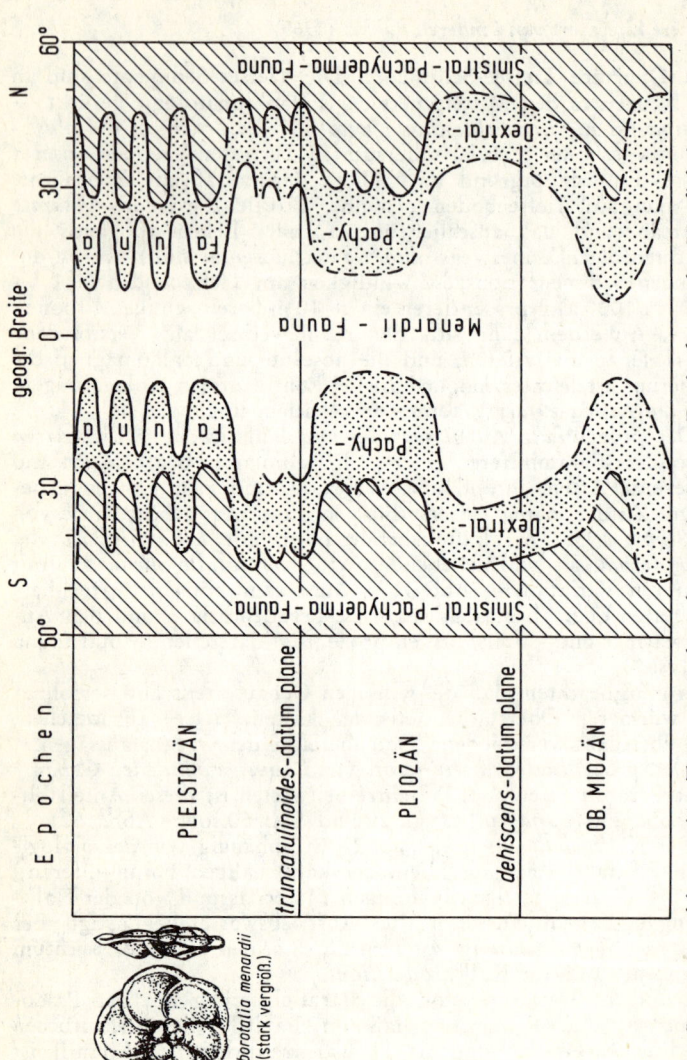

*Abb. 162* Quartäre und jungtertiäre Temperaturschwankungen im Meere. Ermittelt aus der Häufigkeit von Foraminiferen (*Globorotalia menardii*; rechts- und linksgewundene *Gl. pachyderma*). Nach *Bandy* et al., 1971

*man* dagegen erklärt die atlantischen Verhältnisse auf andere Weise: äolischer Staub wurde in den Kaltzeiten in erheblicher Menge von Afrika her angeliefert und „verdünnte" den (primär normalen) Kalkgehalt. — Vgl. auch *Broecker* 1971.

d) Der *Gehalt an Dropsteinen* und sonstigem gröberen Detritus (*Kent* et al. 1970: > 250 $\mu$). Hoher Gehalt rührt z. T. von Eisberg-Drift her und deutet im allgemeinen, besonders in pol-fernen Breiten, auf kühle Perioden. Im antarktischen Bereich mit seinem anomalen Verlauf der Gletscherschwankungen (118) kann es allerdings auch umgekehrt sein (*Fillon* 1970).

e) *Paläotemperatur-Bestimmungen mit Sauerstoff-Isotopen* ($^{18}O/$ $^{16}O$; vgl. X). Pionier-Arbeit hat vor allem *Emiliani* geleistet. Die absoluten Werte sind zwar z. T. unsicher (vgl. *Olausson* 1965, entgegen *Emiliani*), aber die Kurven geben offensichtlich die relativen Schwankungen (d. h. die *„relative Intensität der Vereisungen"*) richtig wider.

Für die *zeitliche Einstufung der Tiefsee-Profile* stehen zur Verfügung:

a) *Biostratigraphische Methoden* für die grobe Erkennung z. B. der Grenze zum Tertiär.

b) Extrapolation der *Sedimentationsgeschwindigkeit,* sofern diese für einzelne, kürzere oder längere Zeitspannen bekannt ist. Die Zeitangaben in den Kurven von *Emiliani, Hays* usw. beruhen z. T. auf solchen Abschätzungen. Da man aber nicht annehmen kann, daß die Sedimentationsgeschwindigkeit lange Zeit hindurch unverändert bleibt, sind die Ergebnisse für die Zeitrechnung unsicher.

c) *Radiometrische Datierungen mit* $^{14}C$ (bis zu etwas über 50 000 B. P.) oder mit Tochter-Elementen von $^{235}U$ *und* $^{238}U$ (Jonium, Radium, Protactinium u. a.). Die Anwendungsmöglichkeiten für die älteren Zeiträume sind beschränkt, und es gibt noch nicht viel brauchbare Datierungen.

d) Eingliederung in das *paläomagnetische Standard-Profil* (121). Diese Methode hat bei den Tiefsee-Kernen den Vorteil, daß man häufig mit Erfassung *aller* Polaritäten rechnen kann, also eine eindeutige stratigraphische Zuordnung möglich ist.

*Einige Ergebnisse* für das Quartär veranschaulichen die Kurven. In Abb. 163 ist die Parallelität zwischen Oberflächen- und der („20°" niedrigeren) Tiefen-Temperatur deutlich. Die Abb. 164 (nach einer Zusammenstellung *Ruddiman's*) zeigt, daß isotopische Temperatur und Kalkgehalt im Atlantik (umgekehrt) parallel verlaufen, ferner, daß im Atlantik die Vereisungen hauptsächlich erst nach Jaramillo beginnen: mit langen Kälteperioden 900 000—775 000 und 600 000—425 000 und dann kürzeren, aber ebenfalls intensiven Kaltzeiten bis hin zum Wisconsin (Würm). Im Prä-Jaramillo (Matuyama) war es im Durchschnitt wärmer. In Abb. 164 sind auch 2 Profile aus dem äquatorialen Pazifik dargestellt. Dort haben *Hays* et al. 8 Kalk-Maxima (= 8 Kaltzeiten) innerhalb der letzten 700 000 Jahre (= Brunhes-Epoche) festgestellt. Die oberste Kalt-Zacke ist u. a. auf grund von $^{14}C$-Datierungen mit dem Würm-Glazial zu identifizieren. Die Ähnlichkeit mit den atlantischen Profilen ist stellenweise recht deutlich.

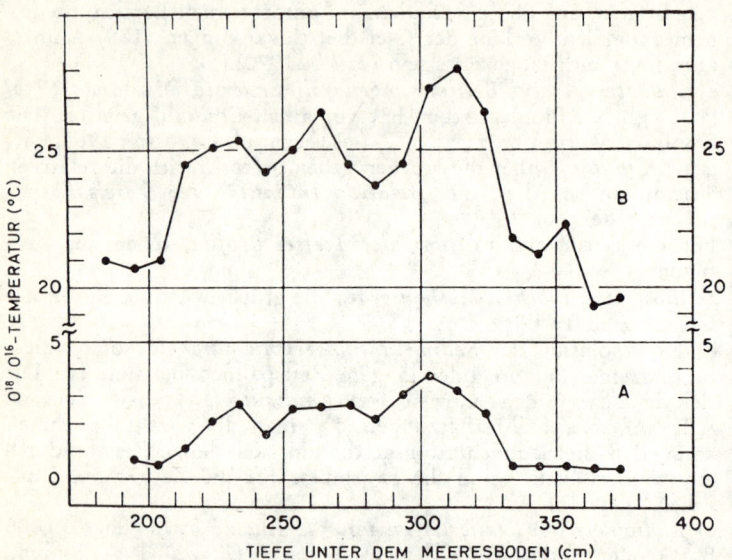

*Abb. 163* Kurven der pleistozänen Temperatur an der Oberfläche (B) und am Grunde (A) des Meeres nach $O^{18}/O^{16}$-Untersuchungen eines Tiefsee-Kerns. Äquatorialer Atlantik (Core 234, 3577 m Tiefe). Interglazial? Nach *Emiliani*, 1958

Aber sonst bestehen im einzelnen und im großen *zahlreiche Differenzen* zwischen den Kurven der einzelnen Gebiete. Die vielen Schwankungen sind offenbar durch verschiedene (auch labor-technische) Faktoren beeinflußt, und es ist noch keineswegs möglich, daraus ohne weiteres Standard-Profile abzuleiten. Das gilt wohl auch für die Details in *Emiliani's* viel zitierter gemittelter Paläotemperatur-Kurve (Abb. 165). Es ist wohl auch noch verfrüht, aus relativ wenigen Kurven globale Zusammenhänge (auch für das Präquartär) zwischen Paläotemperatur, Paläobathymetrie und Tektonik abzuleiten, so interessant sie sein könnten (*Frerichs* 1970).

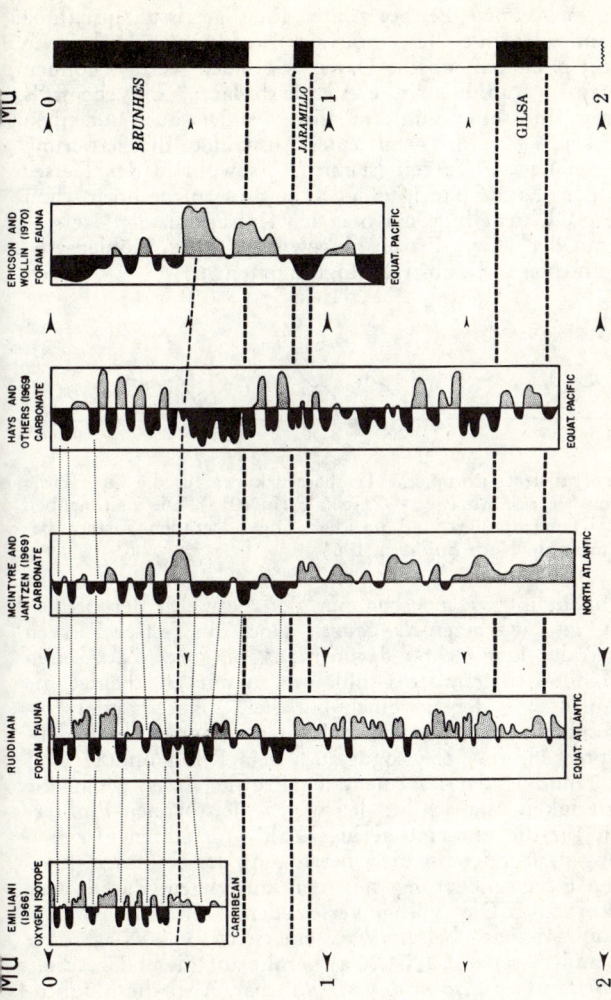

*Abb. 164* Pleistozäne Klimakurven in Tiefsee-Sedimentprofilen (bis 23 m lang). Karibisches Meer (O-Isotopen), äquat. Atlantik (Foraminiferen-Fauna), N-Atlantik und äquat. Pazifik (Karbonat-Gehalt), äquat. Pazifik (Foraminiferen). Die Null-Linie der Zacken ist willkürlich. Nach *Ruddiman*, 1971. Auffällige Klimaverschlechterung beginnt 1.3 Ma B.P., sie verstärkt sich 0.9 Ma B.P. (Post-Jaramillo). Die beiden jüngsten Kältezacken repräsentieren das Würm. In der paläa-magnetischen Zeitskala bedeutet schwarz normal, weiß revers

Ein *Nachteil* der Tiefsee-Profile liegt darin, daß sie mit den meisten, vor allem auch den klassischen, *kontinentalen* Quartär-Profilen *nicht* ohne weiteres direkt zu korrelieren sind; denn es gibt fast keine gemeinsamen Leithorizonte. Eine gewisse Ausnahme machen die nicht häufigen festländischen Profile, aus denen (wie in der Tiefsee) paläomagnetische Daten gewonnen werden können (z. B. in Island). Radiometrische Vergleichsdaten, die ebenfalls nützlich wären, sind selten und ermöglichen zudem auch nur einen groben zeitlichen Vergleich — mit einer Ausnahme: die Datierung fast der ganzen Letzten Eiszeit ist mit $^{14}$C sowohl in der Tiefsee als auch auf dem Lande häufig möglich, und es wurde oben schon auf die sichere Gleichstellung der obersten Kaltzeit in den Tiefsee-Sedimenten mit der Würm-Eiszeit hingewiesen. (Auch Höhlen-Absätze bieten anscheinend günstige Möglichkeiten; 63).

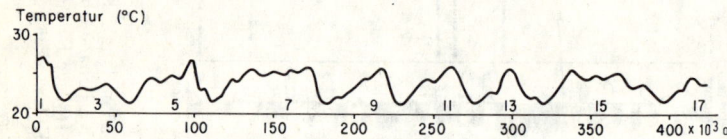

*Abb. 165* Generalisierte isotopische Temperaturkurve für die Oberfläche des Karibischen Meeres. Abzisse = Zeitskala (in $10^3$ a). Die Zeitangaben sind größtenteils extrapoliert und unsicher. Die ungeraden Ziffern bezeichnen Warmzeiten. Nach *Emiliani*, 1966

Aber sonst bleibt im wesentlichen nur der Vergleich der beiderseitigen Kalt- und Warmzeit-*Sequenzen*. Doch die Tiefsee-Kurven sagen nichts (oder fast nichts) darüber aus, ob ihre Warmzeiten Inter*glaziale* oder Inter*stadiale* sind, und damit entscheidet die subjektive Auffassung der einzelnen Forscher. 2 aufeinander folgende Tiefsee-Kaltzeiten können z. B. dem Mindel- *und* Riß-Glazial entsprechen, aber ebensogut auch dem Riß I und II *oder* dem Mindel I und II der kontinentalen Profile. Es ist genau die gleiche Schwierigkeit, die sich bei den vielen pleistozänen Flußterrassen ergibt, für die nur eine geringe Zahl von echten Eiszeiten zur Verfügung steht, oder für die Übertragung der einfachen, klassischen Alpen-Eiszeitgliederung mit den zu vielen Zacken der „Strahlungskurven". Die völlig verschiedene zeitliche Position z. B. der „Günz-Eiszeit" bei *Emiliani* einerseits (300 000 a) oder bei *Gromov* andererseits (1 000 000 a) beruht auf dieser Ursache. *Viele Einzelheiten sind also noch ganz unsicher.* Aber die Möglichkeiten, die der Ozeanboden bietet, sind noch längst nicht ausgeschöpft. *Die paläoklimatologische Erforschung der Tiefsee-Sedimente hat erst begonnen.*

Weitere Literatur: *Valentine* (1961), *Mc Intyre* et al. (1972).

**120. Quartäre Meeresspiegelschwankungen.** In den Glazialzeiten, in denen ein erheblicher Teil des Wassers auf der Erde als Gletschereis festgelegt war, kam es weltweit zu einem Tiefstand des Meeresspiegels (90—100 m tiefer als heute), in eisfreien Zeiten steigt der Spiegel um ca. 50 m gegenüber heute an. Wir haben diese glazial-eustatischen Schwankungen bereits früher betrachtet (23) und auch schon gesehen, daß — unabhängig davon — aus andern, nicht genau bekannten Gründen die Höhenlage der dabei entstehenden Strandterrassen während des Quartärs ständig abgesunken ist.

In Europa sind die Strandterrassen besonders am Mittelmeer studiert worden. Sie tragen dort besondere Namen. Die Abb. 166

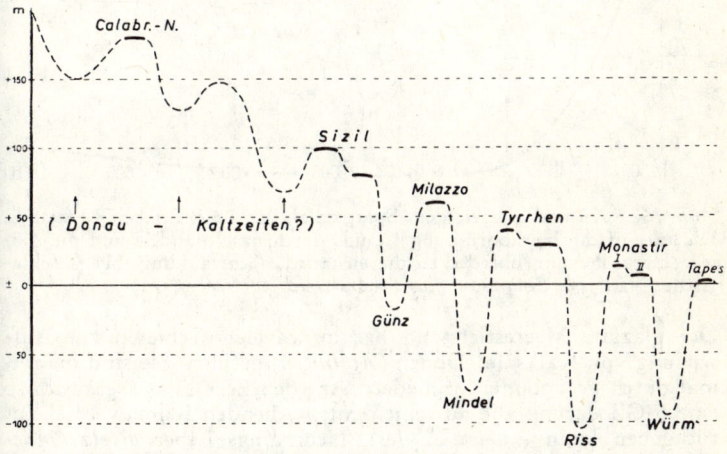

*Abb. 166* Meeresspiegel-Schwankungen im Quartär. Mit dem generellen Absinken des Meeresspiegels sind glazial-eustatische Schwankungen kombiniert. Sizil usw. kennzeichnen interglaziale Hochstände. Aus *Woldstedt*, 1961

(nach *Woldstedt*) zeigt ihre Höhenlage und auch ihre mögliche zeitliche Zuordnung. Auf die Schwierigkeiten der Terrassen-Chronologie wurde ebenfalls bereits hingewiesen. Die Monastir (18 bis 20 m)- und die Tyrrhen (28—32 m)-Terrasse sind an den Mittelmeer-Küsten durch die wärmeliebende Schnecke *Strombus bubonius* charakterisiert.

In den Gebieten, die einst ausgedehnt vergletschert und daher isostatisch tief abgesenkt waren, ist das Bild infolge des Zusammenwirkens eustatischer und isostatischer Bewegungen ganz anders (Abb. 167).

An der Bering-Straße erlauben die marinen Transgressionen nach *Hopkins* eine detaillierte Gliederung des Quartärs (Tab. 32; vgl. auch *Emiliani* 1967). Die höheren Strandterrassen sind z. T. radiometrisch datiert. In den Glazial-Zeiten stand der Meeresspiegel (wie schon im Tertiär) zeitweise so tief, daß die heute nur 45 m tiefe Meeresstraße landfest und für Landtiere und den Menschen zu einer höchst wichtigen Verbindungsbrücke zwischen Asien und Amerika wurde.

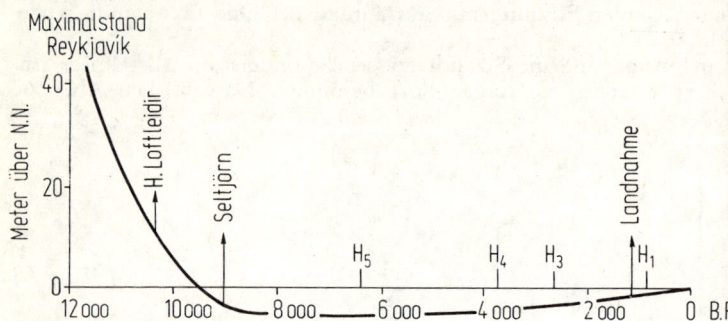

*Abb. 167* Küstenlinie seit dem Spätglazial (12 000 B.P.) bei Reykjavik. Die isostatische Herabdrückung Islands durch das Inlandeis und die spätere Heraushebung überdecken die eustatische Schwankung. H = Hekla-Asche. Nach *Th. Einarsson* (aus *Schwarzbach* & *Noll*, 1971)

Der glaziale Meerestiefstand hat in warmen Gebieten zur Aufwehung von Kalksand-Dünen (*Äoliniten*) geführt. Sie sind manchmal durch Paläoböden gegliedert. Auf den Bermudas ergab sich so eine 5-Gliederung, die auf einen entsprechenden Klimawechsel zurückgehen kann (zuerst *Sayles*). Neuerdings haben *Bretz, Mackenzie, Land* die Äolinit-Bildung umgekehrt als interglazial betrachtet; aber es sprechen wohl doch mehr Argumente für die ältere (auch in andern Gebieten angenommene) Auffassung. Auf der Insel Porto Santo (Madeira-Archipel) läßt sich das auch durch $^{14}$C-Datierungen stützen (*Lietz* & *Schwarzbach* 1972).
Der Anstieg des Meeresspiegels seit dem Letzten Glazial wird als *Flandrische Transgression* bezeichnet. Viele Forscher haben angenommen, daß die Postglaziale Wärmezeit zu einem etwas höheren Meeresstand als heute führte (3—6 m höher; Tapes- oder Nizza-Terrasse, so in Abb. 166). Neuere Daten sprechen aber gegen einen solchen glazial-eustatischen Anstieg. Natürlich können aus andern Gründen postglaziale Terrassen trotzdem über N. N. liegen.

Weitere Literatur: *Bloom* (1971), *Ward* et al. (1971), *Steinen* et al. (1973; Meerestiefstand zwischen 125 000 und 105 000 B. P., Barbados).

*Tabelle 32*   Warmzeitliche Meeres-Terrassen an der Bering-Straße (nach
*Hopkins* 1967, 1972)

| Transgression | Höhenlage der Terrasse | Klima gegenüber heute | Alter (a) | Stratigraphische Einordnung |
|---|---|---|---|---|
| Krusenstern | etwa wie heute | wie heute | 10 000— < 5000 | Spät-Wisconsin bis Postglazial |
| Woronzof (mit Bootlegger Cove Clay) | wohl einige m unter N.N. | kälter | 14 000— 15 000 ?* | Spät-Wisconsin |
| Peluk Kotzebue | + 7 bis 10 m + 20 m | wärmer wie heute | ca. 100 000 120 000 ? | Sangamon Prä-Illinoian |
| Einahnuhtan | ca. + 20 m | wie heute | < 300 000 > 100 000 | |
| Anvilian | < + 100 m > + 20 m | wärmer | wohl < 1 900 000 > 700 000 | |
| Beringian | ? | viel wärmer | letzte Phase ca. 2 200 000 | Pliozän-Pleistozän |

\* Datierung nach *Schmoll* et al. 1972 (GSAB 83).

## 121. Absolute Chronologie des Quartärs und paläomagnetische Gliederung.

Trotz vieler detaillierter Profile ist die genaue zeitliche Einstufung der einzelnen Abschnitte des Quartärs noch sehr unsicher oder unmöglich. Schon die Grenze zum Tertiär schwankt bei den einzelnen Forschern zwischen 1—3 Millionen Jahren; dabei spielt allerdings eine große Rolle, daß diese Grenze nicht genau definiert ist. Außerdem kommt hinzu, daß die chronologischen Ansprüche der Geologen für das quartäre Eiszeitalter viel größer sind als für die älteren Epochen; denn der mehrfache Wechsel zwischen Kalt- und Warmzeiten erfolgte ziemlich rasch.

Chronologisch am besten bekannt sind die letzten Jahrtausende der Letzten Eiszeit (das „Spätglazial") und die „*Nacheiszeit*". Die *Bänderton-Untersuchungen de Geer's* in Schweden (59) ergaben bereits zu Anfang dieses Jahrhunderts, daß die letztglazialen Gletscher ihren Rückzugsstand in Schonen (Süd-Schweden) vor ca. 15 000 Jahren erreicht hatten. Um 8150 v. Chr. zog sich nach *Sauramo* das Eis von den Endmoränenwällen des Salpausselkä in Finnland zurück. Ähnliche warwenchronologische Messungen in

Nordamerika durch *Antevs* führten zu weniger sicheren Werten, weil die Bänderton-Folge nicht kontinuierlich ist.

Die 1946 durch *Libby* entdeckte $^{14}C$-*Methode* bestätigte die Ergebnisse der Warwenchronologie und datierte weitere Punkte. Allerdings sind auch diese Altersbestimmungen mit kleineren und größeren Fehlern behaftet, wie der systematische Vergleich dendrochronologisch sicher datierter Proben mit dem $^{14}C$-Alter bewies (*H. E. Suess*, zuletzt 1970): bei einem $^{14}C$-Alter von 6000 B. P. (= 4050 v. Chr.) ist das wahre Alter 5100 v. Chr., also viel höher. Die Ursache für die Diskrepanz liegt in der zeitlich wechselnden $^{14}C$-Produktion in der Atmosphäre. Es ist möglich, daß diese $^{14}C$-Schwankungen in der Nacheiszeit mit Gletscherschwankungen korrespondieren und daß beide auf die gleiche Ursache (nämlich Schwankungen der Sonnen-Aktivität) zurückgehen (*Denton* & *Karlén* 1972).

Schon die letzte Eiszeit, die vor ca. 70—80 000 Jahren begann, wird von der $^{14}C$-Methode nicht mehr ganz erfaßt. Bei den Tiefsee-Sedimenten (119) wurde schon auf einige Methoden hingewiesen, auch bei *älteren* Schichten das Alter abzuschätzen (vgl. auch die Paläoböden. Abb. 41). Wir fügen als sehr wichtig noch die *K-Ar-Methode* hinzu. Sie kann vor allem bei Vulkaniten und Glaukonit angewendet werden. Im Rheinland wurde sie auch bei klastischen vulkanogenen Mineralien in pleistozänen Flußschottern benutzt (*Frechen* & *Lippolt*). Doch spielt dann der Unsicherheitsfaktor der Umlagerung und der Zeitdauer der Umlagerungen hinein.

Die *paläomagnetische Zeitskala* stützt sich auf Umpolungen des magnetischen Erdfeldes, die offenbar synchron auf der ganzen Erde verliefen. (Sie haben nichts zu tun mit der scheinbaren Wanderung der Erdpole, die ebenfalls paläomagnetisch festgestellt wird!) Die augenblickliche, „normale" (N) magnetische Epoche (Brunhes) geht 700 000 Jahre zurück. In der vorhergehenden Epoche (Matuyama) waren N- und S-Pol meistens vertauscht (umgekehrtes oder reverses Erdfeld, R); Untergrenze bei ca. 2 450 000 Jahren. Die im ganzen wieder normale Gauß-Epoche endete vor ca. 3 320 000 Jahren. Aber das zunächst einfache Bild komplizierte sich dadurch, daß die Paläomagnetiker immer mehr kurzfristige Zwischen-Umpolungen („*events*") auffanden (Jaramillo, Olduvai usw., Abb. 168). Das erschwert die chronologische Eingliederung isolierter paläomagnetisch untersuchter, aber zeitlich unbestimmter Profile beträchtlich. Die paläomagnetische Skala hat zudem wenig Wert für die Feinchronologie der „klassischen" (alpinen) Eiszeiten, da diese wohl ganz oder fast ganz in die einförmige Brunhes-Epoche fallen. Nach *Zagwijn* et al. (1971) liegt die Grenze Brunhes-Matuyama innerhalb der Cromer-Warmzeit. Die Untergrenze des Calabrian (d. h. des Pleistozäns nach der üblichen Auffassung)

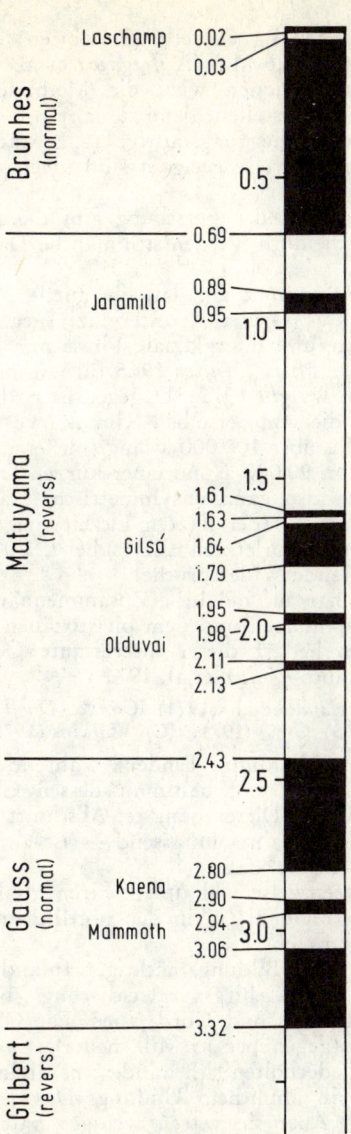

*Abb. 168* Paläomagnetische Zeitskala der letzten 3,5 Mill. Jahre. Schwarz = normal, weiß = umgekehrt magnetisiert. Die konventionelle Grenze Quartär/Tertiär liegt in der Matuyama-Epoche bei ca. 1,5 Ma.

ist im Standardprofil von La Castella (Kalabrien) etwas jünger als Gilsá (Gilsá-Event ca. 1,6 Ma) (*Nakagawa* et al. 1971).

Trotz mancher Komplikationen wird die Methode vermutlich einen großen Fortschritt darstellen; denn sie läßt sich auch auf solche Schichten anwenden, die für sonstige (z. B. radiometrische) Datierungen nur ausnahmsweise geeignet sind (Tiefsee-Sedimente, Löß u. a.).

Den augenblicklichen Stand der Forschung gibt die Zeittafel der Tab. 33 wider. Wahrscheinlich werden sich manche Daten noch erheblich ändern.

*Emiliani* (zuletzt 1972) nimmt an, daß die mittlere Dauer eines pleistozänen Klimazyklus (Glazial + Interglazial) ca. 50 000 a beträgt, und eine glaziale und interglaziale Phase nur je 10 000 bis 30 000 a umfaßt (vgl. auch *H. Müller* 1965 für ein mitteldeutsches Interglazial und *H. E. Wright* 1972). Dagegen ist nach *Broecker & Van Donk* (1970) — die von derselben Klimakurve wie *Emiliani* ausgehen! — ein Zyklus über 100 000 a lang (mit einer langen glazialen Aufbauphase von 90 000 a und einer kurzen Deglaziations-Phase; der Zyklus ist also ganz unsymmetrisch, „sägezahn-ähnlich"); die „Termination I" (der letzten Eiszeit) liegt bei 11 000, die „Termination II" (der vorletzten Eiszeit) bei 127 000 B.P. Auch hier also noch tiefgreifende Widersprüche!

*Tr. Einarsson* (1969) hat auf mögliche Zusammenhänge zwischen den magnetischen Umpolungen und dem pleistozänen Klimawechsel hingewiesen. Doch bedarf dieser interessante Gedanke noch weiterer Daten. (Vgl. auch *Wollin* et al. 1971.)

Weitere Literatur: *Birkeland* et al. (1971), *Cox & Doell* (1960), *Cox, Doell & Dalrymple* (1965), *Geyh* (1971; $^{14}$C), *Watkins* (1972).

**122. Gesamtbild.** Die Abkühlungs-Tendenz während des Tertiärs setzt sich im Quartär fort und bestimmt dessen Charakter als (quartäres) „Eiszeitalter". Dieser jüngste Abschnitt der Erdgeschichte — ca. 1—3 Mill. Jahre umfassend — ist auf der ganzen Erde dadurch charakterisiert, daß

a) die Temperaturen zeitweise viel tiefer waren als heute, insgesamt wohl um ca. 4°, regional (so in den nördlichen gemäßigten Breiten) um 8—12° und mehr.

b) Parallel damit geht die Bildung mächtiger Inlandeis-Gletscher und einer ausgedehnten Gebirgsvergletscherung, besonders in Nordamerika, Nord-Europa und Nord-Asien. Die Gletscher nahmen 45 Mill. km² ein (gegenüber 15 Mill. heute).

c) Die Vereisungen wiederholten sich mindestens dreimal (Würm-, Riß-, Mindel-Eiszeit) in ähnlichem Umfang. Davor liegen noch weitere kalte Phasen. Aber sie waren weniger kalt und wahrscheinlich auch weniger trocken als die 3 letzten Eiszeiten; in welchem Umfang sie mit Vergletscherungen verbunden waren, ist nicht bekannt.

*Tabelle 33*  Provisorische Zeittafel für das Quartär (nach *Zagwijn* et al. 1971, *Kent* et al. 1971 u. a.)

| | |
|---|---|
| „Nacheiszeit" | |
| 10 000 a ·········· | |
| Weichsel (Würm, Wisconsin)-Eiszeit mit großen Vereisungen | |
| 70—80 000 a ·········· | B r u n h e s (N) |
| *Eem (Sangamon)-Warmzeit* | |
| Saale (Riß, Illinoian)-Eiszeit mit großen Vereisungen | |
| *Holstein (Yarmouth)-Warmzeit* | |
| Elster (Mindel, Kansan)-Eiszeit mit großen Vereisungen | |
| ca. 700 000 a ·········· „*Cromer-Warmzeit*" (2 „Interglaziale"), Aftonian ·········· | |
| Menap (Günz, Nebrascan?)-Kaltzeit | |
| ca. 900 000 a? ·········· *Waal-Warmzeit* | |
| (Jaramillo) | M a t u y a m a (R) |
| Eburon (Donau)-Kaltzeit | Kaltzeiten ohne große Vereisungen |
| *Tegelen-Warmzeit* | |
| Prätegelen (Biber)-Kaltzeit | |
| *Übergangsschichten* | |
| ca. 1 200 000 a? ·········· | |
| (ca. 1 500 000 a in Kalabrien?) | „Pliozän"; Gletscherbildung in den hohen Breiten; |
| *Interglazial von Bakkabrúnir (Island)* bei ca. 2 000 000 a? | |

Bei den Namen ist an 1. Stelle die holländisch-norddeutsche Bezeichnung genannt, dann die alpine und nordamerikanische. Die Grenze Pleistozän-Pliozän kann auch tiefer liegen.

d) Den Glazial-Zeiten entsprechen in den polwärtigen Randzonen der heutigen Trockengebiete humide Verhältnisse (Pluviale); doch im ganzen waren die Glazial-Zeiten auf der Erde weniger feucht als die Warmzeiten.

e) Zwischen den Eiszeiten (in den Interglazialen) war das Klima ähnlich wie heute oder etwas wärmer (und auch etwas feuchter); außerdem ist eine leichte generelle Senkung der Temperaturen und der Feuchtigkeit vom ältesten Quartär bis zur Jetztzeit wahrscheinlich.

f) Das Ende der letzten Vereisung liegt nur ca. 10 000 Jahre zurück. Das Postglazial zeigt leichte, aber weltweite Klimaschwankungen, am auffälligsten in der „Postglazialen Wärmezeit", die etwa 5000—3000 v. Chr. liegt und in Europa 2—3° höhere Temperaturen brachte. (Vgl. auch *Denton* & *Karlén* 1972.)

g) Man nimmt an, daß die Klimaschwankungen auf der Nord- und Südhalbkugel synchron erfolgten. Einigermaßen gesichert ist das aber nur die Nacheiszeit und die Letzte Eiszeit.

Für die meteorologischen Verhältnisse ist der Gegensatz der nördlichen, landreichen und der südlichen, wasserreichen Hemisphäre wie auch die Existenz des grönländischen und vor allem des antarktischen Inlandeises von grundlegender Bedeutung. Beide Eismassen überstanden wahrscheinlich auch die Interglazial-Zeiten und sind in ihrem Kern Relikte aus der Tertiär-Zeit. Nur auf der Nord-Halbkugel standen ausgedehnte Landmassen zur Verfügung, auf denen sich in den Glazial-Zeiten neue große, aber temporäre Inlandeis-Schilde bilden konnten. Daher ist dort der Gegensatz zwischen Kalt- und Warmzeiten viel größer und tiefgreifender als auf der Süd-Halbkugel, wo sich die primäre meteorologische Groß-Situation relativ viel weniger änderte.

Der Rückgang der Gletscher und des Packeises in der 1. Hälfte dieses Jahrhunderts ist ein weltweites Phänomen (nur die Antarktis verhält sich anders; 118). Es ist verbunden mit einem deut-

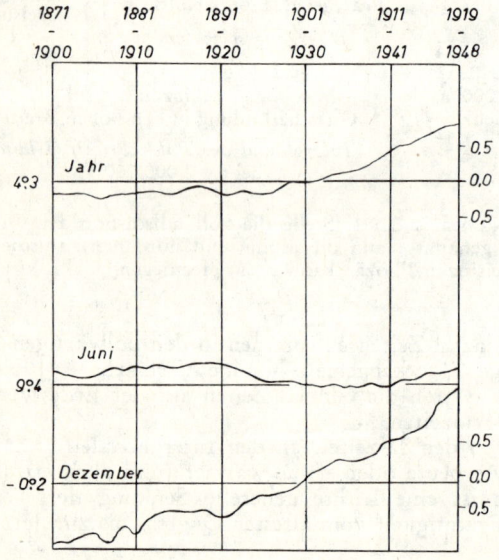

*Abb. 169* Temperatur-Änderungen in Reykjavik 1871—1948. Zunahme der Jahres- und Winter-Temperaturen. Nach *J. Eythorsson*, 1949, umgezeichnet.

lichen Ansteigen der Jahres- und vor allem der Winter-Temperaturen (Abb. 169). Aber es scheint, daß die Tendenz nach 1940 aufhörte und sogar rückläufig wurde. Die Jahresmittel der Temperatur nehmen wieder etwas ab, viele Gletscher wachsen, abflußlose Seen in Nordamerika steigen (*Lawrence* & *Lawrence*, *Mitchell* u. a.).

Weitere Literatur: *Fairbridge* (1973).

# XIX. Rückblick auf die Klimageschichte der Erde

> Man weiß eigentlich nur, wenn man wenig weiß; wie man mehr erfährt, stellt sich nach und nach der Zweifel ein.
> *J. W. v. Goethe*, Okt. 1828

**123. Wechsel von Warm- und Kaltzeiten.** Die Klimageschichte vieler Gebiete ist mindestens seit dem Kambrium durch einen ständigen Wechsel gekennzeichnet. Warme oder sehr warme Klimate wurden durch kühle oder gar sehr kalte abgelöst und umgekehrt. Wenn man mit ausgedehnten Polwanderungen rechnet — und anscheinend muß man das — könnte *dies* in vielen Fällen die Ursache für *regionale* Klimaänderungen sein. Doch auch das *Gesamt*klima der Erde scheint *zwischen wärmeren und kühleren Epochen zu wechseln*, insbesondere zwischen Zeiten mit eisfreien Polen (akryogenem Klima) und Zeiten mit ausgedehnten Vereisungen (Eiszeitaltern); man erhält den Eindruck, daß die *Eiszeitalter* (in die auch die Jetztzeit gehört) *die Ausnahmen,* die *eisfreien Zeiten* dagegen der *Normalzustand* der Erde sind[6]).

Diese Auffassung ist freilich im einzelnen nicht mehr so fest begründet, wie es früher schien. „Polarfloren" z. B. (d. h. fossile Floren im heutigen Polargebiet) sind für die „Drifter" kein Beweis mehr für allgemein eisfreies Klima.

*„Eiszeitalter" lassen sich erkennen:*

1. durch den Nachweis ausgedehnter *Vergletscherungen*. Normalerweise kennzeichnen sie die hohen Breiten. Ob es wirklich hohe Breiten sind, ergibt sich ± sicher aus der jeweiligen Gesamtklimakarte, zusätzlich auch durch paläomagnetische Messungen. Dabei müssen wir — angesichts der Möglichkeit kontinentaler Drift — damit rechnen, daß die heutigen und die damaligen Pole völlig verschieden liegen. Im besten Fall beobachten wir also fossile *Moränen* in den damaligen Polargebieten. Aber das *muß* nicht sein;

---

[6]) Nach *Chumakov* (1971) kann man die Eiszeitalter (engl. ice ages, vgl. *Fairbridge* 1972 b) auch zu noch größeren Einheiten zusammenfassen, den *Glazialären* (Dauer 100—200 Ma; z. B. jungproterozoische Glazialära).

denn nicht immer sind die Moränen auch überliefert, und ein vor-
zeitlicher Pol mit polarem Packeis mitten im Pazifik würde sogar
primär gar keine Moränen erzeugen.

2. Ausgedehnte Vereisungen in hohen Breiten beeinflussen auch
*das Klima in niederen Breiten*, so daß auch dort glazialzeitliche
Klimazeugen auftreten können. Gebirgsvergletscherungen z. B.
wären ein solcher Hinweis. Aber meist ist ein solcher Nachweis
ziemlich schwierig, wie die heutigen Tropen zeigen; ihre glazialzeitliche Temperatur-Absenkung war sehr gering und ist nicht
durch leicht erkennbare Klimazeugen dokumentiert.

Jedenfalls wird man *manche traditionelle Vorstellung* über akryo-
genes Klima in der Erdgeschichte *neu überdenken* müssen.

Immerhin scheint einigermaßen *gesichert*, daß das *Tertiär wärmer
als das Quartär* war (denn man braucht nicht mit großen tertiären
Polwanderungen zu rechnen, kann also die Klimazeugen, auch die
Polarfloren, von vornherein ungefähr mit den heutigen Klima-
verhältnissen an den Fundorten vergleichen); auch spricht alles
dafür, daß das *Quartär, die Wende Karbon-Perm und das Jung-
Proterozoikum* durch ungewöhnliche Ausdehnung von *Inlandeis*
gekennzeichnet waren. Deren ziemlich gleicher zeitlicher Abstand
(ca. 300—350 Mill. Jahre) bleibt also wirklich bemerkenswert.
Doch darf man dabei die ordovizisch-silurischen Vereisungen, die
sich dazwischen einschalten, nicht übersehen (Tab. 34). Im ganzen
ist die Klimageschichte der Erde noch längst nicht genau genug
bekannt, um regelmäßige Großzyklen zu erkennen. Im besonderen
gilt das vom Präkambrium, das wir nur sehr unscharf in einen
primordialen und (ebenfalls ganz unvollkommen bekannten)
„modernen" Abschnitt gliedern können.

Wir werden später noch sehen, daß alle Klimaschwankungen letzten Endes recht gering sind und die *Konstanz des Klimas viel be-
merkenswerter* ist (167).

*Tabelle 34*    Eiszeiten in der Erdgeschichte

| | |
|---|---|
| „Huronische Eiszeit" (Kanada) | ca. 2000—2500 Ma |
| Griquatown-„Tillite" (Süd-Afrika) | ca. 1900 |
| Jungproterozoische Eiszeiten | |
|     Sturt, Moonlight u. a. | ca. 750 |
|     Hauptvereisungen | ca. 650 |
| Ordovizisch-silurische Vereisungen (Afrika) | ca. 430—440 |
| Permokarbonische Vereisungen | ca. 300—250 |
|     Maximum | ca. 285 |
| Känozoisches Eiszeitalter, vielleicht seit | > ca. 10 |
|     Beginn der großen Vereisungen | ca. 0.7 |

Weitere Literatur: *B. M. Keller* (1972), *Fairbridge* (1973), *Steiner* & *Grillmair* (1973).

**124. Verschiebung des Salz- und Kalk-Gürtels; regionale Klima-Entwicklung; Beziehungen zu den Orogenesen.** Zu den großräumigen, klimatisch auffallenden Änderungen des Erdbildes gehört die langsame und offenbar ziemlich einheitliche Verschiebung des Evaporit-Gürtels. Das hat *Lotze* für die nördliche Salinar-Zone im einzelnen in Kärtchen dargestellt (Abb. 170); sie wandert im Laufe des Phanerozoikums aus den polaren Gebieten in den heutigen Trockengürtel. Die gleiche Wanderung vollzieht der Kalk-Gürtel, der im wesentlichen die Verbreitung der Riffe (Korallenriffe usw.) widerspiegelt (Abb. 171, 172). Beidemal ist die Verschiebung ein Anzeichen dafür, daß der Subtropen- und Tropen-Gürtel in Europa und Nordamerika kontinuierlich aus heute hohen Breiten in seine jetzige Lage wanderte.

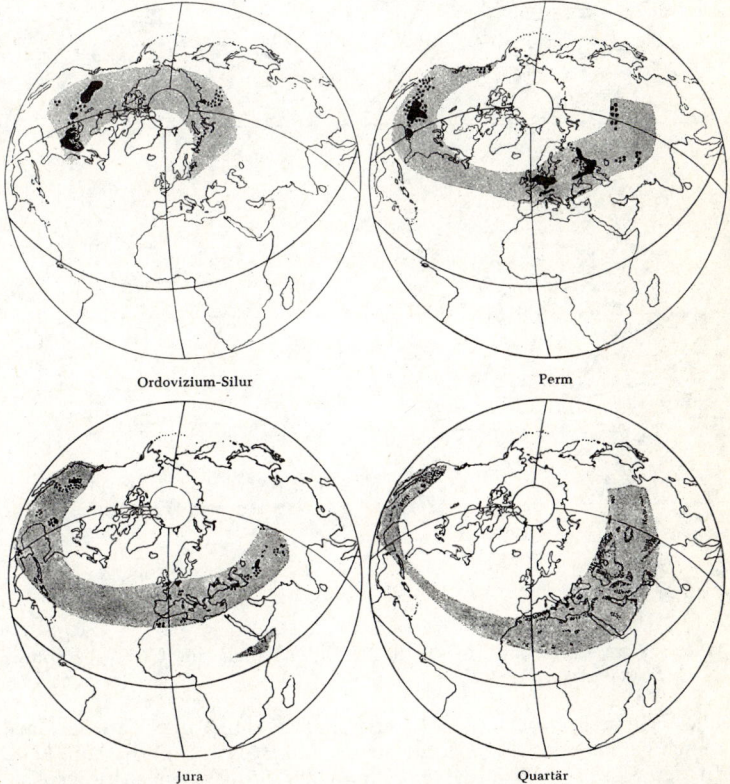

Ordovizium-Silur

Perm

Jura

Quartär

*Abb. 170* Die Wanderung des nördlichen Evaporit-Gürtels im Laufe der Erdgeschichte. Aus *Lotze*, 1957

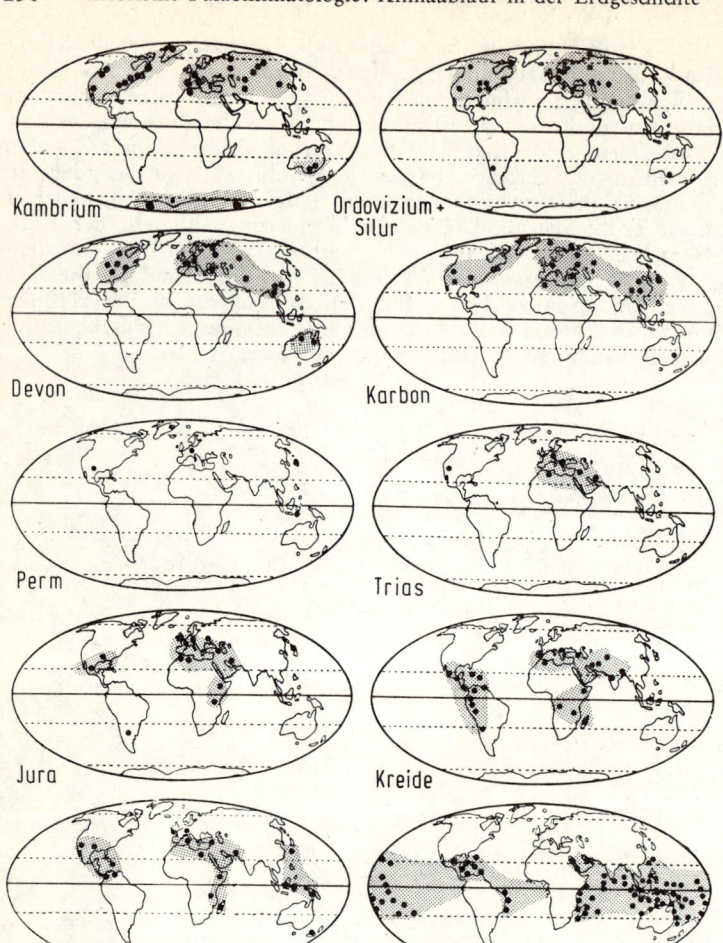

Kambrium

Ordovizium + Silur

Devon

Karbon

Perm

Trias

Jura

Kreide

Alt-Tertiär

Quartär

*Abb. 171* Verlagerung des Kalk-(„Riff"-)Gürtels im Phanerozoikum. Nach *Schwarzbach,* 1949a

Die Klima-Entwicklung Mittel-Europas stellt die Tab. 35 dar, diejenige der einzelnen Kontinente Tab. 36. Vgl. auch Abb. 178! In der Abb. 173 ist auch der Kanon der *Stille*'schen Faltungsphasen eingetragen. Eindeutige Beziehungen zu den Eiszeiten lassen sich nicht finden.

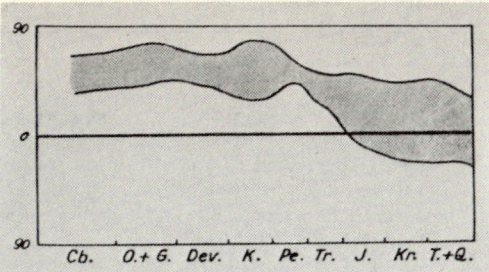

*Abb. 172*   Verschiebung des Riff-Gürtels für den Meridian 40° ö. L. (Europa—Afrika). Abzisse = Formationen (Kambrium bis Quartär). Ordinate = Breitengrade. Aus *Schwarzbach*, 1949

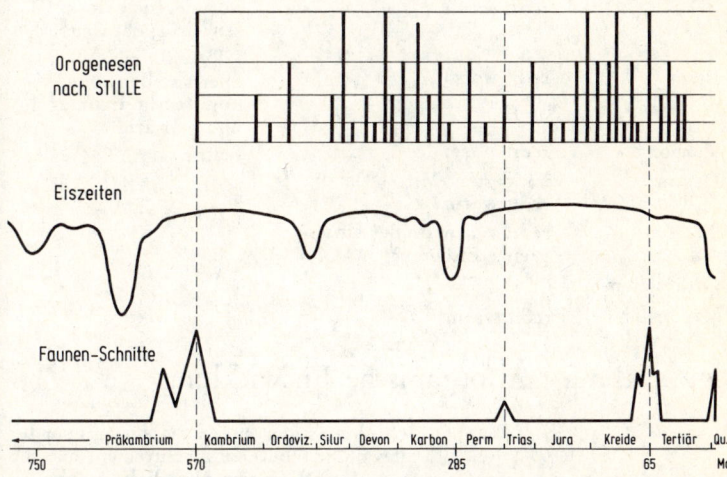

*Abb. 173* Eiszeiten, Faunen-Schnitte, Faltungsphasen in der Erdgeschichte. Alle Kurven schematisiert; die *Stille*schen Phasen aus *Brinkmann*s Lehrbuch (Zeitmaßstab leicht geändert). Ursächliche zeitliche Zusammenhänge sind kaum erkennbar

*Tabelle 35*   Klimageschichte von Mittel-Europa

| Zeitabschnitte | Temperatur | Niederschlag |
| --- | --- | --- |
| Holozän | vor 5000—8000 Jahren etwas wärmer als heute | keine wesentlichen Änderungen |
| Pleistozän | mehrmaliger Wechsel von Eis- und Zwischeneiszeiten | nicht wesentlich anders als heute |
| Tertiär | zuerst recht warm (subtropisch), allmählich kühler werdend | örtlich zeitweise arid |
| Kreide | warm | besonders Unter-Kreide feucht |
| Jura | ob. Jura recht warm, unt. Jura kühler | unt. Jura feucht |
| Trias | recht warm | vorwiegend arid, z. T. sehr arid; ob. Keuper feuchter |
| Perm | recht warm | zuerst stellenweise noch feucht, dann arid und sehr arid |
| Karbon | recht warm | feucht |
| Devon | mindestens Mittel-Devon recht warm | |
| Silur | recht warm; an der Untergrenze Eisberge? | |
| Ordovizium | | |
| Kambrium | recht warm | |

# XX. Klima und organische Entwicklung

> Je dus constater que la chaleur agit sur les
> ailes d'une mouche tout autrement que sur
> le cerveau d'un archiviste paléographe.
> Anatole *France* in: Le crime de Sylvestre
> Bonnard, 1881

**125. Mögliche Einwirkungen des Klimas auf die organische Entwicklung.** Auch Pflanzen- und Tierwelt haben sich im Laufe der Erdgeschichte verändert, und es entsteht die Frage, ob ursächliche Zusammenhänge mit der Entwicklung des Klimas bestehen.
Wir sehen dabei ab von der Verschiebung der pflanzen- und tiergeographischen Areale, die größtenteils klimatisch bedingt ist und eine wichtige Grundlage für paläoklimatologische Schlußfolgerungen bildet. Wir wollen auch nicht Landbrücken wie die Bering-Straße betrachten, obwohl dabei deren klimatische Lage (so im

*Tabelle 36*  Klimageschichte der Kontinente

| | Nordpolar-Gebiet | Nordamerika | Europa | Asien | Australien | Afrika | Südamerika | Antarktis |
|---|---|---|---|---|---|---|---|---|
| Quartär | Vereisungen | große Vereisungen, örtlich Pluviale | große Vereisungen | z. T. große Vereisungen | im Süden Vereisungen | stellenweise Pluviale | besonders im Süden Vereisungen | Vereisung |
| Tertiär und Mesozoikum | im Pliozän stellenweise Vereisungen, sonst gemäßigt bis warm | warm, z. T. arid | warm, z. T. arid | warm, z. T. arid | warm | warm, z. T. arid | warm, z. T. arid | im Tertiär Beginn der Vereisungen, sonst mindestens zeitweise gemäßigt |
| Jung-Paläozoikum | warm | warm, z. T. feucht, z. T. arid | warm, z. T. feucht, z. T. arid | z. T. feucht in Vorderindien Vereisungen | Vereisungen | im Süden Vereisungen | Vereisungen | Vereisungen |
| Alt-Paläozoikum | warm | warm | warm | | z. T. warm | zeitweise Vereisungen | z. T. kühl | im Kambrium warm |
| Jung-Proterozoikum | Vereisungen | örtlich Vereisungen | örtlich Vereisungen | örtlich Vereisungen | Vereisungen | im Süden Vereisungen | Vereisungen? | ? |

Jung-Tertiär) eine wichtige Rolle spielt und die Wanderung bestimmter tropischer Tiergruppen verhindert („*Filter-Brücken*"; *W. D. Matthew, G. G. Simpson*; für das Quartär besonders *Hopkins* 1967). Ebensowenig wollen wir darauf eingehen, welche tiefgreifenden Einflüsse die Klimaschwankungen in der Geschichte der Menschheit ausüben; Völkerwanderungen, Kriege, wirtschaftliche Strukturwandlungen usw. wären hier zu erwähnen.

Am nächstliegenden erscheint ein Zusammenhang zwischen dem *Aussterben* von Arten und Klimaverschlechterung. Freilich gehen große Klimaänderungen so langsam vor sich, daß selbst wenig bewegliche Organismen vielfach in geeignete Gebiete werden abwandern können, und es erscheint wenig wahrscheinlich, daß z. B. die großen Saurier an der Wende Kreide—Tertiär solchen Einflüssen unterlegen sind (*Audova, L. S. Russell*), wobei man gelegentlich auch an zu hohe Temperaturen als Ursache gedacht hat („Too hot for the Dinosaur!" *Wieland*) oder an zunehmende Aridität (*H. & G. Termier* 1967).

Doch bietet die Verarmung der quartären Pflanzenwelt in Europa, verglichen mit der tertiären, ein Beispiel, daß tatsächlich die Eiszeiten zahlreiche Arten in diesem Raum vernichteten; es ist Zufall, daß sie (wie *Sequoia* u. a.) in anderen Kontinenten an wenigen Orten als „lebende Fossilien" noch vorhanden und nicht ganz ausgestorben sind. Es wäre also wohl auch denkbar, daß eine Temperaturminderung eine bestimmte *Selektion* herbeiführte, d. h. tatsächlich die organische Entwicklung in gewissem Umfang steuerte. Das hat *Matthew* angenommen und dementsprechend die Pol-Gebiete als Ausgangspunkt neuer Faunen betrachtet (vor allem die Holarktis wegen der günstigeren Landverbindungen).

Ein Problem für sich ist das Aussterben zahlreicher großer Säuger gegen *Ende des Pleistozäns* (Mammut, Riesenfaultier, die großen Laufvögel in Neuseeland usw.). Es liegt in diesem Fall nahe, einen Zusammenhang mit den eiszeitalterlichen Klimaänderungen anzunehmen; aber die Hauptursache ist das wohl nicht (*Romer* 1961, *P. S. Martin & H. E. Wright* 1967). Für die amerikanischen Riesenfaultiere hat man u. a. an die postglaziale Trockenheit und die damit verbundene Abnahme von Spurenelementen in den Pflanzen (Cu, Co u. a.) gedacht (*Auer, Salmi*).

Auf den (nicht wahrscheinlichen) Zusammenhang zwischen Größen-Zunahme der Säuger im Tertiär und der tertiären Temperatur-Abnahme (Rensch) wurde schon hingewiesen (32). Dagegen hält es *Romer* für möglich, daß ursächliche Beziehungen zwischen der ersten Entwicklung der Lungenfische im Devon (und des Amnions im Embryonalstadium der Wirbeltiere im späten Paläozoikum) und zunehmender jahreszeitlicher Trockenheit bestehen.

Vor allem bei Pflanzen kann die Änderung des jahreszeitlichen oder tageszeitlichen *Rhythmus* von Bedeutung sein (Kurz- und

Langtagspflanzen). Dabei wäre auch zu bedenken, daß Jahr und Tag früher einmal kürzer gewesen kein könnten.

Ausführlich hat sich *J. Wilser* (1931) mit der Frage beschäftigt, ob säkulare Schwankungen der *Lichtstrahlung* (im weiteren Sinne) die stammesgeschichtliche Entwicklung beeinflußten („Paläophotobiologie"). Ober-Trias, Ober-Jura und Ober-Kreide hielt er für „Lichtkrisenzeiten", in denen lichtempfindliche Tiere wie Echinodermen, Cephalopoden, Teleostier und Reptilien besonders lebhafte Evolution zeigten. Die Erfahrungen der Genetiker lassen ja Zusammenhänge vermuten. Manche Forscher haben auch an kosmische Strahlung gedacht, die etwa von Supernovae-Ausbrüchen herrührt. *Hatfield* & *Camp* (1970) brachten (angebliche) Zyklen (80—90 und 225—275 X $10^6$ a) des Aussterbens mit Bewegungen des Milchstraßen-Systems in hypothetischen Zusammenhang.

Kosmische Strahlung braucht freilich nicht unbedingt gleichzeitig klimatologisch wirksam zu werden und gehörte dann nicht in paläo-klimatologische Betrachtungen hinein, aber es wäre leicht möglich, daß mindestens Strahlungsschwankungen der *Sonne* gleichzeitig die Klimageschichte der Erde beeinflussen, d. h. eine gewisse Parallelität von Klima und Stammesgeschichte sichtbar wird.

**126. Zeitliche Beziehungen.** Wir können auch den induktiven Weg gehen und versuchen, rein empirisch zwischen der Klimageschichte und der Stammesgeschichte eine *zeitliche Parallelität* zu erkennen (Abb. 173). Dabei geht man am besten von den klimatologisch besonders herausragenden Eiszeitaltern aus. Freilich ist es nicht leicht, unter den zahllosen stammesgeschichtlichen Veränderungen im Bauplan der Pflanzen und Tiere wirklich große „Florenschnitte" oder „Faunenschnitte" objektiv festzulegen. Die Ansichten darüber hängen weitgehend von den ganz lückenhaft überlieferten Fossilien und der individuellen Arbeitsrichtung der einzelnen Forscher ab. Immerhin zeigt sich:

a) Die jungproterozoischen Vereisungen gehen unmittelbar dem wohl schärfsten Faunenschnitt voraus, den die Paläontologen kennen, nämlich dem plötzlichen Erscheinen der reichen kambrischen Fauna.

b) Mit den permokarbonischen Vereisungen sind keine auffallenden Veränderungen in der organischen Welt verknüpft. Die Wende Paläozoikum — Mesozoikum, die am ehesten in Frage käme, liegt nicht nur viel später, sondern ist auch (trotz lebhafter Diskussion darüber) als Faunenschnitt nicht besonders charakteristisch. (Vgl. zuletzt *Kummel* & *Teichert* 1966.)

c) Das quartäre Eiszeitalter ist aufs engste verbunden mit der Entstehung und Entwicklung des Menschengeschlechts.

Das sind — sofern man die Menschwerdung als bedeutungsvoll ansieht — immerhin zwei bemerkenswerte Koinizidenzen, nämlich an der Wende Präkambrium — Kambrium und im Quartär. Allerdings zeigt nicht nur das Permo-Karbon keine deutlichen Beziehungen, sondern — wenn wir nun doch von einem Faunenschnitt und nicht vom klimatischen Ereignis ausgehen — ebensowenig der ohne Zweifel sehr wichtige Faunenwechsel an der Grenze Kreide — Tertiär (mit dem Aussterben der großen Saurier und der Ammoniten und dem Beginn der eigentlichen Säugetier-Entwicklung). Mehr detaillierte und scheinbar beweisende Kurven, wie sie z. B. *Lull* (1948) gegeben hat, enthalten zuviel unsichere Einzelheiten, als daß man ihnen großen reellen Wert zuerkennen könnte. Man wird noch erheblich mehr Material sammeln müssen, ehe man von zweifelsfreien Beziehungen zwischen Klimageschichte und der großen stammesgeschichtlichen Entwicklung sprechen kann. Das gilt auch von den Zusammenhängen zwischen dem „Aussterben" mancher Foraminiferen und den magnetischen Umpolungen; solche Zusammenhänge sind mehrfach postuliert worden.

Weitere Literatur: *Dauvillier* (1968).

# C. Genetische Paläoklimatologie: Klimahypothesen

Sei ruhig — es war nur gedacht.
Thales in *Goethes* Faust, II, 1830.

## XXI. Allgemeines über Klimahypothesen

Manche unter den Anwesenden gaben sogar mehrere Antworten, und am fruchtbarsten in dieser Hinsicht war der Professor der Philosophie W., welcher zwar das Faktum selbst in Abrede stellte, aber 4 verschiedene Erklärungen von dem Faktum gab.
*G. Th. Fechner* (1801—1887), Zur Frage, warum eine Wurst schief durchschnitten wird.

**127. Einleitende Betrachtungen über Klimahypothesen.** Solange Klimaänderungen in der Erdgeschichte bekannt sind, solange hat man auch nach ihren Ursachen geforscht. Schon *Hooke, Herder* und *Buffon* beschäftigten sich eingehend mit diesen Fragen; die einen zogen Polwanderungen, *Buffon* die zunehmende Abkühlung der Erde in den Kreis der Betrachtungen. Aber die eigentliche Blütezeit der Klimahypothesen begann erst mit der Entdeckung der (quartären) „Eiszeit", und die Entstehung der Eiszeiten als der auffälligsten Klimaschwankungen steht seitdem im Brennpunkt der paläoklimatologischen Forschung. Oft spricht man daher auch einfach von „Eiszeithypothesen" anstelle von Klimahypothesen. Von solchen Hypothesen gibt es weit mehr als 50. Wir sahen schon im 1. Kapitel, daß an ihrer Konstruktion Nichtgeologen maßgeblich beteiligt sind.

Mit den Klimahypothesen betreten wir sehr unsicheren Boden. Nichts beleuchtet das besser als die groteske Feststellung, daß gelegentlich ein und dieselbe Erscheinung zur Deutung genau entgegengesetzter Dinge herangezogen wird. So sind nach *Croll* und *Pilgrim* kalte, nach *Köppen* milde Winter günstig für Gletscherentwicklung; Vulkanausbrüche sieht *Frech* als Ursache für Warmzeiten, *Huntington* als Eiszeit-Erreger an; *Dubois* u. a. halten verminderte, *Simpson* vermehrte Sonnenstrahlung für den Anlaß von Vereisungen! Und während die Eiszeiten fast stets als Folgeerscheinungen der Gebirgsbildungen gedeutet werden, haben *Philippi* und *Schirmeisen* auch die umgekehrte Deutung begründet und die Auffaltung der Gebirge als Wirkung der Eiszeiten erklärt. Die Abriegelung des Golfstromes gilt bei *Wundt* als Eiszeitursache; *Behrmann* und andere aber meinen, daß der feuchtigkeitsbringende Golfstrom Eiszeiten überhaupt erst ermögliche. Es gab sogar Forscher, die die Existenz von Eiszeiten überhaupt leugneten und alle diesbezüglichen Klimazeugen für unwahr hielten (*Sandberg*).

Die Klimahypothesen müssen berücksichtigen, daß es Klimaschwankungen *sehr verschiedener zeitlicher Größenordnung* gibt:

1. *langfristige* Klimaschwankungen etwa von der Größenordnung einiger 10 Mill. oder 100 Mill. Jahren,

2. *mittelfristige* Schwankungen, meist einige 10 000 bis 100 000 Jahre lang,

3. *kurzfristige* Schwankungen mit Perioden von einigen 10 bis 1000 Jahren.

Die drei Gruppen verhalten sich also zeitlich im Durchschnitt ungefähr wie 1 000 000 : 100 : 1. Es leuchtet ein, daß für diese verschiedenen Gruppen von Klimaschwankungen unter Umständen ganz verschiedene Ursachen, d. h. also ganz verschiedene „Eiszeithypothesen" in Betracht kommen können.

Über das Klima des Präkambriums wissen wir nur sehr wenig. Aber wir können annehmen, daß am Anfang dieses sehr langen Zeitabschnittes ganz andere atmosphärische Bedingungen herrschten als heute. Die Klimahypothesen gelten aus diesen Gründen nur für einen Teil des Präkambriums und eigentlich sogar nur für das Phanerozoikum, d. h. für einen Bruchteil der Erdgeschichte.

Die Ursachen für Klimaänderungen können liegen 1.) in der Erde selbst (terrestrische Ursachen): Eigenwärme der Erde, Relief, Änderungen der Breitenlage durch kontinentale Drift, Zusammensetzung der Atmosphäre ($CO_2$ usw.) u. a., 2.) in der Änderung der Erdbahnelemente, 3.) im interstellaren Raum und 4.) in Änderungen der primären Sonnenstrahlung. Die von der Sonne zugestrahlte und an der Obergrenze der Atmosphäre ankommende Energie (die Solarkonstante) kann bei der Gruppe 1 und 2 als konstant betrachtet werden, bei 3 und 4 ändert sie sich wesentlich (Abb. 174). Wir werden sehen, daß wahrscheinlich eine ganze Anzahl von Faktoren zusammenwirkt, und daß dadurch die großen Klimaschwankungen entstehen (Multilaterale Entstehung der Klimaschwankungen).

Auch katastrophale Ereignisse sind gelegentlich als Ursachen für Klimaänderungen diskutiert worden, so die Mondablösung von der Erde oder Mond-Einfang (77) oder Kollisionen mit Kometen (*Urey* 1973; dabei ergeben sich Zusammenhänge mit den Tektiten). Manche solcher Hypothesen (und auch andere) würde man wohl kaum besonders erwähnen, wenn sie sich nicht an die Namen renommierter Forscher knüpften.

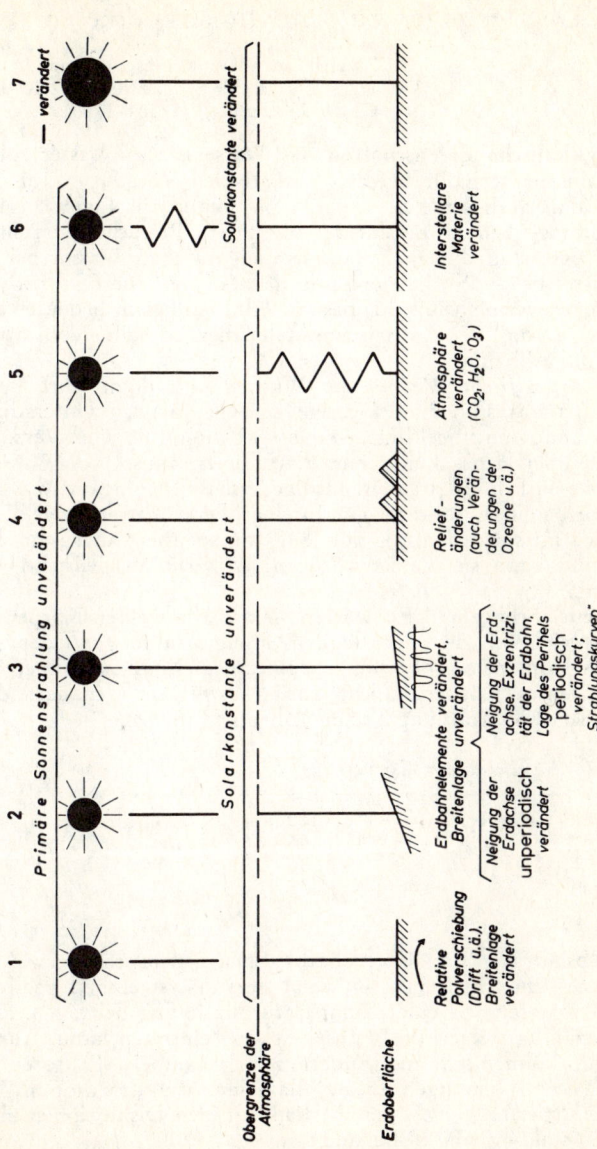

*Abb. 174* Mögliche Eiszeithypothesen. Bei 1—5 (kontinentale Drift, Reliefänderungen usw.) bleibt die Solarkonstante unverändert, bei 6 ist sie sekundär, bei 7 primär verändert. Aus *Schwarzbach*, 1968 c

# XXII. Einige grundlegende Voraussetzungen und Überlegungen zu den Klimahypothesen

> Zweifle an allem wenigstens einmal, und
> wäre es auch der Satz: zweimal 2 ist 4.
> *G. Ch. Lichtenberg* (1742—1799)

**128. Physikalische Eigenschaften des Wassers.** Das Wasser spielt eine dominierende Rolle bei den klimatischen Vorgängen auf der Erde, so daß auch seine besonderen physikalischen Eigenschaften von ausschlaggebender Bedeutung für unsere Betrachtungen sind. Am wichtigsten in diesem Zusammenhang ist, daß Wasser bei $0°$ (Meerwasser bei $-2°$) gefriert, und daß es eine *hohe Erstarrungs- bzw. Schmelzwärme* (80 gcal) besitzt. Klimatologisch bedeutet das Letztere u. a., daß der Aufbau eines Gletschers schneller vonstatten geht als der Abbau.

Die *hohe spezifische Wärme* des Wassers und damit ihre hohe Wärmekapazität sind eine wichtige Ursache für den Unterschied zwischen Land- und Seeklima. Dabei tritt die große Turbulenz an der Meeresoberfläche, d. h. der mechanische Austausch von Wassermassen, wesentlich hinzu; es ist infolgedessen nicht nur die Wasseroberfläche beteiligt, sondern eine viel größere Wassermenge. Das Meer erwärmt sich jedenfalls nur langsam, speichert aber sehr viel Wärme und kann sie wieder abgeben; es wirkt ausgleichend auf das Klima.

**129. Albedo.** Schnee und Eis werfen — wie alle weißen Körper — besonders viel von der einfallenden Sonnenstrahlung wieder zurück. Das kann eine Abkühlung begünstigen. Man bezeichnet die Fähigkeit eines Körpers, Licht zurückzustrahlen (genauer: den %-Satz der Rückstrahlung), seine Albedo (Tab. 37).

*Tabelle 37*    Albedo einiger Körper

| | |
|---|---|
| absolut weißer Körper | 100 |
| Schnee, Eis | 46—86 |
| Wolken | 36—78 |
| Ätna-Lava | 5 |
| Wald | 4—10 |

**130. „Selbstverstärkung" (feed-back).** Eben wurde schon erwähnt, daß Schnee- und Eisflächen — wenn sie sich erst einmal gebildet haben — ihrerseits zu einer Temperaturminderung beitragen, also eine sich ständig steigernde Wechselwirkung eintreten kann. Außer der Albedo können sich auch andere, z. T. gekoppelte Faktoren an diesem Wechsel beteiligen (z. B. Glazialeustasie). Es kommt zu einer *„Selbstverstärkung"*, die überhaupt in den Diskussionen über Eiszeit-Entstehung eine Rolle spielt.

Ähnlich wie bei einer Kettenreaktion kann eine geringe initiale Abkühlung schließlich sekundär zu einer bedeutenden Herabsetzung der Temperatur führen. Das Eis wirkt abkühlend auf die Umgebung; es reflektiert wegen seiner hohen Albedo die Sonnenstrahlung sehr stark, und so wird die Eiskappe von Jahr zu Jahr größer, allerdings nur bis zu einer gewissen Grenze. *C. E. P. Brooks* versuchte das auch rechnerisch zu erfassen und fand Folgendes: ist die Winter-Temperatur am meerbedeckten Pol eben über dem Gefrierpunkt (— 2° C) des Meerwassers, und tritt eine winzige initiale Senkung ein, so daß das Wasser zu gefrieren beginnt, so resultiert schließlich — ohne daß weitere Ursachen hinzutreten — eine Eiskappe bis zum 65. Breitengrad und eine endgültige Temperatur-Senkung am Pol von über 25° (Abb. 175).

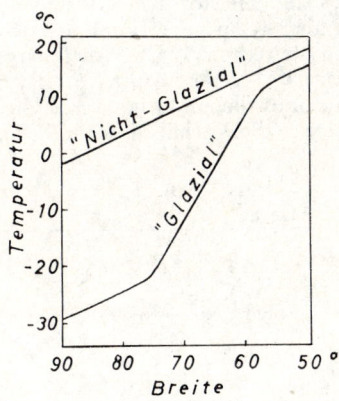

*Abb. 175* Temperatur-Differenzen bei „nichtglazialem" und „glazialem" Klima. Wenn die Jahres-Temperatur am Pol ein wenig unter den Gefrierpunkt sinkt, setzt mit der Bildung einer Eiskappe automatisch eine Temperatur-Senkung um 25° ein. Nach *C. E. P. Brooks,* umgezeichnet

*Die großen Temperatur-Unterschiede zwischen Eis- und Zwischeneiszeiten sind also nicht unbedingt durch große primäre Abkühlung bedingt.*

**131. Eisfreie Pole.** Zur Zeit herrschen am Pol „glaziale" Verhältnisse. Man kann sich aber leicht vorstellen, daß sie bei einer allmählichen Klimabesserung durch die „nichtglazialen" oder (nach *Kerner-Marilaun*) „akryogenen" Verhältnisse ersetzt werden (vgl. die obere Kurve in Abb. 175). Dabei werden freilich mächtige Eiskappen wie in Grönland oder der Antarktis lange Zeit brauchen,

ehe sie verschwinden. Sie können unter Umständen auch dann bestehen bleiben, wenn die Klimaverhältnisse (wie in der Jetztzeit)
längst günstiger geworden sind, und stellen dann *Eiszeitrelikte*
dar, die sich unter den derzeitigen Temperaturen am Pol neu nicht
wieder bilden würden.
Es kommt hinzu, daß die *Ober*fläche des (einige 1000 m mächtigen!) Inlandeises *über* der Schneegrenze liegen kann, also dort Bedingungen für Gletscherbildung herrschen, während der *Felssok-
kel* weit *unter* der Schneegrenze bleibt. Das ist z. B. im heutigen
inneren Grönland der Fall. *Cailleux* hat in diesem Zusammenhang
von „Höhen-Autokatalyse" (autocatalyse d'altitude) gesprochen.
Über das *Klima einer polareis-freien Erde* haben die Meteorologen theoretische Betrachtungen angestellt. *H. Flohn* (1964) kam zu
den Temperatur-Werten der Tab. 38. Das Temperatur-Mittel der
gesamten Erdoberfläche läßt sich dann auf + 23 bis 24° schätzen
(heute + 15,5°, in den pleistozänen Glazialzeiten + 11°). „Nur
im Inneren polarnaher Kontinentalschollen wäre dann mit schwachen Winterfrösten zu rechnen". Die Werte basieren u. a. auf den
(nicht ganz sicheren) [18]O-Temperaturen *Emiliani's* für das Tertiär
und sind daher auch aus diesem Grunde mit Unsicherheiten behaftet. Die Abb. 176 stellt die Verhältnisse (nach *Fairbridge*) anschau-
lich dar.

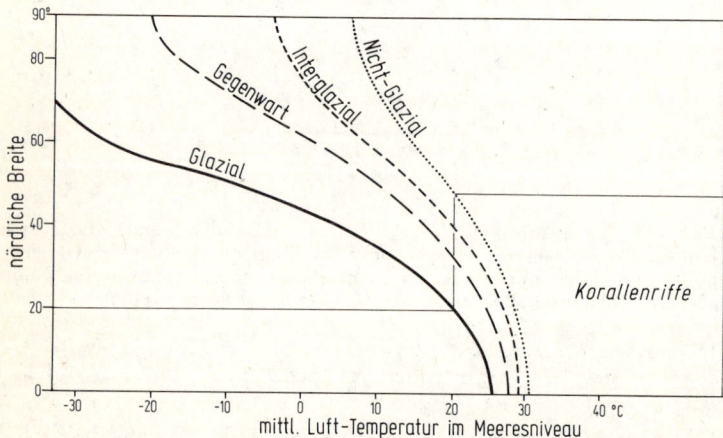

*Abb. 176* Mittel-Temperatur der nördlichen Breitenkreise bei glazialem,
gegenwärtigem, interglazialem und nicht-glazialem Klima. Die Differenzen sind am Äquator sehr gering, in den hohen Breiten sehr groß. Angegeben ist auch die Ausdehnung der Korallenriffe. Nach *Fairbridge,* vereinfacht

*Tabelle 38* Temperatur-Mittel bei akryogenem Klima (nach *H. Flohn*)

| Klimazone | geogr. Breite | Temperatur-Mittel |
|---|---|---|
| Äquat. Regengürtel | 10°S—10°N | 25—27° C |
| Tropische Sommerregen-Zone | 10—45° | 24—28° |
| Subtropische Trockenzone (nur in kontinentalen Abschnitten arid) | 45—50° | 20—26° |
| Subtropische Winterregen-Zone | 50—65° | 15—22° |
| Polare Regenzone | 65—90° | 8—15° |

**132. Eisfreies Polarmeer.** Außer Grönland und Antarktika ist vor allem auch das *arktische Polarmeer* in der Jetztzeit zum großen Teil ständig mit Eis bedeckt. Diese Eisdecke fehlte in den akryogenen Zeiten der Erdgeschichte. Für das *jungkänozoische Eiszeitalter* (angefangen beim Postglazialen Wärmeoptimum bis hinunter zum Jung-Tertiär) sind folgende alternativen Eisverhältnisse denkbar:

a) *Die Eisdecke existierte nur in kalten oder kühlen Epochen.* In den Interglazial-Zeiten (vielleicht auch im Postglazialen Wärmeoptimum) und im Tertiär fehlte sie meist.

b) *Seit dem jüngeren Tertiär existierte ununterbrochen eine Eisdecke* auf dem arktischen Meer; nur ihre Dicke wechselte (so *Clark* 1971). Jedoch war das Eis in den Warmzeiten (wie heute) dünn. Das begünstigte die Fotosynthese meerischer Organismen und damit die Produktivität der Foraminiferen. Die rezenten Sedimente des arktischen Ozeans sind daher reich an Foraminiferen und (wie die Bohrkerne ebenfalls zeigen) reich an eisverdriftetem Material, weil die Eisbewegung erleichtert ist. Für die Kaltzeiten sind dagegen charakteristisch: wenig Foraminiferen, wenig grober Detritus.

c) Schließlich ist — ganz entgegen der üblichen Meinung — auch angenommen worden: nicht in den interglazialen, sondern grade in *glazialen Zeiten war das arktische Meer eisfrei.* Das ist die Grundlage für die Autozyklen-Hypothese von *Ewing & Donn* (171). *Shaw & Donn* (1971) haben sie an theoretischen Modell-Rechnungen nachgeprüft, und *E. Olausson* (1969 u. a.) stellte weitere Betrachtungen darüber an. Nach *Olausson* ist die Eisbedeckung an eine salinare „Sprungschicht" (Halokline) in ca. 30 m Tiefe gebunden (salzarmes Wasser über, salzreiches unter der Sprungschicht). Ohne die Sprungschicht erfolgt kräftige Konvektion; diese Konvektion hindert Eisbildung. In den Glazial-Zeiten verschwindet die Sprungschicht, weil die angrenzenden Festländer zu wenig Süßwasser und auch der Pazifik zu wenig (relativ salzarmes) Wasser liefern (die Bering-Schwelle verhindert dann die Wasserzufuhr). Die augenblickliche Eisdecke bildete sich nach *Olausson* in der Alleröd-Zeit.

Sehr wahrscheinlich sind diese Annahmen über ein eisfreies Polarmeer in Glazial-Zeiten wohl nicht. Das beweist eigentlich schon die alljährliche winterliche Zunahme der Eisbedeckung im Nordpolarmeer. Das Eis reicht dann nicht selten bis an die Küsten Islands. Schon die heutigen Winter-Temperaturen genügen also, eine Eisdecke zu erzeugen; die sonstigen Bedingungen im Meer (so in bezug auf die salinare Sprungschicht) können sich dabei doch kaum wesentlich geändert haben.

Insgesamt zeigt sich, daß offenbar noch zu wenige wirklich eindeutige Beobachtungen vorliegen. Auf dieser unsicheren Grundlage kann man dann leicht auch entgegengesetzte Hypothesen aufbauen.

Weitere Literatur: *Hunkins* et al. (1971).

**133. Salzgehalt der Ozeane.** Der heutige Salzgehalt der Ozeane beträgt im Durchschnitt 3,5 %. Salzwasser ist schwerer als Süßwasser, und außerdem kaltes Wasser schwerer als wärmeres. Die heutige Tiefenzirkulation der Ozeane wird bestimmt durch das kalte Wasser, das in den Polargebieten absinkt und auch den äquatorialen Meeren eiskalte Bodentemperaturen bringt. *T. R. Chamberlin* (1899) hat die Hypothese vertreten, daß in den Warmzeiten der Erdgeschichte die Tiefenzirkulation umgekehrt verlief (da die hohe Verdunstung in niederen Breiten salzreiches Wasser erzeuge, das dort absinkt); das würde zu Temperatur-Erhöhung in Polargebieten und damit zu ausgeglichenem Klima führen. Chamberlin verknüpfte das mit der $CO_2$-Hypothese. Ob die geringen Änderungen im Salzgehalt wirklich ausreichen, die Tiefenzirkulation umzukehren, ist freilich zweifelhaft.

Wenn der Salzgehalt der Ozeane von den Flüssen zugeführt wird, muß er im Laufe der Erdgeschichte langsam angestiegen sein. Auch das könnte zu klimatischen Änderungen führen. So würde sich das salzärmere Meer leichter mit Eis bedecken, weil der Gefrierpunkt des heutigen Meerwassers bei — 2° liegt, und der Dampfdruck und die Verdunstung sich ändern. Die klimatischen Änderungen, die *A. H. Clark* (1924) daraus ableitete, halten aber (nach *E. Mencher* 1938) einer exakten Nachrechnung nicht stand.

Neuerdings hat *P. K. Weyl* (1968, 1972) vermutet, daß reduzierte Oberflächen-Salinität im Nord-Atlantik zur Ausbreitung von Meer-Eis führen und damit eine neue Eiszeit einleiten könnte. Wenn z. B. an der Landenge von Panama der Wasserdampf-Transport vom Atlantik zum Pazifik reduziert werden würde (etwa durch geringfügige Änderung der Luftdruckverhältnisse) könnte der Salinitäts-Mechanismus anlaufen.

# XXIII. Eigenwärme der Erde und vulkanische Wärme

> Im Tale waren warme Quellen, und er
> zog daraus den Schluß, daß das unter-
> irdische Feuer daran schuld war, daß der
> Gletscher oben nicht zusammen ging und
> so das ganze Tal zudeckte.
> Isländische Saga vom starken Grettir
> (13. Jhd.)

**134. Abkühlung der Erdkugel.** Sehr alt ist die Annahme, daß die zunehmende *Abkühlung* der Erdkugel von wesentlichem Einfluß auf die Klima-Entwicklung gewesen sei. *Buffon* hat ihr schon im 18. Jahrhundert klassischen Ausdruck verliehen (2); *L. v. Buch* vermutete 1849, daß z. B. die polaren Kreide-Floren der Erdwärme ihre Entstehung verdankten — sie sollte früher von größerer klimatischer Wirkung gewesen sein —, und ähnliche Gedankengänge legte noch 1865 *Sartorius v. Waltershausen* ausführlich dar.

Heute weiß man, daß der Wärmefluß in der Erdkruste hauptsächlich auf den Zerfall radioaktiver Isotopen zurückgeht und durch *diese* Vorgänge — nicht durch Erkaltung eines schmelzflüssigen Erdinneren — gesteuert wird. *A. Wagner* (1940) versuchte, einen Zusammenhang zu begründen zwischen tektonisch ruhigen Zeiten und Ansammlung radiogener Wärme in der Kruste einerseits, Gebirgsbildungen, Verbrauch dieser Wärme und Gletscherwachstum andererseits. Doch ist der Anteil, den die Eigenwärme der Erde heute zum Klima beisteuert, nur sehr bescheiden (nach *Trabert* nur 0,1°), so daß wohl auch Änderungen des Wärmeflusses nur eine ähnlich geringfügige Rolle spielen können. Nur ganz am Anfang der Erd-Entwicklung im Alt-Präkambrium mag der Einfluß größer gewesen sein (vgl. Diagramme in *Windley* 1973). Heute zeigen die alten Schilde der Erde besonders geringen Wärmestrom (d. h. große geothermische Tiefenstufe). Daher — so meinte *Brockamp* (1952) — lagen dort die pleistozänen Vereisungszentren. Aber dieser räumliche Zusammenhang besteht nur teilweise, und er kann, wie wir noch sehen werden, allenfalls ein ganz nebensächlicher Faktor sein (138).

Übrigens wird umgekehrt auch angenommen, daß die Abkühlung des letzten Eiszeitalters nicht ohne Einfluß auf die Erdwärme, d. h. auf die geothermische Tiefenstufe, geblieben sei; die letztere wäre danach noch jetzt etwas zu klein (*Koenigsberger, Mühlberg*; vgl. ferner *Birch* 1948).

**135. Vulkanische Wärme.** Den Einfluß heißer Lava, also vulkanischer Wärme, auf das Klima hat kein geringerer als *A. v. Hum-*

*boldt* 1823 „ungemein schön" (wie sein Zeitgenosse *Friedr. H. Hoffmann* schreibt) begründet. Für das große Klimageschehen sind diese Vorgänge sicher belanglos, und allenfalls mag in Ländern wie Island durch postvulkanische Wärme diese oder jene örtliche kleine Klima-Anomalie (etwa in der Gletscherverbreitung) damit zu erklären sein; schon in den alten isländischen Sagas finden sich entsprechende Vermutungen (vgl. das Motto am Anfang dieses Kapitels!).

Einen komplizierten Mechanismus nahm *Krige* (1929) an; danach sollen die aufdringenden heißen Magmen an und unter den Ozeanböden zu vermehrter Verdunstung des Meerwassers, damit zu Bewölkung und schließlich zu Eiszeiten führen. Aber für solche Annahmen lassen sich gar keine geologischen Beobachtungen heranziehen.

# XXIV. Änderungen des Reliefs

> I look at you as my Lord High Chancellor in Natural Science.
> *Ch. Darwin* in einem Brief an *Ch. Lyell*, 30. 9. 1859

**136. „Reliefhypothesen".** Charles *Lyell,* der Hauptbegründer des „Aktualitätsprinzips" in der Geologie, hat als erster die grundlegende Bedeutung *paläogeographischer Veränderungen* für die Klimageschichte der Erde erkannt. Tatsächlich lehrt ja die historische Geologie, daß die Verteilung von Land und Meer, die Lage und Höhe der Gebirge und ähnliche paläogeographische Erscheinungen ständig gewechselt haben, wie andererseits die Meteorologie und Klimatologie die engen kausalen Beziehungen zwischen der Gestaltung der Erdoberfläche und heutigem Klima aufzeigen können (II). Dem wechselnden Erdbild — dem „Relief" im weiteren Sinne — kommt also ohne Zweifel größte klimatologische Bedeutung zu. Die Hypothesen, die diese Beziehungen in den Vordergrund stellen oder sogar als einzigen wichtigen Motor der Klimageschichte betrachten, kann man als *Reliefhypothesen* bezeichnen. Besonders grundlegende Arbeiten hat *W. Ramsay* (1910, 1924) und haben später *C. E. P. Brooks* und *F. Kerner-Marilaun* geliefert. Man hat sogar — wenn auch mit geringem Erfolg — versucht, die verschiedenen paläogeographischen Faktoren quantitativ zu erfassen und das vorzeitliche Klima so rechnerisch zu ermitteln (60).

Wir betrachten zunächst das Relief im engeren Sinne, d. h. vor allem die Gebirge.

**137. Wirkungen der Heraushebung von Land und von Gebirgen.**
Die *Heraushebung von Land* wirkt in verschiedener Weise klimabestimmend. Am auffälligsten ist die Abnahme der Temperatur mit der Höhe. Sie rührt daher, daß sich aufsteigende Luft ausdehnt und dabei abkühlt. Wichtig ist die damit verbundene Kondensation des Wasserdampfes. Die Wolken reflektieren die Sonnenstrahlung; auch das trägt erheblich zu einer Temperaturminderung (außer in hohen Breiten im Winter) bei. Abkühlend wirken weiter die Schnee- und Eisflächen der Gebirge, sobald sie sich einmal gebildet haben. Dazu kommen nun mittelbare Einwirkungen. Die flachen Schelfmeere werden trockengelegt: damit erhöht sich die Kontinentalität, während gleichzeitig die Meeresströmungen eingeengt werden. Die vulkanische Tätigkeit regt sich in Zeiten der Gebirgsbildung, und die vulkanischen Aschen tragen nach der Meinung mancher Forscher zur Abkühlung bei. So kommt vieles zusammen, um schließlich polare Eiskappen und Hochgebirgsgletscher zu erzeugen, die nun wiederum „selbstverstärkend" weitere Abkühlung bringen.
Auch die großräumige atmosphärische Zirkulation wird durch Hochgebirge tiefgreifend beeinflußt. Das gilt in besonderem Maße für die meridional verlaufenden Gebirgsketten der Anden, die wie ein riesiger Sperr-Riegel die Westwinde abschneiden. Die Entstehung von regenreichen Luv- und regenarmen Lee-Seiten ist bei vielen heutigen Gebirgen höchst auffällig. Fossile Beispielen bietet das Tarim-Becken, das nach *Norin* im Zusammenhang mit der Heraushebung des Kuen-lun im Tertiär allmählich immer arider wurde, oder das westliche Nordamerika, wo die Auffaltung der Gebirge zu zunehmender Aridität führte (105).

**138. Alte Schilde und Vereisungen.** Die großen Vereisungen sind z. T. an die alten präkambrischen Schilde gebunden (Kanada, Skandinavien u. a.). Das kann verschieden gedeutet werden. Es wäre möglich, daß die Schilde als Hochgebiete bevorzugte Ansatzpunkte für Inlandeis wurden (so zuletzt *Chumakov* 1973) oder daß ihr geringer Wärmestrom die Bildung von Gletschern begünstigte (134). Gerade umgekehrt sah *W. A. White* (1972, 1973) den Zusammenhang: tiefe Erosion der Gletscher legte dort das Grundgebirge frei. Doch die Sedimentbedeckung z. B. des Baltischen Schildes (und wohl auch anderer Kratone) war immer gering gewesen; zur Freilegung des Präkambriums bedurfte es nicht des Inlandeises.
Überhaupt ist der räumliche Zusammenhang längst nicht so eng, wie gewöhnlich angenommen wird — weder im Pleistozän, noch im Permo-Karbon, noch im Jung-Proterozoikum. Zwar entstand die pleistozäne Vereisung Nordamerikas z. T. über dem kanadischen Schild; aber die skandinavischen Gletscher waren primär *nicht* an den Baltischen Schild gebunden, sondern an das norwegische Hochgebirge, und die antarktische Vereisung war ganz einfach an

einen südpolaren Kontinent geknüpft, *nicht* an das antarktische Kristallin. Präkambrium ist auf allen Kontinenten weit verbreitet — die Chance ist also sehr groß, daß sich eine Vereisung *rein zufällig* auf präkambrischem Untergrund entwickelt. Weder eine besonders hohe Lage der Schilde, noch der geringe Wärmestrom, noch „Tief-Erosion" spielen eine Rolle.

**139. Gleichzeitigkeit von Gebirgsbildungen und Eiszeiten?** Den Ausgangspunkt der Reliefhypothesen bildete eine *gewisse Parallelität zwischen Eiszeiten und Gebirgsbildungen*. *Ramsay* hat darauf hingewiesen, daß durch Krustenbewegungen ausgedehnte Gebiete weit herausgehoben werden; dadurch sind die klimatologischen Bedingungen für Gletscherbildung gegeben. Bewegtes, kräftiges Relief schafft also „weniger warme" oder *„miotherme"* Zeiten, dagegen ausgeglichenes Relief „stärker warme", *„pliotherme"* Epochen.

In Europa liegt es nahe, solche Zusammenhänge anzunehmen. Dem tektonisch meist ruhigen Mesozoikum mit warmem Klima folgt das Tertiär mit den alpidischen Gebirgsbildungen und diesen das quartäre Eiszeitalter. Aber die Aufeinanderfolge ist sonst meist nicht so eng, wie das in schematischen Diagrammen dargestellt wurde. Der Kanon der Faltungen (etwa von *Stille*) bietet ja eine große Zahl von „Gebirgsbildungen", d. h. von (tektonischen) Orogenesen, die sich über große Strecken der Formationstabelle verteilen — ohne daß dazu immer eine Eiszeit gehört (Abb. 173). Freilich muß Faltung nicht unbedingt mit morphologischer Heraushebung verbunden sein, ist es aber wohl meist.

Auch *räumlich* bestehen große Diskrepanzen. Die ausgedehnte Inlandeisvergletscherung Nord-Europas ist ja gar nicht an die Alpen geknüpft, sondern an die viel älteren kaledonischen Gebirge. Noch auffälliger ist das im Jungpaläozoikum: das Hauptgebiet der variszischen Gebirgsbildung ist die Nord-Halbkugel, aber die permo-karbonischen Vereisungen sind auf die Gondwana-Kontinente beschränkt. Demnach scheint nicht die Bildung der einzelnen Gebirge das Wesentliche zu sein, obgleich diese immerhin gelegentlich den Ansatzpunkt für große Eiskappen und Eisstromnetze bildeten (nord- und südamerikanische Cordilleren und Alpen im Quartär). Vielmehr spielten — wie *Bederke* mit Recht hervorgehoben hat — erdweite *epirogenetische* Bewegungen eine Hauptrolle, die wir allerdings nur im Neozoikum genauer übersehen können; sie hängen wohl letzten Endes mit den jungen Orogenesen zusammen und zeigen sich überall in einer Heraushebung der Kontinentalblöcke (und gleichzeitigen Senkung der Meeresböden). Die allmähliche Klimaverschlechterung im Tertiär (für die es aber auch andere plausible Gründe gibt) würde gut damit übereinstimmen.

Man kann nicht annehmen, daß sich solche Krustenbewegungen regelmäßig in so kurzen Abständen wiederholen, wie das z. B. für die mehrmaligen Vereisungen im Quartär nötig wäre. Für die mittelfristigen Klimaschwankungen sind die Reliefhypothesen daher ungeeignet.

*Umgekehrte Deutung der Beziehungen zwischen Eiszeiten und Relief.* Prinzipiell interessant sind die Versuche, umgekehrt die eiszeitliche Abkühlung als Ursache für Krustenbewegungen zu deuten, so durch *E. Philippi* 1910 (Vereisungen verstärkten die Kontraktion der Erde und führten zu Faltungen, Kohlenbildung in den Vortiefen der Gebirge und vulkanischer Tätigkeit) und *K. Schirmeisen* 1944 (die polaren Eismassen drängten das Magma äquatorwärts und lösten tektonische Vorgänge aus). Doch widerlegt schon die tatsächliche Zeitfolge beide Hypothesen; denn die Hauptorogenesen sind jedenfalls älter als die Eiszeiten.

**140. Verteilung der Festländer und Ozeane.** Auch die andere Ausdehnung und Tiefengestaltung der Ozeane im Laufe der Erdgeschichte müssen als paläoklimatologische Faktoren ersten Ranges bezeichnet werden, da sie das gesamte atmosphärische Zirkulationssystem und den Verlauf der klimatisch so wichtigen Meeresströmungen beeinflussen. So ist schon die heutige hohe Intensität des *Golfstroms* geographisch bedingt (der Küstenvorsprung Südamerikas am Kap Roque lenkt einen Teil des südlichen Äquatorial-Stroms mit nach Norden um!). Sein überragender Einfluß z. B. auf das Klima Norwegens würde aber erheblich schwinden, wenn ihm (durch Hebung der Island-Fäöer-Schwelle) der Zugang zum Eismeer versperrt wäre. Manche meinen, das würde eine Eiszeit einleiten (andere nehmen allerdings umgekehrt an, daß der Golfstrom eine Eiszeit überhaupt erst ermögliche!). Sicherlich war z. B. das milde Polarklima im Alt-Tertiär durch warme Meeresströmungen mit bedingt. Beispiele einschneidender Änderung von Meeresverbindungen in junger Zeit bieten die mediterrane Tethys, die noch im Alt-Tertiär mit dem Indischen Ozean verbunden war, und die mittelamerikanische Landbrücke, die seit dem Pliozän den Atlantik vom Pazifik trennt. *Luyendyk* et al. (1972) sind diesen Fragen auch experimentell nachgegangen.

Land und Meer verursachen die großen Unterschiede zwischen kontinentalem und maritimen Klima (6). Doch darf man nicht übersehen, daß die primäre, grundlegende Temperatur-Verteilung auf der Erde planetarisch bedingt ist, besonders durch die Neigung der Erdachse. So kommt es, daß z. B. die mittleren Temperaturen gleicher Breitenkreise auf der Nord- und Süd-Halbkugel relativ ähnlich sind, trotz denkbar größter Verschiedenheit der Land- und Meerverteilung (wenigstens gilt das für die niederen und mittleren Breiten, Tab. 2). Das geographische Erdbild verursacht also nur sekundäre, wenn auch z. T. einschneidende Korrekturen.

**141. Rückblick auf die Reliefhypothesen im weiteren Sinne.** Als sicher kann man betrachten, daß die *Klimageschichte der Erde mit* *ihrer Reliefgeschichte sehr eng zusammenhängt.* Die großen Eiszeiten fallen wenigstens z. T. in Zeiten lebhaften Reliefs, und viele regionale Eigenheiten des Klimas finden ihre Erklärung in den paläogeographischen Verhältnissen, so in der Verteilung von Land und Meer und den Meeresströmungen.

Dagegen ist es unsicher oder unwahrscheinlich, daß *alle* Klimaschwankungen auf das Relief (im weitesten Sinne) zurückgeführt werden können. Offenbar spielen *auch andere Faktoren eine ausschlaggebende Rolle.*

Weitere Literatur: *Damon* (1968).

# XXV. Kontinental-Drift und Polwanderungen

> Nur eine kleine andere Richtung der Erde zur Sonne, und alles auf ihr wäre anders. *J. G. Herder*, Ideen zur Philosophie der Geschichte der Menschheit, 1784.

**142. Relief- und Drift-Hypothesen.** Die Reliefhypothesen gehen aus von den paläogeographischen Veränderungen der Erde. Solche Veränderungen sind geologisch nachgewiesen. Ihre Ursachen festzustellen oder sich mit ihnen zu beschäftigen, gehört aber im allgemeinen nicht zu den Aufgaben des Paläoklimatologen.

Eine Ausnahme macht die Hypothese der *kontinentalen Drift,* da die Wanderung von Krustenteilen unmittelbar zu Klimaänderungen führen kann oder das Erdbild — vor allem die Verteilung der Kontinente und Ozeane — so grundlegend ändert, daß das Klimageschehen indirekt betroffen wird. Insofern könnte man natürlich die kontinentale Drift (wie auch sonstige Polwanderungen) mit im Kapitel der Reliefhypothesen behandeln. Beides hängt eng zusammen.

Kontinentale Drift ist nur *eine* Form von — in dem Fall scheinbarer — Polwanderung. Die Neigung der Rotationsachse (d. h. die Schiefe der Ekliptik, z. Zt. 23° 27′) ändert sich dabei nur geringfügig (um wenige Grad). Doch kann man auch die Möglichkeit diskutieren, daß Richtung und Neigung der Erdachse auch im großen *nicht* konstant sind. Wir betrachten im folgenden diese verschiedenen möglichen Polwanderungen.

**143. Neigung der Erdachse nicht konstant, sondern erheblich veränderlich.** Die Erdachse schwankt in der Jetztzeit nur um winzige Beträge. Auch in astronomischen Zeiträumen ändert sich ihre Neigung nur um wenige Grade. Das spielt immerhin eine gewisse Rolle bei den „Strahlungskurven" (161).

*Erheblich* abweichende Neigungen der Erdachse würden dagegen das irdische Klima wesentlich umgestalten. Darauf stützen sich bereits die ersten Erfinder von Klimahypothesen vor 2—3 Jahrhunderten (*Hooke, Herder* u. a.). Eine andere Lage der Rotationspole würde ja das vorzeitliche „Tropenklima" in unseren Breiten oder die Entstehung der quartären Vereisungen leicht erklären.

Aus mechanischen Gründen ist eine grundlegende Richtungsänderung unwahrscheinlich, doch ist der Gedanke auch noch in neuerer Zeit aufgegriffen worden (*Gripenberg* 1933, *Obuljen* 1969 u. a.), besonders ausführlich und abgewandelt von *G. E. Williams* (1972). Nach seiner Hypothese steht die Erdachse zeitweise senkrecht, zeitweise aber auch parallel zur Ebene der Erdbahn. Die senkrechte Stellung (z. B. 50 × 10⁶ B. P.) führt zu keinen Vereisungen (auch *Obuljen* nimmt das für die nichtglazialen Zeiten an), die mittlere Lage (wie heute) zu polaren Vereisungen; bei der flachsten Lage (z. B. 750 × 10⁶ B. P.) wechseln vor allem am Pol heiße Sommer mit extrem kalten Wintern (die beiden Hemisphären „alternately baked and froze"), Vereisungen entstehen in niederen Breiten. Die Ursache für die Schwankungen der Ekliptik-Schiefe wird in einer säkularen Rotation (von 2,5 × 10⁹ a) der Ebene des Sonnensystems (und der Milchstraßen-Ebene?) gesehen. Die Rotationsachse der Erde behält also ihre Richtung im Raum ± bei. Im übrigen schließt *Williams* kontinentale Drift als zusätzlichen Klimafaktor nicht aus.

Wie manche andere Konstrukteure von Hypothesen stützt sich *Williams* auf wenige, z. T. zudem triviale oder wenig gesicherte Tatsachen. Wesentliche Eigenheiten der Klimageschichte bleiben dagegen unerklärt, und auch die physikalischen Voraussetzungen bedürfen wohl noch fachkundiger Beurteilung.

## 144. Neigung der Erdachse ungefähr konstant; Wanderung der Erdoberfläche im ganzen.

Bei diesen Hypothesen ändert sich die Neigung der Erdachse nur geringfügig (wenige Grad in einigen 10 000 a). Die Erdoberfläche bewegt sich *als Ganzes* gegenüber der Rotations-Achse. Meist wird angenommen, daß die heutige Äquator-Ebene in eine andere Lage kippt (also nicht mehr Äquator-Ebene bleibt), ohne daß sich die Rotations-Achse ändert. (Wir lassen dabei außer acht, ob sich die *ganze* Erdkugel relativ zur Rotations-Achse bewegt, oder nur die „Erdkruste".) Das Ergebnis ist eine gesetzmäßige Änderung der geographischen Breite überall auf der Erde (außer an 2 antipodisch gelegenen Punkten). Auf dieser Vorstellung beruht u. a. die alte „Pendulationstheorie" *Simroths* (1907). Die *Entfernung* zweier beliebiger Punkte auf der Erdoberfläche *ändert sich nicht.*

Diese — sonst meist abgelehnte — Hypothese diskutierte *Gold* (1955), und *Strakhov* (1962, 1967) hat die Klimageschichte der Erde damit zu erklären versucht (so wie schon ein halbes Jahrhundert vorher *Simroth* die tier- und pflanzengeographische Entwicklung). Nach *Strakhov* kippte die Äquator-Ebene um eine Achse, deren Durchstoßpunkte an der West-Küste von Equador und bei Sumatra lagen (*Simroths* „Schwingpole"), d. h. die größte Verschiebung der geographischen Breite und damit der Klimazonen fand ungefähr im Meridian-Bereich $0-10°$ E und $180-170°$ W statt. Im Alt-Paläozoikum schnitt die heutige Äquator-Ebene diesen Meridian bei $75°$, im Jung-Paläozoikum und Alt-Mesozoikum bei $45°$. Die Verschiebung soll sich — im Zusammenhang mit großen Faltungsphasen und Massenverlagerungen im Erd-Inneren — auf einige kurze Zeiträume zusammendrängen (jüng. Devon; Trias). In den längeren Epochen dazwischen änderte sich die Breitenlage nur sehr langsam. Wenn trotzdem in diesen ruhigeren Zeiten die Ausdehnung der Klimagürtel merklich wechselte (z. B. des ariden Gürtels), so kann man das durch die wechselnden paläogeographischen Verhältnisse erklären.

Die Hypothese *Strakhovs* erklärt z. B. die Klima-Entwicklung in Europa und Nordamerika ganz gut, aber für andere Gebiete ist sie nicht brauchbar und führt dort zu unwahrscheinlichen Hilfshypothesen. So werden z. B. die großen Vereisungen des „äquatorialen" Australiens im Permokarbon als Gebirgsvergletscherungen gedeutet („vertical climatic zoning"), die glazial-marinen Sedimente als Schlammfluten (aktiviert durch Vulkanausbrüche!). Kontinentale Drift bleibt unberücksichtigt, ebenso alle paläomagnetische Forschung. — Vgl. auch *Dauvillier* (1968).

**145. Kontinentale Drift.** Die zweite Möglichkeit einer relativen Pol-Verlagerung — auch von *F. B. Taylor* und anderen schon angedeutet — hat *Alfr. Wegener* in seiner epochemachenden „Kontinentalverschiebungshypothese" als Erster 1912 genauer begründet. *Köppen* und *Wegener* zogen auch ausführlich die paläoklimatologischen Konsequenzen (1924, Nachträge 1940).

Größere *Teile* der Erdkruste (z. B. Kontinente oder noch größere „Platten") bewegen sich *unabhängig* voneinander. Eine eventuelle Änderung der geographischen Breite tritt nicht auf der ganzen Erde ein, sondern nur im Bereich einer sich bewegenden Platte. (Bei breitenparalleler Bewegung kommt es nicht zu einer Breiten-Änderung.) Die *Entfernung* eines Ortes von einem Punkt einer anderen Platte *kann sich erheblich ändern*. Die dafür übliche Bezeichnung „*kontinentale Drift*" geht auf *Wegeners* Ansichten von wandernden Kontinentalschollen zurück. Sie entspricht nicht ganz den heutigen Anschauungen, nach denen auch *ozeanische* Krustenteile wandern; doch hat es sich eingebürgert, *alle* horizontalen Krustenverschiebungen als „kontinentale Drift" zusammenzufassen.

*Wegeners* Gedanken haben zahllose Diskussionen hervorgerufen. Vieles hat sich als falsch erwiesen; aber den Grundgedanken „wan-

dernder Kontinente" kann man nach den modernen paläomagnetischen Untersuchungen nicht mehr einfach als ein „Lieblingsmär-
chen der Geophysiker" (*Pasc. Jordan*) abtun. In geänderter Form
ist *Wegeners* Idee in der „Plattentektonik" zu einem Brennpunkt
neuer tektonischer Vorstellungen geworden. Instruktive schematische Darstellungen zur Beziehung zwischen Drift und Klima finden sich bei *P. L. Robinson* (1973).

**146. Paläoklimatologische Argumente für und gegen kontinentale
Drift.** Nicht nur zahlreiche Einzeltatsachen, sondern auch große
und gesetzmäßige Änderungen des paläoklimatischen Erdbildes
lassen sich mit Drift *gut erklären,* so die Wanderung charakteristischer *Klimagürtel* im Laufe der Erdgeschichte (z. B. des nördlichen Salzgürtels nach *F. Lotze,* Abb. 170, und des Kalkgürtels nach
*Schwarzbach,* Abb. 171—172). Die Paläo-Breitenlage klima-ab-
hängiger Sedimente entspricht genau dem heutigen Bild (*Briden
& Irving;* Abb. 177). Ebenso paßt die Klimageschichte einzelner

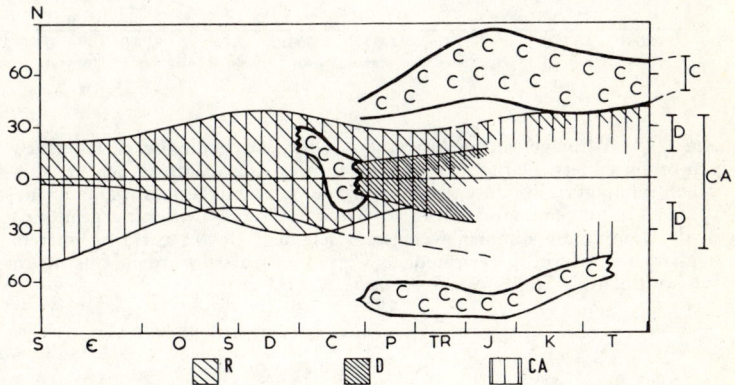

*Abb. 177* Paläomagnetische Breitenlage wichtiger Klimazeugen vom
Kambrium bis zum Tertiär. C Kohle (und „Karbon"), R Red beds und
Evaporite, D Wüstensandstein (und „Devon"), Ca Karbonate. Rechts ist
die heutige Verbreitung dieser Sedimente angegeben. Die fossilen Koh-
len sind z. T. warm-, z. T. (wie heute) kühl-klimatisch. Aus *Briden &
Irving,* 1964

Kontinente z. T. ausgezeichnet in die Vorstellungen kontinentaler
Drift (Süd- und Nordamerika, Australien, Abb. 178, u. a.). Für
Perm und Trias vgl. u. a. *P. Robinson* (1973).
Ein Kernproblem sind in diesem Zusammenhang die *jungpaläozoischen Vereisungen.* Die Spuren ihrer Gletscher liegen heute z. T.
(freilich nur zum kleinen Teil) am Äquator. Trotz der Bemühun-
gen von *Brooks* und anderen, mit rein paläogeographischen Erklä-

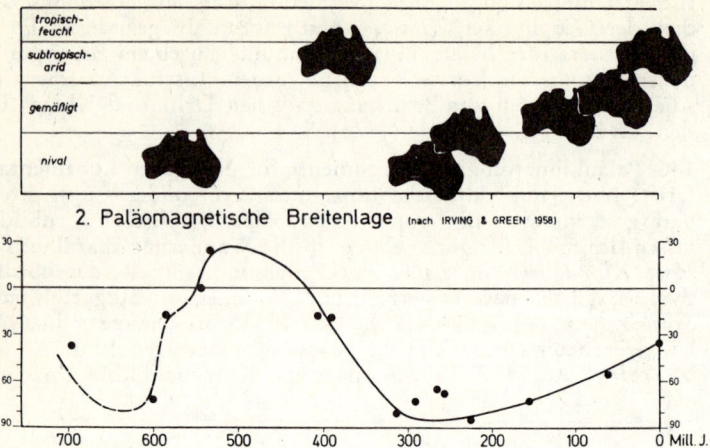

**1. Klimageschichte** (nach M. SCHWARZBACH 1964)

**2. Paläomagnetische Breitenlage** (nach IRVING & GREEN 1958)

*Abb. 178* Klimageschichte Australiens. Oben: aus geologischen Klimazeugen rekonstruiert. Dargestellt ist die Lage des Kontinents zu den verschiedenen Klimagürteln. Unten: Änderung der Breitenlage nach paläomagnetischen Messungen; nach *Irving* & *Green* (absolute Datierung geändert). Beide Diagramme stimmen wenigstens seit dem Devon auffällig überein, obgleich sie auf völlig verschiedene Weise konstruiert wurden. Das spricht für kontinentale Drift. Aus *Schwarzbach,* 1968 d

rungen auszukommen (94), scheint es unausweichlich, mit einer anderen Pol-Lage zu rechnen. Doch erkannte *Koken* schon 1907, daß auch bei günstigster Pol-Lage die äußersten Eisspuren weit weg vom Polarkreis liegen. Hier bietet *Wegeners* Vorstellung eines eng zusammengeschobenen Gondwana-Kontinents — von *Du Toit* und anderen weiter ausgebaut — eine geistreiche Lösung, die ohne Zweifel ein *Glanzstück seiner Hypothese* ist (Abb. 126). Doch würde auch eine „gemäßigte" Drift (d. h. ein geringerer Zusammenschub als *Wegener* annahm) eine ausreichende Erklärung geben, vor allem in Verbindung mit einem langsamen Driften Gondwanas über den Süd-Pol während des Karbons und Perms (Abb. 127).

Von anderen Forschern werden manche dieser Argumente *nicht als stichhaltig* angesehen. So lehnte *Stehli* auf Grund statistischer Untersuchungen an Perm-Fossilien eine andere Zonierung der Klimagürtel gegenüber heute ab. Ebenso fand *Axelrod* (1963) in den prätertiären (freilich paläoklimatologisch nur unsicher deutbaren!) Floren keine Hinweise auf andere Lage der Kontinente. Originell, aber nicht ganz ernst zu nehmen, sind die Erklärungen, die *P. Jordan* und *Ives* für die angeblich äquatoriale Lage der permokarbonischen Vereisungsspuren gaben (151, 156).

Am ausführlichsten, aber ebenfalls keineswegs immer überzeugend wandten sich *Meyerhoff* & *Teichert* (1971) gegen kontinentale Drift. Sie führten u. a. die Größe Gondwanas ins Feld; die Niederschlagsversorgung dieses Super-Kontinents hätte weder für große Gletscher noch für Kohlenbildung ausgereicht. Aber diese Argumente verlieren schon an Gewicht, wenn man die Süd-Kontinente nicht nahtlos vereinigt, sondern Wasserflächen dazwischen übrig läßt, und bezüglich der Kohlen genügt ein Blick auf die Verbreitungskarte heutiger Torfmoore (Abb. 62), um zu zeigen, daß sie auch unter kontinentalem Klima gedeihen.

Trotzdem muß man solche Kritiken konservativer Fixisten sehr begrüßen, weil enthusiastische Drifter (auch unter den Pflanzen- und Tiergeographen) zweifellos vielfach weit über das Ziel hinaus schießen und andere Möglichkeiten der Interpretation nicht mehr sehen. Da ist Skepsis sicherlich in vielen Fällen am Platze.

Im ganzen aber scheint mir paläoklimatologisch *mehr für als gegen* kontinentale Drift zu sprechen.

### 147. „Koinzidenz-Hypothese".

Als wesentliche Voraussetzung für die großen quartären Vereisungen betrachten manche Forscher die geographischen Verhältnisse an den Polen: ein *Kontinent am Süd-*, ein von Kontinenten umgebenes *Meer am Nord-Pol*. Dabei wird angenommen, daß dieses Zusammentreffen (diese „*Koinzidenz*") am Anfang des Tertiärs durch kontinentale Drift zustande kam. *Rh. W. Fairbridge* nannte das „Polar Coincidence Theory"; als besonders wichtig sah er die Koinzidenz am Süd-Pol an, die ja auch für die permokarbonischen Vereisungen zu bestehen scheint. Für die Hypothese von *Ewing* und *Donn* (170) ist dagegen die nordpolare Koinzidenz wesentlich. Freilich hat der Paläomagnetiker *A. Cox* (1968) bestritten, daß Koinzidenz ausschlaggebend sei; denn auch in akryogenen Zeiten gab es genug polare Kontinente.

Das heutige Erdbild an den Polen war und ist ohne Zweifel mitbestimmend für die Entwicklung des quartären Eiszeitalters. Umgekehrt wäre eine Pol-Lage inmitten eines weiten *Ozeans* sicherlich von geringem Einfluß. Wir begegnen also hier einem wichtigen Klimafaktor. Er würde freilich wohl kaum zu langperiodischen Klimaänderungen Anlaß geben, wenn er nicht mit *kontinentaler Drift kombiniert* wäre.

**148. Der physikalische Nachweis von Pol-Verschiebungen: paläo-magnetische Argumente für kontinentale Drift.** In unerwarteter Weise hat die moderne Erforschung des *Paläomagnetismus* physikalische Hinweise für Polverschiebungen beigebracht. In Lavage-steinen ist die Richtung des magnetischen Erdfeldes zur Zeit ihrer Erstarrung häufig „eingefroren", in Sedimenten durch Einrege-lung magnetischer Mineralien fixiert und exakt meßbar. Damit ergibt sich die Möglichkeit, die Lage der magnetischen Pole zu be-stimmen.

Es ist unmöglich, hier eingehend auf die Methode und ihre Schwie-rigkeiten einzugehen. Die Anwendung auf paläoklimatologische Fragen beruht auf der unbewiesenen, wenn auch aus theoretischen Gründen wahrscheinlichen Annahme, daß auch in der Vorzeit ein *magnetischer Dipol und die Rotations-Achse nahe beieinander la-gen,* wie es noch heute der Fall ist. Mit Abweichungen von minde-stens 20° muß man aber nach den direkten Erfahrungen der letz-ten Jahrhunderte rechnen. (Ebenso war der magnetische Dipol an-scheinend vielfach entgegengesetzt orientiert wie heute, 121.)

Jedenfalls zeigte sich, daß die paläomagnetischen Pole noch zur Tertiär-Zeit im wesentlichen so lagen wie heute auch (von dem zeitweiligen 180°-Wechsel abgesehen), aber im Prä-Tertiär z. T. *ganz andere Lage* hatten. Die Karte Abb. 179 stellt die paläo-magnetisch erschlossene Wanderung des nördlichen Pols nach Mes-sungen in Europa und Nordamerika dar. Danach befand er sich im Prä-Kambrium im Gebiet Nordamerikas und des nordöstlichen Pazifiks, im Kambrium im mittleren Pazifik, im späteren Paläo-zoikum und Mesozoikum im nordwestlichen Pazifik und Nordost-Asien.

Ein weiteres wichtiges Ergebnis liegt darin, daß die Positions-Be-stimmungen in *verschiedenen Kontinenten* z. T. *verschiedene Werte* ergaben. Das läßt sich nur so deuten, daß die Kontinente ihre *Lage* zueinander geändert haben.

Der Paläomagnetismus liefert also nicht nur Hinweise für Pol-Wanderungen überhaupt, sondern auch für kontinentale Drift. *Die paläomagnetisch gemessenen geographischen Breiten stimmen z. T. ausgezeichnet mit den klimatischen Rekonstruktionen über-ein, die aus rein geologischen Daten gewonnen wurden.*

Weitere Literatur: *Briden* & *Irving* (1964), *Creer* (1970), *van Hilten* (1964), *Irving* (1964), *Irving* & *Robertson* (1968), *Nagata* (1961), *Opdyke* (1962), *Runcorn* (1962, 1970), *Soffel* (1972), *Embleton* (1973), *Mc Elhinny* (1973), *Tarling* & *Runcorn* (1973).

**148 a. Magnetfeld der Erde und Klimaschwankungen.** Durch die Schwankungen der Intensität und der Richtung des irdischen Mag-netfeldes wird möglicherweise das irdische Klima beeinflußt (*Tr. Einarsson* 1969, *Wollin* et al. 1971). Aber es ist noch nicht klar, welcher Mechanismus dabei wirken könnte.

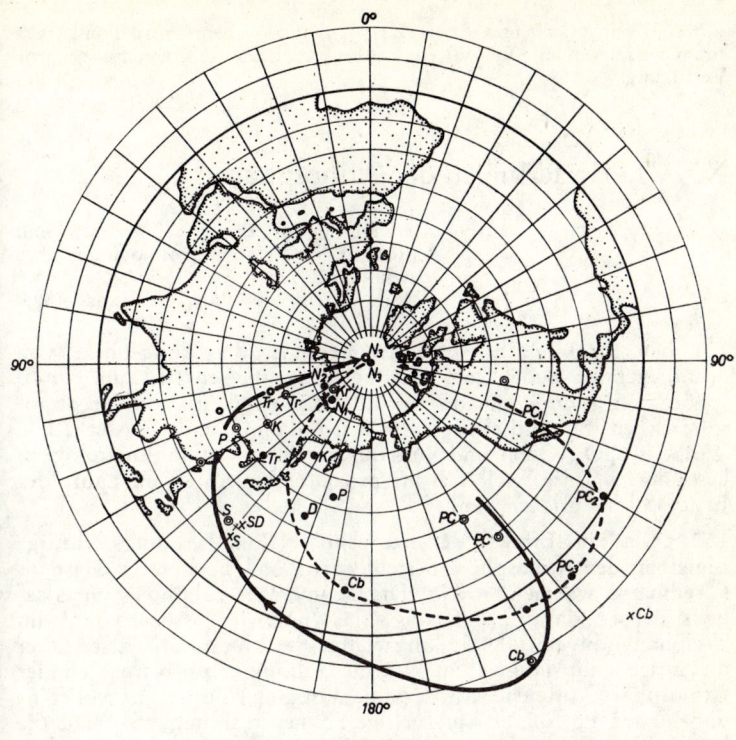

⊚ - USA        ● - NW-Europa        x - USSR

*Abb. 179*   Wanderung des magnetischen Pols im Laufe der Erdgeschichte.
/ = Wanderroute nach Messungen in Nordamerika, / = nach Messungen
in Europa; ferner sind Messungen in der USSR eingetragen (x)
PC = Proterozoikum (PC₁ unt. Torridon, PC₂ Llangmyndian, PC₃ ob.
Torridon);  Cb = Kambrium;  S = Ordovizium + Silur;  D = Devon;
K = Karbon; P = Perm; Tr = Trias; Kr = Kreide; N₁ = Eozän; N₂ ᵌᵌ
Oligozän; N₃ = ob. Tertiär + Quartär. Die Messungen in Amerika bzw.
Europa ergeben verschiedene Bahnen! — Nach einer Zusammenstellung
von *Komarow*, 1960, umgezeichnet

## 149. Baumstämme und Pol-Lage.

Bei Baumstämmen liegt der *längste
Radius* vielfach in der Richtung, die der Sonne abgewendet ist, d. h. in
der Richtung zum Pol. Damit wäre theoretisch gleichfalls eine Möglichkeit gegeben, frühere Pol-Lagen und eventuelle Pol-Verschiebungen zu
erkennen (*Kossovich* 1935, *Krames* 1956). Die Methode kann aber praktisch kaum mit Erfolg angewendet werden, denn es handelt sich a) um sehr
geringe Unterschiede im Wachstum, und andere Faktoren (wie vor allem
die Windrichtung) wirken viel stärker auf das Dicken-Wachstum ein (*Ass-*

*mann* 1959; vgl. 50 und Abb. 82); b) steht an einem Fossil-Fundpunkt kaum ausreichendes Material für solche statistischen Untersuchungen zur Verfügung.

# XXVI. Änderungen der Atmosphäre

It were not best that we should all think alike; it is difference of opinion that makes horse-races.
Mark *Twain*, Pudd'nhead Wilson, 1894.

Für den Strahlungshaushalt der Erde ist die Atmosphäre von grundlegender Bedeutung. Der gewaltige Gegensatz zum atmosphärelosen Mond zeigt das mit aller Deutlichkeit. Von den atmosphärischen Bestandteilen sind Wasserdampf und Wasser (d. h. Wolken), $CO_2$, Ozon und vulkanischer Staub paläoklimatologisch besonders wichtig, weil sich ihr prozentualer Anteil im Laufe der Erdgeschichte ändern kann.

**150. „Glashaus-Effekt" der Atmosphäre.** Eine besonders wichtige Eigenheit der Atmosphäre besteht darin, daß sie wie ein Glashaus (Treibhaus) wärmend wirkt. Die Temperatur-Erhöhung im Glashaus beruht darauf, daß das Glas (und der Wasserdampf im Treibhaus) die einfallende kurzwellige Strahlung durchlassen, aber die ausgehende langwellige Wärmestrahlung absorbieren. In der Atmosphäre vollzieht sich derselbe Vorgang. Sie ist fast vollständig durchlässig für die kurzwellige Sonnenstrahlung, aber hält die langwellige Wärme-Ausstrahlung der Erde zurück. Ohne Atmosphäre würde — wie auf dem Mond — die mittlere Oberflächen-Temperatur der Erde lebensfeindlich tief sein (ca. $-28°$ gegenüber heute $+15°$). Für den Glashaus-Effekt der Atmosphäre sind vor allem Wasserdampf und $CO_2$, aber auch das Ozon verantwortlich.

**151. Wasserdampf und Wolken.** Der *Wasserdampf* in der Luft hat — wie eben erwähnt — großen Anteil am Glashaus-Effekt. Verminderter Wasserdampf-Gehalt würde also die Gesamttemperatur auf der Erde erniedrigen (vgl. z. B. *Wexler* 1953, S. 88).
Umgekehrt verhält es sich mit dichten *Wolken*. Sie reflektieren einen erheblichen Teil der Sonnenstrahlung (etwa 25—30 %). Dabei zeigen sich erhebliche Unterschiede in den einzelnen Breiten; die Bewölkung (d. h. der relative Anteil der Wolken am Himmel) beträgt im Jahresdurchschnitt am Äquator 6/10, in den großen Wüsten 2/10, in höheren Breiten bis über 7/10 (Abb. 180). Die starke Bewölkung der Äquatorgebiete ist der Grund dafür, daß dort die mittleren Jahrestemperaturen niedriger sind als in den wolken-

losen Wüstengürteln. Allerdings hindern die Wolken auch die Ausstrahlung der Erde, aber diese Wirkung ist nicht so groß wie die primäre Reflektion der Sonnenstrahlung. Nur in den Polargebieten erhöht während der Polarnacht die Wolkendecke erheblich die Temperatur, da dort ja dann nur dieser zweite Effekt wirksam wird.

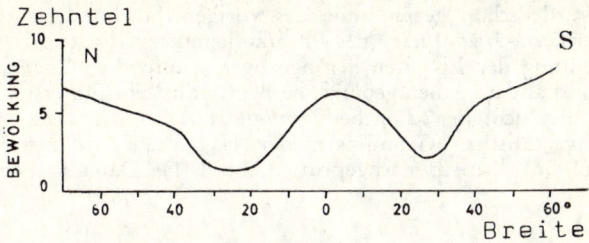

*Abb. 180*  Mittlere jährliche Bewölkung über dem Meridian 0° L. in der Jetztzeit. Nach *A. A. Miller*, 1943, umgezeichnet

*Brooks* schätzte, daß sich die mittlere Temperatur der Erde um fast $3^1/_2°$ erhöhen würde, wenn die mittlere Bewölkung nur um $^1/_{10}$ abnähme.
Der Wasserdampf- und Wassergehalt der Luft hängt ab von Verdunstung und Niederschlag, diese wieder sind abhängig von Temperatur und Luftbewegung. Es handelt sich also bei den Änderungen des Wasserdampf-Gehalts größtenteils um *Sekundäreffekte* anderer Faktoren (u. a. der Verteilung von Land und Meer) und nicht um unabhängige Klimafaktoren.
Eine Ausnahme macht der Wasserdampf, der bei Vulkanausbrüchen geliefert wird. Deren mächtige „Blumenkohl-Wolken" haben *Tamarello* (1888), *Harboe* u. a. veranlaßt, vermehrte Vulkantätigkeit für Vereisungen verantwortlich zu machen. Aber die dabei anfallenden Mengen sind auch bei großer vulkanischer Aktivität gering, daß sie höchstens minimale örtliche Bedeutung haben könnten.
In manchen Hypothesen wird mit einer zeitweiligen *dichten Wolkendecke über der ganzen Erde* und *gleichförmigem Klima* gerechnet. *P. Jordan* führt sie (im Anschluß an *Ten Haar*, 1950) auf eine einst viel höhere Solarkonstante zurück. Unter der Wolkendecke sollen Temperaturen geherrscht haben, die „große Mengen teilweise kalter Niederschläge" ergaben; Hagelfälle am Äquator erzeugten die permokarbonischen Gletscher. (Hingegen verursacht die $H_2O$- und $CO_2$-reiche dichte Atmosphäre der Venus hohe Oberflächen-Temperaturen.) Nach *Jordan* bestand die Wolkendecke wohl bis zum Ende des Paläozoikums, nach *Stechow* (1954) bis zum Ende der Kreide-Zeit (mit Aussterben der Saurier, da die

aufreißende Wolkendecke erstmalig zu jahreszeitlichem Klimawechsel führte). Das sind interessante deduktive Vorstellungen, für welche die geologischen Befunde freilich keine Anhaltspunkte liefern.

**152. $CO_2$-Gehalt der Atmosphäre.** Die irdische Atmosphäre enthält 0,03 % $CO_2$. Die Glashaus-Wirkung dieses atmosphärischen $CO_2$ wurde schon gegen Ende des vorigen Jahrhunderts in der „*Kohlensäure-Hypothese*" des Physikochemikers *Svante Arrhenius* zur Deutung der Eiszeiten herangezogen. *Callendar, Chamberlin, Frech* und andere gaben geologische Begründungen. Ein erster Hinweis findet sich aber schon bei *Tyndall* 1861.

Die physikalischen Grundlagen der Hypothese hat neuerdings *Plass* (1956) kritisch nachgeprüft (Abb. 181). Danach tritt eine

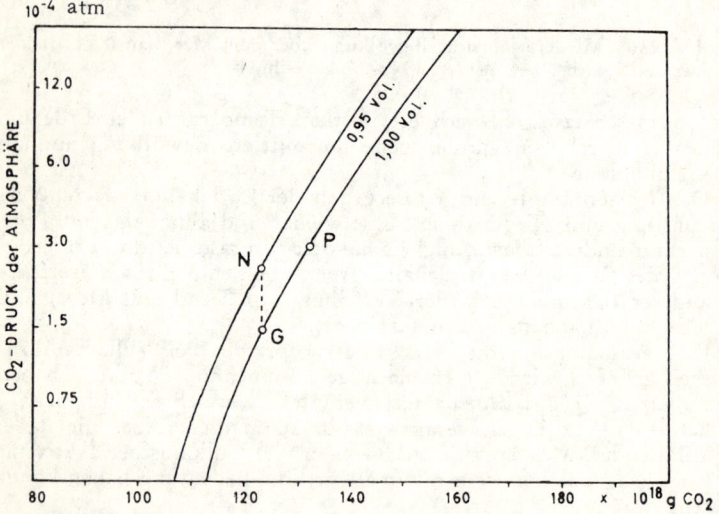

*Abb. 181* Kurven des $CO_2$-Gleichgewichts im System Atmosphäre—Ozean. Ordinate = $CO_2$-Druck in der Atmosphäre. Abzisse = entsprechende $CO_2$-Menge in Ozean + Atmosphäre beim Gleichgewichts-Zustand. 1,00 Vol. = heutiges Meeres-Volumen; 0,95 = um 5 % vermindertes Meeres-Volumen. P = heutiger $CO_2$-Druck, G = Glazial, N = Gletscher-Schmelze. Nach *Plass*, 1956, umgezeichnet

Temperaturänderung um etwa 3.° C ein, wenn sich der $CO_2$-Gehalt der Atmosphäre verdoppelt oder halbiert, und zwar abhängig von der Bewölkung. Aber eindeutig sind offenbar auch diese Daten nicht; denn andere Forscher kamen zu anderen Ergebnissen.

So fanden *Kondratiev* & *Niylisk* (1963; zitiert nach *Lamb* 1970, S. 427), daß selbst bei Verdoppelung des heutigen $CO_2$-Gehaltes der Temperatur-Effekt vernachlässigt werden könnte, und *Manabe* & *Wetherald* (1967) errechneten ebenfalls geringere Werte als *Plass*.

Sehr hoch und entsprechend wirkungsvoll ist der $CO_2$-Gehalt der Atmosphäre der Venus ($\sim 95\,\%$). Zusammen mit hohem Wasserdampf-Gehalt führt das zu Temperaturen um 400°. Viel höher als heute war auch der $CO_2$-Gehalt der irdischen Ur-Atmosphäre am Anfang des Präkambriums. Doch wollen wir diese Verhältnisse hier außer acht lassen (vgl. 71).

Man hat auch eingewendet (so *Philippi* 1910), daß ein $CO_2$-Überschuß nicht in der Atmosphäre bleiben, sondern „dem riesigen Reservefonds des Meeres überwiesen" werden würde; dort wäre er ohne klimatische Bedeutung. Allerdings würde es wohl — wie man heute weiß — lange (vielleicht einige 10 000 Jahre) dauern, bis das Gleichgewicht im System Atmosphäre — Ozean wiederhergestellt wäre, da der Wasseraustausch im Meer sehr langsam vor sich geht. *Plass* versuchte zu zeigen, daß das $CO_2$ der Atmosphäre unter Umständen einen zyklischen Klimawechsel von ca. 50 000 Jahren Zyklen-Länge in Gang bringen könnte: bei initialer Senkung des $CO_2$-Bestandes der Erde vermindert sich die Temperatur, und eine Vereisung tritt ein (Glazial-Zeit); die damit verbundene glazial-eustatische Verminderung des Meeres-Volumens führt zu prozentualer Erhöhung des $CO_2$-Gehalts im Meer und dann auch in der Atmosphäre, so daß die Temperaturen steigen (Interglazial); das Eis schmilzt, das Ozean-Volumen steigt, der relative $CO_2$-Gehalt sinkt, und das Spiel beginnt von neuem; es wiederholt sich, so lange keine zusätzliche $CO_2$-Zu- oder Abfuhr stattfindet. Der ganze Mechanismus stellt eine Autozyklenhypothese dar (vgl. 170). Hier kann auch angefügt werden, daß *F. H. Dorman* (1968) Klimaschwankungen von 30 Mill. Jahren im jüngeren Mesozoikum — Känozoikum zu erkennen glaubte und — rein theoretisch — entsprechende Zyklen im $CO_2$-Haushalt der Erde als Ursache vermutete. Doch ist schon die Annahme der 30 Mill. Jahr-Klimaschwankungen wenig sicher.

Wie auch bei anderen Klima-Hypothesen vermag der Geologe die physikalisch-chemischen Voraussetzungen der „Kohlensäurehypothese" nicht recht zu beurteilen. Seine Kritik muß vor allem bei ihrer geologischen Anwendung einsetzen. Da erhebt sich zunächst die Frage, welche *geologischen Vorgänge* den $CO_2$-Gehalt wesentlich *verändern*.

Die Tab. 39 nach *Plass* zeigt, daß — abgesehen von den industriellen Eingriffen in den $CO_2$-Haushalt der letzten Jahrzehnte — biologische Vorgänge, vulkanische Zufuhr, Verwitterung von Eruptivgesteinen und Kohlenbildung eine Rolle spielen. Das quantitative

Ausmaß der Faktoren läßt sich dabei nur ganz grob schätzen. Früher dachte man vor allem an $CO_2$-Zufuhr durch Vulkane, doch kann dieser Beitrag wohl auch in Zeiten lebhafterer vulkanischer Tätigkeit nur gering gewesen sein.

*Tabelle 39*  Hauptfaktoren der $CO_2$-Bilanz in der Gegenwart (nach *Plass*)

| | t pro Jahr | |
|---|---|---|
| Fotosynthese | $- 60 \times 10^9$ | |
| Verwesung, Atmung | $+ 60 \times 10^9$ | |
| Torfbildung (und andere organische Sedimentation) | $- 0.01 \times 10^9$ | Organische Welt |
| Verwitterung von Eruptivgesteinen | $- 0.1 \times 10^9$ | |
| Zufuhr aus dem Erdinnern (heiße Quellen, Vulkane etc.) | $+ 0.1 \times 10^9$ | Anorganische Welt |
| Verbrennung von Kohle usw., Landkultivierung u. ä. | $+ 6.0 \times 10^9$ | Tätigkeit des Menschen |

Eine zeitliche Verbindung der Vorgänge mit der Klimageschichte der Erde schien in manchen Fällen gegeben. Durch die mächtige, tektonisch begünstigte *Kohlenspeicherung* — konzentriert auf ganz bestimmte Epochen der Erdgeschichte — wurde ja zweifellos zeitweise viel $CO_2$ dem Haushalt von Hydro- und Atmosphäre entzogen. Dazu paßt ganz gut, daß die maximale Kohlenanhäufung im Oberkarbon (Westfal) der Hauptvereisung an der Karbon-Perm-Grenze vorausgeht. Allerdings ist der zeitliche Abstand von der Größenordnung einiger Millionen Jahre, und noch größer ist er zwischen den tertiären oder gar den kretazischen Kohlen und den quartären Vereisungen — so groß, daß eigentlich zwischen beiden kaum eine ursächliche Verbindung anzunehmen ist. Zudem würde ja der tertiäre Vulkanismus (der auch in die Diskussion hineingebracht wurde) den Effekt verkleinern, falls Vulkane wesentlich zur $CO_2$-Zufuhr beitragen.

Ob hier echte Zusammenhänge vorliegen oder ob sie nur vorgetäuscht und die Schwankungen des $CO_2$-Gehalts zu klein sind, um solche Wirkungen hervorzurufen, läßt sich nicht sagen. Ein warnendes Beispiel bietet die Klimabesserung in den ersten Jahrzehnten dieses Jahrhunderts, die man auf die industrielle $CO_2$-Anreicherung zurückführte. Obgleich dieser Faktor unvermindert oder sogar verstärkt weiterwirkt, fällt die Temperatur-Kurve seit 1940 leicht ab und macht deutlich, daß es sich vor 1940 um eine zufällige Parallelität handelte (vgl. *Mitchell* 1961, Fig. 6; *Lamb* 1962). *F. Möller* (1963) hat auch darauf hingewiesen, daß Wasserdampf und Wolken eine größere Rolle spielen könnten als der $CO_2$-Gehalt.

*Im ganzen* kann man wohl feststellen: Zusammenhänge zwischen $CO_2$-Gehalt der Atmosphäre und Temperatur könnten vorhanden sein. Ob sie aber für *große* Klimaschwankungen verantwortlich sind, läßt sich nicht sagen, und bis jetzt ist auch kein geologischer Faktor bekannt, der die $CO_2$-Bilanz so wesentlich beeinflußt hätte, daß damit die Grundzüge der Klimageschichte erklärt werden könnten.

**153 a. Vulkanische Aschen und sonstiger Staub in der Atmosphäre.**
Vulkane sind seit *A. v. Humboldt* vielfach als Klimafaktoren herangezogen worden (vgl. „Kohlensäure-Hypothese", 152), und es gibt noch zahlreiche andere Beziehungen (vgl. „Vulkane, vom Paläoklimatologen betrachtet", *Schwarzbach* 1972 a). Fast am meisten und bis in die neueste Zeit (vor allem von Meteorologen) diskutiert wurden dabei die eindrucksvollsten Eruptionen, die *großen Aschenausbrüche* (zuletzt besonders *Lamb*, 1970). Solche Ausbrüche nehmen gelegentlich grandiose Ausmaße an. 1883 warf der Krakatau wohl 18 $km^3$ Lockerstoffe in die Luft. Nicht selten gelangt dann die feine Asche bis in die Stratosphäre, vor allem bei Vulkanen hoher Breiten, da dort die Tropopause tief liegt (8 km gegenüber 18 km am Äquator; vgl. *J. F. Cronin* 1970). Es liegt nahe anzunehmen, daß Aschenstaub in der Atmosphäre die Sonnenstrahlung merkbar abschirmt. Am wirkungsvollsten in klimatologischer Hinsicht ist nach *Lamb* wohl der Staub, der in die *untere Stratosphäre* gelangt. In tieferen Lagen wird er nämlich durch Regen bald heruntergewaschen, in höhere Lagen kommt er nur ausnahmsweise. Die besonderen Windverhältnisse bedingen, daß Aschenwolken aus niederen Breiten sich über die ganze Erde ausbreiten können, während solche höherer Breite nicht in das Gebiet jenseits von 30° Breite gelangen.

Den Beweis für enge Zusammenhänge zwischen Aschenwolken und Klima sah man drin, daß nach einzelnen großen Eruptionen *örtliche Temperatur-Anomalien* auftraten. Doch sehr beweiskräftig ist der Vergleich der Temperatur-Kurven mit den vulkanischen Ereignissen nicht. Es gibt genug Minima *ohne* große Vulkanausbrüche (Abb. 182), und die Kärtchen, die *Gentilli* (1948) für die gesamte Erde und die Jahre 1884 (nach dem Krakatau-Ausbruch), 1913 (Katmai) und 1922 (Süd-Anden) entwarf, zeigen sowohl negative wie positive Temperatur-Anomalien (Abb. 183). *Lamb* versuchte, Vulkanausbrüche bezüglich ihrer klimatischen Wirksamkeit quantitativ abzuschätzen, indem er für jede Eruption einen „Staubschleierindex" (dust veil index, d. v. i.) berechnete. Aber die dazu benötigten Daten sind meist nur ganz unsicher bekannt (z. B. Verweildauer der Aschen in der Atmosphäre), so daß die berechneten Indices nur einen ganz ungefähren Anhalt geben können und z. T. zwangsläufig unzuverlässig sind.

*Gow* & *Williamsom* (1971) vermuteten Zusammenhänge beim antarktischen Inlandeis (Tiefbohrung Byrd-Station): zwischen (vermutlich) 30 000 und 13 000 B. P. sind Aschenlagen besonders häufig, und die $^{18}O$-Kurve weist in dieser Zeit auf eine leichte Tem-

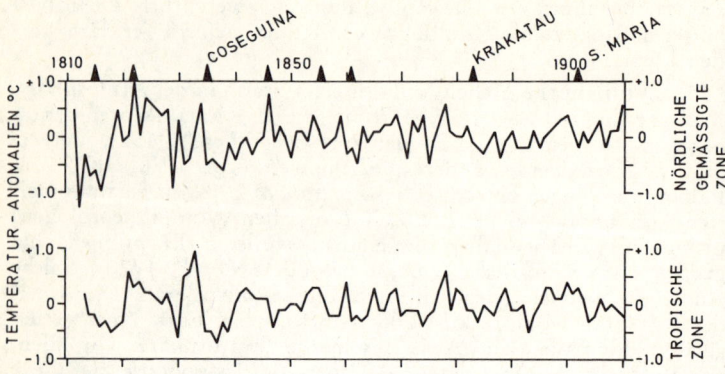

*Abb. 182*   Vulkanausbrüche und Klima: Temperatur-Anomalien 1811 bis 1910. (Landstationen der nördl. gemäßigten und der tropischen Zone; nicht geglättet; Standard-Abweichungen 0,38 bzw. 0,29°.) Nach *Köppen*, 1914; aus *Lamb*, 1970. Hinzugefügt sind die Vulkaneruptionen mit "dust veil index" > 500 (nach der Berechnung *Lamb*'s; Tambora, Galunggung, Coseguina, Amargura, Cotopaxi, Makjan, Krakatau, Santa Maria). Die Zusammenhänge mit der Temperaturkurve sind nicht sehr eindeutig

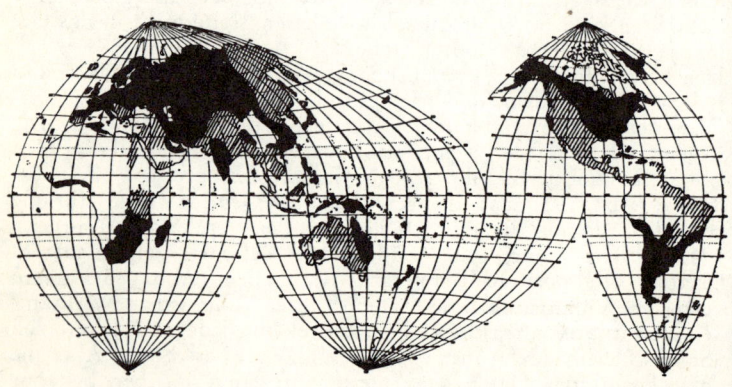

*Abb. 183*   Vulkanausbrüche und Klima: Temperatur-Karte für 1913, dem Jahr nach dem Katmai-Ausbruch (Juni 1912). Schwarz = Temperatur höher als normal; schraffiert = niedriger als normal. Keine gleichmäßigen Beziehungen zwischen beiden Erscheinungen! Aus *Gentilli*, 1948

peratur-Abnahme hin (2—3°?). Aber in dieser Zeit gab es auf der ganzen Erde eine große Kälteschwankung (das jüngere Würm-Glazial), und die kleine Byrd-Schwankung war also viel wahrscheinlicher eine schwache Widerspiegelung der allgemeinen irdischen Temperatur-Kurve (die sicher ohne jeden Zusammenhang mit ein paar Ausbrüchen antarktischer Vulkane war).

Nebenbei sei bemerkt, daß Vulkan-Ausbrüche manchmal auch auf die Konzentration von *Eiskernen* in der Atmosphäre Einfluß haben, so nach Untersuchungen von *Isono* und anderen in Japan. Auf Hawaii ließ sich ein solcher Zusammenhang allerdings nicht nachweisen (*Price & Pales* 1963).

Außer vulkanischen Aschen können auch *andere Staubpartikel* in der Atmosphäre — z. B. infolge industrieller Luftverschmutzung — die Sonnenstrahlung abschirmen und die Glashauswirkung der Atmosphäre reduzieren. "A greenhouse will not work, after all, if it is made of very dirty glass" (*Mintz* 1961). Vor allem von Journalisten wird das gelegentlich als Ursache einer neuen Eiszeit betrachtet. Aber für Zusammenhänge zwischen Luftverschmutzung und Abkühlung lassen sich bisher wohl kaum ernstliche Beweise finden.

*Zusammengefaßt:* Man darf annehmen, daß in der Jetztzeit *gelegentlich* Zusammenhänge zwischen Aschenausbrüchen und kleinen, kurzfristigen und lokalen Temperatur-Änderungen bestehen. Eine Nachprüfung ähnlicher meteorologischer Beziehungen in älteren Epochen scheint kaum möglich; schon deswegen nicht, weil an eine Einordnung fossiler Laven und Tuffe in bestimmte Größenklassen nur ausnahmsweise und allenfalls im Postglazial zu denken ist. Nach dem allgemeinen erdgeschichtlichen Bild erscheint es *ganz unwahrscheinlich,* daß vulkanischer Staub an der Entstehung *großer* Klimaschwankungen wesentlich mitwirkte. (Vgl. auch 153 b.) Dieses Ergebnis ist von dem *Lambs* prinzipiell nicht so sehr weit entfernt.

Weitere Literatur: *Budyko* (1969), *J. M. Mitchell* (1972), *S. H. Schneider* (1972).

## 153 b. Vulkanische Asche auf Inlandeis.

Dunkle vulkanische Aschen, die auf Gletschereis niederfallen, können dessen Abschmelzung beschleunigen. *Bloch* (1964) hat das für die Antarktis angenommen und damit postglaziale eustatische Meeresspiegelschwankungen erklärt. Das wäre also ein kleiner oder richtiger: *sehr kleiner Klimafaktor;* denn z. B. das Aschenfall-Gebiet des größten historischen Hekla-Ausbruches (1104 n. Chr.), in die Antarktis projiziert, verschwindet fast in dieser riesigen Eisfläche (Abb. 184) und auch bei noch größeren Eruptionen wäre das Verhältnis kaum viel günstiger, um — nur im kurzen Sommer! — einen ansehnlichen Effekt zu erzielen. Im übrigen kämen nur die Antarktis-

Vulkane für solche Aschenfälle in Frage. Nicht einmal die Krakatau-Asche von 1883 ist bisher in der Antarktis nachgewiesen (*Gow* & *Williamson*).

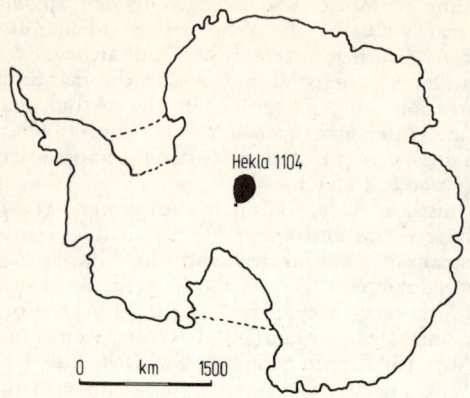

*Abb. 184* Antarktis und Albedo-Änderung durch vulkanischen Staub. Der Aschenfächer des größten Hekla-Ausbruchs (Island) in historischer Zeit (1104 n. Chr.), in die Antarktis projiziert. Eine merkbare Änderung der Albedo wäre nicht zu erwarten!

**154. Ozon.** Ozon ($^3O$) entsteht aus $^2O$ in der hohen Atmosphäre durch Absorption der UV-Strahlung der Sonne. Dabei entsteht Wärme, so daß die Temperatur in 50 km Höhe auf über $0°$ ansteigt (gegenüber —50 bis —70$°$ in 20—30 km). Für die irdischen Organismen wirkt der Ozongürtel als Schutzschild gegen die lebensfeindliche UV-Strahlung (71).
Schwankungen des Ozon-Gehalts (infolge Schwankungen der Sonnenstrahlung) spiegeln sich vermutlich im irdischen Klima wider. Die Korrelation ist z. T. entgegengesetzt wie bei $CO_2$ (*E. B. Kraus* 1961). Ob aber ein wesentlicher Zusammenhang zwischen Sonnenstrahlung und Klimaschwankungen auf dem Umweg über das Ozon besteht, ist nicht bekannt (vgl. auch *Kessler* 1968).

# XXVII. Änderungen der Solarkonstante

> Einer zeugt den Gedanken, der andere
> hebt ihn aus der Taufe, der dritte zeugt
> Kinder mit ihm, der vierte besucht ihn
> beim Sterbebette und der fünfte begräbt
> ihn.
> *G. Ch. Lichtenberg* (1742—1799)

**155. Solarkonstante.** Die Solarkonstante ist definiert als die Sonnenstrahlung, die an der Obergrenze der Atmosphäre eintrifft. Sie beträgt im Mittel etwa 2 gcal/min/cm². Die Solarkonstante kann sich ändern durch Einflüsse im außeratmosphärischen Weltenraum und durch primäre Änderungen der Sonnenstrahlung.

**156. Absorption der Sonnenstrahlung außerhalb der Atmosphäre.** Im Weltraum gibt es feine Staubmassen, die einzelne Teile des Sternenhimmels verschleiern (*„Dunkelwolken"*). *F. Nölke* (zuerst 1909) nahm an, daß die Strahlung der Sonne beim Durchgang durch solche interstellare Materie erheblich geschwächt werden und somit eine Eiszeit entstehen würde. Er dachte dabei speziell an den Orion-Nebel. Die rechnerische Untersuchung zeigte aber, daß auf die kurze Entfernung Sonne — Erde die Absorption sehr gering ist. Eine stärkere abkühlende Wirkung ist also unwahrscheinlich (zuletzt *Krook, 1953*).

Hier sei auch auf eine phantasievolle Hypothese von *R. L. Ives* (1940) hingewiesen. Zur Erklärung der (angeblich) „zirkumäquatorialen" Gondwana-Vereisungen konstruierte er eine Art *„Saturn-Ring"* um die Erde, der als eine Art astronomischer deus ex machina zu einer kurzen Gastrolle an der Wende Karbon-Perm erscheint, und in dessen scharfen Schatten im Äquatorialgebiet Gletscher entstanden. Die Hypothese erklärt nicht die übrigen Eiszeiten und bei der permo-karbonischen auch nur eine Voraussetzung, die nicht zutrifft.

**157. Änderung der primären Sonnenstrahlung.** Die Sonne erscheint uns in der Jetztzeit als ein gleichmäßig strahlender Stern, doch man muß mit der Möglichkeit rechnen, daß sich ihre Strahlungskraft im Laufe der Erdgeschichte änderte, entweder einsinnig oder periodisch (168). Langsame kontinuierliche *Abkühlung* der Sonne nahmen *E. Dubois* (1893) und — auf grund der Abnahme der Gravitationskonstante g (nach *Dirac*) — *P. Jordan* (1966 u. a.) an. Langsame *Zunahme* der Strahlung postulierten *Ringwood* (1961) und *E. J. Öpik* (1965, 1969). Im ersten Fall wäre also für das Präkambrium wärmeres Klima als heute zu vermuten, im zweiten Fall kühleres, vielleicht mit „Eiszeitverhältnissen". Die *Jordan-Dirac*sche Hypothese hat *J. Steiner* (1967) mit der Rotation der Milchstraße kombiniert; darnach wäre alle ca. 280 Mill. Jahre besonders kleines g und geringere Strahlung zu erwarten. Das quartäre, permokarbonische und jungproterozoische Eiszeitalter haben ja ungefähr diesen zeitlichen Abstand — das gäbe also eine elegante Lösung dieser zeitlichen Besonderheit. Aber nach Berechnungen von *Hönl* ist der Effekt, den *Steiner* vermutete, viel zu klein (vgl. *Schwarzbach* 1968, S. 255). *Steiner* & *Grillmair* haben jüngst (1973) die zeitlichen Beziehungen noch einmal diskutiert. Doch vorläufig sind die geologischen und astronomischen Daten noch zu unsicher; "two very fuzzy curves are being compared", und es bleibt auf alle Fälle unbekannt, welcher Mechanismus dabei die Klimaschwankungen steuern könnte.

*Langperiodische Strahlungsänderungen* von der eben genannten Größenordnung durch Kernreaktionen (H → He) und Gasdiffusion im Inneren der Sonne halten manche Astrophysiker für möglich, ebenso mittelfristige (ein „Flackern" der Sonne) durch Vorgänge in der peripheren Konvektionszone der Sonne (*E. J. Öpik* 1965). Außer Vorgängen, die im inneren Aufbau der Sonne begründet sind, könnten auch Einwirkungen von außen (z. B. beim Durchgang durch interstellare Materie) eine erhöhte Strahlung bewirken (so *Shapley, Hoyle, Lyttleton* u. a.; vgl. dagegen die Hypothese *Nölkes* (156), bei der die „Dunkelwolken" sekundär einwirken und die Strahlung schwächen).

*Kurzfristige* periodische, aber sehr geringe Strahlungsänderungen sind mit der Sonnenfleckentätigkeit verbunden, die ja einen auffälligen regelmäßigen Zyklus von ca. 11 Jahren aufweist und sich (sehr schwach) in klimatischen Schwankungen widerspiegelt (58). Darauf begründeten *Huntington* und *Visher* (1922) eine „solar cyclonic hypothesis" (verstärkte Sonnenfleckentätigkeit führt zu verstärkter Zirkulation in der irdischen Atmosphäre, erhöhtem Niederschlag und damit zu Vereisungen). Auch die $^{14}$C-Produktion wird von der Sonnenfleckentätigkeit beeinflußt, so daß man aus abweichendem $^{14}$C-Gehalt auf kleine Klimaschwankungen schließen könnte (im 15.—17. Jahrhundert höherer $^{14}$C-Gehalt, niedrige Temperaturen, niedrige Sonnenfleckenzahlen; *H. E. Suess,* zuletzt 1971).

*Zusammengefaßt:* Kurzfristige periodische Schwankungen der Sonnenstrahlung mit entsprechenden, sehr schwachen Klimaschwankungen auf der Erde sind nachgewiesen. Dabei genügt aber der 11-Jahres-Zyklus der Sonnenflecken nicht für paläoklimatologische Zwecke, weil er viel zu kurz ist, ebensowenig die anderen bekannten, nur wenig längeren Zyklen. Perioden von mehr als 205 Jahren und insbesondere von geologischer Größenordnung sind nicht nachgewiesen. Aus diesem Grunde lehnen es viele Forscher ab, die Sonne als einen „*langperiodisch veränderlichen Stern*" zu betrachten, der als Ursache für Klimaschwankungen in Frage käme. Aber dieses Argument ist kaum stichhaltig; man kann einen

Faktor nicht deswegen ausschließen, weil die Astronomen ihn erst seit kurzer Zeit beobachten können.

Weitere Literatur: *Keller* (1972).

**158. Simpsons Eiszeit-Hypothese.** Man wird zunächst vermuten, daß verminderte Sonnen-Strahlung zu einer Eiszeit führte. Doch liegen die Verhältnisse nicht so einfach, und *G. C. Simpson* (1926) hat gezeigt, daß auch *erhöhte Strahlung* dem Wachstum von Gletschern günstig sein kann. Allerdings setzt das voraus, daß die Ausgangstemperaturen tief sind (wie z. B. während des Quartärs). Während dieses Grundprinzip, wie auch erfahrene Meteorologen zugeben, richtig zu sein scheint, hat ein anderes Postulat *Simpsons* weniger Zustimmung gefunden, das in Abb. 185 erläutert ist.

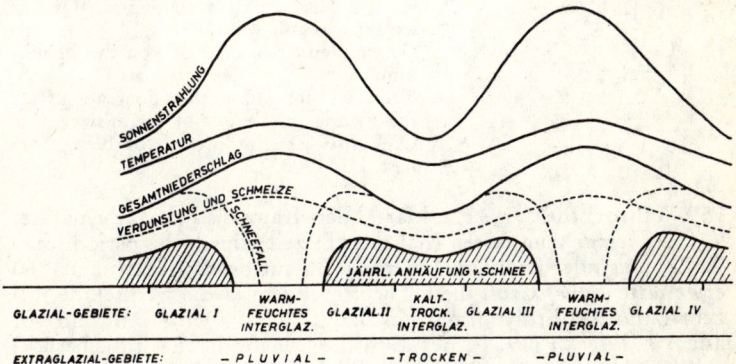

*Abb. 185*   Die Eiszeit-Hypothese von *G. C. Simpson*

Dort gehören zu den 2 Maxima der Sonnenstrahlung 2 Maxima der Temperatur, des Niederschlages und der Verdunstung (+ Schneeschmelze) also 2 Interglaziale; aber zu dem mittleren Minimum nicht *ein* Glazial, sondern zwei Glaziale und — zwischen ihnen — noch einmal ein Interglazial; nach *Simpson* deswegen, weil im Strahlungsminimum zu wenig Schnee fällt. Es ist ein also kaltes und trockenes Interglazial — im Gegensatz zu dem warmen und feuchten während des Strahlungsmaximums. Einer *einzigen Schwankung der Strahlung* entspricht demnach eine *zweimalige Schwankung der Gletscher*.

Gegen diese Annahme spricht der geologische Befund: die pleistozänen Interglaziale zeigen, soweit sie genauer bekannt sind, *nicht* die erwarteten Unterschiede zweier grundverschiedener Typen (eher ließe sich wohl der Unterschied Interglazial — Interstadial diesem Schema einordnen!).

Wenn also Strahlungsänderung eine Eiszeit-Ursache ist, dann gehört wohl zu *jeder* Eiszeit eine eigene Schwankung. Das hat zuletzt *Barbara Bell* (1953) näher diskutiert. Sie geht von einem Strahlungsminimum aus, das mindestens zur Vereisung des Polarmeeres führt. Wenn dann die Strahlung (und die Temperatur) ansteigt, gibt es zunächst erhöhten Niederschlag und Gletscherwachstum, d. h. Vereisung, bis schließlich zu hohe Strahlung zum Abbau der Gletscher, d. h. zum Interglazial oder Nichtglazial führt.

# XXVIII. Änderungen der Erdbahnelemente (Strahlungskurven)

> Cecily: That certainly seems a satisfactory explanation, does it not?
> Gwendolen: Yes, dear, if you can believe him.
> Cecily: I don't. But that does not affect the wonderful beauty of his answer.
> O. *Wilde*, The Importance of Being Earnest, III, 1895.

**159. Historisches.** 1842 erklärte der französische Mathematiker *J. F. Adhémar* zum ersten Mal die „Eiszeit" durch die periodischen Änderungen der Erdbahnelemente (Umlauf des Perihels); um 1860 erweiterte *James Croll* diese Theorie, indem er die wechselnde Exzentrizität der Erdbahn mit hinzuzog; nach *Schmick, Ball* und vor allem *L. Pilgrim* (1904), der auch die Schiefe der Ekliptik berücksichtigte, berechnete 1920 *Milutin Milankovitch* (Belgrad) neue „*Strahlungskurven*", die durch *W. Köppen* und *A. Wegener* 1924 mit der Eiszeitgliederung *A. Pencks* und *E. Brückners* in Zusammenhang gebracht wurden, und diese Deutung fand seitdem vielfach begeisterte Zustimmung und vorbehaltlose Anerkennung, besonders durch *W. Soergel* und *F. E. Zeuner*. Neue Berechnungen (auf Grund verbesserter numerischer Daten), die von denen *Milankovitchs* graduell (aber nicht zeitlich) abweichen, veröffentlichte 1953 *A. J. J. v. Woerkom*, 1972 *Vernekar* (bis 2 000 000 B. P. und 100 000 "After Present"). Sehr klare Darstellungen des ganzen Fragenkomplexes gab *W. Wundt* (1944 u. a.).
Übrigens hat man gelegentlich auch unperiodische Änderungen der Erdbahnelemente (z. B. der Neigung der Erdachse) und entsprechende Klimate vermutet, ohne indessen astronomische oder geologische Hinweise zu haben.
Zwei Vorzüge haben die Hypothesen, die sich auf die Strahlungskurven stützen: sie erklären auf einfache Weise die mehrmaligen Vereisungen und liefern gleichzeitig eine absolute Chronologie des quartären Eiszeitalters.

**160. Meteorologische Grundlagen.** Während die älteren Forscher besonderen Wert auf die strengen Winter als Eiszeitursache legten, haben *Köppen, Spitaler* u. a. gerade *milde Winter, aber kühle Sommer* als *eiszeitbegünstigt* betrachtet. Daher bringen z. B. die Strahlungskurven von *Milankovitch* und *Spitaler* das Sommerhalbjahr zur Darstellung, und die Perioden kühler Sommer werden als Eiszeiten gedeutet.

*Köppen* und *Wegener* weisen in diesem Zusammenhang auf Grönland und Sibirien hin: Grönland mit milden Wintern, aber kühlen Sommern, ist vergletschert, Sibirien mit seinen extrem strengen Wintern dagegen nicht (Tab. 40).

*Tabelle 40*  Temperaturen von Grönland und Sibirien (nach *Köppen* und *Wegener*)

|  | Godthaab | Jakutsk und Werchojansk |
|---|---|---|
| Kältester Monat | — 10° | — 47° |
| Wärmster Monat | 6° | 17° |
| Jahr | — 2° | — 14° |

Aber es gibt *auch* Hinweise auf *entgegengesetzte Zusammenhänge*. Der Rückzug der Gletscher in den letzten Jahrzehnten ist z. T. mit steigenden Winter-Temperaturen gekoppelt, und *J. Kukla* (1969) ging bei seiner Interpretation der Strahlungskurven entgegen *Milankovitch* usw. wieder (wie schon die alten Interpreten) vom Winter-Halbjahr aus. *Vernekar* (1972) veröffentlichte Kurven sowohl für das Sommer- als auch das Winterhalbjahr.

**161. Astronomische Grundlagen der Strahlungskurven von Milankovitch.** Für die Konstruktion einer Strahlungskurve benutzte *Milankovitch* die Neigung der Erdachse (= Schiefe der Ekliptik), die Exzentrizität der Erdbahn und die Präzession der Tag- und Nachtgleiche (= Umlauf des Perihels).

Die Perioden der veränderten Erdbahnelemente gibt Tab. 41. Für kühle Sommer sind günstig steile Lage der Erdachse, große Exzentrizität und Winter-Perihel. Die Winterstrahlung verläuft ungefähr spiegelbildlich. Die Jahresdurchschnitte schwanken nur wenig und können daher für die Deutung von Klimaschwankungen nicht herangezogen werden.

Die Schwankungen der jahreszeitlichen Strahlung sind für jeden Breitengrad verschieden — man muß also zahlreiche Strahlungskurven berechnen. Vor allem verhalten sich auch die beiden Halbkugeln verschieden. Die Schwankung der Erdachse wirkt zwar überall im gleichen Sinne, aber der Umlauf des Perihels (in Verbindung mit der Exzentrizität) im Norden und Süden entgegen-

*Tabelle 41*    Veränderliche Erdbahnelemente

| | Periode | |
|---|---|---|
| Neigung der Erdachse (= Schiefe der Ekliptik) | 40 000 a (Abstand zwischen Flach- und Steil- Lage 20 000 a) | extreme Werte 24°36′ u. 21°58′ (heute: 23°27′) |
| Exzentrizität der Erdbahn | 95 000 a | |
| Präzession der Tag- und Nachtgleiche (Umlauf des Perihels) | 21 000 a | Perihel (Sonnen- nähe) für Nord- Halbkugel z. Zt. im Winter |

gesetzt. Die Maxima und Minima der Strahlungskurven liegen also auf der *Nord- und Süd-Halbkugel verschieden.* Das tritt am meisten in den niederen Breiten hervor (da dort der Einfluß der Perihel-Lage größer ist als der Einfluß der Erdachsen-Neigung), aber wenig in den hohen Breiten (dort überwiegt auf beiden Hemisphären die 40 000 a-Periode der Erdachse) (Abb. 186).

Die Änderung der Strahlung kann man in willkürlich gewählten Einheiten angeben. *Milankovitch* hat sie auch in Senkungen und Hebungen der Schneegrenze umgerechnet, auf Anregung von *W. Wundt* später auch unter Berücksichtigung sekundärer Effekte (geänderter Albedo u. ä.). Solche theoretisch ermittelte Werte darf man freilich nicht wörtlich nehmen.

Von wesentlicher Bedeutung ist weiter die Erkenntnis, daß die Erscheinung des Gletschervorstoßes und -rückzuges dem klimatischen Wechsel erheblich *nachhinkt,* wie ja auch der tägliche und jährliche Temperaturgang sich gegenüber dem Stand der Sonne verspätet. Es ist also leicht möglich, daß das Eis noch im Abschmelzen begriffen ist und bereits wieder eine Strahlungsminderung einsetzt. Die Länge der Zeiten mit erhöhter oder verminderter Strahlung muß daher die Gliederung des Eiszeitalters stark beeinflussen: kurze Epochen der Strahlungserhöhung z. B. brauchen keineswegs als Interglaziale in Erscheinung zu treten. Da der Verzögerungs-Effekt nicht exakt erfaßt werden kann, bietet er dem subjektiven Ermessen einen breiten Spielraum (von 0 bis zu 10 000 a werden für möglich gehalten! *Rh. W. Fairbridge* 1967, S. 472).

**162. Die Übertragung auf die geologische Eiszeitgliederung und kritische Bemerkungen dazu.** Die detaillierte Parallelisierung der Strahlungskurven mit der geologischen Eiszeitgliederung *Pencks* haben zuerst *Köppen* und *Wegener* (1924) vorgenommen. Sie erkannten bereits, daß man *mehrere Zacken* der Strahlungskurve *zusammenfassen* müsse, um die von *Penck* vermutete zeitliche

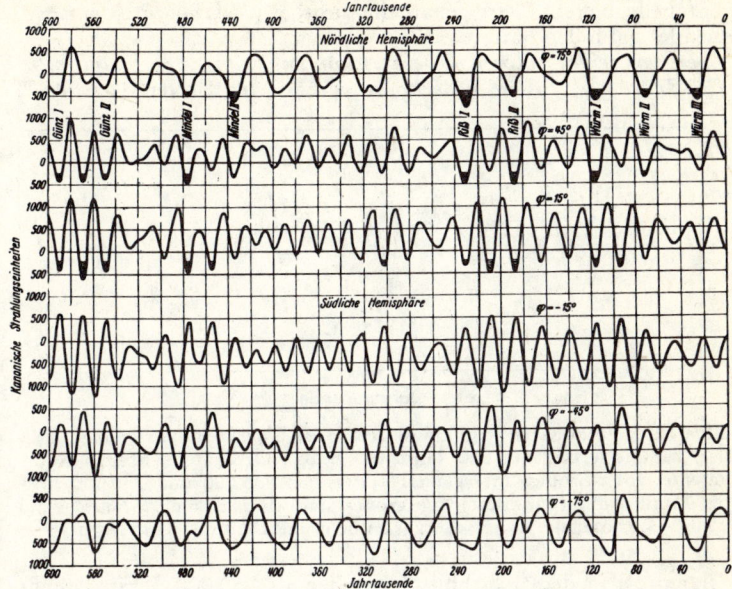

*Abb. 186*  Strahlungskurven nach *Milankowitch* (1938) für Nord- und Süd-Halbkugel (Sommer in 75, 45, 15° nördl. und südl. Br.). Zuordnung der Eiszeiten entsprechend *Köppen, Soergel, Zeuner* usw. *(Emiliani* hat eine ganz andere Zuordnung vorgenommen!) Aus *Köppen,* 1940

Länge des Eiszeitalters zu erhalten. Um so frappierender erschien dann die Übereinstimmung, als *Soergel* (1925) für das Gebiet der Ilm und anderer mitteldeutscher Flüsse, *B. Eberl* (1930) für das Iller-Lech-Gebiet eine quartäre Feingliederung auf Grund der Flußterrassen aufstellten; sie postulierten außer der klassischen Viergliederung *Pencks* und *Brückners* eine zusätzliche Zweiteilung der 3 älteren Eiszeiten und eine Dreiteilung der jüngsten Eiszeit, fanden zudem auch Prä-Günz-Vereisungen und glaubten, alle diese Feinheiten auch aus der Strahlungskurve herauslesen zu können. So ist es kein Wunder, daß diese Forscher und ihre Schüler — besonders *Zeuner* (zuletzt 1959) — die Zeitzahlen der astronomischen Kurve als völlig gesichert in die geologische Zeitrechnung übernahmen. *Baczák* (1965) ging sogar so weit zu sagen, daß die Übereinstimmung deswegen kein Zufall sein könne, weil von 18!,

d. h. 6 402 000 000 000 Möglichkeiten, die eine 18gliedrige Eiszeitentabelle bietet, *Eberl* genau die richtige (*Milankovitch* entsprechende) gefunden hätte.
*Aber von einer solchen Übereinstimmung kann überhaupt nicht die Rede sein.* Schon *Woerkoms* verbesserte Kurven (Abb. 187)

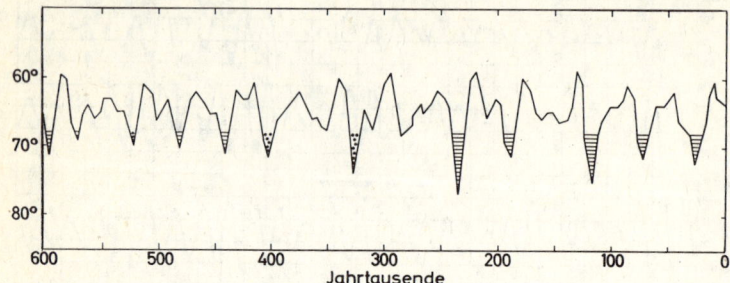

*Abb. 187* Verbesserte Strahlungskurve nach *Woerkom* (1953, umgezeichnet) für die letzten 600 000 Jahre 65° n. Br.; Ordinate = Breiten-Äquivalente. Im „Großen Interglazial" (zwischen 435 000 und 230 000) treten Minima auf (punktiert), die größer sind als z. B. die „Mindel"- und „Riß"-Glaziale; sie passen also gar nicht in die Deutung *Köppens* usw.

zeigten es: in dem Abschnitt, der älter als 250 000 J. ist, besteht keinerlei Ähnlichkeit mehr mit der geologischen Eiszeitgliederung nach der Interpretation *Soergels* usw. Neuere Korrelierungs-Versuche (z. B. von *Wundt* und *Emiliani*) ergaben völlig abweichende Ergebnisse (Günz-Eiszeit nach *Soergel* usw. 550 000 und 590 000, *Emiliani* u. a. 330 000!). *Emiliani*'s Standard-Kurve (119) zeigt zwar ein Auf und Ab, das ganz entfernt dem gleichmäßigen Verlauf der Strahlungskurve in hohen Breiten ähnelt; aber die Datierung der Spitzen bei beiden Kurven ist um so mehr verschieden, je weiter man zurückgeht. Allerdings könnte das dadurch mit verursacht sein, das *Emiliani*'s Datierungen nicht genau genug sind. — Vgl. auch *Kukla* 1969, 179 und 121.
Die Tatsache, daß *W. Broecker* (1966) die Strahlungskurven empirisch umgestaltete (indem er der Präzession der Tag- und Nachtgleichen versuchsweise größeres Gewicht gab als der Neigung der Erdachse), um eine bessere Korrelierung zu erhalten, zeigt zur Genüge, wie ungenügend die Übereinstimmung ist.
Offensichtlich *spielt nicht selten Suggestion eine Hauptrolle* bei der Zuordnung von Eiszeiten zu Minima der Strahlungskurven. Auch die subjektive Einschätzung des Verzögerungseffektes trägt zur Unsicherheit sehr bei.
Man sollte annehmen, daß die modernen geologischen *Datierungsmethoden* sicherere Parallelisierungen gestatten. Doch gerade für

das Pleistozän gibt es noch immer relativ wenig Daten, und diese beziehen sich zudem meist auf Tiefseeprofile, die man mit den kontinentalen Ablagerungen meist nur unsicher vergleichen kann. Nur die Würm-Eiszeit ist durch ¹⁴C-Daten zeitlich einigermaßen erfaßbar. Manche finden eine leidliche Übereinstimmung mit der Strahlungskurve, andere (wie *Broecker*) fanden sie erst, nachdem sie die Kurve ummodelten. *Imbrie* & *Kipp* (1971) möchten eine gewisse Parallelität zwischen Paläotemperaturen im jüngeren Quartär des Karibischen Meeres und den Schwankungen der Exzentrizität der Erdbahn für kausal halten (vgl. auch *Mesolella* et al. 1969 für Barbados). Die Abb. 157 erläutert, daß im ganzen von einer befriedigenden Parallelität nicht gesprochen werden kann, auch wenn man die Jüngere Dryaszeit außer acht läßt, die in der Strahlungskurve überhaupt fehlt.

Weitere Literatur: *Karlstrom* (1961), *Öpik* (1965, 1968), *Penck* (1938).

### 163. Alternierende Maxima und Minima der Strahlungskurven.
Die Maxima und Minima der Strahlungskurven liegen auf der Nord- und Süd-Halbkugel zu verschiedenen Zeitpunkten, wie wir schon sahen. Das bedeutet sicherlich *nicht* alternierende Eiszeiten, wie *Milankovitch*-Gegner gelegentlich meinten (der geologische Befund, z. B. die gleichmäßige Depression der Schneegrenze, spricht dafür, daß eine Eiszeit ein einheitliches, erdweites Phänomen war). Man kann vielmehr davon ausgehen, daß die höheren Breiten der *landreichen Nord-Halbkugel* am ehesten und ausgiebigsten auf ein Strahlungsminimum reagierten und damit das Klimageschehen nicht nur im Norden, sondern auch im äquatorialen Gebiet und auf der Süd-Halbkugel *steuerten;* umso mehr, als die Minima der höheren Breiten auf beiden Halbkugeln nicht weit auseinanderliegen. Man benutzt daher meist die Strahlungskurve von 65° N.

Sicher ist, daß die eustatischen Meeresschwankungen (und damit auch die Meeresterrassen-Chronologie) fast ganz von der Nord-Halbkugel abhängig waren. Man braucht nur die Areale der einst und jetzt vergletscherten Gebiete gegenüberzustellen (Zahlen nach *Flint*):
Nord-Halbkugel maximal vergletschert 32, heute 2,3 Mill. km²,
Süd-Halbkugel maximal vergletschert 13,3, heute 12,7 Mill. km².
Die Nord-Halbkugel lieferte also ein Vielfaches der Schmelzwassermengen (jedenfalls im Postglazial; in den Interglazialen könnte es anders gewesen sein).

### 164. Warum eiszeitlicher Klimawechsel erst seit dem Quartär?
Man kann die Strahlungskurven noch viel weiter zurückrechnen (*Milankovitch* tat es bis zu 1 Mill. J.) und erhält immer neue Minima; aber man kennt erst wieder im Permokarbon Eiszeiten. Ob allerdings damals ein ähnlicher mittelfristiger, vielfacher Klimawechsel wie im Quartär stattfand, ist unbekannt. Von Anfang

an wurde deshalb angenommen, daß die Strahlungsschwankungen erst wirksam werden, wenn ein bestimmter Schwellenwert der irdischen Temperatur über- (oder unter-) schritten wurde, wenn also eine *„Eiszeitbereitschaft"* bestand. Als solche zusätzliche Faktoren hat man z. B. die Abriegelung der Island-Färöer-Schwelle, Drift von Antarktika in seine Südpol-Lage, Abnahme der Solarkonstante (*Jordan*) u. a. vermutet.

*G. Baczák* (1955) hat jedoch auch eine himmelsmechanische Deutung gegeben (vgl. auch *Krivan* 1955). In der Jetztzeit besteht folgende Eigentümlichkeit: die aszendenten Knotenpunkte der 7 Hauptplaneten liegen alle im Quadranten zwischen 45 und 135° (vom Frühlingspunkt an gerechnet; „bevorzugter Kreisquadrant"). Das ist aber ein anomaler Zustand, der (nach *Baczák*) noch 25 Mill. J. dauert und vor ca. 600 000 J. begann; nur in solchen „Störungsperioden" können die Strahlungskurven zu Glazialen und Interglazialen führen. In den viel längeren störungsfreien Perioden (von rund 400 Mill. J.) ist das nicht der Fall. — Der Geologe kann zum Astronomischen gar nichts sagen und nur bemerken, daß die 400 Mill. (die ja den Zeitraum vom Quartär bis zum Permokarbon umfassen müßten) nicht akzeptabel sind.

Wenn auch die Strahlungskurven z. B. im Mesozoikum keine Eiszeiten verursachten, so wäre immer noch denkbar, daß sie andere regelmäßige Klimaschwankungen erzeugten. Diese könnten sich in regelmäßiger Schichtung der Sedimente bemerkbar machen, z. B. in den Zyklothemen der alpinen Trias-Kalke. *A. G. Fischer* (1964) hat dazu den 41 000-Jahr-Zyklus der Erdachsen-Schwankung zur Erklärung herangezogen (vgl. dazu *Zankl*, zuletzt 1971).

**165. Rückblick auf die Strahlungskurven.** Die *astronomischen Grundlagen* für die Berechnung der Strahlungskurven, vor allem auch die zeitlichen Angaben, sind jedenfalls *sicherer als vieles andere, womit die Geologen operieren. Aber die Zusammenhänge mit den Vereisungen sind nicht so exakt zu fassen.* Es läßt sich nicht ohne weiteres sagen, ob die doch relativ kleinen Schwankungen der Strahlung ausreichen, große Klimaschwankungen zu erzeugen. Vorläufig spricht *mehr dagegen als dafür.* Nur der direkte eingehende Vergleich der geologischen und astronomischen Eiszeit-Chronologie vermag diese Frage zu entscheiden. Die heutigen geologischen Grundlagen reichen aber dazu noch nicht aus. Doch als einen von vielen Faktoren für Klimaschwankungen muß man die Strahlungskurven in Betracht ziehen, auch wenn es vermutlich nur ein kleiner Faktor ist.

# XXIX. Versuch einer Synthese: Multilaterale Entstehung der großen Klimaschwankungen und die primäre Ursache der Eiszeiten

> Je nun, reichen Sie ein solches Projekt ein!
> Es ist jetzt das Zeitalter der Projekte,
> jedermann reicht welche ein. Sie werden
> damit niemand in Erstaunen versetzen.
> Und apropos, Sie brauchen dabei nichts
> zu fürchten, es wird sogar noch Dümmere
> geben.
> Bodajew in *A. N. Ostrowskij*, Der Wald,
> 1871.

**166. Das Zusammenwirken zahlreicher Faktoren: Multilaterale Eiszeit-Entstehung.** Die meisten Klimafaktoren, die in den vorhergehenden Abschnitten erwähnt wurden, hat man auch als *alleinige* Ursache für große Klimaschwankungen, vor allem die Eiszeiten, angesehen. „Die" Reliefhypothese, „die" Kohlensäurehypothese usw. sind als Eiszeithypothesen konzipiert worden. Erst in jüngerer Zeit kombinierte man mehrere Faktoren, um Klimaschwankungen zu erklären. Wir wollen zunächst nur die langfristigen Schwankungen (von der Größenordnung einiger 10 oder 100 Mill. Jahre) betrachten.

Es leuchtet ein, daß durch das *Zusammenwirken selbst kleiner Faktoren*, besonders wenn mehrere in gleichem Sinn wirken, *beachtliche Klimaänderungen zustande kommen können*. Es scheint, daß auch die scheinbar gewaltigen Klimaschwankungen, die wir als Eiszeitalter bezeichnen, auf diese Weise und nicht durch eine ungewöhnliche oder katastrophale Ursache erzeugt sind. In diesem Sinn möchte ich von einer *multilateralen Eiszeit-Entstehung* (*Schwarzbach* 1968) sprechen. *R. F. Flint* hat in ähnlichem Zusammenhang eine „solar topographic hypothesis" diskutiert. *Crowell* und *Frakes* gaben ein Schema (1970, S. 219), das gleichfalls zahlreiche Faktoren zusammenfaßt.

Der klimatologische Wert dieser Faktoren ist verschieden, und ebenso verschieden ist die Beurteilung durch die einzelnen Forscher. Ich möchte annehmen, daß *3 Faktoren besonders maßgeblich* sind:

1. Die Änderung der *Relief- und überhaupt der paläogeographischen Verhältnisse* ist von wesentlicher Bedeutung, wie schon *Lyell* und später vor allem *C. E. P. Brooks* und *Kerner-Marilaun* auseinandersetzten.

2. *Kontinentale Drift* (falls sie wirklich existiert) ist grundlegend wichtig (entgegen *Brooks*, aber entsprechend *Wegener, Crowell*,

*Frakes* und vielen anderen neueren Forschern). Sie bringt nicht nur große paläogeographische Veränderungen, sondern vor allem auch fundamentale Breiten-Änderungen mit sich.

3. *Primäre Änderungen der Sonnenstrahlung* könnten ein möglicher und einflußreicher (wenn auch unbewiesener) Faktor sein.

Zu diesen Faktoren kommen als sehr wichtig *Selbstverstärkungs-Effekte* und als wohl weniger wichtig Änderungen in der Atmosphäre, der Erdbahnelemente u. a. Das Zusammenwirken zahlreicher Faktoren ist sicher ein höchst komplizierter, im einzelnen kaum erfaßbarer Vorgang.

Weitere Literatur: *Kvassov* (1971).

**167. Nicht Schwankungen, sondern Konstanz des Klimas als besonderes Kennzeichen der Erdgeschichte.** Das Prinzip einer multilateralen Eiszeit-Entstehung scheint zunächst nicht einleuchtend, wenn man die *großen Gegensätze* betrachtet, die z. B. in der Erdgeschichte Europas zwischen den extremen Klimaepochen bestehen, also etwa zwischen den pleistozänen Glazialen und den tropischen Verhältnissen der mesozoischen Tethys oder des Devon-Meeres. Da ergeben sich für die Mittel-Temperaturen die gewaltigen Differenzen von über 20°. Ähnlich ist es in Nordamerika, und noch größere Unterschiede erhält man z. B. für Südafrika, sofern man für dieses Gebiet zeitweilig polare Lage annimmt.

Am eindrucksvollsten und am längsten genauer bekannt ist aber doch der Gegensatz zwischen der letzten Eiszeit und der Gegenwart in den heute unvergletscherten Gebieten, die im Pleistozän eisbedeckt waren. Die Unterschiede sind zwar geringer, als wenn man zwischen Eiszeit und den Warmzeiten der Erdgeschichte vergleicht; aber die Klimazeugen liegen noch unmittelbar und greifbar in der Landschaft vor unseren Augen. Das beeindruckte schon die ersten Eiszeitforscher gewaltig. Es ist verständlich, daß man unter diesem Eindruck nach entsprechend wirkungsvollen, *spektakulären Ursachen* suchte, und es ist kaum ein Zufall, daß die *Eiszeithypothesen gerade in diesen Gebieten entstanden* sind (Abb. 188): im kühl-gemäßigten Klima oder, wie man sie neuerdings auch genannt hat, in den *sensitiven Breiten* der Erde (die am raschesten und auffälligsten auf Gletscherbildung und -abbau reagieren).

In den übrigen Teilen der Erde sind diese quartären Klimaschwankungen *weit weniger deutlich*. Das gilt für die Polargebiete, wo das antarktische und grönländische Eis den vielfachen Klimawechsel des Quartärs ohne wesentliche Einbuße überstanden, und ebenso für die Tropen. Dort kühlte sich das Klima in den pleistozänen Kaltzeiten zwar auch um einige Grade ab; aber das besagt wenig bei Jahrestemperaturen von 25° und mehr und hat nur ganz ge-

**L∿⌐** Pleistozäne
Vergletscherung　　**\\\\\** Entstehungsgebiete
von Eiszeithypothesen

*Abb. 188* Entstehung der Eiszeithypothesen: fast alle entstanden in den Gebieten pleistozäner Vergletscherung, d. h. in paläoklimatisch exzeptionellen Gebieten

ringen Einfluß auf Flora und Fauna, ist im übrigen aus diesem Grunde auch nur schwierig nachzuweisen.

Die Mittel-Temperaturen der *gesamten Erde* zeigen daher nur vergleichsweise geringe Schwankungen zwischen Kalt- und Warmzeiten. *Flohn* hat folgende Werte geschätzt:

| | |
|---|---|
| heute | 15,5° |
| Kaltzeiten | 11° |
| Warmzeiten | 23—24° |

Das sind also *nur 12—13°* zwischen den extremen Mittel-Temperaturen der Erde — ein sehr geringer Betrag, wenn man sich vergegenwärtigt, daß er anscheinend *seit mindestens 500—600 Mill. J. nicht überschritten* wurde. Er erscheint jedoch schon deswegen sehr plausibel, weil sich die *biologische Entwicklung* so kontinuierlich vollzogen hat. Auch scheinbar auffällige Erscheinungen wie das Aussterben zahlreicher Tier- und Pflanzengruppen (einschließlich so spektakulärer wie der Dinosaurier usw.) sind ja letzten Endes sanfte Vorgänge gewesen. Offenbar ist es mindestens in dieser letzten halben Milliarde Erdgeschichte *niemals* zu katastrophalen Temperaturschwankungen gekommen, weder nach oben, noch nach unten, und der *Spielraum der mittleren Juli-Temperatur zwischen + 5 und + 35°*, der für die meisten heutigen Lebewesen maßgebend ist, wurde offenbar *nie oder höchstens lokal über- oder unterschritten*. So sind also eigentlich gar nicht die Klimaschwankungen (also vor allem nicht die Eiszeiten) bemerkenswert, sondern *viel merkwürdiger ist die Klimakonstanz* über so lange Zeiträume. Diese Erkenntnis erleichtert das Verständnis der großen Klimaschwankungen erheblich. Wir kommen in dem letzten Abschnitt noch einmal darauf zurück.

**168. Einsinnige Klimaänderung seit dem Präkambrium.** Letzten Endes muß also die *Strahlungskraft der Sonne über Hunderte von Millionen Jahre ungefähr gleichgeblieben sein*. Das schließt geringfügige Schwankungen der primären Sonnenstrahlung nicht aus und ebensowenig, daß die Klimaschwankungen (einschließlich der Eiszeiten) einer *einsinnigen* allmählichen Klimaänderung untergeordnet sind, d. h., daß es im ganzen seit dem Präkambrium generell etwas kühler oder wärmer geworden ist. Aus theoretischen Überlegungen heraus sind beide Möglichkeiten diskutiert worden, meist unter Beziehung auf die primäre Sonnenstrahlung. Eine langsame *Abkühlung* postulierte schon *Buffon*; er ging von der Erkaltung der Erdkugel aus. Auch aus der modernen Hypothese *Diracs*, daß die Gravitationskonstante g abnimmt, ergibt sich eine Abkühlung, da dann auch die Sonnenstrahlung kleiner wird (157). Dagegen nehmen *Öpik* und *Ringwood* (157) eine langsame *Erwärmung* an. Die geologischen Befunde sprechen am ehesten für eine leichte generelle Zunahme der Temperaturen; denn die Eiszeiten nehmen im Paläozoikum einen größeren zeitlichen Raum ein als im Nachpaläozoikum, und mit der Möglichkeit, daß das Präkambrium noch kühler war als das Paläozoikum, muß man vielleicht rechnen.

Mehrfach hat man langfristige *Periodizitäten* im Klimagang der Erdgeschichte vermutet. Ihre Existenz wäre plausibel, weil manche der Klimafaktoren periodisch schwanken oder schwanken könnten (z. B. die primäre Sonnenstrahlung). Auf mögliche Zusammenhänge mit dem galaktischen Jahr wurde schon hingewiesen (157).

**169. Der Klimawechsel im quartären Eiszeitalter als besonderes Phänomen.** Das Prinzip multilateraler Entstehung läßt sich befriedigend auf die langfristigen Klimaschwankungen anwenden, aber *nicht* ohne weiteres auf die bekanntesten und am besten studierten, *mittelfristigen* Klimaschwankungen (von einigen 10 000 bis 100 000 J.): den merkwürdigen, mehrfachen Wechsel von Glazial- und Interglazialzeiten innerhalb des quartären Eiszeitalters.

Ob auch die älteren Eiszeitalter (Permokarbon usw.) eine ähnliche Untergliederung aufweisen, ist nicht bekannt. Zwar gibt es zahlreiche permokarbonische Profile, bei denen Tillite mit anderen Sedimenten wechseln; aber man kann nicht sagen, ob die „anderen Sedimente" wirklich Interglaziale darstellen. Ebensowenig ist ihr zeitliches Ausmaß bekannt.

Bei den mittelfristigen Klimaschwankungen versagen nun gerade die Faktoren, die für die langfristigen Schwankungen am wirksamsten sind, nämlich Relief-Änderungen und kontinentale Drift. Sie ändern sich (zum mindesten in grundlegender Weise) nicht schnell genug. So bleiben hauptsächlich 3 Möglichkeiten der Erklärung:

1. *Schwankungen der primären Sonnenstrahlung* in der zeitlichen Größenordnung der pleistozänen Kalt- und Warmzeiten (ein „Flackern" der Sonne). Das hat der Astronom *Öpik* für möglich gehalten (157).

2. *Milankovitschs Strahlungskurven.* Sie wurden bereits eingehend und mit Skepsis betrachtet (XXVIII).

3. *Autozyklen-Hypothesen,* die wir schon wegen ihrer Originalität noch besonders behandeln müssen.

2 und 3 gehen von völlig verschiedenen Prinzipien aus, sie haben aber gemeinsam, daß entweder die Nord- oder Süd-Halbkugel den Klimagang der ganzen Erde steuert.

## 170. Autozyklen-Hypothesen. Die Autozyklen-Hypothesen (*Schwarzbach* 1968) arbeiten mit einem Mechanismus, der *automatisch* zu einem *mehrmaligen, zyklischen Ablauf von Glazial- und Interglazial-Zeiten* führt. In den letzten zwei Jahrzehnten sind mehrere derartige Hypothesen entwickelt worden, meist in Nordamerika.

*Plass' Hypothese (1956).* Sie gründet sich auf das atmosphärische $CO_2$ und wurde dort bereits erwähnt (152).

*Ewings und Donns Hypothese (1958).* Für *M. Ewing* und *W. L. Donn* ist der nordpolare Ozean der Motor für den Wechsel von Glazialen und Interglazialen. Für Vereisungen ist — eine zunächst überraschende Annahme! — ein *eisfreies Meer* notwendig; denn nur dieses kann genügend Niederschläge für ausgedehnte Gletscherbildung liefern. Offenes Meer charakterisiert also nicht die Interglazial-Zeiten, sondern gerade umgekehrt die Glazial-Zeiten (132).

Das Polarmeer bleibt eisfrei, bis die großen Inlandeis-Gebiete sich gebildet haben; erst dann setzt Vereisung der Arktis ein (Abb. 189), gefördert dadurch, daß die Island-Färöer-Schwelle (wegen der eustatischen Absenkung des Meeresspiegels) verflacht. Mit der Vereisung des Polarmeeres ist aber auch das Ende der Glazial-Zeit gekommen; die Gletscher werden nicht mehr genügend ernährt und schwinden; allmählich schmilzt auch die polare Eisdecke mit Ausnahme von Grönland, und das Spiel kann von neuem beginnen.

Unbedingte Voraussetzung ist die augenblickliche geographische Konstellation am Nordpol. *Ewing* und *Donn* nehmen an, daß diese Situation erst seit dem Beginn des Quartärs besteht. Aber

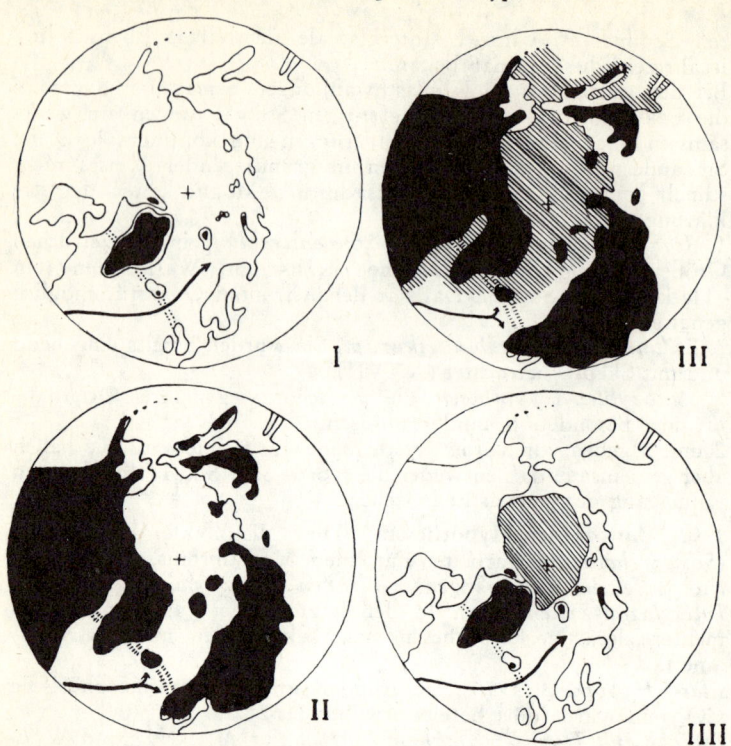

*Abb. 189*    Autozyklen-Hypothese von *Ewing* und *Donn.* Schematisiert Dargestellt ist das Nordpolar-Gebiet. I = Beginn eines Glazials (Polarmeer eisfrei). II = Glazial (Polarmeer eisfrei). III = Maximum der Vereisung, Beginn des Interglazials (Polarmeer eisbedeckt). IV = Interglazial (heutiger Zustand; Polarmeer eisbedeckt). Schwarz = Gletscher-Eis; schraffiert = Meer-Eis. Pfeil = Golfstrom. Eingetragen ist ferner die Davis-Island-Fäöer-Schwelle. Aus *Schwarzbach,* 1960

schon das ist zweifelhaft. Am meisten aber möchte man bezweifeln, daß das Polarmeer wirklich über einige 10 000 Jahre bei glazialen Temperatur-Verhältnissen eisfrei bleibt, um dann ziemlich rasch zuzufrieren und das Ende der Eiszeit einzuleiten.
Auch die Vorstellungen von *Olausson* (1961) über ein eisfreies Polarmeer helfen da wohl nicht viel (132).

Weitere Literatur: *Ewing* (1971), *Livingstone* (1959), *Schwarzbach* (1960).

*Tanners Hypothese (Abb. 190).* Bei der Autozyklen-Hypothese von *W. F. Tanner* (1965) wird vom pleistozänen nordeuropäischen und nordamerikanischen Inlandeis ausgegangen und angenommen,

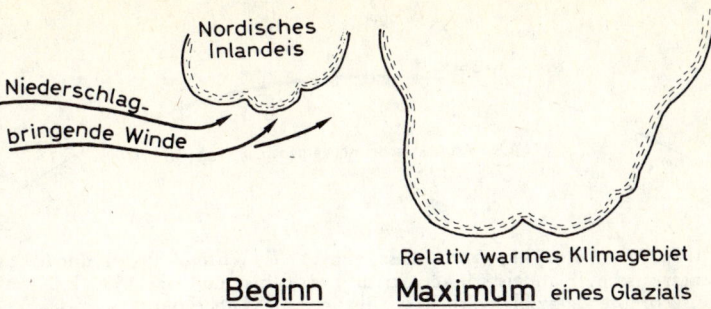

*Abb. 190*   Autozyklen-Hypothese von *W. F. Tanner.* Aus *Schwarzbach,*
1968 c

daß dessen Ernährung vor allem durch die niederschlagbringenden
Winde an ihrem Südrand erfolgte. Das Eis strömte also zu seiner
„Quelle" hin. Nach einer bestimmten Zeit gerät das vordringende
Eis jedoch in zu warme Breiten; das Wachstum hört auf. Isosta-
tisches Absinken des Untergrundes begünstigt das Rückschmelzen
und verlängert das „Interglazial". Erst nachdem der Untergrund
die ursprüngliche Höhe wieder erreicht hat, beginnt das Vorrük-
ken von neuem. In solchen Insel-Gebieten wie Grönland und Antarktis, die nicht in warme Regionen hineinragen, ist der Mechanismus nicht wirksam; dort bilden sich permanente Eisschilde.
Die Hypothese führt nicht zu einem echten Interglazial, sondern
setzt auch für die Interglazial-Zeiten Inlandeis in Skandinavien
und Nordamerika voraus. Sie ließe sich also wohl am ehesten zur
Erklärung von Interstadialen heranziehen.
*A. T. Wilsons Hypothese (Abb. 191).* Gerade entgegengesetzt verlegt *A. T. Wilson* (1964) den Motor des eiszeitlichen Klimawechsels in die *Antarktis.* Ausgangspunkt sind die heutigen plötzlich
ausbrechenden Gletscher (*„surging glaciers"*), die mehrere km pro
Jahr vorrücken. (*Hollin* hält 100 m/d für plausibel.) Das antarktische Eis wird nach *Wilson* instabil, wenn es zu mächtig wird
(mächtiger als heute); denn dann erreicht es an der Basis den
Schmelzpunkt. Nach allen Seiten schieben sich gewaltige Schelfeis-
Massen vor (ähnlich wie das heutige Roßeis), und zwar bis zur
antarktischen Konvergenz (der heute bei etwa 50° S gelegenen
Grenze zwischen dem 8—10° warmen Wasser der südlichen
Ozeane und dem viel kälteren Wasser in der Umgebung der Ant-
arktis). Damit wird die Albedo der Erde erheblich erhöht, die
irdische Gesamttemperatur erniedrigt und die Vereisung der Nord-
Halbkugel und damit der Beginn eines Glazials eingeleitet. Der
Zustand ist aber nicht stabil, da im antarktischen Eisschild das
ausfließende Eis ja zunächst durch kaltes Eis ersetzt wird; dadurch

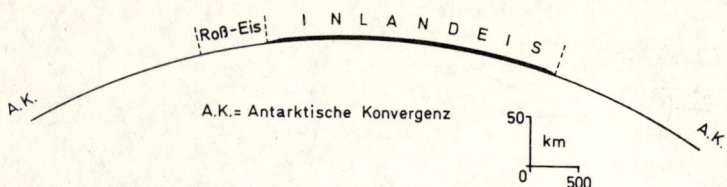

*Abb. 191* Autozyklen-Hypothese von *A. T. Wilson*. Profil durch das antarktische Inlandeis (dicker Strich + Roß-Eis) und das 1500 km weit ausgepreßte „glaziale" Schelfeis. Eisdicke 10X überhöht. Aus *Schwarzbach*, 1968 c

hört der Nachschub auf, der Eisschelf wird durch Kalbung abgebaut, die Albedo vermindert, die Gesamttemperatur der Erde erhöht — ein Interglazial beginnt.

Nur ein großer Eisschild kann dieses Wechselspiel hervorrufen, d. h. es begann erst, als der antarktische Kontinent infolge kontinentaler Drift symmetrisch zum Südpol lag. Im Tertiär kam es bei kleineren Eisschilden nur zu kleineren zyklischen Bewegungen, die vielleicht zyklische Sedimentation (Zyklotheme) in anderen Gebieten verursachten.

Die Hypothese funktioniert nur, wenn wirklich ein großer Eisschild bei übergroßer Dicke so weit auseinanderfließt, daß sich die Eisfläche gewaltig vergrößert. Sehr wahrscheinlich ist das wohl kaum — am allerwenigsten bei dem gebirgigen Relief, dem das antarktische Inlandeis aufliegt. Es handelt sich immerhin um ein Vorrücken von ca. 1500 km! Ein weiterer Einwand: mit dem plötzlichen Ausbrechen müßten Flutwellen gekoppelt sein („sea level test"). Aber in den Interglazial-Profilen fehlen überzeugende Hinweise dafür (*Hollin* 1965, 1972; *Woldstedt* 1969). Vgl. auch *Denton* et al. 1971.

*Rückblick auf den quartären Klimawechsel:* Ein automatisch ablaufender zyklischer Prozeß scheint die nächstliegende Erklärung für den mehrfachen Klimawechsel im Quartär. Aber die bisher entwickelten Autozyklen-Hypothesen befriedigen nicht.

## 171. Rückblick auf die Klimahypothesen und die irdische Hydrosphäre als primäre Ursache der Klimaschwankungen.

> Fair H₂O, long may you flow,
> we drink your health (in wine).
> *Oliver Herford*

Das Hauptkennzeichen der langfristigen Klimaschwankungen oder — anders ausgedrückt — der relativen Klimakonstanz seit dem Präkambrium ist eigentlich nur, daß zeitweise Eiskappen an den Polen bestanden, aber über große Zeiträume hinweg anscheinend kein polares Eis vorhanden war. Das Prinzip der multilateralen Eiszeit-Entstehung bietet für diesen Wechsel eine annehmbare Erklärung.

Dagegen lassen sich die besonderen Verhältnisse im *Quartär* mit dem regelmäßigen *mittel*fristigen Klimawechsel nicht so einfach erklären. Das ist deswegen überraschend, als ja das Quartär und seine Klimageschichte trotz sehr großer Lücken besser bekannt sind als die vorhergehenden Epochen. Vielleicht ist das aber gerade der Grund dafür, daß wir noch keine Lösung des quartären Klimarätsels haben; denn Theorien lassen sich am leichtesten aufstellen, je weniger man weiß. Für das Quartär wissen wir also, wenn man es von der Seite ansieht, schon *zu viel*. Man kann sich vorstellen, daß eine (noch unbekannte) Autozyklen-Hypothese am ehesten eine Lösung bieten wird.

Doch alle Klimaänderungen — ob Hunderte von Millionen oder Tausende von Jahren lang — sind offenbar in größtem Umfang durch *die besonderen Eigenschaften des Wassers* bedingt, auf die bereits früher hingewiesen wurde (128), und Wasser ist ja ein fundamentaler Bestandteil des irdischen Klimas und des Erdbildes. Die großen klimatologischen Unterschiede von Wasser und Eis, die hohe Schmelz- und spezifische Wärme, der Vorgang der Selbstverstärkung bei Eisbildung genügen, um auffällige Klimaänderungen durch zusätzliche kleine Faktoren in Gang zu bringen.

Zusammenfassend kann man sagen:

1. *Eine primäre Voraussetzung für die zwar prinzipiell nicht sehr großen, aber z. T. und lokal doch sehr ansehnlichen Klimaschwankungen in der Erdgeschichte ist letzten Endes die Tatsache, daß an der Oberfläche der Erde in großer Menge der merkwürdige Stoff $H_2O$ vorkommt, meist als Wasser, gelegentlich als Eis.*

Die erste Voraussetzung ist also die Existenz einer *Hydrosphäre* (*Schwarzbach* 1972 b, 1973).

2. *Eine weitere Voraussetzung liegt in einer Mittel-Temperatur der Erde, die über dem Gefrierpunkt des Wassers liegt* — aber wiederum auch *nicht zu sehr* über dem Gefrierpunkt, so daß an den Polen eine Umwandlung von Wasser in das klimatologisch ganz anders geartete *Eis durch relativ geringe Temperatur-Änderungen* eintreten konnte.

Das bedeutet gleichzeitig, daß es Klimaschwankungen dieser Art erst gibt, seit diese Bedingungen erfüllt waren: also noch *nicht* im frühen Präkambrium, weil es da wegen zu hoher Temperaturen noch kein Wasser, sondern nur Wasserdampf und außerdem viel zu viel $CO_2$ gab. Erst als der $CO_2$-Pegel sich dem heutigen genähert hatte (vielleicht vor ungefähr 2 Milliarden Jahren) und damit wohl auch der heutige Temperatur-Pegel erreicht war, begann die moderne Klimageschichte der Erde. Aus solchen theoretischen Überlegungen heraus, aber ohne direkte geologische Beweise können wir also die Gültigkeit der „Eiszeithypothesen" über das phanerozoische Zeitalter hinaus für den doppelten oder dreifachen Zeitraum annehmen.

Auf die einmalige Bedeutung der irdischen Oberflächentemperaturen „infolge optimaler Sonnendistanz" für die Bildung einer Hydrosphäre hat *Schidlowski* (1971) hingewiesen, ohne aber auf die paläoklimatologischen Folgerungen einzugehen.

3. Als dritte Voraussetzung für die irdische Klimageschichte muß schließlich die *relative Konstanz der Sonnenstrahlung* über wohl mindestens 2 Milliarden Jahre erwähnt werden. Ohne sie wäre die bemerkenswerte Klima-Konstanz nicht möglich gewesen.

4. Auf der primären Grundlage einer irdischen Hydrosphäre und ihrer besonderen, seit dem Präkambrium relativ konstanten Temperatur vermögen die *kleinen sekundären Faktoren der multilateralen Eiszeit-Entstehung* den Wechsel von Eiszeiten und eisfreien Zeiten zustande zu bringen. Paläogeographische Änderungen — einschließlich kontinentaler Drift — dürften dabei die Hauptrolle spielen.

Man kann fast sagen: bei solchen Ausgangsbedingungen sind Eiszeiten nichts Besonderes, sondern eine *beinahe zwangsläufige Konsequenz. Wir müßten uns wundern, wenn es keine Eiszeiten gegeben hätte.*

# XXX. Ausblick auf die zukünftige Klimaentwicklung

> Don't worry the children about the cold just keep them warm. Burn everything except Shakespeare.
> Telegramm von Mr. Anthrobus beim Nahen der Eiszeit in *Th. Wilders* „The Skin of our Teeth", 1942.

Es ist unmöglich, eine auch nur annähernd sichere Prognose für die zukünftige Klimaentwicklung zu geben. Das wundert uns nicht, nachdem wir eben feststellen mußten, daß wir noch nicht einmal zu einer richtigen Diagnose gelangen können. Außerdem gehört eine Voraussage eigentlich auch nicht in eine „Paläo"-Klimatologie. Aber es reizt natürlich, von den Ergebnissen, die über das Vorzeit-Klima gewonnen wurden, auf die weitere Entwicklung zu extrapolieren. Im übrigen hat *Thornton Wilder* in seinem Schauspiel „Wir sind noch einmal davongekommen" (The Skin of our Teeth) das Ereignis einer nahenden Vereisung auch literarisch gestaltet.

Man kann die Frage entsprechend der Unterscheidung verschieden langer Klimaschwankungen (vgl. 127) von verschiedenen zeitlichen Aspekten aus betrachten: wie wird das Klima in den nächsten Jahrzehnten oder Jahrhunderten, oder aber: was kommt in den nächsten Jahrzehntausenden? Die erste Frage hat höchstes unmittelbares, *praktisches Interesse*. Zahlreiche Meteorologen haben sich damit beschäftigt und auch die Zusammenhänge mit der fortschreitenden Zivilisation, Waldverwüstung, Luftverschmutzung, Großprojekten in Sibirien usw. eingehend untersucht (*Flohn, Lamb, v. Rudloff* u. a.). Die Aktualität dieser Probleme sichert ihnen immer wieder Schlagzeilen in den auf Sensation eingestellten Massenmedien. Konkrete Ergebnisse solcher sehr „langfristigen Wettervoraussage" (oder der Vorhersage von — geologisch gesprochen — ganz kurzfristigen Klimaschwankungen) gibt es noch kaum.

Das gleiche gilt von den mittelfristigen Klimaschwankungen. Im Vordergrund steht die Frage: *„Wann kommt die nächste Eiszeit?"* Am bestimmtesten haben sich dazu schon frühzeitig die Anhänger der „Strahlungskurven" geäußert, so *W. Köppen* (1931): „Für die nächsten 20 000 Jahre und noch weit darüber hinaus ist für die Nordhalbkugel der Wiedereintritt einer Eiszeit nach den astronomischen Daten ausgeschlossen", oder *Milankovitch* selber (1936): „Nach 26 000 Jahren wird man in den Weinkarten der Berliner Gasthäuser „pommersche„, „mecklenburgische„ und „holsteinische" Weinsorten aufgezählt finden".

Doch auf der gleichen Basis der „Strahlungskurven" kommt man heute häufiger zu genau *entgegengesetzten* Prophezeiungen, nämlich zu einer Eiszeit nach 10 000 Jahren oder ähnlich (*Mörner* 1972, "at about 18 800 years" after Present), und zahlreichen Forschern gilt es als völlig „sicher" daß das holozäne „*Post*glazial" in Wirklichkeit ein holozänes „*Inter*glazial" ist. Die Zeitschrift "Quaternary Research" widmete im November 1972 ein ganzes Heft mit 24 Beiträgen dem Thema "The Present Interglacial: how and when will it end?". Es ist durchaus *möglich*, daß wir in einem Interglazial leben; aber weder der suggestive Titel noch die einzelnen Arbeiten liefern schlagkräftige Beweise dafür.

Das Risiko solcher Voraussagen ist wegen der zeitlichen Größenordnung natürlich gleich Null. Das erleichtert das Prophezeien erheblich und noch mehr bei den *lang*fristigen Klimaschwankungen. Diese hängen z. T. auch von dem Schicksal unseres Wärmespenders, der Sonne, ab. Wir sahen schon (171), daß ungefähre Konstanz der Sonnenstrahlung eine wesentliche Voraussetzung für die bisherige Klimageschichte der Erde ist. Weder kleine Schwankungen noch endgültige, katastrophale Strahlungsänderungen lassen sich voraussagen.

Das nüchterne Fazit bleibt also: "*Qui vivra, verra.*"

# Literatur

> Sich gar nicht zu finden, drückt berühmte
> Männer stärker, als sie sagen wollen.
> *Jean Paul*, Dr. Katzenbergers Badereise.
> 1809

Abkürzungen von häufig vorkommenden Zeitschriften-Titeln:

| | |
|---|---|
| A JS | American Journ. of Science, New Haven |
| ANY | Annals New York Acad. Sci. |
| BAAPG | Bull. Amer. Assoc. of Petrol. Geol., Tulsa |
| BSGF | Bull. Soc. Géol. France, Paris |
| CRP | Comptes rendus Acad. Sci. Paris |
| Dokl. | Doklady Akad. Nauk SSSR, Geol. Ser., Moskau |
| EuG | Eiszeitalter und Gegenwart, Öhringen |
| GFF | Geol. För. Förhandl., Stockholm |
| Gondw. I | Gondwana Stratigr. (Gondw. Congr. S-Amer., Unesco 1967) |
| Gondw. II | Gondwana Symp. (2. Gondw. Congr. S.-Afr., Pretoria 1970) |
| GR | Geol. Rundschau, Stuttgart |
| GSAB | Geol. Soc. Amer. Bull., New York, später Boulder |
| GS Bull. | Geol. Survey USA, Bull., Washington |
| GS ProfP | Geol. Survey USA, Profess. Paper, Washington |
| IntGC | Internat. Geol. Congr. |
| Isw. | Iswestja Akad. Nauk SSR, Geol. Ser., Moskau |
| JG | Journal of Geology, Chicago |
| NJ | Neues Jahrbuch f. Geol. u. Paläont., Stuttgart (Abh Abhandlungen, BB Beilage-Bd., Mh Monatshefte) |
| PAf | Palaeoecology of Africa (ed. *E. M. van Zinderen Bakker*), Cape Town |
| PPP | Palaeogeography, Palaeoclimatology, Palaeoecology, Amsterdam |
| QJGS | Quart. Journ. Geol. Soc., London |
| ZDGG | Zeitschr. Deutsch. Geol. Gesellsch., Berlin, später Hannover |

Besonders die älteren Schriften sind nur in Auswahl zitiert; man vgl. dazu die 1. u. 2. Auflage dieses Buches und andere zusammenfassende Darstellungen. Die Titel der Arbeiten sind z. T. etwas gekürzt.

Bei den russischen Autoren ist zu beachten, daß die Transkribierung verschieden erfolgen kann (z. B. Wachrameew = Vachrameev). Deutsche und holländische Namen mit „von" oder „van" sind unter dem Hauptnamen eingeordnet (z. B. *van Bemmelen* unter „B"; dagegen der Amerikaner *Van Houten* unter „V").

## A

*Aalto, K. R.:* Glacial marine sedimentation and stratigraphy of the Toby Conglomerate. Canad. J. Earth Sci. 8, 1971

*Aario, L.:* Die spätglaziale Entwicklung der Vegetation und des Klimas in Finnland. GR 34, 1944

*Abbott, P. L., G. L. Peterson, J. A. Minch:* Pre-Eocene weathering in SW California. GSA Abstr. 5 (1), Febr. 1973

*Adam, D. P.:* Ice ages and the thermal equilibrium of the Earth. GS J. Res. 1, 1973

*Addicott, W. O.:* Latitudinal gradients in Tertiary molluscan faunas of the Pacific coast. PPP 8, 1970

*Adie, R. J.:* Representatives of the Gondwana System in the Falkland Islands. IntGC Alger, Symp. Gondw., 1952 — (ed.) Antarctic geology. Amsterdam 1964. — Review of Antarctic Gondwana geology. Gondw. II, 1970

*Ahlmann, H. W.:* Glacier variations and climatic fluctuations. N. York 1953

*Ahmad, F.:* Glaciation in Gondwanaland. Rec. Geol. Surv. Ind. 86, 1961. — Palaeogeography of Central India in the Vindhyan period. ibid. 87, 1962. — Marine transgression in the Gondwana system of peninsular India. Gondw. II, 1970. — Have there been major changes in the Earth's axis of rotation through time? In: Tarling & Runcorn, 1973

*Albrecht, F.:* Die Aktionsgebiete des Wasser- und Wärmehaushalts der Erdoberfläche. Z. Meteorol. 1, 1947

*Allard, H. A.:* Length of day in the climates of past geological eras. In: Vernalization and photoperiodism (eds. A. E. Murneek & R. O. White), 1948

*Allison, R. C.:* Marine paleoclimatology of a Pleistocene invertebrate fauna from Amchitka Island. PPP 13, 1973

*Almeida, F. F. M. de:* Botucatú, a Triassic desert of S. America. IntGC Alger, 7, 1953

*Andersen, S. Th.:* Vegetation . . . in Denmark in the Early Weichselian Glacial. Danm. Geol. Und. II, 75, 1961

*Anderson, A.:* An analysis of supposed fish trails from interglacial in the Dwyka series. Gondw. II, 1970

*Anderson, J. G. C.:* The Pre-Carboniferous rocks of the Slieve League promontory, Co. Donegal. QJGS 109, 1954

*Anderson, M. M.:* The Late Paleozoic glaciation of Gondwanaland. Geol. Mag. 98, 1961. — Late Precambrian Conception Group glacial deposits east of St. Mary's Bay, SE Newfoundland. GSA Abstr. 5 (2), Febr. 1973

*Anderson, R. C.:* Pebble lithology of the Marseilles till sheet in northeastern Illinois. JG 53, 1955

*Anderson, R. Y.:* Solar-terrestrial climatic patterns in varved sediments. ANY 95, 1, 1961

*Anderson, R. Y., W. E. Dean, D. W. Kirkland, H. J. Snider:* Permian Castile varved evaporite sequence, West Texas and New Mexico. GSAB 83, 1972

*Anderson, R. Y., D. W. Kirkland:* Origin, varves, and cycles of Jurassic Todilto formation, New Mexico. BAAPG 44, 1960

*Andreánsky, G.:* Die Flora der sarmatischen Stufe in Ungarn. Budapest 1959

*Andreé, K.:* Der Blitz als allgemein-geologischer Faktor und erdgeschichtliche Erscheinung. Schrift. Phys.-Ökon. Ges. Königsberg, 68, 1934

*Antevs, E.:* The last glaciation. Am. Geogr. Soc. Res. Ser. 17, 1928. — Climate of New Mexico during the Last Glacio-Pluvial. JG 62, 1954

*Arbey, F.:* Structures et dépôts glaciaires dans l'Ordovicien terminal des chaînes d'Ougarta. CRP 266, 1968

*Arellano, A. R. V.:* Barrilaco pedocal, a stratigraphic marker ca 5000 B.C. and its climatic significance. IntGC Alger 7, 1953

*Arkell, W. J.:* On the nature origin and climatic significance of the coral reefs in the vicinity of Oxford. QJGS, 91, 1935

*Arldt, Th.:* Handbuch der Paläogeographie. II. Leipzig 1922

*Arnold, Ch. A.:* An introduction to paleobotany. N. Y. 1947

*Arrhenius, S.:* On the influence of carbonic acid in the air upon the temperature of the ground. Phil. Mag. 41, 1896

*Asklund, B.:* Studies in the thrust region of the southern part of the Swedish mountain chain. IntGC Copenh., guidebook A 24—C 19, 1960

*Assmann, E.:* Höhenbonität und wirkliche Ertragsleistung. Forstwiss. Cbl. 78, 1959

*Atwood, W. W.:* Eocene glacial deposits in south-western Colorado. GS ProfP 95 B. 1915

*Atwood, W. W.:* Gunnison tillite of Eocene Age. JG 34, 1926

*Audley-Charles, M. G.:* Permian palaeogeography of the northern Australia-Timor region. PPP 1, 1965

*Audova, A.:* Aussterben der mesozoischen Reptilien. I. II. Paläobiol. 2, 1929

*Auer, V.:* The Pleistocene of Fuego-Patagonia. I. Ann. Acad. Sci. Fenn., A, III, 45, 1956

*Axelrod, D. I.:* Evolution of desert in western North America. Publ. Carn. Inst. 590, 1950. — Mio-Pliocene floras West-Central Nevada. Publ. Univ. Calif. Geol. Sci. 33, 1956. — The Pliocence Verdi flora of Western Nevada. ibid. 34, 1958. — Post-Pliocene uplift of the Sierra Nevada. GSAB 73, 1962. — Fossil floras suggest stable, not drifting, continents. J. Geophys. Res. 68, 1963. — The Eocene Copper Basin flora of Northern Nevada. Publ. Univ. Calif. Geol. Sci. 59, 1966

*Axelrod, D. I., H. P. Bailey:* Paleotemperature analysis of Tertiary floras. PPP 6, 1969

**B**

*Bacsák, G.:* Pliozän- und Pleistozänzeitalter im Licht der Himmelsmechanik. Act. Geol. Budapest 3, 1955

*Bader, F. J. W.:* Die Coniferen der Tropen. Decheniana 113, 1960

*Bailey, E. B., L. W. Collet, R. M. Field:* Paleozoic submarine landslips near Quebec City. JG 36, 1928

*Bailey, J. W., E. W. Sinnott:* A botanical index of Cretaceous and Tertiary climates. Sci. 41, 1915

*Bain, G. W.:* Possible Permian climatic zonation. AJS 256, 1958. — Climatic zones through the ages. Gondw. 1, 1967

*Balasundaram, M. S., P. K. Gosh, P. K. Dutta:* Panchet sedimentation and origin of red beds. Gondw. II, 1970

*Bandy, O. L.:* The geologic significance of coiling ratios in the foraminifer Globigerina pachyderma. J. Pal. 34, 1960. — Cycles in Neogene paleoceanography and eustatic changes. PPP 5, 1968

*Bandy, O. L., E. A. Butler, R. C. Wright:* Alaskan Upper Miocene marine glacial deposits and the Turborotalia pachyderma datum plane. Sci. 166, 1969

*Bandy, O. L., R. E. Casey, R. C. Wright:* Late Neogene planctonic zonation, magnetic reversals, and radiometric dates. Antarct. Res. 15, 1971

*Banks, M. R.:* Cambrian System [Tasmania]. J. Geol. Soc. Austr. 9, 1962. — Permian. ibid. 1962

*Barabé:* Diskussion zu Mazenot & Cailleux 1957

*Barrows, W. L.:* A fulgurite from the Raritan Sands of New Columbia. Columb. School of Mines, Quart. J. 31, 1910

*Barth, T. F. W.:* Geology and petrology of the Pribilof Islands, Alaska. GS Bull. 1028—F, 1956

*Barton, C. M.:* Significance of the Tertiary fossil floras of King George Island, South Shetland Isl. In: *Adie* 1964

*Becker, H. F.:* Paleobotanical record of solar change. ANY 95, 1, 1961

*Bederke, E.:* Erdbild und Klima des Quartärs. Int. Congr. Quat. 1953, Rom, Act. II, Roma 1956

*Behling, R. E.:* Relative dating of glaciations in Wright Valley, Antarctica, by pedologic analysis. Abstr. GSA meet. 1970

*Behrens, M., P. Wurster:* Tektonische Untersuchungen an Molasse-Geröllen. GR 61, 1972

*Belderson, R. H., N. H. Kenyon, J. B. Wilson:* Iceberg plough marks in the NE Atlantic. PPP 13, 1973

*Bell, B.:* Solar variation as an explication of climatic change. In: *Shapley* 1953

*Bell, H. S.:* Armored mud-balls — their origin, properties, and role in sedimentation. JG 48, 1940

*Bellair, P.:* Réflexions sur les glaciations. Rev. géogr. dyn. 8, 1966

*Bemmelen, R. W. van, M. G. Rutten:* Tablemountains of Northern Iceland. Leiden 1955

*Beneo, E.:* Accumuli terziari da risedimentazione (Olistostroma) nell' Appennino centrale e frane sottomarine. Boll. Serv. Geol. Ital. 78, 1956

*Berg, D. E.:* Krokodile als Klimazeugen. GR 54, 1964

*Berg, L. S.:* Die geographischen Zonen der Sowjetunion. I. Leipzig 1958

*Berger, W.:* Neue Ergebnisse der Tertiärbotanik im Wiener Becken. NJ Mh 1952

*Berkson, J. M., C. S. Clay:* Microphysiography and possible iceberg grooves on the floor of western Lake Superior. GSAB 84, 1973

*Bernard, A. E.:* Théorie astronomique des pluviaux et interpluviaux du Quarternaire africain. Mém. Acad. Roy. Sci. d'Outre-Mer, Cl. nat.-méd. 12, 1962, und 13, 1962

*Bernauer, F.:* „Gekritzte Geschiebe" aus

dem Diluvium von Heidelberg. Jber. Oberrhein. Geol. Ver. 5, 1915

*Bernhard, H.:* Der Drucksetzungsversuch als Hilfsmittel zur Ermittlung der Mächtigkeit des pleistozänen Inlandeises in NW Niedersachsen. Diss. T. H. Braunschweig 1963

*Berry, E. W.:* The past climate of the North Polar region. Smith. Misc. Coll. 82, 1930

*Berry, W. B. N., A. J. Boucot:* Glacioeustatic control of Late Ordovician-Early Silurian platform sedimentation and faunal changes. GSAB 84, 1973

*Besairie, H.:* Les formations de Karroo à Madagascar. IntGC Alger, Symp. Gondw., 1952

*Beu, A. G.:* Sea temperatures in New Zealand during the Cenozoic era, as indicated by molluscs. Trans. Roy. Soc. N. Zeal., Geol. 4, 1966

*Beuf, S. et al.:* Les grès du paleozoique inférieur au Sahara. Paris 1971

*Beuf, S., B. Biju-Duval, J. Stevaux, G. Kulbicki:* Ampleur des glaciations „siluriennes" au Sahara. Rev. Inst. franc. pétrole 21, 1966

*Beukes, N. J.:* Stratigraphy and sedimentology of the Cave Sandstone stage. Gondw. II, 1970

*Beurlen, K.:* Die Bedeutung der organischen Entwicklung für die Erdgeschichte. Nov. Act. Leop. Halle 5, 1938. — Das Gondwana-Inlandeis in Südbrasilien. GR 45, 1957. — Geologie von Brasilien. Berlin — Stuttgart 1970

*Bidgood, D. E. T., W. B. Harland:* Palaeomagnetic studies of some Greenland rocks. In: *Raasch* 1961

*Bigarella, J. J.:* Continental drift and paleocurrent analysis. Gondw. II, 1970. — Eolian environments. In: *Rigby, J. K. & W. K. Hambin* (eds.), Recognition of ancient sedimentary environments, Tulsa 1972. — Paleocurrents and the problem of continental drift. GR 62, 2, 1973

*Bigarella, J. J., R. D. Becker, I. D. Pinto* (eds.): Problems in Brazilian Gondwana geology. Curitiba 1967

*Bigarella, J. J., R. Salamuni:* Early Mesozoic wind patterns as suggested by dune bedding in the Botocatú Sandstone. GSAB 72, 1961

*Bigarella, J. J., R. Salamuni, R. A. Fuck:* Striated surfaces and related features developed by the Gondwana ice sheets [Parana]. PPP 3, 1967

*Biju-Duval, B., O. Gariel:* Nouvelles observations sur les phénomenes glaciaires

„éocambriens" de la bordure nord de la synéclise de Taoudeni [Sahara]. PPP 6, 1969

*Binda, P. L., J. G. Van Eden:* Sedimentological evidence on the origin of the Precambrian Great Conglomerate (Kundelungu Tillite), Zambia. PPP 12, 1972

*Birkeland, P. W., D. R. Crandell, G. M. Richmond:* Status of correlation of Quarternary stratigraphic units in the western conterminous United States. Quat. Res. 1, 1971

*Bishop, W. W., J. D. Clark:* Background of evolution in Africa. Chicago — London 1967 (vgl. auch in: *Turekian* 1971)

*Black, R. F.:* Permafrost — a review. GSAB 65, 1954

*Blackett, P. M. S.:* Comparison of ancient climates with the ancient latitudes deduced from rock magnetic measurements. Proc. Roy. Soc., A, 263, 1961

*Blackett, P. M. S., E. Bullard, S. K. Runcorn* (eds.): A symposium of continental drift. London 1965

*Blackwelder, E.:* Pre-Cambrian geology of the Medicine Bow Mountains, GSAB 37, 1926. — An ancient glacial formation in Utah. JG 40, 1932. — Paleozoic glaciation in Alasca. Sci. 76, 1932

*Bloch, M. R.:* Dust-inducted albedo changes of polar ice sheets. J. Glac. (5) 38, 1964 (auch GR 54, 1964)

*Bloom, A. L.:* Glacial-eustatic and isostatic controls of sea level since the Last Glaciation. In: *Turekian* 1971

*Blüthgen, J.:* Allg. Klimageographie. Berlin 1964

*Blumenstock, D. I.* (ed.): Pleistocene and Post-Pleistocene climatic variations in the Pacific area. Honolulu 1966

*Böhm v. Böhmersheim, A.:* Geschichte der Moränenkunde. Abh. Geogr. Ges. Wien, 3, 1901

*Böttcher, U., P. J. Ergenzinger, S. H. Jaeckel, K. Kaiser:* Quartäre Seebildungen und ihre Mollusken-Inhalte im Tibesti-Gebirge. Z. Geomorph. 16, 1972

*Boettger, C. R.:* Die Molluskenfauna des Interglazials von Lehringen. NJ Abh. 100, 1954

*Bond, G.:* Past climates of Central Africa. London 1962

*Borchert, H.:* Ozeane Salzlagerstätten. Berlin 1959. — Genesis of marine sedimentary iron ores. Trans. Inst. Min. Metall. 69, 1959—60

*Borisov, A. A.:* [Paläoklimate der Sowjetunion]. Leningrad 1965 (Russ.)

*Borns, H. W. jr., B. A. Hall:* Mawson „tillite" in Antarcrica. Sci. 166, 1969

*Bowen, R. L.:* Late Paleozoic glaciation of eastern Australia. GSAB 69, 1958

*Bowen, R.:* Paleotemperature analysis. Amsterdam 1966

*Bowes, D. R.:* The transformation of tillite by magmatization [South Austral.]. QJGS 109, 1954

*Bradley, W. H.:* The varves and climate of the Green River Epoch. GS ProfP 158—E., 1929. — Geology of the Green River Formation. GS ProfP 496—A, 1964

*Bradley, W. H., H. P. Eugster:* Geochemistry and paleolimnology of the trona deposits [Green River Formation, Wyoming]. GS ProfP 496—B, 1969

*Bradshaw, J. S.:* Laboratory studies on the rate of growth of the foraminifer „Streblus beccarii (Linné) var. tepida (Cushm.)" J. Pal. 31, 1957

*Bray, J. R.:* Atmospheric carbon-14 content during the past 3 millenia. Nature 209, 1966. — Temporal patterning of Post-Pleistocene glaciation. Nature 228, 1970 (auch Sci. 171, 1971)

*Bretz, J. H.:* Bermuda: a partially drowned, late mature, Pleistocene Karst. GSAB 71, 1960

*Bretz, J. H., L. Horberg:* Caliche in southeastern New Mexico. JG 57, 1949

*Briden, J. C.:* Paleoclimatic evidence of a geocentric axial dipole field. In: *R. A. Phinney* (ed.), History of the earth's crust, Princeton 1968

*Briden, J. C., E. Irving:* Palaeolatitude spectra of sedimentary palaeoclimatic indicators. In: *Nairn* 1964

*Brier, G. M.:* Some statistical aspects of long-term fluctuations in solar and atmospheric phenomena. ANY 95, 1, 1961

*Brinkmann, R.:* Über die Schichtung und ihre Bedingungen. Fortschr. Geol. Pal. 11, 1932. — Abriß der Geologie II. 8. Aufl. Stuttgart 1959

*Broecker, W. S.:* Absolute dating and the astronomical theory of glaciation. Sci. 151, 1966. — Calcite accumulation rates and glacial to interglacial changes in ocean mixing. In: *Turekian* 1971

*Broecker, W. S., W. R. Farrand:* Radiocarbon age of the Two Creeks forest, bed, Wisconsin. GSAB 74, 1963

*Broecker, W. S., J. Van Donk:* Insolation changes, ice volumes and the O18 record in deep sea cores. Rev. Geophys. Space Phys. 8, 1970

*Brooks, C. E. P.:* Climate through the Ages. 2. Aufl. London 1949

*Brown, Ch. N.:* The origin of caliche on the northeastern Llano Estacado, Texas. JG 64, 1956

*Brown, D. A., K. S. W. Campbell, K. A. W. Crook:* The geological evolution of Australia and New Zealand. Oxford etc. 1968

*Brückner, W.:* The mantle rock („Laterite") of the Gold Coast and its origin GR 43, 1955. (Vergl. auch Ecl. Geol. Helv. 50, 1957)

*Brüning, H.:* Zur Genese pleistozäner Tropfenböden. NJ Mh. 1965

*Brunnacker, K.:* Die Geschichte der Böden im jüngeren Pleistozän in Bayern. Geol. Bavar. 34, 1957. — Schätzungen über die Dauer des Quartärs. GR 54, 1964

*Bryan, M. S.:* Interglacial pollen spectra from Greenland. Danm. Geol. Und. II, 80, 1954

*Bryson, R. A., J. A. Dutton:* Some aspects of the variance spectra of tree rings and varves. ANY 95, 1, 1961

*Bubnoff, S. v.:* Einführung in die Erdgeschichte. 3. Aufl. Berlin 1956

*Buchwald, J.:* Zur Genese der Oberlausitzer Kaoline und Tone. Geologie 20, 1971

*Budyko, M. I.:* On the cause of climatic variations. Medd. Sverig. Met. Hydr. Inst., B, 28, 1968

*Büdel, J.:* Die Klimazonen des Eiszeitalters. EuG 1, 1951. — Periodische und episodische Solifluktion im Rahmen der klimatischen Solifluktionstypen. Erdkd. 13, 1959. — Die Gliederung der Würmkaltzeit. Würzbg. Geogr. Arb. 8, 1960

*Bülow, K. v.:* Blitzröhren. Kosmos 56, 1960

*Bülow, W. v.:* Ein Taschen- und Tropfenboden von Grebs (SW-Mecklenburg). Geologie 13, 1964

*Bull, C.:* Cenozoic glaciations in Southern Victoria Land, Antarctica. Abstr., GSA 1970

*Burgh, J. van der:* Hölzer der niederrheinischen Braunkohlenformation. Rev. Palaeobot. Palynol. 15, 1973

*Butzer, K. W.:* Quaternary stratigraphy and climate in the Near East. Bonner Geogr. Abh. 24, 1958. — Environment and archeology. Chicago 1964. — Pleistocene "periglacial" phenomena in Southern Africa. Boreas 2, 1973

## C

*Cahen, L. S.:* Glaciations anciennes et dérive des continents. Ann. Soc. géol. Belg. 86, 1963

*Cailleux, A.:* Les actions périglaciaires en Europe. Mém. Soc. géol. Fr. 21, 1942. — Petrographische Eigenschaften der Gerölle und Sandkörner als Klimazeugen. GR 54, 1, 1964

*Cailleux, A., G. Taylor:* Cryopédologie. Exp. Pol. Franç. Victor, 1203, Paris 1954

*Caldenius, C.:* Carboniferous varves, measured at Paterson, N. S. Wales. GFF 60, 1938

*Calvert, S. E.:* Origin of diatom-rich, varved sediments from the Gulf of California. JG 74, 1966

*Campana, B.:* Stratigraphic-structural-paleoclimatic controls of the newly discovered iron-ore deposits of Western-Australia. Min. Depos. 1, 1966

*Campana, B., D. King:* The age of the Zeehan tillite. Austr. J. Sci. 20, 1958

*Campana, B., R. B. Wilson:* Tillites and related topography of South Australia. Ecolog. Geol. Helv. 48, 1955

*Carey, S. W., N. Ahmad:* Glacial marine sedimentation. In: *Raasch*, II, 1961

*Casey, R.:* Facies, faunas and tectonics in Late Jurassic-Early Cretaceous Britain. In: Middlemiss et al. 1971

*Casshyap, S. M.:* Petrology of the Bruce and Gowganda formations. PPP 6, 1969. — Sedimentary cycles and environment of the Barakar coal measures of Lower Gondwana, India. J. Sed. Petrol. 40, 1970

*Caster, K. E.:* Stratigraphic and paleontologic data relevant to the Problem of Afro-American ligation during the Paleozoic and Mesozoic. Bull. Amer. Mus. Nat. Hist. 99, 1952

*Chaloner, W. G., G. T. Creber:* Growth rings in fossil woods as evidence of past climates. In: *Tarling & Runcorn* 1973

*Chamberlin, T. C.:* An attempt to frame a working hypothesis of the cause of glacial periods on an atmosphaeric basis. JG 7, 1899

*Chaney, R. W.:* Tertiary forests and continental history. GSAB 51, 1940

*Chaney, R. W., E. I. Sanborn:* The Goshen flora of West Central Oregon. Publ. Carn. Inst. 439, 1933

*Chappell, J. E. jr.:* Climatic pulsation in Inner Asia and correlation between sunspots and weather. PPP 10, 1971

*Charlesworth, J. K.:* The Quaternary Era with special reference to its glaciation. 2 Bd., London 1957

*Cheetham, A. H.:* Paleoclimatic significance of bryozoan Metrarabdotos. BAAPG 51, 1967

*Chevalier, J. P.:* Le récif Miocène de Languedoc. BSGF (6) 6, 1956. — Les formations récifales Miocènes de la Catalogne Espagnole. BSGF (6) 7, 1957

*Chumakov (Cumakov), N. M.:* [On the significance of tillite-like rocks for Pre-Cambrian stratigraphy]. — Int. GC 22, Rep. Sov. geol. Probl. 10, Moskau 1964. (Russ.) — Präkambrische tillit-ähnliche Gesteine der Sowjetunion. GR 54, 1964. — [Vend-Vereisung Europas u. des N-Atlantiks]. Dokl. 198, 2, 1971. (Russ.). — Continental ice sheets and Precambrian shields. GSAB 84, 1973

*Chumakov, N. M., A. Cailleux:* Glaciation et éolisation dans l'est et le nord de l'Europe à l'Eocambrien. Rev. Géomorph. dyn. 20, 1971

*Church, W. R.:* Metamorphic rocks of Burlington Peninsula. In: North Atlantic (ed. *M. Cay*), Mem. Amer. Ass. Petrol. Geol. 12, 1969

*Cieslinski, S.:* Beitrag zur Kenntnis des Oberkreide-Klimas in Polen. GR 54, 1964

*Cissarz, A.:* Einführung in die allgemeine und systematische Lagerstättenlehre. 2. Aufl. Stuttgt. 1965

*Clark, D. L.:* Arctic Ocean ice cover and its Late Cenozoic history. GSAB 82, 1971

*Cloud, P. E.:* Physical limits of glauconite formation. BAAPG 39, 1955. — Paleoecology — retrospect and prospect. JP, 33, 1959

*Coates, D. A.:* Stratigraphy and sedimentation of the Sauce Grande Formation, Sierra de la Ventana [Argentinia]. Gondw. I, 1967

*Coetzee, J. A.:* Pollen analytical studies in east and southern Africa. PAf 3, 1967

*Coetzee, J. A., Zinderen Bakker, E. M. van:* Palaeoecological problems of the Quaternary of Africa. S. Afr. J. Sci. 1970

*Colbert, E. H.:* Antarctic Gondwana tetrapods. Gondw. II, 1971

*Coleman, A. P.:* Ice Ages, recent and ancient. London 1926

*Collison, D. W., S. K. Runcorn:* Polar wandering and continental drift: evidence from paleomagnetic observations in the United States. GSAB 71, 1960

*Condie, K. C.:* Petrology of the Late Precambrian tillite (?) association in Northern Utah. GSAB 78, 1967

*Conolly, J. R., M. Ewing:* Ice-rafted detritus in Northwest Pacific deep-sea sediments. GSAMem. 126, 1970

*Conrad, V.:* Die klimatologischen Elemente in ihrer Abhängigkeit von terrestrischen Einflüssen. In: *Köppen—Geiger*, Hdb. Klimat., I, B, 1936

*Cook, F. A.:* Periglacial phenomena in Canada. In: *Raasch*, II, 1961

*Coope, G. R., A. Morgan, P. J. Osborne:* Fossil coleoptera as indicators of climatic fluctuations during the Last Glaciation in Britain. PPP 10, 1971

*Corbitt, L. L., L. A. Woodward:* Upper Precambrian (?) diamictite of Florida Mtn., SW New Mexico. GSAB 84, 1973

*Cornelius, C. D.:* Die Drifttheorien im Lichte der Sahara-Geologie. In: Die Sahara (ed. *H. Schiffers*), I, 1971

*Cowen, R.:* Analogies between the recent bivalve Tridacna and the fossil brachiopods Lyttonicea and Richthofeniacea. PPP 8, 1970

*Cowie, J. W.:* Lower Cambrian faunal provinces. In: *Middlemiss* et al. 1971

*Cox, A.:* Polar wandering, continental drift, and the onset of Quarternary glaciation. Meteor. Monogr. (8), 1968

*Cox, A., R. R. Doell:* Review on paleomagnetism. GSAB 71, 1960

*Cox, A., R. R. Doell, G. B. Dalrymple:* Quaternary paleomagnetic stratigraphy. In: *Wright & Frey* 1965

*Craddock, C., J. J. Anderson, G. F. Webers:* Geologic outline of the Ellsworth Mts. In: *Adie* 1964

*Craddock, C., Th. W. Bastien, R. H. Rutford:* Geology of the Jones Mts. area. In: *Adie* 1964

*Craig, B. G., J. G. Fyles:* Pleistocene geology of arctic Canada. In: *G. O. Raasch* (ed.) 1961

*Craig, G. Y.:* Palaeozoological evidence of climate. (2) Invertebrates. In: *Nairn* 1961

*Crandell, D. R.:* Postglacial lahars from Mt. Rainier volcano, Wash. GSProfP 677, 1971

*Crandell, D. R., H. H. Waldron:* A recent volcanic mudflow of exceptional dimensions from the Mt. Rainier, Washington. AJS 254, 1956

*Cranwell, L. M.:* Palynological intim-

ations of some Pre-Oligocene Antarctic climates. PAf 5, 1969

*Cranwell, L. M., L. v. Post:* Post-Pleistocene pollen diagrams from the southern hemisphere. 1. Geogr. Ann. 18, 1936

*Crawford, A. R., W. Compston:* The age of the Vindhyan system of peninsular India. QJGS 125, 1970

*Creer, K. M.:* The palaeogeography of the Palaeozoic. In: *Runcorn* 1970. — Review on palaeomagnetism. Earth Sci. Rev. 6, 1970; auch Gondw. II, 1970. — A discussion of the arrangement of palaeomagnetic poles on the map of Pangaea for epochs in the Phanerozoic. In: *Tarling & Runcorn* 1973

*Critchfield, H. J.:* General climatology. 2nd ed. London 1961

*Crittenden, M. D. jr., F. E. Schaeffer, D. E. Trimble, L. A. Woodward:* Nomenclature and correlation of some Upper Precambrian and basal Cambrian sequences in W. Utah and SE Idaho. GSAB 82, 1971

*Croll, J.:* Climates and time in their geological relations. London 1875 (4. Aufl. 1890)

*Crowell, J. C.:* Origin of pebbly mudstones. GSAB 68, 1957

*Crowell, J. C., L. A. Frakes:* Late Paleozoic glacial facies and the origin of the S. Atlantic Ocean. IntGC Prag, Rep. 13, 1968. — Ancient Gondwana glaciations. Gondw. II, 1970. — Phanerozoic glaciation and the causes of ice ages. AJS 268, 1970. — Late Paleozoic glaciation of Australia. J. Geol. Soc. Austr. 17, 1971. — Late Paleozoic glaciation: V, Karroo Basin. GSAB 83, 1972

*Cumakov* vgl. *Chumakov*

*Czaika, W.:* Die Reichweite der pleistozänen Vereisung Patagoniens. GR 45, 1957. — Windschliffe als Landschaftsmerkmal. Z. Geomorph. 16, 1972

## D

*Daily, B., V. A. Gostin, C. A. Nelson:* Tectonic origin for an assumed glacial pavement of Late Proterozoic age, S. Australia. J. Geol. Soc. Austr. 20, 1, 1973

*Daley, B.:* Some problems concerning the Early Tertiary climate of southern Britain. PPP 11, 1972

*Daly, R. A.:* The changing world of the Ice Age. N. Haven 1934

*Damon, P. E.:* The relationship between

terrestrial factors and climate. Meteor. Monogr. (8) 30, 1968

Dangeard, L.: Glissements de vase sousmarine et phénomènes de compaction. CRP 251, 1960

Dansgaard, W., S. J. Johnsen, H. B. Clausen, Ch. C. Langway: Ice cores and paleoclimatology. In: J. U. Olsson 1970. (Vgl. auch in: Turekian 1971.)

Darlington, Ph. J.: Biogeography of the southern end of the World. Cambridge Mass. 1965

Dars, R., J. Sougy: La stratigraphie du „Cambro-Ordovicien" de l'ouest africain. Colloqu. int. centre nat. rech. sci. Paris, 76, 1958

Dauvillier, A.: Activité solaire, biogenèse et extinctions. Scientia 62, 1968 (a). — Activité solaire, migrations polaires et périodes glaciaires. Ciel et terre 84, 1968 (b)

David, T. W. E., W. R. Browne: The geology of the Commonwealth of Australia, 3 Bd., London 1950

Davies, W. E.: Surface features of permafrost in arid areas. In: Raasch 1961

Davis, M. B.: The problem of rebedded pollen [Massachusetts]. AJS 259, 1961

Dawbin, W. H.: Die Brückenechse in ihrem Habitat. Endeavour 21, 1962

Deecke, W.: Jahreszeitliche Spuren in der geologischen Stratigraphie. Ber. Freibg. Nat. Ges. 30, 1930

Deevey, E. S.: Late-glacial and postglacial pollen diagrams from Maine. AJS 249, 1951. — Paleolimnology and climate. In: Shapley 1953

Deevey, E. S., R. F. Flint: The postglacial Hypsithermal interval. Sci. 125, 1957

De La Montagne, J.: Ice expansion ramparts on south arm of Yellowstone Lake. Contrib. Geol. 2, 1, 1963

Denton, G. H., R. L. Armstrong: M. Stuiver: The Late Cenozoic glacial history of Antarctica. In: Turekian 1971

Denton, G. H., W. Karlén: Holocene glacier fluctuations and their possible cause. GSA Abstr. 4 (7), Oct. 1972

Deutsch, E. R.: Polar wandering and continental drift. Soc. Econ. Pal. Min., Spec. Publ. 10 (ed. A. C. Munyan), 1963

Dewall, H. R. v.: Geologisch-biologische Studie über die Kieselgurlager der Lüneburger Heide. Jb. Preuß. Geol. L. A., 49, II. 1929

Dickinson, R. G.: Landslide origin of the type Cerro till, southwestern Colorado. GSProfP 525-C, 1965

Dietrich, G.: Meereskunde, Berlin 1957

Dimitrijevic, M. D., & M. N.: Olistostrome mélange in the Yugoslavian dinarides. JG 81, 3, 1973

Dittmer, E.: Das nordfriesische Eem. Kieler Meeresforsch., 1941

Dodd, J. R.: Paleoecological implications of shell mineralogy in 2 pelecypod species. JG 71, 1963; vgl. auch J. Pal. 38, 1964

Dohnal, Z.: Die Steinkerne des Zürgelbaums (Celtis) im tschechoslowakischen Quartär. Anthropoz. 9 (1959) 1961

Donn, W. L., M. Ewing: The theory of an ice-free Arctic ocean. Meteor. Monogr. (8) 30, 1968

Donn, W. L., W. R. Farrand, M. Ewing: Pleistocene ice volumes and sea-level lowering. JG 70, 1962

Donn, W. L., D. M. Shaw: The generalized temperature curve for the past 425000 years: a discussion. JG 75, 1967

Dorf, E.: Pliocene floras of California, Publ. Carn. Inst. Wash. 412, 1933. — The use of fossil plants in palaeoclimatic interpretations. In: Nairn 1964

Dorman, F. H.: Australian Tertiary paleotemperatures. JG 74, 1966. — Some Australian oxygen isotope temperatures and a theory for a 30-million-year world-temperature cycle. JG 76, 1968

Dorman, F. H., E. D. Gill: Oxygen isotope palaeotemperature measurements on Australian fossils. Proc. Roy. Soc. Vict., 71, 1959

Dott, R. H. jr.: Squantum „Tillite". Mass. — evidence of glaciation or subaqueous mass movements? GSAB 72, 1961. — Dynamics of subaqueous gravity depositional processes. BAAPG 47, 1963

Dott, R. H., R. L. Batten: Evolution of the Earth. N. York etc. 1971

Dott, R. H., J. K. Howard: Convolute lamination in non-graded sequences. JG 70, 1962

Doumani, G. A., V. H. Minshew: Geology of Earth's southernmost outcrops. GSA, Spec. Pap. 76, 1963

Dow, D. B.: Evidence of a Late Pre-Cambrian glaciation in he Kimberley region of Western Australia. Geol. Mag. 102, 1965

Downie, Ch.: Glaciations of Mt. Kilimanjaro. GSAB 75, 1964

Dubois, E.: Die Klimate der geologischen Vergangenheit und ihre Beziehungen zur Entwicklungsgeschichte der Sonne. Leipzig 1893

*Dücker, A.:* Die Periglazial-Erscheinungen im holsteinischen Pleistozän. Gött. Geogr. Abh. 16, 1954

*Dunham, K. C.:* Red coloration in desert formations of Permian and Triassic age in Britain. IntGC 1952 Alger, C.R. 7, 1953

*Dunn, P. R., B. P. Thomson, K. Rankama:* Late Pre-Cambrian glaciation in Australia as a stratigraphical boundary. Nature 231, 1971

*Duplessy, J. C., J. Labeyrie, C. Lalou, H. V. Nguyen:* La mésure des variations climatiques continentales. Application à la période comprise entre 13000 et 90000 ans B. P. Quat. Res. 1, 1971

*Durham, J. W.:* Cenozoic marine climates of the Pacific coast. GSAB 61, 1950. — Early Tertiary marine faunas and continental drift. AJS 250, 1952. — Palaeoclimates. Phys. Chem. Earth, 3, 1959

*Du Toit, A. L.:* Our wandering continents. Edinburgh, 1937. — The geology of South Africa. 3d ed.; ed. *S. H. Haughton.* Edinburg—London, 1954

*Dzerdzeewskii, B. L.:* The general circulation of the atmosphere as a necessary link in the sun-climatic variations chain. ANY 95, 1, 1961

E

*Eardley, A. J., Gvosdetzky, V.:* Analysis of Pleistocene core from Great Salt Lake. GSAB 71, 1960

*Eaton, G. P.:* Windborne volcanic ash: a possible index to polar wandering. JG 72, 1964

*Eberl, B.:* Die Eiszeitenfolge im nördlichen Alpenvorland. Augsburg 1930

*Eichler, R., Ristedt, H.:* Untersuchungen zur Frühontogenie von Nautilus pompilus. Pal. Z. 40, 1966

*Eidmann, H.:* Zur Ökologie der Tierwelt des afrikanischen Regenwaldes. Beitr. Kolonialforsch., 2, 1942

*Einarsson, Thorl.:* Pollenanalytische Untersuchungen zur spät- und postglazialen Klimageschichte Islands. Sonderveröffentl. Geol. Inst. Köln 6, 1961. — Jardfraedi [Geologie]. Reykjavik 1971 (Isländ.)

*Einarsson, Tr.:* Some chapters of the Tertiary history of Iceland. In: North Atlantic biota (ed. *A. & L. Löve*), Oxford etc. 1963. — On climatic fluctuations and their possible causes. Jökull 19, 1969

*Elloy, R.:* Réflexions sur quelques environnements récifaux du Paléozoique. Bull. Centre Rech. Pau 6, 1, 1972

*Elwell, R. W. D.:* The lithology and structure of a boulderbed in the Dalradian of Mayo, Ireland. QJGS 111, 1955

*Embleton, B. J. J.:* The palaeolatitude of Australia through Phanerozoic time. J. Geol. Soc. Austr. 19, 1973

*Embleton, C., C. A. M. King:* Glacial and periglacial geomorphology. London 1968.

*Emery, K. O.:* Transportation of rock particles by sea-mammals. J. Sed. Petrol. 11, 1941

*Emiliani, C.:* Pleistocene temperatures. JG 63, 1955. — Oligocene and Miocene temperatures of the equatorial and subtropical Atlantic Ocean. JG 64, 1956. — Paleotemperatures analysis of core 280 and Pleistocene correlation. JG 66, 1958. — Isotopic paleotemperatures. Sci. 154, 1966. — The amplitude of Pleistocene climatic cycles at low latitudes. In: *Turekian* 1971. — Quaternary hypsithermals. Quat. Res. 2, 1972

*Emiliani, C., S. Epstein:* Temperature variations in the Lower Pleistocene of southern California. JG 61, 1953

*Emiliani, C., J. Geiss:* On glaciation and their causes. GR 46, 1959

*Emiliani, C., T. Mayeda:* Carbonate and oxygen isotopic analysis of core 241 A. JG 69, 1961

*Emiliani, C., T. Mayeda, R. Selli:* Paleotemperature analysis of the Plio-Pleistocene section at Le Castella, Calabria, S. Italy. GSAB 72, 1961

*Enquist, F.:* Der Einfluß des Windes auf die Verteilung der Gletscher. Bull-Geol. Inst. Uppsala 14, 1916

*Epstein, S., R. P. Sharp, I. Goddard:* Oxygen-isotope ratios in Antarctic snow, firn, and ice. JG 71, 1963

*Erdtmann, G.:* Pollen grains recovered from the atmosphere over the Atlantic. Medd. Göteb. Bot. Trädj. 12, 1937

*Erhart, H. et al.:* Biogéographie du Permo-Carbonifère et genèse des charbons. C. R. Séanc. Soc. Biogéogr. 335—337, 1962

*Erickson, J. M.:* Wind-oriented gastropod shells as indicators of paleowind direction. J. Sed. Petrol. 41, 1971

*Ericson, D. B.:* Coiling direction of Globigerina pachyderma as a climatic index. Sci. 130, 1959

*Ericson, D. B., W. S. Broecker, J. L. Kuip,*

*G. Wollin:* Late — Pleistocene climates and deep-sea sediments. Sci. 124, 1956

*Ernst, W.:* Stratigraphisch fazielle Identifizierung von Sedimenten auf chemischgeologischem Wege. GR 55, 1, 1966

*Eugster, H. P., R. C. Surdam:* Depositional environment of the Atlantic basin and its bearing on the cause of Ice Ages. In: *Turekian* 1971

*Everts, P., L. E. Koerfer, M. Schwarzbach:* Neue K/Ar-Datierungen isländischer Basalte. NJ Mh 1972

*Ewing, M., W. L. Donn:* A theory of Ice Ages. Sci. 123, 1956, und 127, 1958. — Pleistocene climate changes. In: *Raasch,* II, 1961

*Eyles, V. A.:* The composition and origin of the Antrim laterites and bauxites Mem. Geol. Surv., Gov. North Ireld., 1952

## F

*Fabricius, F., H. Friedrichsen, V. Jacobshagen:* Paläotemperaturen und Paläoklima in Obertrias und Lias der Alpen. GR 59, 1970

*Fairbridge, Rh. W.:* Possible causes of intraformational disturbances in the Carboniferous varve rocks of Australia. I. Proc. Roy. Soc. N. South Wal. 81, 1947. — ed.: Solar variations, climatic change, and related geophysical problems. ANY 95, 1, 1961 (a). — Convergence of evidence on climatic change and ice ages. ANY 95, 1, 1961 (b). — Eiszeitklima in Nordafrika. GR 54, 1965. — Carbonate rocks and paleoclimatology in the biochemical history of the planet. In: Carbonate rocks (ed. *Chilingar* et al.), 1967. — Polar migration, sea-floor spreading, atolls and climate change. Tectonophys. 7, 1969. — An Ice Age in the Sahara. Geotim. 15, 1970. — Upper Ordovician glaciation in NW Africa? GSAB 82, 1971. — Planetary spin-rate and evolving cores. ANY 187, 1972 (a). — Climatology of a glacial cycle. Quat. Res. 2, 1972 (b). — Glaciation and plate migration. In: *Tarling & Runcorn* 1973

*Fairbridge, Rh. W., C. Teichert:* Soil horizons and marine bands in the coastal limestones of Western Australia. J. Proc. Roy. Soc. N. South Wal. 86, 1953

*Falke, H.:* Die Zusammenhänge zwischen Sedimentation, Regionalrelief und Regionalklima im Rotliegenden des Saar-Nahe-Gebietes. GR 54, 1964

*Farrand, W. R.:* Late Quaternary paleoclimates of the eastern Mediterranean area. In: *Turekian* 1971

*Fenton, C. L., M. A.:* Paleoecology of the Precambrian of NW North America. GSA Mem. 67, 1957

*Ferrians, O. J.:* Glaciolacustrine diamicton deposits in the Copper River Basin, Alaska. GSProfP 475-C, 1963

*Fiala, F.:* Eocambrische Tillite der Zelezné Hory, Ostböhmen. GR 54, 1964 (auch mit *J. Svoboda* in Sborn. Ust. Geol. 22, 1956)

*Fickel, W.:* Der Laterit in Süd-Ghana. Arb. Geol.-Pal. Inst. T. H. Stuttgt. 38, 1963

*Filzer, P.:* Ein Beitrag zur ökologischen Anatomie von Rhynia. Biol. Zbl. 67, 1948

*Finck, A.:* Tropische Böden. Hamburg—Berlin 1963

*Fink, J.:* Zur Korrelation der Terrassen und Lösse in Österreich. EuG 7, 1956

*Firbas, F.:* Spät- und nacheiszeitliche Waldgeschichte Mitteleuropas nördlich der Alpen. I. II. Jena 1949 u. 1952

*Fischer, A. G.:* Latitudinal variations in organic diversity. Amer. Scient. 49, 1961. — The Lofer cyclothems of the Alpine Triassic. Kansas Geol. Surv. Bull. 169, 1964. — Fossils, early life and atmospheric history. Proc. Nat. Acad. Sci. 53, 1965

*Fischer, W.:* Blitzröhren aus den miozänen Glassanden von Guteborn bei Ruhland. NJ BB 56, A, 1927 (vgl. auch Abh. Nat. Ges. Görlitz 30, 3, 1929)

*Fleck, R. J., J. H. Mercer, A. E. M. Nairn, D. N. Peterson:* Chronology of Late Pliocene and Early Pleistocene glacial and magnetic events in southern Argentina. Earth Planet. Sci. Lett. 16, 1972

*Fleming, C. A.:* The geology of Wanganui Subdivision. N. Z. Geol. Surv. Bull. 52, 1953

*Flint, R. F.:* Pleistocene climates in eastern and southern Africa. GSAB 70, 1959. — Geological evidence of cold climate. In: *Nairn* 1961. — The Pliocene-Pleistocene boundary. In: *H. E. Wright & Frey* 1965. — Glacial and Quaternary geology. N. York etc. 1971

*Flint, R. F., F. Brandtner:* Climatic changes since the last Interglacial. AJS 259, 1961

*Flint, R. F., F. Fidalgo:* Glacial geology of the east flank of the Argentine Andes. GSAB 75, 1964 (auch 80, 1969)

*Flint, R. F., W. A. Gale:* Stratigraphy and radiocarbon dates at Searles Lake, California. AJS 256, 1958

*Flint, R. F., J. E. Sanders, J. Rodgers:* Diamictite, a substitute term for symmictite. GSAB 71, 1960

*Fliri, F., H. Hilscher, V. Markgraf:* Weitere Untersuchungen zur Chronologie der alpinen Vereisung. Z. Gletscherkd. 7, 1971

*Flohn, H.:* Allgemeine atmosphärische Zirkulation und Paläoklimatologie. GR 40, 1952. — Kontinental-Verschiebungen, Polwanderungen und Vorzeitklimate im Lichte paläomagnetischer Meßergebnisse. Nat. Rdsch. 12, 1959. — Klimaschwankungen und großräumige Klimabeeinflussung. Bonn, Met. Abh. 2, 1963. — Grundfragen der Paläoklimatologie im Lichte der theoretischen Klimatologie. GR 54, 1964

*Flügel, E., E. Flügel-Kahler:* Mikrofazielle und geochemische Gliederung eines obertriadischen Riffes der nördlichen Kalkalpen. Mitt. Mus. Bergb., Geol. Techn. Graz, 24, 1963

*Forman, Mc L. J., S. O. Schlanger:* Tertiary reef and associated Limestone facies from Louisiana and Guam. JG 65, 1957

*Foyn, S.:* The Eo-Cambrian series of the Tana district, Northern Norway. Norsk Geol. Tidskr. 17, 1937

*Fränkl, E.:* Geologische Untersuchungen in Ost-Andrées Land. Medd. Grönl. 113, 4, 1953

*Frakes, L. A., J. C. Crowell:* Facies and paleogeography of Late Paleozoic diamictite, Falkland Islands. GSAB 78, 1967. — Glaciations and associated circulation effects resulting from Late Paleozoic drift of Gondwanaland. Gondw. II, 1970

*Frakes, L. A., E. M. Kemp:* Palaeogene continental positions and evolution of climate. In: *Tarling & Runcorn* 1973

*Frakes, L. A., J. L. Matthews, J. C. Crowell:* Late Paleozoic glaciation: III. Antarctica. GSAB 82, 1971

*Frechen, J.:* Siebengebirge am Rhein-Laacher Vulkangebiet — Maargebiete der Westeifel. 2. Aufl. Slg. Geol. Führer 56, Bln.—Stuttgt. 1971

*Frechen, J., H. J. Lippolt:* Kalium-Argon-Daten zum Alter des Laacher Vulkanausbruchs. EuG 16, 1965

*Frenzel, B.:* Die Vegetations- und Landschaftszonen Nord-Eurasiens während der letzten Eiszeit und während der postglazialen Wärmezeit. I. Akad. Wiss. Lit. Mainz, Abh. Math.-Nat. Kl., 1959, 13, 1960. — Die Klimaschwankungen des Eiszeitalters. Braunschweig 1967. — Grundzüge der pleistozänen Vegetationsgeschichte Nord-Eurasiens. Wiesbaden 1968

*Frerichs, W. E.:* Paleobathymetry, paleotemperature and tectonism. GSAB 81, 1970

*Freyberg, B. v.:* Bilder vom Bergrutsch bei Ebermannstadt vom 18.—19. Februar 1957. Geol. Bl. NO-Bay. 7, 1957

*Fries, M., H. E. Wright, M. Rubin:* A late Wisconsin buried peat at North Branch, Minnesota. AJS 259, 1961

*Fristrup, B.:* High arctic deserts. IntGC Alger 7, 1953 (vgl. auch Folia Geogr. Dan. 9, 1961)

*Fritz, P.:* $O^{18}/O^{16}$-Isotopenanalysen und Palaeotemperaturbestimmungen an Belemniten aus dem Schwäb. Jura. GR 54, 1964

*Frye, J. C.:* Comparison between Pleistocene deep-sea temperatures and glacial and interglacial episodes. GSAB 73, 1962

*Fuchs, V. E., T. T. Patterson:* The relation of volcanicity and orogeny to climatic change. Geol. Mag. 84, 1947

*Füchtbauer, H., G. Müller:* Sedimente und Sedimentgesteine. Stuttgart 1970

*Furon, R.:* Eléments de paléoclimatologie. Paris 1972


G

*Gaertner, H. R. v.:* Bemerkungen über den Tillit von Bigganjarga am Varangerfjord. GR 34, 1943

*Gage, M.:* New Zealand glaciations and the duration of the Pleistocene. J. Glac. 3, 29, 1961. — The climate of New Zealand during cool phases of the Pleistocene. In: *Blumenstock* 1966

*Galliher, E. W.:* Geology of glauconite. BAAPG 19, 1935

*Galloway, R. W.:* Late Quaternary climates in Australia. JG 73, 1965. — A note on world precipitation during the last glaciation. EuG 16, 1965. — The full-glacial climate in the southwestern US. Ann. Amer. Geogr. 60, 1970

*Gallwitz, H.:* Eiskeile und glaziale Sedimentation. Geologica 2, 1949

*Ganssen, R.:* Trockengebiete. Hochschultaschenbücher 354/354 a, 1968

*Garrut, W. E.:* Das Mammut. Neue Brehm-Büch. 331, 1964

*Geer, G. de:* Geochronologia Suecia principles. Kgl. Svensk Vet. Akad. Hdl. 18 (6), 1940

*Gentilli, J.:* Present-day volcanity and climatic change. GM 85, 1948. — A geography of climate. Perth, 1958. — Quaternary climates of the Australian region. ANY 95, 1, 1961

*Gerth, H.:* Das Klmia des Permzeitalters. GR 40, 1952

*Geyh, M. A.:* Die Anwendung der [14]C-Methode. Clausth. tekt. H. 11, 1971

*Ghosh, P. K.:* Recurrence of glaciation in the Talchir Series. Rec. Geol. Surv. Ind. 87, 4, 1962

*Ghosh, P. K., N. D. Mitra:* Recent studies on the Talchir glaciation. Gondw. I, 1967. — Sedimentary framework of glacial and periglacial deposits of the Talchir formation. Gondw. II, 1970

*Gibson, G. W.:* Evaporite salts in the Victoria Valley region. N. Z. J. Geol. Geophys. 5, 1962

*Giesenhagen, K.:* Kieselgur als Zeitmaß für eine Interglazialzeit. Z. Gletscherkd. 14, 1925—26

*Giles, A. W.:* Peat as a climatic indicator. BGSA 41, 1930

*Gill, E. D.:* The climates of Gondwanaland in Kainozoic times. In: *Nairn* 1961. — Cainozoic climates of Australia. ANY 95, 1, 1961. — Cainozoic. J. Geol. Soc. Austr. 9, 2, 1962

*Glaessner, M. F.:* Die Entwicklung des Lebens im Präkambrium. GR 60, 4, 1971 (auch GSAB 82, 1971)

*Glen, J. W., J. J. Donner, R. G. West:* On the mechanism by which stones in till become orientated. AJS 255, 1957

*Glennie, K. W.:* Permian Rotliegendes of NW Europe. AAPGB 56, 1972

*Godwin, H.:* The history of British flora. Cambridge 1956

*Gold, T.:* Instability of the Earth's axis of rotation. Nature 175, 1955

*Goldthwait, R. P.* (ed.): Till. Ohio 1971

*Goodell, H. G., N. D. Watkins, T. T. Mather, S. Koster:* The Antarctic glacial history recorded in sediments of the Southern Ocean. PPP 5, 1968

*Gordon, M., J. I. Tracey, M. W. Ellis:* Geology of the Arkansas bauxite region. GSProfP 299, 1958

*Gordon, W. A.:* Marine life and ocean currents in the Cretaceous. JG 81, 3, 1973

*Goreau, T.:* Wachstum und Kalkanlagerung bei Riffkorallen. Endeavour 20, 1961

*Gothan, W.:* Paläobiologische Betrachtungen über die fossile Pflanzenwelt. Fortschr. Geol. Pal. 8, 1924

*Gothan, W., H. Weyland:* Lehrbuch der Paläobotanik. Berlin 1954

*Gough, D. I.:* Did an ice cap break Gondwanaland? J. Geophys. Res. 75, 1970

*Gow, A. J., S. Epstein, R. P. Sharp:* Stable isotope analyses of deep ice cores from Antarctica. Abstr. GSA meet. 1970

*Gow, A. J., T. Williamson:* Volcanic ash in the Antarctic ice sheet and its possible climatic implications. Earth Planet. Sci. Lett. 13, 1971

*Grabert, H.:* Klimazeugen im Paläozoikum Brasiliens. GR 54, 1964. — Die Biologie des Präkambrium. Zbl. Geol. Pal. I, 1973

*Graindor, M.-J.:* Le Briovérien dans le nord-est du Massif Armoricain. Mém. Carte Géol. Fr., 1957 (auch GR 54, 1964)

*Gravenor, C. P., L. A. Bayrock:* Use of indicators in the determination of ice-movement directions in Alberta. GSAB 66, 1955 (auch 67, 1956, *Mac S. Stalker* & *B. G. Craig*)

*Green, R.:* Palaeoclimatic significance of evaporites. In: *Nairn* 1961

*Grindley, G. W.:* The geology of the Queen Alexandra Range [Antarctica]. N. Z. J. Geol.-Geophys. 6, 1963

*Gripenberg, W. S.:* Über eine theoretisch mögliche Art der Paläothermie. Ark. Keemi etc. 11, A, 1933

*Gromow, W. I., I. I. Krasnow, K. W. Nikoforowa:* Grundprinzipien der stratigraphischen Gliederung des Quartärs. Ber. Geol. Ges. DDR 4, 1959

*Guilcher, A.:* Pleistocene and Holocene seal-level changes. Earth Sci. Rev. 5, 1969

*Gunn, B. M., G. Warren:* Geology of Victoria Land. [Antarctica]. Bull. N. Zeal. Geol. Surv. 71, 1962

*Gussow, W. C.:* Late Keweenawan or early Cambrian glaciation in Upper Michigan? GSAB 67, 1956

*Gustavson, Th. C.:* Paleotemperature analyses of several Sangamon and Early Wisconsin marine faunas from Long Island, N. Y. GSA Abstr. 5 (2), Febr. 1973

*Gwinner, M. P.:* Subaquatische Gleitungen und resedimentäre Breccien im Weißen Jura der Schwäbischen Alb. ZDGG 113 (1961), 1962

## H

*Häntzschel, W.:* Rezente Eiskristalle in meerischen Sedimenten und fossile Eiskristall-Spuren. Senckenbergiana 17, 1935

*Hafsten, U.:* A subdivision of the Late Pleistocene period. PPP 7, 1970

*Hallam, A.:* Provinciality in Jurassic faunas. In: *Middlemiss* et al. 1971. — Provinciality, diversity and extinction of Mesozoic marine invertebrates in relation to plate movements. In: *Tarling & Runcorn* 1973

*Hamilton, W.:* The Hallett volcanic province, Antarctica. GS ProfP 456—C, 1972

*Hammen, Th. van der:* A palynological study on the Quaternary of Brit. Guiana. Leidse Geol. Med. 29, 1963. — Paläoklima, Stratigraphie und Evolution. GR 54, 1964. — Changes in vegetation and climate in the Amazon Basin and surrounding areas during the Pleistocene. Geol. Mijnb. 51, 1972

*Hammen, Th. v. d., E. Gonzalez:* Holocene and late Glacial climate and vegetation of Paramo de Palacio. Geol. en Mijnb. 39, 1960

*Hammen, Th. v. d., G. C. Maarleveld, J. C. Vogel, W. H. Zagwijn:* Stratigraphy, climatic succession and radiocarbon dating of the Last Glacial in the Netherlands. Geol. en Mijnb. 46, 1967

*Hammen, Th. v. d., T. A. Wijmstra, W. H. Zagwijn:* The floral record of the Late Cenozoic of Europe. In: *Turekian* 1971

*Handlirsch, A.:* Die Bedeutung der fossilen Insekten für die Geologie. Mitt. Geol. Ges. Wien 3, 1910

*Hann, J. v., K. Knoch:* Handbuch der Klimatologie. 4. Aufl. Stuttgart 1932

*Hansen, S.:* Varvity in Danish and Scanian Late-Glacial deposits. Danm. Geol. Und. II, 63, 1940

*Hantke, R.:* Die fossile Flora der obermiozänen Oehningen-Fundstelle Schrotzburg. Denkschr. Schweiz. Nat. Ges. 80, 1954

*Harland, W. B.:* Critical evidence for a great Infra-Cambrian glaciation. GR 54, 1964. — Fleur de Lys „tilloid". AAPG Mem. 12, 1969. — The Ordovician Ice Age. Geol. Mag. 109, 1972

*Harland, W. B., J. L. F. Hacker:* „Fossil" lightning strikes 250 Million years ago. Advanc. Sci. 1966

*Harland, W. B., K. N. Herod, D. H. Krinsley:* The definition and identification of tills and tillites. Earth Sci. Rev. 2, 1966

*Harper, G.:* Periglacial evidence in Southern Africa during the Pleistocene epoch. PAf 4, 1969

*Harrassowitz, H. L. F.:* Laterit. Fortschr. Geol. Pal. IV, 14, 1926

*Harrington, H. J.:* Las corrientes de barro („mud flows") de „El volcan". Rev. Soc. Geol. Argent. 1, 2, 1946. — Paleogeographic development of South America. BAAPG 46, 1962

*Harris, S. A., Rh. W. Fairbridge:* Ice-age meteorology. In: Encycl. Atm. Sci. (ed. *Fairbridge*) N. York 1967

*Harris, T. M.:* Forest fire in the Mesozoic. J. Ecol. 46, 1958

*Haskell, T. R., J. P. Kennett, W. M. Prebble:* Basement and sedimentary geology of the Darwin glacier area. In: *Adie* 1964

*Hatfield, C. B., M. J. Camp:* Mass extinctions correlated with periodic galactic events. GSAB 81, 1970

*Haude, R.:* Die Entstehung von Steinsalz-Pseudomorphosen. NJ Mh 1970

*Hawkes, L.:* Discussion of the erratics in the Cambridge Greensand. QJGS 99, 1943

*Hays, J. D.:* Climatic record of Late Cenozoic Antarctic ocean sediments. PAf 5, 1969

*Heie, O. E., W. Friedrich:* A fossil specimen of the N. American Hickory aphid found in Tertiary deposits in Iceland. Entom. Scand. 2, 1, 1971

*Heim, Alb.:* Geologie der Schweiz. I—II. Leipzig 1919—23. — Bergsturz und Menschenleben. Zürich 1932

*Heim, Arn.:* Über submarine Sedimentation und chemische Sedimente. GR 15, 1924

*Helal, A. H.:* On the occurrence and stratigraphic position of Permo-Carboniferous tillites in Saudi-Arabia. GR 54, 1964

*Helwig, J.:* Stratigraphy, sedimentation and Paleoclimates of the Carboniboniferous and Permian of Bolivia. BAAPG 56, 1972

*Hempel, G., G. Weise:* Klima und Sedimentation im jüngsten Ordovizium Thüringens. Mber. Dtsch. Akad. Wiss. Berlin 9, 1967

*Hermes, K.:* Der Verlauf der Schneegrenze. Geogr. Taschenb., Wiesbaden 1964

*Herschel, J. F.:* On the astronomical causes which may influence geological phenomena. Trans. Geol. Soc. 3 2nd ser., 1830

*Hesemann, J.:* Norddeutsches Quartär (1961—1972). Zbl. Geol. Pal. I, 1973

*Hibbard, C. W.:* An interpretation of Pliocene and Pleistocene climates in N. America. Ann. Rep. Michig. Acad. Sci. 62, 1960

*Hill, D.:* Sakmarian geography. GR 47, 1959

*Hilten, D. van:* Evaluation of some geotectonic hypotheses by paleomagnetism. Tectonophys. 1, 1964

*Hintze, E.:* Biostratonomische Betrachtungen zur Karte eines umgebrochenen miozänen Braunkohlenwaldes im Tagebau „Vergißmeinnicht". Braunk. 33, 1934

*Hölder, H.:* Geologie und Paläontologie in Texten und ihrer Geschichte. Freiburg — München 1960

*Höllermann, P.:* Zurundungsmessungen an Ablagerungen im Hochgebirge. Z. Geomorph. Suppl. 12, 1971

*Hoen, E. W.:* The anhydrite diapirs of central western Axel Heiberg Island. Ax. Heibg. Isld. Res. Rep., McGill Univ., Geol., 2, 1964

*Hoffmann, F.:* Sedimente einer ariden Klimaperiode zwischen Siderolithikum und Molasse in Lohn, Kanton Schaffhausen, u. am Rheinfall. Eclog. geol. Helv. 53, 1960

*Hoffmann, P.:* Evolution of an early Proterozoic continental margin. Phil. Trans. R. Soc. London A 273, 1973

*Holland, C. H.:* Silurian faunal provinces? In: *Middlemiss* et al., 1971

*Hollin, J. T.:* On the glacial history of Antarctica. J. Glac. 4, 32, 1962. — Wilson's theory of ice ages. Nature 208, 1965. — The Antarctic ice sheet and the Quaternary history of Antarctica. PAf 5, 1969. — Interglacial climate and Antarctic ice surges. Quat. Res. 2, 1972

*Hollingworth, S. E.:* The climatic factor in the geological record. QJGS 118, 1962

*Holtedahl, O., S. Föyn, P. H. Reitan:* Aspects of the geology of north. Norway. IntGC Kopenh., Guide A 3, 1960

*Holz, H. W.:* Geologie der Höhlen von Ründeroth und Wiehl. Decheniana 113, 1960

*Hopkins, D. M.* (ed.): The Bering Land Bridge. Stanford 1967. — The paleo-

geography and climatic history of Beringia during Late Cenozoic time. Inter-Nord 12, 1972. — Changes in oceanic circulation and Late Cenozoic cold climates. IntGC Montreal, 24, 1972

*Hopkins, D. M., Th. N. V. Karlstrom:* Permafrost and ground water in Alaska. GS ProfP 264, 1955

*Hopkins, D. M., J. V. Matthews, J. A. Wolfe, M. L. Silberman:* A Pliocene flora and insect fauna from the Bering Strait Region. PPP 9, 1971

*Hoppe, G.:* Glacial morphology and inland ice recession in N. Sweden. Geogr. Ann. 41, 1959

*Hoppe, W.:* Das Klima des Thüringer Buntsandsteins. Geologie 21, 1972

*Horwitz, R. C.:* Pangaea and some units in the Precambrian and the Palaeozoic. Tectonophys. 4, 1967

*Hoshiai, M., K. Kobayashi:* A theoretical discussion on the so-called „snow-line", with reference to the temperature during the last Glacial Age in Japan. Jap. J. Geol. Geogr. 28, 1957

*Hoyle, F., R. A. Littleton:* The effect of interstellar matter on climatic variation. Proc. Cambridge Phil. Soc. 35, 1939

*Huckriede, R.:* Ein [14]C-Wert für den Pluvial-Kalk von Sodiri, Kordofan, Republik Sudan. Geologica et Palaeontol. 6, 1972

*Hudson, R. G. S.:* Discussion (zu *L. C. King*). QJGS 114, 1958

*Hüttner, R.:* Bunte Trümmermassen und Suevit. Geol. Bavar. 61, 1969

*Humboldt, A. v.:* Über die Entbindung des Wärmestoffs als geognostisches Phänomen betrachtet. Moll's Jb. Berg- u. Hüttenkd. III, 1799. — Über den Bau und die Wirkungen der Vulkane in verschiedenen Erdstrichen. Abh. Kgl. Akad. Wiss. Berlin 1823

*Hume, J. D., M. Schalk:* The effects of ice-push on Arctic beaches. AJS 262, 1964

*Hunkins, K., A. W. H. Bé, N. D. Opdyke, G. Matthieu:* The Late Cenozoic history of the Arctic Ocean. In: *Turekian* 1971

*Huntington, E., S. S. Visher:* Climatic changes, their nature and causes. N. Haven 1922

**I**

*Illies, H.:* Geologie der Gegend von Valdivia (Chile). NJ Abh 111, 1960

*Imbrie, J.:* Correlation of the climatic record of the Camp Century ice core with foraminiferal paleotemperature curves from North Atlantic deep-sea cores. GSA Abstr. 4 (7), Oct. 1972

*Imbrie, J., W. S. Broecker:* Wisconsin climates recorded in Atlantic deep-sea cores. Abstr. GSA meet. 1970

*Imbrie, J., N. G. Kipp:* A new micro-paleontological method for quantitative paleoclimatology. In: *Turekian* 1971

*Irving, E.:* Paleomagnetism. N. York etc. 1964

*Irving, E., W. A. Robertson:* The distribution of continental crust and its relation to Ice Ages. In: *R. A. Phinney* (ed.), The history of the Earth's crust. Princeton 1968

*Isotta, C. A. L., A. C. Rocha-Campos, R. Yoshida:* Striated pavement of the Upper Pre-Cambrian glaciation in Brazil. Nature 222, 1969

*Iversen, J.:* Sekundärer Pollen als Feh-lerquelle. Danm. Geol. Unders. IV, 2, 1936

*Ives, R. L.:* An astronomical hypothesis to explain Permian glaciation. J. Franklin Inst. 230, 1940. — Desert ripples. AJS 244, 1946. — An early report of ancient lakes in the Bonne-ville Basin. JG 56, 1948

J

*Jaanusson, V.:* Aspects of carbonate se-dimentation in the Ordovician of Bal-toscandia. Lethaia 6, 1973

*Jacob, H.:* Untersuchungen über die Be-ziehung zwischen dem petrographischen Aufbau von Weichbraunkohlen und der Brikettierbarkeit. Freib. Forsch. H., A 45, 1956

*Jacob, K.:* A brief summary of the strati-graphy and palaeontology of the Gond-wana System. [Indien]. IntGC Alger, Symp. Gondw., 1952

*Jacobacci, A.:* Frane sottomarine nelle formazioni geologiche. Boll. Serv. Geol. Ital. 86, 1965

*Jepsen, H. F.:* The Precambrian, Eocam-brian and early Paleozoic stratigraphy of the Jörgen Brönlund Fjord area, Peary Land, N. Greenland. Medd. Grönld. 192, 1971

*Jessup, R. W., R. M. Norris:* Cainozoic stratigraphy of the Lake Eyre Basin. J. Geol. Soc. Austr. 18, 1971

*Joleaud, L.:* Atlas de paléobiographie. Paris 1939

*Jonsson, J.:* Outline of the geology of the Hornarfjördur region. Geogr. Ann. 36, 1954

*Jordan, P.:* Die Expansion der Erde. Braunschweig 1966. (The expanding Earth. Oxford etc. 1971)

*Judson, Sh., R. E. Barks:* Microstriations on polished pebbles. AJS 259, 1961

*Jüngst, H.:* Paläogeographische Auswer-tung der Kreuzschichtung. Geol. Meere u. Binneng. 2, 1938

*Jung, W.:* Blatt- und Fruchtreste aus der Oberen Süßwassermolasse von Massen-hausen (Oberbayern). Palaeontogr. B, 112, 1963

*Jux, U.:* Über Alter und Entstehung von Decksand und Löß, Dünen und Wind-schliffen an den Randhöhen des Ber-gischen Landes östlich von Köln. — NJ Abh 104, 1956

*Jux, U., E. E. K. Kempf, U. Manze:* Schichtenfolge der marinen Oberkreide bei Bande Amir (Zentral-Afghanistan). NJ Mh 1971

K

*Kaiser, E.:* Über Fanglomerate, besonders im Ebrobecken. Sitz. ber. Bay. Akad. Wiss., Math.-nat. Kl. 1927

*Kaiser, K.:* Geologische Untersuchungen über die Hauptterrasse in der Nieder-rheinischen Bucht. Sonderveröff. Geol. Inst. Köln 1, 1956. — Die Talasymme-trien des Erftbeckens als Zeugen des jungpleistozänen Periglazialklimas. De-cheniana 111, 1958. — Wirkungen des pleistozänen Bodenfrostes in den Sedi-menten der Niederrheinischen Bucht. EuG 9, 1958. — Klimazeugen des peri-glazialen Dauerfrostbodens in Mittel- und Westeuropa. EuG 11, 1960. — Ausbildung und Erhaltung von Regen-tropfen-Eindrücken. Sonderveröff. Geol. Inst. Köln 13, 1967. — Prozesse und Formen der ariden Verwitterung am Beispiel des Tibesti-Gebirges. Berliner Geogr. Abh. 16, 1972

*Karlstrom, Th. N. V.:* The glacial history of Alaska: its bearing on paleoclimatic theory. ANY 95, 1, 1961

*Katz, H. R.:* Late Precambrian to Cam-brian stratigraphy in East Greenland. In: *Raasch* 1961

*Katzung, G.:* Die Geröllführung des Le-derschiefers [Ordovizium, Thüringen]. Geol. 10, 1961

*Keast, A.:* Contemporary biotas and the separation sequence of the southern continents. In: *Tarling & Runcorn* 1973

*Keller, B. M.:* [Die großen Vereisungen in der Erdgeschichte]. Sowj. Geol. 1972 (Russ.)

*Keller, B. M., V. G. Korolev, M. A. Semikhatov, N. M. Chumakov:* The main features of the Late Proterozoic paleogeography of the USSR. IntGC Prag, Dokl. sowj. geol., 1968 (Russ.)

*Keller, B. M., B. S. Sokolov:* The Late Precambrian of the northern Murmansk region. Dokl. 133, 1960

*Kemp, E. M.:* Reworked palynomorpha from the West Ice Shelf area, East Antarctica. Mar. Geol. 13, 1972

*Kemper, E.:* Beobachtungen an obereozänen Riffen am Nordrand des Ergene-Beckens (Türk. Thrazien). NJ Abh. 125, 1966

*Kempf, E. K.:* Das Holstein-Interglazial von Tönisberg. EuG 17, 1966

*Kempter, E.:* Die jungpaläozoische Sedimentation von Süd-Scoresby Land. Medd. Grönld. 164, 1, 1961

*Kennett, J. P., N. D. Watkins, P. Vella:* Paleoclimatic chronology of Pliocene-Early Pleistocene climates and the Plio-Pleistocene boundary in New Zealand. Sci. 171, 1971

*Kent, D., N. D. Opdyke, M. Ewing:* The pattern of climatic change in the North Pacific using ice rafted detritus as a climatic indicator. Abstr. GSA meet. 1970

*Kerner-Marilaun, F.:* Paläoklimatologie. Berlin, 1930

*Kersen, J. F. v.:* Bauxite deposits in Suriname and Demerara. Leidse Geol. Med. 21, 1956

*Kessler, A.:* Globalbilanzen von Klimaelementen. Ber. Inst. Meteor. T. H. Hannover 3, 1968

*Kind, N. V.:* Late Quaternary climatic changes and glacial events in the Old and New World — radiocarbon chronology. IntGC Montreal 24, sect. 12, 1972

*Kindle, E. M.:* Sedimentation in a glacial lake. JG 38, 1930

*King, L. C.:* Basic palaeogeography of Gondwanaland during the late Paleozoic and Mesozoic eras. QJGS 114, 1958. — The palaeoclimatology of Gondwanaland during the Palaeozoic and Mesozoic eras. In: *Nairn* 1961

*Kirchheimer, F.:* Träufelspitzige Regenblätter in miozänen Tertiärfloren. Biol. Cbl. 49, 1929. — Grundzüge einer Pflanzenkunde der deutschen Braunkohlen. Halle, 1937. — Die Laubgewächse der Braunkohlenzeit. Halle, 1957

*Klebelsberg, R. v.:* Handbuch der Gletscherkunde und Glazialgeologie. I. II. Wien, 1948

*Klotz, G.:* NEUSTADT, M. I., Die Vegetationsgeschichte der USSR im Holozän nach Ergebnissen der Pollenanalyse. Wiss. Z. Univ. Halle 4, 1955

*Klotz, G.:* Die wichtigsten Etappen der Vegetationsentwicklung auf dem Boden der USSR vom Beginn des Mesozoikums bis zum Ausgang des Tertiärs nach Ergebnissen der Sporen- und Pollenanalyse. Wiss. Z. Univ. Halle 5, 1955

*Klute, F.:* Die Bedeutung der Depression der Schneegrenze für eiszeitliche Probleme. Z. Gletsch. 16, 1928 — Das Klima Europas während des Maximums der Weichsel-Würmeiszeit und die Änderungen bis zur Jetztzeit. Erdk. 5, 1951

*Knetsch, G.:* Allgemeingeologische Beobachtungen aus Ägypten. NJ Abh 99, 1954

*Kobayashi, T.:* On the climatic bearing of the Mesozoic floras in eastern Asia. Japan. J. Geol. Geogr. 18, 1942

*Kobayashi, T., T. Shikama:* The climatic history of the Far East. In: *Nairn* 1961

*Koch, B. E.:* Review of fossil floras and nonmarine deposits of West Greenland. GSAB 75, 1964

*Köppen, W.:* Lufttemperatur, Sonnenflecken und Vulkanausbrüche. Met. Z. 31, 1914. — Grundriß der Klimakunde Berlin—Leipzig, 1931

*Köppen, W., A. Wegener:* Die Klimate der geologischen Vorzeit. Berlin, 1924 (Ergänzungen von *W. Köppen* 1940)

*Komarow, A. G.:* [Polwanderung in der Erdgeschichte.] Priroda 1960 (Russ.)

*Korn, H.:* Schichtung und absolute Zeit. NJBB 74, A, 1938

*Kossovich, N. L.:* [Über die Unterschiede in der anatomischen Struktur der Nord- und Südseiten in Koniferenstämmen.] Bot. Shurn. 20, 1935

*Kräusel, R.:* Palaeobotanical evidence of climate. In: *A. E. M. Nairn* (ed.) 1961

*Krames, K.:* Stubbenuntersuchungen im Braunkohlentagebau der Grube Berrenrath. Braunkohle 8, 1956

*Kranck, E. H.:* Gypsum tectonics on Axel Heiberg Island, NW territories, Canada. In: *Raasch*, I, 1961

*Krassilov, V. A.:* Climatic changes in

Eastern Asia as indicated by fossil floras. I. Early Cretaceous. PPP 13, 1973

*Kraus, E. B.:* Physical aspects of deduced and actual climatic change. ANY 95, 1, 1961

*Krejci-Graf, K.:* Zur Kritik von Vereisungszeichen. Senckenbergiana 9, 1927. — Spuren von Hagelkörnern. Nat. u. Mus. 57, 1927

*Krige, L. J.:* Magmatic cycles, continental drift and ice ages. Proc. Geol. Soc. S. Afr. 32, 1929

*Krisl, P.:* Der tiefere Sandsteinkeuper in Nordfranken. Erlang. geol. Abh. 75, 1969

*Krivan, P.:* La division climatologique du Pleistocéne en Europe centrale et le profil de loess de Paks. Ann. Inst. Geol. Publ. Hungar. 43, 3, 1955

*Kröner, A.:* Late-Precambrian correlation and the relationship between the Damara and Nama systems of SW Africa. GR 60, 1971

*Kröner, A., K. Rankama:* Late Precambrian glaciogenic sedimentary rocks in S. Africa. Univ. Cape Town, Dept. Geol., Precambr. Res. Unit, Bull. 11, 1972

*Krook, M.:* Interstellar matter and the solar constant. In: *Shapley* 1953

*Krotow, B. P.:* [Klimatische Gesetzmäßigkeiten der heutigen Lage der Eisen- und Aluminium-Lagerstätten auf der Erde.] Dokl. 121, 1958 (Russ.)

*Krumbein, W. C., L. L. Sloss:* Stratigraphy and sedimentation. 2. Aufl. S. Francisco, 1963

*Krynine, P. D.:* Arkose deposits in the humid tropics. AJS (5) 29, 1935. — The origin of red beds. Trans. N. York Acad. Sci. II, 2, 1949

*Kuenen, Ph. H.:* Sand-its origin, transportation, abrasion and accumulation. Geol. Soc. S. Afr. 62, Annex., 1959

*Kugler, H. G.:* Sedimentary volcanism. Trans. 4th Carib. Geol. Conf. (1965) 1968

*Kugler, H. G., J. B. Saunders:* Occurrence of armored mud-balls in Trinidad, West-Indies. JG 67, 1959

*Kukal, Z.:* Geology of recent sediments. Prag—London 1971

*Kukla, J.:* The cause of the Holocene climate change. Geol. en Mijnb. 48, 1969. — Correlation between loesses and deep-sea sediments. GFF 92, 1970

*Kukla, G. J., H. J.:* Insolation regime of interglacials. Quat. Res. 2, 1972

*Kulling, O.:* Traces of the Varanger Ice Age in the Caledonides. Sver. Geol. Und. C, 503, 1951

*Kummel, B., C. Teichert:* Relations between the Permian and Triassic formation in the Salt Range and Trans-Indus Ranges. NJ Abh 125, 1966

*Kvasov, D. D.:* Postulate einer Eiszeit-Theorie. EuG 22, 1971

L

*Lachenbruch, A. H.:* Mechanics of thermal contractions cracks and ice-wedge polygons in permafrost. GSA Spec. Pap. 70, 1962

*Lacroix, A.:* Les fulgurites du Sahara. C. R. Acad. Sci. Colon. 25, 1936. — Nouvelles observations sur les fulgurites du Sahara. Bull. Serv. Mines Afr. Occ. Fr. 6, 1942

*Ladd, H. S., J. I. Tracey, J. W. Wells, K. O. Emery:* Organic growth and sedimentation on an atoll. JG 58, 1950

*Laitikari, A.:* Hauptzüge der Erzforschung in Finnland. GR 32, 1942

*La Marche, V. C.:* Distribution of Pleistocene glaciers in the White Mts. of California and Nevada. GSProfP 525-C, 1965

*Lamb, H. H.:* Fundamentals of climate. In: *Nairn* 1961. — Climatics changes and variations in the atmospheric and ocean circulations. GR 54, 1964. — Volcanic dust in the atmosphere. Phil. Trans. Roy. Soc. London A, 266, 1970. — Climates and circulations regimes developed over the northern hemisphere during and since the last Ice Age. PPP 3, 1971. — Climate: Present, Past and Future. I. London 1972

*Lamb, H. H., A. Woodcroffe:* Atmospheric circulation during the Last Ice Age. Quat. Res. 1, 1, 1970

*Land, L. S., F. T. Mackenzie, S. J. Gould:* Pleistocene history of Bermuda. GSAB 78, 1967

*Langway, Ch. C.:* Stratigraphic analysis of a deep ice core from Greenland. GSA Spec. Pap. 125, 1970

*Leckwijck, W. van, P. Macar:* Les structures périglaciaires antérieures au Wurm en Belgique. Biul. peryglac. 9, 1960

*Le Danois, E.:* Le rythme des climats dans l'histoire de la terre et de l'humanité. Paris. 1950

*Leed, H.:* Permian reef-building corals from North Auckland Peninsula, New Zealand. N. Z. Dept. Sci. Industr. Res., Geol. Surv., Pal. Bull. 25, 1956

*Leffingwell, K.:* Ground-ice wedges the dominant form of ground-ice on the north coast of Alasca. JG 23, 1915 (vergl. auch GSProfP 109, 1919)

*Leinz, V.:* Petrographische und geologische Beobachtungen an den Sedimenten der permokarbonischen Vereisungen Südbrasiliens. NJBB, B, 79, 1938

*Lepersonne, J.:* Quelques problèmes de l'histoire géologique de l'Afrique au sud du Sahara, depuis la fin du Carbonifère. Ann. Soc. Géol. Belg. 84, 1960

*Liese, W., H. E. Dadswell:* Über den Einfluß der Himmelsrichtung auf die Länge der Holzfasern. Holz als Roh- u. Werkstoff 17, 1959

*Lieth, H.:* The role of vegetation in the carbon dioxyde content of the atmosphere. J. Geophys. Res. 68, 1963

*Lietz, J., M. Schwarzbach:* Neue Fundpunkte von marinem Tertiär auf der Atlantik-Insel Porto Santo. NJMh 1970. — Quartäre Sedimente und ihre paläoklimatische Deutung auf der Atlantik-Insel Porto Santo. EuG 22 (1971) 1972

*Linck, O.:* Die sogenannten Steinsalz-Pseudomorphosen als Kristall-Relikte. Abh. Senck. Nat. Ges. 470, 1946

*Lindsay, J. F.:* Depositional environment of Paleozoic glacial rocks in the Central Transantarctic Mts. GSAB 81, 1970. — The nature of the Palaeozoic glaciation in Antarctica. Gondw. II, 1970. — Ventifact evolution in Wright Valley, Antarctica. GSAB 84, 1973. — Reversing barchan dunes in lower Victoria Valley, Antarctica. GSAB 84, 1973

*Lindsey, D. A.:* Glacial sedimentology of the Precambrian Gowganda Formation. GSAB 80, 1969. — Glacial marine sediments in the Precambrian Gowganda Formation at Whitefish Falls, Ontario. PPP 9, 1971

*Lindström, M.:* Cold age sediment in Lower Cambrian of S. Sweden. Geologica et Palaeontol. 6, 1972 (a). — Ice-marked sand grains in the Lower Cambrian of Sweden. ibid. 6, 1972 (b)

*Livingstone, D. A.:* Theory of the Ice Ages. Sci. 129, 1959

*Lohmann, H. H.:* Paläozoische Vereisungen in Bolivien. GR 54, 1964

*Lona, F.:* Prime analisi pollinologiche sui deposti Terziari-Quaternari di Castell' Arquato. Boll. Soc. Ital., 1962. — Correlazioni tra alcune sequence micropaleobotaniche plio-pleistoceniche continentali e marine dell'Italia. L'Ateno Parmense., Act. Nat. VII, 2, 1971

*Long, W. E.:* The stratigraphy of the Horlick Mts. In: *Adie* 1964

*Lotze, F.:* Steinsalz und Kalisalze. I. 2. Aufl. Berlin 1957

*Louis, H.:* Die Form der norddeutschen Bogendünen. Z. Geomorph. 4, 1929. — Die Spuren eiszeitlicher Vergletscherung in Anatolien. GR 34, 1944. — Geomorphologie. 3. Aufl. Berlin, 1968

*Lowenstam, H. A.:* Factors affecting the aragonite: calcite ratios in carbonate-secreting marine organisms. JG 62, 1954. — Niagaran reefs of the Great Lakes area. GSA Mem. 67, 1957

*Lowenstam, H. A., S. Epstein:* Palaeo-temperatures of the Post-Aptian Cretaceous as determined by the oxygen isotope method. JG 62, 1954

*Lozek, V.:* Mollusken der tschechoslowakischen Quartärs. Rozpr. Ust. ust. geol. 17, 1955. — Über die malakozoologische Charakteristik der pleistozänen Warmzeiten. Ber. dtsch. Ges. geol. Wiss. A, 14, 1969

*Lull, R. S.:* Organic evolution. N. York, 1948

*Lundquist, G.:* Blockens orientierung; olika jordarter. Sver. Geol. Und. C, 497, 1948

*Lungershausen (Lungersgausen), G. F.:* [Perodizität bei Klimaänderungen während der vergangenen geologischen Perioden.] Dokl. 108, 1956 (Russ.). — [Traces of glaciations in late Pre-Cambrian of South Sibiria and Urals.] IntGC Mexico, Dokl. sowj. geol., 1960 (Russ.)

*Luyendyk, B. P., D. Forsith, J. D. Phillips:* An experimental approach to the palaeocirculation of the oceanic surface waters. GSAB 83, 1972

*Lyell, Ch.:* On fossil rainmarks of the Recent, Triassic, and Carboniferous period. QJGS 7, 1851. — Principles of geology. 12. Aufl. London, 1875 (1. Aufl. 1830—1833)

*Lysgaard, L.:* Recent climatic fluctuations. Folia Geogr. Dan. 5, 1949

M

*Ma, T. Y. H.:* On the seasonal change of growth in a reef coral, Favia speciosa. Proc. Imp. Acad. Jap. 10, 1934. — On the seasonal growth in paleozoic tetracorals and the climate during the Devonian period. Paleont. Sinica, B, II, 3, 1937 (vergl. auch Research on the Past Climate and Contin. Drift, Taipei, 1956—57, u. IntGC Kopenhagen, Rep. 12, 1960)

*Maack, R.:* Über Vereisungsperioden und Vereisungsspuren in Brasilien. GR 45, 1957. — Kontinentaldrift und Geologie des südatl. Ozeans. Berlin 1969

*Maarleveld, G. C.:* Frost mounds. Meded. Geol. Sticht. 17, 1965

*Maass, D.:* Die „Tillite" vom Rio Choapa [Chile]. ZDGG 12 (1969) 1970

*Macdiarmid, R. A.:* The application of thermoluminiscence to geothermometry. Econ. Geol. 58, 1963

*Mac Ginitie, H. D.:* The Eocene Green River Flora of northwestern Colorado and northeastern Utah. Univ. Calif. Publ. Geol. Sci. 83, 1969

*Machens, E.:* Die Salinargürtel des afrikanischen Mesozoikums. Abh. Hess. L. A. Bodenf. 56, 1970

*Mackenzie, F. T.:* Bermuda Pleistocene eolianites and paleowinds. Sedimentol. 3, 1964

*MacNamara, E. E., T. Usselman:* Salt minerals in soil profiles and as surfacial crusts and efflorescences, coastal Enderby Land, Antarctica. GSAB 83, 1972

*Mädler, K.:* Die pliozäne Flora von Frankfurt am Main. Abh. Senck. Nat. Ges. 446, 1939

*Mägdefrau, K.:* Paläobiologie der Pflanzen. 4. Aufl. Stuttgart 1968

*Mägdefrau, K., H. Maeck:* Die fossile Pflanzen- und Tierwelt des interglazialen Kalktuffs von Dießen bei Horb. Fundber. Schwaben, 17, 1965

*Maignien, R.:* Review of research in laterites. Unesco, Paris 1966

*Malzahn, E.:* Devonisches Glazial im State Piaui, Brasilien. Beih. Geol. Jb. 25, 1957

*Mania, D.:* Paläoökologie, Faunenentwicklung und Stratigraphie des Eiszeitalters im mittleren Elbe/Saale-Gebiet auf Grund von Molluskengesellschaften. Beih. Z. Geol. 78/79, 1973

*Manley, G.:* The extent of the fluctuations shown during the "instrumental" period in relation to post-glacial events in NW-Europe. Quart. J. Roy. Met. Soc. 75, 1949

*Manze, U.:* Die Nervaturdichte der Blätter als Hilfsmittel der Paläoklimatologie. Sonderveröff. Geol. Inst. Köln 14, 1967

*Margolis, S. V., J. P. Kennett:* Cenozoic paleoglacial history of Antarctica recorded in Subantarctic deep-sea cores. AJS 271, 1971

*Margolis, S. V., D. H. Krinsley:* Submicroscopic frosting on eolian and subaqueous quartz sand grains. GSAB 82, 1971

*Mark, W. D.:* Fossil impressions of ice crystals in Lake Bonneville beds. JG 40, 1932

*Markow, K. K.:* [Paläogeographie.] 2. Aufl. Moskau, 1960 (Russ.). — The Pleistocene history of Antarctica. In: Péwé 1969

*Martin, H.:* The hypothesis of continental drift in the light of recent advances of geological knowledge in Brazil and in SW Africa. Geol. Soc. S. Afr. 64, Annex., 1961. — The direction of flow of the Itararé ice sheets in the Paraná basin. Bol. Paran. Geogr. 10, 1964. — Beobachtungen zum frühen jungpräkambrischen glazialen Ablagerungen in SW Afrika. GR 54, 1964

*Martin, H., K. Schalk:* Gletscherschliffe an der Wand eines U-Tales im nördlichen Kaokofeld, SW Afrika. GR 46, 1959

*Martin, H., O. H. Walliser, N. Wilczewski:* A goniatite from the glaciomarine Dwyka beds near Schilp, SW Afr. Gondw. II, 1970

*Martin, P. S., H. E. Wright jr. (eds.):* Pleistocene extinction. N. Haven 1967

*Martins, Ch.:* Von Spitzbergen zur Sahara. II. Jena 1868

*Mather, K. F., S. A. Wengerd:* Pleistocene age of the „Eocene" Ridgway till, Colorado. GSAB 76, 1965

*Matveev, A. K.:* [Weltkarte der Kohlenlagerstätten.] Moskau 1971

*Mayr, F.:* Durch Tange verfrachtete Gerölle bei Solnhofen und anderwärts. Geol. Bl. NO-Bay. 3, 1953

*Mazenot, G., A. Cailleux:* Cryoturbation et loess würmien de l'aérogare d'Orly. BSGF (6) 7, 1957

*Mazzullo, S. J.:* Length of the year during the Silurian and Devonian periods. GSAB 82, 1971

*McClintock, P., A. Dreimanis:* Reorientation of the till fabric by overriding glacier in the St. Lawrence valley. AJS 262, 1964

*McDonald, B. C.:* Late Quaternary stratigraphy in eastern Canada. In: Turekian 1971

*McElhinny, M. W.:* Palaeomagnetic results from Eurasia. In: *Tarling & Runcorn* 1973

*McElhinny, M. W., J. C. Briden:* Continental drift during th Palaeozoic. Earth Planet. Sci. Lett. 10, 1971

*McIntyre, A.* et al.: The glacial N. Atlantic 17 000 years ago. GSA Abstr. 4 (7), Oct. 1972

*McManus, D. A.:* Criteria of climatic change in inorganic components of marine sediments. Quat. Res. 1, 1970

*McQueen, D. M., C. K. Schamberger, L. Scharon, M. Halpern:* Cambro-Ordovician paleomagnetic pole position. Earth Planet. Sci. Lett. 16, 1972

*Mehta, D. R. S.:* Geschichte des Gondwana-Systems. Geologie 20, 1971

*Meier, M. F.:* Glaciers and climate. In: *H. E. Wright & Frey* 1965

*Mencher, E.:* The salinity of the ocean in relation to water vapor in the atmosphere and the level of the sea. JG 46, 1938

*Mercer, J. H.:* The discontinuous glacioeustatic fall in Tertiary sea level. PPP 5, 1968

*Mercer, J. H., R. F. Fleck, E. A. Mankinen, W. Sander:* Glaciation in southern Argentina before 3.6 M.y. ago and origin of the Patagonian gravels. GSA Abstr. 4 (7) Oct. 1972

*Mertens, R.:* Eine lebende Tuatara oder Brückenechse. Natur u. Volk 88, 1958

*Mesolella, K. J., R. K. Matthews, W. S. Broecker, D. L. Thurber:* The astronomical theory of climatic change: Barbados data. JG 77, 1969

*Meyerhoff, A. A.:* Continental drift. II. JG 78, 1970

*Meyerhoff, A. A., C. Teichert:* Continental drift. III. JG 79, 1971. — Discussion of paper by *D. I. Gough.* J. Geophys. Res. 76, 1971

*Middlemiss, F. A., P. F. Rawson, G. Newell:* Faunal provinces in space and time. Geol. J. Spec. Iss. 4, 1971

*Miki, Sh.:* Remains of Pinus koraiensis and associated remains in Japan. Bot. Mag. 89, 1956

*Milankovitch, M.:* Mathematische Klimalehre und astronomische Theorie der Klimaschwankungen. Klimat. I, A, 1930 (vergl. auch Hdb. Geophys., IX, 1938). — Kanon der Erdbestrahlung. Kgl. Serb. Akad. Belgrad, 1941

*Milanowski, E. E.:* [Über Spuren oberpliozäner Vereisung im Hochgebirgsteil des Zentral-Kaukasus.] Dokl. 130, 1960 (Russ.)

*Miller, A. A.:* Climatology. N. York, o.J.

*Miller, D. J.:* Late Cenozoic marine glacial sediments and marine terraces of Middleton, Island, Alaska. JG 61, 1953

*Millot, G.:* Géologie des argiles. Paris 1964

*Minder, L.:* Der Zürichsee als Eutrophierungsphänomen. Geol. Meere Binnengew. 2, 1938

*Mintz, Y.:* Temperature and circulation of the Venus atmosphere. Planet. Space Sci. 5 1961

*Misar, Z.:* Eine Bemerkung zur Stellung der archäischen Warwite in der Umgebung von Tampere in Finnland. NJMh. 1960

*Misch, P., J. C. Hazzard:* Stratigraphy and metamorphism of Late Precambrian rocks in Central NE Nevada and adjacent Utah. BAAPG 46, 1962

*Mitchell, J. M.:* Recent secular changes of global temperature. ANY 95, 1, 1961. — Theoretical paleoclimatology. In: *H. E. Wright & Frey* 1965. — The natural breakdown of the present interglacial and its possible intervention by human activities. Quat. Res. 2, 1972

*Mitin, N. E.:* [Neue Angaben über die Salz-Formation im NW Kaukasus.] Dokl. 147, 1962 (Russ.)

*Möller, F.:* On the influence of change in the $CO_2$ concentration in air. J. Geophys. Res. 68, 1963

*Mörner, N. A.:* Eustatic changes during the last 20 000 years and a method of separating the isostatic and eustatic factors in an uplifted area. PPP 9, 3, 1971. — When will the present interglacial end? Quat. Res. 2, 1972

*Mohr, E. C. J., F. A. v. Baren:* Tropical soils. Hague etc. 1954

*Mook, W. G.:* Paleotemperatures and chlorinites from stable carbon and oxygen isotopes in shell carbonate. PPP 9, 4, 1971

*Moore, G. W.:* Aragonite speleotherms as indicators of paleotemperature. AJS 254, 1956

*Moore, J. G.:* Base surges in recent volcanic eruptions. Bull. volc. 30, 1967

*Moore, R. C.:* The origin and age of the boulder-bearing Johns Valley shale in the Ouachita Mountains of Arkansas and Oklahoma. AJS (5) 27, 1934

*Moreau, R. E.:* Vicissitudes of the African biomes in the late Pleistocene. Proc. Zool. Soc. Lond. 141, 1963

*Mortensen, H.:* Temperaturgradient und

Eiszeitklima am Beispiel der pleistozänen Schneegrenzendepression in den
Rand- und Subtropen. Z. Geomorph.
1, 1957

*Moses, J. H., W. D. Michell:* Bauxite
deposits of Brit. Guiana and Surinam.
Econ. Geol. 58, 1963

*Mühlberg, F.:* Über die erratischen Bildungen im Aargau. Aarau 1869

*Mühlberg, M.:* Temperaturmessungen in
der Bohrung Tuggen. Ecl. geol. Helv.
36, 1943

*Müller, F.:* Beobachtungen über Pingos.
Medd. Grönld. 153, 1959

*Müller, G.:* Untersuchungen über die
Querschnittformen der Baumschäfte.
Forstw. Cbl. 77, 1958

*Müller, H.:* Pollenanalytische Untersuchung eines Quartärprofils durch die
spät- und nacheiszeitlichen Ablagerungen des Schleinsees (SW Dtschld.).
Geol. Jb. 79, 1962. — Eine pollenanalytische Neubearbeitung des Inter-
glazial-Profils von Bilshausen. Geol.
Jb. 83, 1965

*Mullen, R. E., D. A. Darby, D. L. Clark:*
Significance of atmospheric dust and
ice-rafting for Arctic Ocean sediment.
GSAB 83, 1972

*Murray, R. C.:* Late Keweenawan or
early Cambrian glaciation in Upper
Michigan. GSSA 66, 1955 (reply 67,
1956)

## N

*Nagata, T.:* Rock magnetism. Tokyo 1961

*Nairn, A. E. M.* (ed.): Descriptive palaeoclimatology. N. York 1961. —
(ed.) Problems in palaeoclimatology.
London etc. 1964

*Najdin, D. P., R. W. Tejs, M. S. Tschu-
pachin:* [Bestimmung klimatischer Verhältnisse einiger Regionen der USSR
während der Oberkreide unter Zugrundelegung der Isotopenpaläothermo-
metrie.] Geochim. 1956 (Russ.)

*Nakagawa, H., N. Niitsuma, C. Elmi:*
Pliocene and Pleistocene magnetic
stratigraphy in La Castella area,
S. Italy. Quat. Res. 1, 3, 1971

*Nestler, H.:* Die Rekonstruktion des Le-
bensraums der Rügener Schreibkreide-
Fauna (Unter-Maastricht). Geologie,
Beih. 49, 1965

*Neumayr, M.:* Über klimatische Zonen
während der Jura- und Kreidezeit.
Denkschr. Akad. Wiss. Wien, Math.-
nat. Kl., 47, 1883

*Neustadt (Nejstadt), M. I.:* [Die Vegetationsgeschichte der USSR im Holozän

nach Ergebnissen der Pollenanalyse.]
Moskau 1957 (russ.) (vergl. auch *Klotz*)

*Newell, N. D.:* Supposed Permian tillites
in Northern Mexico are submarine
slide deposits. GSAB 68, 1957

*Newell, N. D.,* et al.: The Permian reef
complex of the Guadeloupe Mountains
region, Texas and New Mexico. San
Francisco 1953

*Nichols, H.:* The post-glacial history of
vegetation and climate at Ennadai
Lake, Keewatin and Lynn Lake, Mani-
toba. EuG 18, 1967

*Nichols, R. L.:* Characteristics of beaches
formed in polar climates. AJS 259,
1961. — Geologic features demonstrat-
ing aridity of McMurdo Sound area.
AJS 261, 1963

*Niitsuma, N.:* Detailed study of the se-
diments recording the Matuyama-
Brunhes geomagnetic reversal. Sci. Rep.
Tohoku Univ., 2nd ser., 43, 1971

*Noakes, L. C.:* Upper Proterozoic and
Sub-Cambrian rocks in Australia.
IntGC Mexico, Symp. Cambr., II,
1956

*Nölke, F.:* Das Klima der geologischen
Vorzeit. Peterm. Geogr. Mitt. 74,
1928

*Norin, E.:* The Tarim Basin and its border
regions. Reg. Geol. d. Erde, 2, IV b,
1941

*Nossin, J. J.:* Occurrence and origin of
clay pebbles on the east coast of Jo-
horre, Malaya. J. Sed. Petrol. 31, 1961

## O

*Obuljen, A.:* Essai d'explication héliogéo-
physique des changements paleoclimati-
ques. In: Change of climates, Proc.
Rome Sympos. Unesco, 1963

*Oele, E., J. M. Mabesoone:* Origin of the
Stephanian red beds in the Ocejo Basin. Leidse Geol. Med. 28, 1963

*Öpik, E. J.:* Secular changes of stellar
structure and the Ice Ages. Monthly
Not. Roy. Astr. Soc. 110, 1950. — Ice
Ages. In: *D. R. Bates,* The Planet
Earth. London etc. 1957. — Climatic
change in cosmic perspektive. Icarus 4,
1965. — Climatic changes. Int. Diction.
of Geophysics, Oxford etc. 1968. —
Stellar interiors: the source of life and
death. Irish Astr. J. 9, 1969

*Oertel, G.:* A structural investigation of
the porphyritic basalts of Arthur's
Seat, Edinburgh. Trans. Edinb. Geol.
Soc. 14, III, 1952

*Olausson, E.:* Evidence of climatic

changes in North Atlantic deep-sea cores. Progr. Oceanogr. 3, 1965. — On the Würm-Flandrian boundary in deep-sea cores. Geol. en Mijnb. 48, 1969. — Le climat au Pleistocène et la circulation des océans. Rev. Géogr. phys. (2) 11, 1969. — Oceanographic aspects of the Pleistocene of Scandinavia. GFF 93, 1971

Olausson, E., U. C. Jonasson: The Arctic Ocean during the Würm and Early Flandrian. GFF 91, 1969

Oliver, R. L.: Geological observations at Plunket Point, Beardmore Glacier. In: Adie 1964

Olson, W. S.: Origin of the Cambrian — Precambrian unconformity. Am. Scient. 54, 1966

Olsson, J. U. (ed.): Radiocarbon variations and absolute Chronology (Nobel-Symposium 12), Stockholm 1970

Opdyke, N. D.: Palaeoclimatology and Continental drift. In: Runcorn 1962. — Paleomagnetism. In: A. E. Maxwell (ed.), The Sea, 4, 1, N. York etc. 1970

Opdyke, N. D., S. K. Runcorn: Wind direction in the western United States in the late Paleozoic. GSAB 71, 1960

Orlando, H. A.: The fossil flora of the surroundings of Ardley Peninsula [S. Shetland Islds.]. In: Adie 1964

Orton, J. H.: On the significance of „rings" on the shells of Cardium and other mollusces. Nature 112, 1923

Ostry, R. C., R. E. Deane: Microfabric analyses of till. GSAB 74, 1963

Otschew, W. G.: [Über das triadische Klima im SE des Europäischen Rußlands.] Istw. wysschich utschebn. saweden. 1960 (Russ.) [Zbl. Geol. II, 1963]

Ovenshine, A. Th.: Observations of iceberg rafting in Glacier Bay, Alaska, and the identification of ancient ice-rafted deposits. GSAB 81, 1970

Owen, H. B.: Bauxite in Australia. Commonw. Austr., Dept. Nat. Dev., Bur. Min. Res., Bull. 24, 1954

P

Page, W. D.: The paleoclimatic significance of gypsum soils, S. Tunisia. GSA Abstr. 4 (7), Oct. 1972

Peabody, F. E.: Annual growth zones in bone of Lower Permian vertebrates. GSAB 68, 1957

Pearson, R.: Animals and plants of the Cenozoic era. London 1964

Penck, A., E. Brückner: Die Alpen im Eiszeitalter. 3 Bd. Leipzig 1901—1909

Pepper, J. F., W. de Witt, D. F. Demarest: Geology of the Bedford Shale and Berea Sandstone in the Appalachian basin. GS ProfP 259, 1954

Perret, F. A.: The eruption of Mt. Pelée 1929—1932. Publ. Carnegie Inst. Wash. 458, 1937

Perry, W. J., H. G. Roberts: Late Precambrian glaciated pavements in the Kimberley region, W. Australia. J. Geol. Soc. Austr. 15, 1968

Pettijohn, F. J.: Sedimentary rocks. 2. Aufl. N. York, 1957

Petty, J. J.: The origin and occurrence of fulgurites in the Atlantik coastal plain. AJS 31, 1936

Péwé, T.: Multiple glaciation in the Mc Murdo Sound region, Antarctica. JG 68, 1960. — Ice wedges in Alaska. GSA Abstr., Spec. Pap. 76, 1964 (auch Biul. Peryglac. 15, 1966). — (ed.) The periglacial environment. Montreal 1969

Péwé, T. L., R. D. Reger: Modern and Wisconsinian snowlines in Alasca. IntGC Montreal, 12, 1972

Pfannenstiel, M.: Spuren von Eiskristallen im oberbadischen Wellenkalk. NJ BB 61, B, 1929

Pfeifer, H.: Zur Bildungsgeschichte von Hauptquarzit und Lederschiefer. Geologie 21, 1972

Philippi, E.: Über einige paläoklimatologische Probleme. NJ BB 29, B, 1910

Phleger, F. B.: Ecology and distribution of recent foraminifera. Baltimore 1960

Picard, K.: Kerkoboloide bei Husum. Schrift. naturw. Ver. Schlesw.-Holst. 34, 1963

Pihlainen, J. A., R. J. E. Brown, R. F. Legget: Pingo in the Mackenzie delta. GSAB 67, 1956

Pilgrim, L.: Versuch einer rechnerischen Behandlung des Eiszeitalters. Jber. Ver. vaterl. Nat. Württ. 60, 1904

Piper, J. D. A.: Geological interpretation of palaeomagnetic results from the African Precambrian. In: Tarling & Runcorn 1973

Pissart, A.: Les traces de „pingos" du Pays de Galles (Grande Bretagne) et du plateau des Hautes Fagnes (Belg.). Z. Geomorph. 7, 1963

Plafker, G.: Tectonic deformation associated with the 1964 Alaska earthquake. Sci. 148, 1965

Plass, G. N.: The carbon dioxide theory of climatic change. Tellus 8, 1956. —

The influence of infrared absorptive molecules on the climate. ANY 95, 1, 1961

*Plessmann, W.:* Strömungsmarken in klastischen Sedimenten und ihre geologische Auswertung. Geol. Jb. 78, 1961

*Plumstead, E. P.:* Palaeobotany of Antarctica. In: *Adie* 1964. — Recent progress and the future of palaeobotanical correlation in Gondwanaland. Gondw. II, 1970. — The enigmatic Glossopteris flora and uniformitarianism. In: *Tarling & Runcorn* 1973

*Polanski, J.:* Cenoglomerado del Quemado. Rev. Assoc. Geol. Argen. 15, 1961

*Poole, F. G.:* Wind directions in Late Paleozoic to Middle Mesozoic time on the Colorado Plateau. GSProfP 450—D, 1962

*Pop, G.:* La dynamique et l'évolution du paléoclimat paléogène de l'espace carpato-transsylvain. Stud. Univ. Babes-Bolyai, Cluj 1972

*Popov, A. I.:* Cartes des formations périglaciaires actuelles et pléistocènes en territoire de l'U.R.S.S. Biul. peryglac. 10, 1961

*Porrenga, D. H.:* Clauconite and chamosite as depth indicators in the marine environment. Mar Geol. 5, 1967

*Porter, S. C.:* Fluctuations of Late Pleistocene alpine glaciers in western North America. In: *Turekian* 1971. — Distribution, morphology, and size frequency of cinder cones on Mauna Kea Volcano, Hawaii. GSAB 83, 1972. — Pohakuloa diamicton on Mauna Kea, Hawaii: volcanic breccia or glacial drift? GSA Abstr. 5 (1), Febr. 1973

*Portmann ,J. P.:* Les méthodes d'étude pétrographique des dépôts glaciaires GR 45, 1956 (vgl. auch Z. Gletscherkd. 3, 1956)

*Poser, H.:* Auftautiefe und Frostzerrung im Boden Mitteleuropas während der Würm-Eiszeit. Naturwiss. 34, 1947. — Boden und Klimaverhältnisse in Mittel- und Westeuropa während der Würm-Eiszeit. Erdkd. 2, 1948

*Poser, H., Th. Müller:* Studien an den asymmetrischen Tälern des Niederbay. Hügellandes. Nachr. Akad. Wiss. Gött., Math.-Phys. Kl. 1951

*Potonié, R.:* Spuren von Wald- und Moorbränden in Vergangenheit und Gegenwart. Jb. Preuß. Geol. L. A. 49, II, 1928. — Zur Paläobiologie der karbonischen Pflanzenwelt. Naturwiss. 40, 1953

*Potzger, J. E., B. C. Tharp:* Pollen profile from a Texas bog. Ecol. 28, 1947

*Power, P. E.:* Clay mineralogy and paleoclimatic significance of some red regoliths and associated rocks in W. Colorado. J. Sed. Petrol. 39, 1969

*Price, S., J. C. Pales:* Local volcanic activity and ice nuclei concentration on Hawaii. Arch. Met. etc. A, 13, 1963

*Prior, D. B., N. Stephen:* Some movements pattern of temperature mudflows. GSAB 83, 1972

*Pryor, W. A.:* Petrology of the Weißliegendes sandstone in the Harz and Werra-Fulda areas. GR 60, 1971

R

*Raasch, G. O.:* The Baraboo monadnock and palaeo-wind direction. J. Alberta Soc. Petr. Geol. 5, 1958. — (ed.) Geology of the Arctic. I. II. Toronto 1961

*Ragosin, L. A.:* [Zur tertiären Vereisung des Altaj-Gebirges]. Trudy Tomsk Univ. 135, 1956 (Russ.)

*Ramsay, W.:* Orogenesis und Klima. Overs. Finska Vet. Soc. Förh. 52, A, 1910 (vergl. auch Geol. Mag. 61, 1924)

*Rankama, K.* (ed.): The Quarternary. I., II. N. York etc. 1965. 1967. — Proterozoic, Archaean and other weeds in the Precambrian rock garden. Bull. Geol. Soc. Finld. 42, 1970

*Rasool, S. I., C. De Bergh:* The runaway greenhouse and the accumulation of $CO_2$ in the Venus atmosphere. Nature 226, 1970

*Rathjens, C.:* Das Problem der Gliederung des Eiszeitalters in physisch-geographischer Sicht. Münch. Geogr. H. 6, 1954. — (ed.) Klimatische Geomorphologie. Darmstadt 1971

*Rattigan, O. B.:* Depositional, soft sediment and post-consolidation structures in a Paleozoic aqueoglacial sequence. J. Geol. Soc. Austral. 14, 1967

*Raup, D. M.:* The relation between water temperature and morphology in Dendraster. JG 66, 1958

*Raup, O. B.:* Clay mineralogy of Pennsylvanian redbeds [Colorado]. BAAPG 50, 1966

*Reading, H. G., R. G. Walker:* Sedimentation of Eocambrian tillites and associated sediments in Finnmark. PPP 2, 1966

*Reiche, P.:* An analysis of cross-lamination: The Coconino Sandstone. JG 46, 1938

Reid, E. M., M. E. J. Chandler: The London Clay flora. London, 1933

Reineck, H. E.: Marken, Spuren und Fährten in den Waderner Schichten bei Martinstein (Nahe). NJAbh. 101, 1955

Remy, H.: Zur Flora und Fauna der Villafranca-Schichten von Villaroya. EuG 9, 1958

Rensch, B.: Klima und Artbildung. GR 40, 1952

Repo, R.: Untersuchungen über die Bewegungen des Inlandeises in Nordkarelien. Bull. Comm. géol. Finld. 179, 1957

Revelle, R., Rh. W. Fairbridge: Carbonates and carbon dioxide. GSA Mem. 67, 1957

Richmond, G. M.: Stone nets, stone stripes, and soil stripes in the Wind River Mountains, Wyoming. JG 57, 1949

Richter, K.: Die Bewegungsrichtung des Inlandeises, rekonstruiert aus den Kritzen und Längsachsen der Geschiebe. Z. Geschiebef. 8, 1932

Richter-Bernburg, G.: Über salinare Sedimentation. ZDGG 105 (1953), 1955 (vgl. auch Naturw. 37, 1950, u. GR 49, 1960)

Rickwood, F. K.: The geology of the western highlands of New Guinea. J. Geol. Soc. Austr. 2 (1954), 1955

Rigg, G. B., H. R. Gould: Age of Glacier Peak eruption and chronology of postglacial peat deposits in Washington. AJS 255, 1957

Ringwood, A. E.: Changes in solar luminosity and some possible terrestrial consequences. Geochim. Cosmochim. Acta 21, 1961

Ritchie, J. C., F. K. Hare: Late Quaternary vegetation and climate near the Arctic tree line of NW North America. Quat. Res. 1, 1971

Rivière: Diskussion zu Mazenot & Cailleux 1957

Roberts, H. G., I. Gemuts, R. Halligan: Adelaidean and Cambrian stratigraphy of the Mt. Ramsay 1 : 250,000 sheet area, Kimberley region, W. Australia. Bur. Min. Res. Rep. 150, 1972

Roberts, J. D.: Late Precambrian glaciation: an anti-greenhouse effect? Nature 234, 1971

Robertson, J. A.: A long-axis clast fabric comparison of the Squantum „tillites"

and the Gowganda formation, J. Sed. Petrol. 41, 1971

Robertson, W. A.: Palaeomagnetic results from northern Canada suggesting a tropical Proterozoic climate. Nature 204, 1964

Robinson, P. L.: Palaeoclimatology and continental drift. In: Tarling & Runcorn 1973

Rocha-Campos, A. C.: The Tubarão group. In: Bigarella et al. 1967

Rod, E.: Geologic reconnaissance of upper Yapacahi river, Bolivia. BAAPG 44, 1960

Roedder, E.: Studies on fluid inclusions. II. Econ. Geol. 58, 1963

Röhrs, M.: Bemerkungen zur Bergmann'schen Regel. Festschr. G. Heberer (ed. G. Kurth). Stuttgart 1962

Rogers, A. F.: Sand fulgurites [California]. JG 54, 1946

Rognon, P., B. Biju-Duval, O. de Charpal: Modèles glaciaires dans l'Ordovicien supérieur saharien. Rev. Geogr. phys. geol. dyn. (2) 14, 1972

Rognon, P., O. de Charpal, B. Biju-Duval, O. Gariel: Les glaciations „siluriennes" dans l'Ahnet et le Mouydir. Serv. géol. Alger, Bull. 38, 1968

Rohdenburg, H.: Einführung in die klimagenetische Geomorphologie. 2. Aufl. Gießen 1971

Romer, A. S.: Palaeozoological evidence of climate. 1. In: Nairn 1961

Ronca, L. B.: Minimum length of time of frigid conditions in Antarctica as determined by thermoluminiscence. AJS 262, 1964

Ronca, L. B., E. J. Zeller: Thermoluminiscence as a function of climate and temperature. AJS 263, 1965

Rosholt, J. N. et al.: Absolute dating of deep-sea cores by the $P^{231}/Th^{230}$ method. JG 69, 1961

Rothausen, K.: Die Klimabindung der Squalodontoidea. Sonderveröff. Geol. Inst. Köln 13, 1967

Rowland, R. W., D. M. Hopkins: Comments on the use of Hiatella arctica for determining Cenozoic sea temperatures. PPP 9, 1971 (mit reply. F. Strauch)

Ruchin, L. B.: Grundzüge der Lithologie. Berlin, 1958

Ruddiman, W. F.: Pleistocene sedimentation in the Equatorial Atlantic. GSAB 82, 1971

Rudolff, H. v.: Die Schwankungen und Pendelungen des Klimas in Europa [seit 1670]. Die Wissenschaft 122, Braunschw. 1967

*Ruedemann, R.:* Climates of the Past in North America. In: Geol. of North Amer. (ed. *R. Ruedemann* & *R. Balk*), Berlin 1939

*Rüge, U.:* Weltweite Klimaschwankungen. Meteor. Abh. 51, 1965

*Ruhe, R. V.:* An estimate of paleoclimate in Oahu, Hawaii. AJS 262, 1964

*Ruhe, R. V., J. G. Cady, R. S. Gomez:* Paleosols of Bermuda. GSAB 72, 1961

*Runcorn, S. K.:* (ed.) Continental drift. N. York — London 1962. — (ed.) Palaeogeophysics. London —N. York 1970

*Russell, L. S.:* Body temperatures of dinosaurs and its relationship to their extinction. JP 39, 1965

*Rutford, R. H., C. Craddock, Th. W. Bastien:* Late Tertiary glaciation and sea-level changes in Antarctica. PPP 5, 1968

*Rutte, E.:* Der Albstein in der miozänen Molasse SW Deutschlands. ZDGG 105 (1953) 1955. — Kalkkrusten in Spanien. NJAbh 106, 1958

*Rutten, M. G.:* The geological aspects of the origin of life on the Earth. Amsterdam 1962

S

*Saemundsson, K.:* Vulkanismus und Tektonik des Hengill-Gebietes in SW Island. Act. Nat. Isl. II, 7, 1967

*Salmi, M.:* Die postglazialen Eruptionsschichten Patagoniens und Feuerlands. Ann. Acad. Sci. Fenn., A, III, 2, 1941. — The Hekla ashfalls in Finnland. C. R. Soc. Géol. Finld. 21, 1948. — Additional information on the findings in the Mylodon Cave at Ultima Esperanza. Act. Geogr. 14, 1955

*Salomon-Calvi, W.:* Die permokarbonischen Eiszeiten. Leipzig 1933

*Salop, L. I.:* Pre-Cambrian of the U.S.S.R. IntGC Prag, Proceed. 4, 1968

*Sanborn, E. I.:* The Comstock flora of West Central Oregon. Publ. Carn. Inst. Wash. 465, 1937

*Sandberg, C. G. S.:* Ist die Annahme von Eiszeiten berechtigt? Leiden 1937, 2. Teil 1940

*Sarytschew, G. A.:* Reise durch den NO-Teil Sibiriens. Gotha 1954

*Sato, T.:* A propos des courants océaniques froids prouvés par l'existence des ammonites d'origine arctique dans le Jurassique japonais. IntGC Kopenhagen, Rep. 12, 1960

*Sauramo, M.:* Die Geschichte der Ostsee. Ann. Acad. Sci. Fenn. A, III, 51, 1958

*Savage, N. M.:* A preliminary note on arthropod trace fossils from the Dwyka series in Natal. Gondw. II, 1970

*Savin, S. M., R. G. Douglas, F. G. Stehli:* Oxygen isotope paleotemperature studies of Tertiary ocean sediments. GSA Abstr. 4 (7), Oct. 1972

*Sayles, R. W.:* The Squantum tillite. Bull. Mus. Comp. Zool. Cambr. 56, 2, 1914. — Seasonal deposition in aqueo-glacial sediments. Mem. Mus. Comp. Zool. Cambr. 47, 1919. — Bermuda during the Ice Age. Proc. Amer. Acad. Sci. Arts 66, 1931

*Schafer, J. P.:* Some periglacial features in central Montana. JG 57, 1949

*Schejnmann, J. M.:* [Jungpaläozoische und mesokänozoische klimatische Zonen Ostasiens]. Bjul. Mosk. Obsch. Isyp. Prir., Geol. 29, 1954 (Russ.)

*Schell, J.:* Recent evidence about the nature of climate changes and its implications. ANY 95, 1, 1961

*Schenk, E.:* Die Mechanik der periglazialen Strukturböden. Abh. Hess. L. A. Bodenf. 13, 1955 (vgl. auch EuG 5, 1955)

*Schenk, P. E.:* SE Atlantic Canada, NW Africa, and continental drift. Canad. J. Earth Sci. 8, 10, 1971. — Possible Late Ordovician glaciation of Nova Scotia. Cand. J. Earth Sci. 9, 1971

*Schermerhorn, L. J. G.:* Terminology of mixed coarse-fine sediments. J. Sed. Petrol. 36, 1966. — Upper Ordovician glaciation in NW Africa? GSAB 82, 1971

*Schermerhorn, L. J. G., W. I. Stanton:* Tilloids in the West Congo geosyncline. — QJGS 119, 1963

*Schidlowski, M.:* Probleme der atmosphärischen Evolution im Präkambrium. GR 60, 1971

*Schindehütte, G.:* Die Tertiärflora des Basalttuffes vom Eichelskopf. Abh. Preuß. Geol. L. A. 54, 1907

*Schindewolf, O. H.:* Glaziale Erscheinungen im Oberdevon von Menorca. Akad. Wiss. Lit. Mainz, Abh. Math.-nat. Kl. 1951. — Über die jungpaläozoische Vereisung der Salt Range. NJ Abh 121, 1964

*Schirmeisen, K.:* Die geo- und biologischen Auswirkungen größerer Klimaschwankungen. Verh. Nat. Ver. Brünn 75, 1944

*Schloemer-Jäger, A.:* Alttertiäre Pflanzen aus Flözen der Brögger-Halbinsel Spitzbergens. Palaeontogr. B, 104, 1958 (vgl. auch Pal. Z. 30, 1956)

*Schmidt,, D. L., P. L. Williams:* Continental glaciation of Late Paleozoic age Pensacola Mts. Gondw. II, 1967

*Schmidt, W. J.:* Tektonisch entstandene gekritzte Geschiebe. NJMh 1954

*Schnitzer, W. A.:* Fulgurite und Pseudofulgurite aus Franken. Geol. Bl. NO-Bay. 18, 1968

*Schoeller, H.:* Le Quaternaire de la Saoura et du Grand Erg Occidental. Trav. Inst. Rech. Sahar. 3, 1945

*Schott, W.:* Stratigraphie rezenter Tiefseesedimente auf Grund der Foraminiferenfauna. GR 29, 1938

*Schove, D. J.:* Solar cycles and equatorial climates. GR 54, 1964

*Schove, D. J., A. E. M. Nairn, N. D. Opdyke:* The climate geography of the Permian. Geogr. Ann. 40, 1958

*Schubert, K.:* Neue Untersuchungen über Bau und Leben der Bernsteinkiefern. Beih. Geol. Jb. 45, 1961

*Schüller, A., S. H. Ying:* Das Sinian-System in China. Geologie 8, 1959

*Schulz, W.:* Über glazigene Schrammen auf dem Untergrund und sichelförmige Marken auf Geschieben in Norddeutschland. Geogr. Ber. 43, 1967

*Schwarzacher, W., K. Hunkins:* Dredged gravels from the central Arctic Ocean. In: *Raasch,* I, 1964

*Schwarzbach, M.:* Tierfährten aus eiszeitlichen Bändertonen. Z. Geschiebeforsch. 14, 1938. — Das diluviale Klima während des Höchststandes einer Vereisung. ZDGG 92, 1940. — Versteinerungen mit erhaltener Farbzeichnung aus Oberschlesien. Jber. Geol. Ver. Oberschles. 5, 1941. — Bionomie, Klima und Sedimentationsgeschwindigkeit im oberschlesischen Karbon. ZDGG 94, 1942. — Klima und Klimagürtel im Alttertiär. Naturw. 33, 1946. — Fossile Korallenriffe und Wegeners Drifthypothese. Naturw. 36, 1949 (a). — Zur Entstehung der Steinsalz-Pseudomorphosen. Nat. u. Volk 30, 1949 (b). — Ein Pseudo-Eiskeil aus den Albaner Bergen bei Rom. GR 40, 1952 (a). — Aus der Klimageschichte des Rheinlandes GR 40, 1952 (b). — Zur Frage des Zusammenhangs zwischen Erdölmutter gestein und Vorzeitklima. GR 40, 1952 (c). — Das Alter der Wüste Sahara. NJMh 1953 (a). — Orogenesen und

Eiszeiten. Naturw. 40, 1953 (b). — Eine Neuberechnung von Milankowitschs Strahlungskurve. NJMh 1954. — Allgemeiner Überblick der Klimageschichte Islands. NJMh 1955. — Die „Tillite" von Menorca und das Problem devonischer Vereisungen. Sonderveröff. Geol. Inst. Köln 3, 1958. — Der „Squantum-Tillit" bei Boston als Beispiel für die Problematik paläoklimatologischer Zeitmarken. GR 49, 1960 (a). — Die Eiszeit-Hypothese von Ewing u. Donn. ZDGG 112, 1960 (b). — The climatic history of Europe and North America. In: *Nairn* 1961 (a). — Das Klima der Vorzeit. 2. Aufl. Stuttgart 1961 (b). (Climates of the Past. London etc. 1963). — Zur Verbreitung der Strukturböden und Wüsten in Island. EuG 14, 1963. — Edaphisch bedingte Wüsten. Z. Geomorph. 8, 1964 (a). — Paläoklimatologische Eindrücke aus Australien. GR 54, 1964 (b). — Paläoklimatologische Eindrücke aus Neuseeland. EuG 16, 1965. — Bemerkenswerte Konglomerat-Verwitterung. Z. Geomorph. 10, 1966. — Methoden der Paläoklimatologie. In: *R. Brinkmann* (ed.), Lehrb. d. Allg. Geol. III, Stuttgart 1967. — Das Klima des rheinischen Tertiärs. ZDGG 118 (1966) 1968 (a). — Tertiary temperature curves in New Zealand and Europe. Tuatara 16, 1968 (b). — Neuere Eiszeithypothesen. EuG 19, 1968 (c) (auch Jb. Univ. Köln 1968 d). — Berühmte Stätten geologischer Forschung. Stuttgart 1970. — Vulkane, vom Paläoklimatologen betrachtet. Bonn. Meteor. Abh. 17 (Festschr. *Flohn*), 1972 (a). — Die primäre Ursache der Eiszeiten. Naturw. Rdsch. 25, 1972 (b). — The primary cause of Ice Ages. In: *Tarling & Runcorn* 1973

*Schwarzbach, M., H. Noll:* Geologischer Routenführer durch Island. Sonderveröff. Geol. Inst. Köln 20, 1971

*Schwarzbach, M., H. D. Pflug:* Das Klima des jüngeren Tertiärs in Island. NJAbh 104, 1956

*Schweitzer, H.-J.:* Die Makroflora des niederrheinischen Zechsteins. Fortschr. Geol. Rheinl. Westf. 6, 1960

*Scrutton, C. T.:* Evidence for monthly periodicity in the growth of some corals. In: *Runcorn* 1970

*Seeland, D. A.:* Cambrian winds of the North-Central and NE United States. GSA Abstr. pt. 7, 1969

Seibold, E.: Jahreslagen in Sedimenten der mittleren Adria. GR 47, 1958. — Organogene Bestandteile der marinen Sedimente. In: R. Brinkmann (ed.), Lehrb. d. Allg. Geol., I, 1964

Sekyra, J.: Frost action on the ground. Geotechn. 27, 1960

Selby, M. J., A. T. Wilson: The origin of the Labyrinth, Wright Valley. GSAB 82, 1971

Sellers, W. D.: Physical climatology. Chicago — London 1965

Selling, O. H.: On the Late Quaternary history of the Hawaiian vegetation. Honolulu 1948 (vgl. auch Svensk Bot. Tidskr. 45, 1951

Selzer, G.: Diluviale Lößkeile und Lößkeilnetze aus der Umgebung Göttingens. GR 27, 1936

Semper, M.: Das paläothermale Problem, speziell die klimatischen Verhältnisse des Eozäns in Europa und im Polargebiet. ZDGG 48, 1896 (und 51, 1899)

Seppälä, M.: Location, morphology and orientation of inland dunes in northern Sweden. Geogr. Ann. 54, A, 1972

Sevon, W. D.: Glaciation and sedimentation in the Late Devonian and Early Mississippian of Pennsylvania. GSA Abstr. 5 (2), Febr. 1973

Seward, A. C.: Plant life through the Ages. Cambridge, 1931

Shapley, H. (ed.): Climatic change. Cambridge (Mass.). 1953

Sharp, R. P.: Wind ripples. JG 71, 1963

Shaw, D.: Sunspots and temperatures. J. Geophys. Res. 70, 1965

Shaw, D. M., W. L. Donn: A thermodynamic study of Arctic paleoclimatology. Quat. Res. 1, 1971

Sheldon, R. P.: Paleolatidunal and paleographic distribution of phosphorite. GSProfP 501-C, 1964

Shotton, F. W.: Some aspects of the New Red desert in Britain. Liverp. and Manch. Geol. I, 1, V, 1956. — Large scale patterned ground in the valley of the Worcestershire Avon. Geol. Mag. 97, 1960

Simpson, G. C.: Past climates. Mem. Manch. Lit. Phil. Soc. 74, 1929/30 (vgl. auch Proc. roy. Soc. Edinb. 50, 1929/30, Ann. Rep., Smith. Inst. for 1938, u. Proc. Linn. Soc. London 152, 1940)

Sinitzin, W. M.: [Paläoklimate Eurasiens]. 1—3. Leningrad 1965—70. (Russ.) — [Einführung in die Paläoklimatologie]. Leningrad 1967 (Russ.)

Slatt, R. M.: Frosted beach-sand grains on the Newfoundland oriental shelf. GSAB 84, 1973

Slotboom, R. T.: Comparative geomorphological and palynological investigation of the Pingos [Belg., Luxemb.]. Z. Geomorph. 7, 1963

Smalley, I. J.: "In-situ" theories of loess formation. Earth Sci. Rev. 7, 1971

Smiley, Ch. J.: Paleoclimatic interpretations of some Mesozoic floral sequences. BAAPG 51, 1967

Smith, A. J.: Evidence for a Talchir glaciation. J. Sed. Petrol. 33, 1963

Smith, H. T. U.: Physical effects of Pleistocene climate changes in nonglaciated areas. GSAB 60, 1949

Smith, R. S. U.: Tentative correlation of pluvial events in Panamint Valley, California, with Sierra Nevada Pleistocene glaciations. GSA Abstr. 4 (7), 1972

Soergel, W.: Diluviale Frostspalten im Deckschichtenprofil von Ehringsdorf. Fortschr. Geol. Pal. XI, 1932. — Das diluviale System. Fortschr. Geol. Pal. XII, 39, 1939. — Die eiszeitliche Temperaturminderung in Mitteleuropa. Jber. Mitt. Oberrhein. Geol. Ver. 31, 1942

Soffel, H.: Über die Möglichkeit von paläomagnetischen Messungen an Gesteinen des Präkambriums. GR 61, 1972

Solle, G.: Rezente und fossile Wüste. Notizbl. Hess. L. A. Bodenforsch. 94, 1966

Sotkin, I. T., K. P. Florensky: Einige Ergebnisse der Tunguskischen Meteoritenexpedition 1958. Chem. d. Erde 20, 4, 1960

Spencer, A. M.: Late Pre-Cambrian glaciation in Scotland. Mem. Geol. Soc. London 6, 1971

Spitaler, R.: Die Bestrahlung der Erde durch die Sonne und die Temperaturverhältnisse in der quartären Eiszeit. Abh. Dtsch. Ges. Wiss. Prag, Math.-nat. Abt. 3, 1940

Spjeldnes, N.: Ordovician climatic zones. Norsk Geol Tidskr. 41, 1961 (auch GSAB 69, 1958). — The Eocambrian glaciation in Norway. GR 54, 1964

Stäblein, G.: Zur Frage geomorphologischer Spuren arider Klimaphasen im Oberrheingebiet. Z. Geomorph. Suppl. 15, 1972

Stahl, W., R. Jordan: General considerations on isotopic palotemperature determination and analysis of Jurassic ammonites. Earth Planet. Sci. Lett. 6, 1969

*Stearns, C. E.:* A fossil marmot from New Mexico and its climatic significance. AJS 240, 1942

*Stechow, E.:* Zur Frage nach der Ursache des großen Sterbens am Ende der Kreidezeit. NJMh 1954

*Stehli, F. C.:* Possible Permian climatic zonation and its implications. AJS 255, 1957 (reply 256, 1958; 27, 1959). — A paleoclimatic test of the hypothesis of an axial dipolar magnetic field. In: *R. A. Phinney* (ed.), The history of the Earth's crust. 1968

*Steinen, R. R., R. S. Harrison, R. K. Mathews:* Eustatic low stand of sea level between 125,000 and 105,000 B. P.: evidence from the subsurface of Barbados. GSAB 84, 1973

*Steiner, J.:* The sequence of geological events and the dynamics of the Milky Way galaxy. J. Geol. Soc. Austr. 14, 1967

*Steiner, J., E. Grillmayr:* Possible galactic causes for periodic and episodic glaciations. GSAB 84, 1973

*Stephenson, J. P.:* Some geological observations an Heard Island. In: *Adie* 1964

*Stewart, A. D.:* On certain slump structures in the Torridonian sandstondes of Applecross. Geol. Mag. 100, 1963

*Stewart, J. H.:* Initial deposits in the Cordilleran geosyncline: evidence of a Late Precambrian (> 850 m.y.) continental separation. GSAB 83, 1972

*Stoffers, P., G. Müller:* Clay mineralogy of Black Sea sediments. Sedimentol. 18, 1972

*Stokes, W. L.:* Another look at the Ice Age. Sci. 122, 1955

*Stone, Ch. G., P. J. Sterling:* Cretaceous-Paleocene boulder deposit, Central Arkansas. GSAB 76, 1965

*Straka, H.:* Literaturübersicht über Moore und Torfablagerungen aus tropischen Gebieten. Erdkd. 14, 1960

*Strakhov, N. M.:* Principles of lithogenesis. I. II. New York etc. 1967, 1969. (Russ. Originalausgabe 1962)

*Stratten, T.:* Tectonic framework of sedimentation during the Dwyka period in S. Africa. Gondw. II, 1970

*Stromer, E.:* Über Wüsten und Urwüsten nebst Bemerkungen über Aktualismus. ZDGG 85, 1933

*Strauch, F.:* Determination of Cenozoic sea-temperatures using Hiatella arctica. PPP 5, 1968. — Zur Klimabindung mariner Organismen und ihre geologisch-paläontologische Bedeutung. NJAbh 140, 1972. — Zum Klima des nord-atlantisch-skandischen Raumes im jüngeren Känozoikum. ZDGG 123, 1972

*Suess, H. E.:* Bristlecone-pine calibration of the radiocarbon time-scale 5200 B. C. to the present. In: *J. U. Olsson* 1970

*Suslov, S. P.:* Physical geography of Asiatic Russia. S. Franc.-London 1961

*Sutton, J., J. Watson:* Ice-boulders in the Macduff group of the Dalradian of Banffshire. Geol. Mag. 91, 1954

*Swann, D. H.:* Late Mississippian rhythmic sediments of Mississippi valley. BAAPG 48, 1964

## T

*Taber, S.:* Perennially frozen ground in Alaska: its origin and history. GSAB 54, 1943. — Quartz cristals with clay and fluid inclusions. JG 58, 1950

*Tanai, T.:* Tertiary history of vegetation in Japan. In: *A. Graham* (ed.), Floristics and paleofloristics of Asia and eastern N. America. 1972

*Tanner, W. F.:* Clay and peat boulders. J. Sed. Petrol. 31, 1961. — Cause and development of an Ice-Age. JG 73, 1965. — (ed.) Tertiary sea level fluctuations. PPP 5, 1968

*Tarling, D. H., S. K. Runcorn* (eds.): Implication of continental drift to the earth sciences. I. London—N. York 1973

*Tasch, P., E. E. Angino:* Sulphate and carbonate salt efflorences from the Antarctic interior. Antarct. J.U.S. 3, 1968

*Teichert, C.:* Cold and deep-water coral banks. BAAPG 42, 1958. — Nature of Permian glacial record, Salt Range and Khisor Range. NJAbh 129, 1967. — Marine fossil invertebrate faunas of the Gondwana region. Gondw. II, 1970

*Teichert, C., K. W. Stauffer:* Paleozoic reef in Pakistan. Sci. 150, 1965

*Teichmüller, M. & R.:* 13th Inter-University Geological Congress "Coal Bearing Strata". Erdöl u. Kohle 18, 1965

*Tejs, R. V., M. S. Tschupachin, D. Najdin:* [Bestimmung der Paläotemperatur unter Zugrundelegung der Isotopen-Zusammensetzung des Sauerstoffs von

Kalzitschalen einiger kretazischer Fossilien auf der Krim.] Geochimija 1957 (Russ.)

Terasmae, J.: Notes on Late-Quaternary climatic changes in Canada. ANY 95, 1, 1961

Termier, H. & G.: Histoire géologique de la biosphère. Paris 1952 — Atlas de paléogéographie. Paris 1960. — Formation des continents et progression de la vie. 2ième éd. Paris 1967

Thenius, E.: Zur Entwicklung der jungtertiären Säugetierfauna des Wiener Beckens. Pal. Z. 29, 1955

Thorarinsson, S.: The tephra-fall from Hekla on March 29th 1947. Soc. Sci. Isl. 1954. — Some problems of volcanism in Iceland. GR 57, 1967

Thornbury, W. D.: Weathered zones and glacial chronology in Southern Indiana. JG 48, 1940

Tralau, H.: Über Rhododendron ponticum. Phyton 10, 1963

Tremblay, L. P.: Wind striations in N. Alberta and Saskatchewan. GSAB 72, 1961

Trendall, A. F.: Revolution in Earth history. J. Geol. Soc. Austral. 19, 1972

Tricart, J.: Cartes des phénomenès périglaciaires quaternaires en France. Mém. Carte Géol. Fr. 1956. — Géomorphologie des régions froides. Paris 1960

Tricart, J., A. Cailleux: Traité de géomorphologie. 12 Bd. (noch nicht vollständig). Paris, seit 1960

Troelsen, J. C.: The Cambrian of North Greenland and Ellesmere Island. IntGC Mexico, Symp. Cambr., I, 1956

Troll, C.: Strukturböden, Solifluktion und Frostklimate der Erde. GR 34, 1944

Trusheim, F.: Zur Bildung der Salzlager im Rotliegenden und Mesozoikum Mitteleuropas. Beih. Geol. Jb. 112, 1971

Tucker, M. E., P. C. Reid: The sedimentology and context of Late Ordovician glacial marine sediments from Sierra Leone, W. Africa. PPP 13, 1973

Turekian, K. K. (ed.): The Late Cenozoic glacial ages. N. Haven 1971

Tuschinskij, G. K.: [Postvulkanische Elbrus-Vergletscherung und ihre Dynamik.] In: [Inform. Geophys. Jahr, 2, Elbrus-Exped. Mosk. Geophys. Inst.] 1958. (Russ.)

Twenhofel, W.: Treatise on sedimentation. 2d ed. New York—Toronto—London 1950

U

Umbgrove, J. H. F.: The pulse of the Earth. 2d ed. 1947

Urey, H. C.: Cometary collisions and geological periods. Nature 242, 1973

Urey, H. C., H. A. Lowenstam, S. Epstein, C. R. McKinney: Measurement of paleotemperatures and temperatures of the Upper Cretaceous. GSAB 62, 1951

V

Vakhrameev, V. A.: [Jurassic and early Cretaceous flora of Eurasia and the Paleofloristic provinces of this period.] Trudy Akad. Nauk, CCCR, Geol. Inst. 102, 1964 (Russ.)

Valdiya, K. S.: Simla slates: The Precambrian flysch of the Lesser Himalaya. GSAB 81, 1970

Valentine, J. W.: Paleocologic molluscan geography of the Californian Pleistocene. Univ. Calif. Publ. Geol. Sci. 34, 1961

Valentine, J. W., R. F. Meade: Californian Pleistocene paleotemperature. Univ. Calif. Publ. Geol. Sci. 40, 1961

Valeton, I.: Petrographie und Genese von Bauxitlagerstätten. GR 52, 1962. — Bauxites. Developm. Soil Sci. 1, Amsterdam 1972

Van Houten, F. B.: Appraisal of Ridgway and Gunnison "tillites" SW Colorado. GSAB 68, 1957. — Climatic significance of red beds. In: Nairn 1961. — Cyclic sedimentation and the origin of analcim-rich Upper Triassic Lockatong Formation, West-Central N. Jersey. AJS 260, 1962. — Origin of red beds. In: Nairn 1964. — Iron oxides in red beds. GSAB 79, 1968. — Iron and clay in tropical savanna alluvium, N. Colombia: a contribution to the origin of red beds. GSAB 83, 1972

Veevers, J. J., J. Roberts: Upper Palaeozoic rocks, Bonaparte Gulf Basin of NW Australia. Bur. Min. Res. Bull. 97, 1968

Venzo, S.: Geomorphologische Aufnahme des Pleistozäns im Bergamasker Gebiet. GR 40, 1952. — Stadi della glaciazione del „Donau" sotto al Günz nella serie lacustre di Leffe. Geol. Bavar. 19, 1953

Vernekar, A. D.: Long-period global variations of incoming solar radiation. Meteor. Monogr. (12) 34, 1972

Verstappen, H. Th.: Aeolian geomorphology of the Thar Desert and paleoclimates. Z. Geomorph. Suppl. 10, 1970

Viete, G.: Zur Entstehung der glazigenen Lagerungsstörungen. Freib. Forschungsh. C, 78, 1960

Voigt, E.: Frühdiagenetische Deformation der turonen Plänerkalke bei Halle/Westf. Mitt. Geol. Staatsinst. Hambg. 31, 1962. — Zur Temperatur-Kurve der oberen Kreide in Europa. GR 54, 1965

Volkheimer, W.: Palaeoclimatic evolution in Argentinien. Gondw. I, 1967. — Jurassic microflora and palaeoclimates in Argentinien. Gondw. II, 1970

Voronow, P. S.: Geomorphology of East Antarctica. Soviet Antarct. Exped. I, Amsterdam 1964

Vortisch, W.: Kaltzeit-Indikatoren im Unterkambrium SO-Schonens. GR 62, 2, 1973

W

Wagner, A.: Klimaänderungen und Klimaschwankungen. Braunschweig 1940

Wagner, G. H.: Kleintektonische Untersuchungen im Gebiet des Nördlinger Rieses. Geol. Jb. 81, 1964

Walker, G. P. L.: Some aspects of Quaternary volcanism in Iceland. Trans. Leicester Lit. Phil. Soc. 59, 1965

Walker, T. R., R. M. Honea: Iron content of modern deposits in the Sonoran Desert. GSAB 80, 1969

Wallace, A. R.: Island life. London 1880

Walther, J.: Das Gesetz der Wüstenbildung. 4. Aufl. Leipzig 1924

Wanless, H. R., J. R. Cannon: Late Paleozoic glaciation. Earth Sci. Rev. 1, 1966

Ward, W. T., P. J. Ross, D. J. Colquhoun: Interglacial high sea levels. PPP 3, 9, 1971

Warren, A.: Dune trends and their implications in the central Sudan. Z. Geomorph., Suppl. 10, 1970

Washburn, A. L.: Classification of patterned ground. GSAB 67, 1956. — Weathering, frost action and patterned ground in the Mesters Vig District, NE Greenland. Medd. Grönld. 176, 1968

Washburn, A. L., J. E. Sanders, R. F. Flint: A convenient nomenclature for poorly sorted sediments. J. Sed. Petrol. 33, 1963

Watkins, N. D.: Review of the development of the geomagnetic time scale. GSAB 83, 1972

Watznauer, A.: Ein Klimazeuge aus dem

Ordovizium. Mber. Dtsch. Akad. Wiss. 9, 1967

Wegener, A.: Die Entstehung der Kontinente und Ozeane. 1915. (6. Aufl. Braunschw. 1962)

Weiler, W.: Die Otolithen des rheinischen und nordwestdeutschen Tertiärs. Abh. R. A. Bodenforsch. 206, 1948

Weischet, W.: Zum Problem der Stabilität der Klimabedingungen in Westsibirien während der Glaziale u. Interglaziale. EuG 11, 1960

Weisse, J. G. de: Les bauxites de l'Europe centrale. Thèse Lausanne 1948

Welikowskaja, J. M.: [Über die pliozäne „Vereisung" der Ebene von Osetien]. Isw.wyssch.utch. Saweden. Geol. i Rasw. 9, 1959 (Russ.); Ref. Zbl. Geol. II, 1962

Weller, J. M.: Paleoecology of the Pennsylvanian period in Illinois. Mem. GSA 67, 1957

Wells, A. J.: Cyclic sedimentation. Geol. Mag. 97, 1960

Wells, J. W.: Coral reefs. Mem. GSA 67, 1957. — Problems of annual and daily growth-rings in corals. In: Runcorn 1970

Welten, M.: Pollenanalytische stratigraphische u. geochronologische Untersuchungen aus dem Faulenseemoos bei Spiez. Veröff. Geobot. Inst. Rübel 21, 1944

Wensink, H.: The India-Pakistan subcontinent and the Gondwana reconstructions based on palaeomagnetic results. In: Tarling & Runcorn 1973

Wentworth, C. K.: An analysis of the shape of glacial cobbles. J. Sed. Petrol. 6, 1936

West, R. G.: Pleistocene geology and biology. London 1969

Westoll, T. S.: Sedimentary rhythms in coal-bearing strata. In: D. Murchison & Westoll, Coal and coal-bearing strata. Edinb.—London 1968

Wexler, H.: Radiation balance of the Earth as a factor in climatic change. In: Shapley 1953

Weyl, P. K.: The role of the oceans in climatic change. Meteor. Monogr. (8) 30, 1968. — The salinity of the N. Atlantic ocean and the next glaciation. Quat. Res. 2, 1972

Weyl, R.: Geologische Auswirkungen zweier Unwetterkatastrophen 1951. NJ Mh. 1952. — Geologie der Antillen. Berlin 1966

White, W. A.: Deep erosion by continental ice sheets. GSAB 83, 1972. (Auch 84, 5, 1973)

*Whitney, M., R. V. Dietrich:* Ventifact sculpture by windblown dust. GSAB 84, 8, 1973

*Wieland, G. R.:* Too hot for the dinosaur! Sci. 96, 1942

*Wiens, H. J.:* Atoll environment and ecology. N. Haven—London 1962

*Wilhelmy, H.:* Eiszeit und Eiszeitklima in den feuchttropischen Anden. Geomorph. Stud. (Machatschek-Festschr.) 1957

*Willer, A., C. Schubert:* Steinverfrachtung durch Meeresalgen. Decheniana 105/106, 1952

*Willett, H. C.:* Extrapolation of sunspot-climate relationships. J. Met, 8, 1951. — Atmospheric and oceanic circulation as factors in glacial-interglacial changes of climate. In: *Shapley* 1953

*Willett, R. W.:* The New Zealand Pleistocene snowline. N. Z. J. Sci. Techn. 32, B, 1950

*Williams, G. E.:* Geological evidence relating to the origin and secular rotation of the solar system. Modern Geol. 3, 1972

*Wilser, J.:* Lichtreaktionen in der fossilen Tierwelt. Berlin 1931

*Wilson, A. T.:* Origin of Ice Ages: an ice shelf theory for Pleistocene glaciation. Nature 4915, 1964

*Wilson, C. B., W. B. Harland:* The Polaris-breen serie and other evidences of Late Precambrian Ice Ages in Spitsbergen. Geol. Mag. 101, 1964

*Windley, B. F.:* Crustal development in the Precambrian. Phil. Trans. R. Soc. London A. 273, 1973

*Winterer, E. L., C. C. Von der Bosch:* Striated pebbles in a mudflow deposit, S. Australia. PPP 5, 1968

*Winters, S. S.:* Supai formation (Permian) of Eastern Arizona. Mem. GSA 89, 1963

*Wirtz, R.:* Beitrag zur Kenntnis der Paläosole im Vogelsberg. Abh. Hess. Geol. LA. Bodenf. 61, 1972

*Wiseman, J. D. H.:* The relation between palaeotemperature and carbonate in an equatorial Atlantic pilote core. JG 67, 1959

*Woerkom, A. J. J. v.:* The astronomical theory of climatic change. In: *Shapley* 1953

*Wolbach, J.:* The insufficiency of geographical causes of climatic change. In: *Shapley* 1953

*Woldstedt, P.:* Das Eiszeitalter. Bd. 1—3,

2. Aufl. Stuttgt. 1954—63. — Die interglazialen marinen Strände und der Aufbau des antarktischen Inlandeises. EuG 16, 1965. — Quartär, Stuttgt. 1969

*Wolfe, J. A.:* Tertiary climatic fluctuations and methods of analysis of tertiary floras. PPP 9, 1971. — An interpretation of Alaska Tertiary floras. In: *A. Graham* (ed.): Floristics and paleofloristics of Asia and Eastern N. America. 1972

*Wolfe, J. A., E. S. Barghoorn:* Generic change in Tertiary floras in relation to age. AJS 258, A, 1961

*Wolfe, J. A., E. B. Leopold:* Neogene and Early Quaternary vegetation of NW North America and NE Asia. In: *Hopkins* 1967

*Wollin, G., D. B. Ericson, W. B. F. Ryan, J. H. Foster:* Magnetism of the Earth and climatic change. Earth Plant. Sci. Lett. 12, 1971

*Woodburne, M. O.:* The Alcoota fauna, Central Australia. Bull. Bur. Min. Resourc. 87, 1967

*Woodring, W. P.:* Paleoecologic dissonance: Astarte and Nipa in the early Eocene London Clay. AJS 258, A, 1961

*Wright, H. E. jr.:* Late Pleistocene climate of Europe. GSAB 72, 1961. — Retreat of the Laurentide ice sheet from 14 000 to 9000 years ago. Quat. Res. 1, 1971. — Late Quaternary vegetational history of N. America. In: *Turekian* 1971. — Interglacial and postglacial climates: the pollen record. Quat. Res. 2, 1972

*Wright, H. E. jr., D. G. Frey* (eds.): The Quaternary of the United States. Princeton 1965

*Wundt, W.:* Die Mitwirkung der Erdbahnelemente bei der Entstehung der Eiszeiten. GR 34, 1944. — Pluvialzeiten und Feuchtzeiten. Peterm. Geogr. Mitt. 1955. — Die Pencksche Eiszeitgliederung und die Strahlungskurve. Quartär 10/11, 1958/59. — Die Bedeutung der Strahlungskurve nach den Anschauungen von Bacsák. GR 54, 1964

*Wurster, P.:* Krustenbewegungen, Meeresspiegelschwankungen und Klimaänderungen der deutschen Trias. GR 54, 1964

# Y

*Yaalon, D. H.* (ed.) Paleopedology. 1971

*Yehle, L. A.:* Soil tongues and their confusion with certain indicators of periglacial climate. AJS 252, 1954

Yonge, C. M.: Die Gestalt der Korallenriffe. Endeav. 1951
Young, G. M.: An extensive early Proterozoic glaciation in N. America?
PPP 7, 1970

Z

Zagwijn, W. H.: Vegetation, climate and
radiocarbon datings in the Late Pleistocene of the Netherlands. I. Eemian and
early Weichselian. Mem. Geol. Found.
Neth. 14, 1961. — Pleistocene stratigraphy in the Netherlands. Verh. Kon.
Nederl. Geol. Mijnb. Genootsch., Geol.
Ser. 21, 1963

Zagwijn, W. H., H. M. Montfrans, J. G.
van Zandstra: Subdivision of the
"Cromerian" in the Netherlands. Geol.
en Mijnb. 50, 1971

Zankl, H.: Der Bergsturz am 6./7. Febr.
1959 im Wimbachtal. Z. Gletsch. Gla-
zialgeol. 4, 3, 1961. — Der Hohe Göll.
Abh. Senckenb. Nat. Ges. 519, 1969. —
Upper Triassic carbonate facies in the
northern Limestone Alps. In: Guidebook VII Int. Sed. Congr. (ed. C.
Müller), 1971

Zeller, E. J., W. C. Pearn: Determination
of past Antarctic climate by thermoluminiscence of rocks. Trans. Am. Geophys. Union 41, 1960

Zeuner, F. E.: Die Nervatur der Blätter
von Oeningen und ihre methodische
Auswertung für das Klimaproblem.
Cbl. Min. usw., B, 1932. — Das Klima
des Eisvorlandes in den Glazialzeiten.
NJBB 72, B, 1934. — The Pleistocene
Period. 2. Aufl. London, 1959

Ziegler, B.: Boreale Einflüsse im Ober-
jura Westeuropas? GR 54, 1964

Ziegler, P. S.: Frühpaläozoische Tillite im
östlichen Yukon-Territorium. Eclog.
Geol. Helv. 52, 1959

Zinderen Bakker, E. M. van: Botanical
evidence for Quaternary climates in
Africa. Ann. Cape Prov. Mus. 2, 1962.
— Reconstruction of Quaternary climates. PAf 4, 1969. — Quaternary pollen analytical studies in the southern
hemisphere. PAf 5, 1969

# Personenregister

Auf das Literaturverzeichnis ist nur ausnahmsweise verwiesen

# Orts- und Sachregister

Bei zahlreichen Wörtern ist nur auf ihre Definition und allgemeine Charakteristik verwiesen, aber nicht auf ihre Erwähnung bei den einzelnen Formationen der Erdgeschichte.